调味品生产工艺与配方

徐清萍　编著

U0305665

中国纺织出版社　国家一级出版社
全国百佳图书出版单位

内 容 提 要

本书系统介绍了调味品生产的原辅料,各种酿造调味品如酱油、食醋、豆酱、豆豉、腐乳、辣椒酱、料酒、味精等,非发酵酱类制品如芝麻酱、花生酱、番茄酱等,香辛料调味品如咖喱粉、五香粉、辣椒油、芥末汁、油辣椒等,以及以这些调味品为基辅料经过再加工的系列复合调味料等的生产工艺,包括原料配方、工艺流程、操作要点、生产设备、相关标准等。

本书可供调味品相关企业的相关技术人员阅读参考。

图书在版编目(CIP)数据

调味品生产工艺与配方/徐清萍编著. -- 北京:中国纺织出版社,2019.7 (2024.4重印)
ISBN 978 - 7 - 5180 - 6115 - 0

Ⅰ.①调… Ⅱ.①徐… Ⅲ.①调味品—生产工艺 ②调味品—配方 Ⅳ.①TS264

中国版本图书馆 CIP 数据核字(2019)第 067442 号

责任编辑:闫 婷 责任校对:寇晨晨 责任印制:王艳丽

中国纺织出版社出版发行
地址:北京市朝阳区百子湾东里 A407 号楼 邮政编码:100124
销售电话:010—67004422 传真:010—87155801
http://www.c-textilep.com
E-mail:faxing@c-textilep.com
中国纺织出版社天猫旗舰店
官方微博 http://weibo.com/2119887771
北京兰星球彩色印刷有限公司印刷 各地新华书店经销
2019 年 7 月第 1 版 2024 年 4 月第 2 次印刷
开本:880×1230 1/32 印张:15.25
字数:441 千字 定价:95.00 元

凡购本书,如有缺页、倒页、脱页,由本社图书营销中心调换

前言

　　调味品在饮食生活中占有重要地位,是人们生活的必需品。调味品产品在重视口味的基础上,更加重视营养健康,不仅满足了日益提高的人民大众的口味和营养需求,也为餐饮业各种美味菜肴的烹饪提供了极大支持,同时促进了以休闲食品为代表的食品工业的快速发展。近年来,利用各种调味原料提取或深加工的调味品纷纷上市,形成了各种传统调味品、香辛料、各种新型复合调味料各据一方,欣欣向荣的市场格局。也使其成了我国经济生活中发展最快、最有潜力的产业之一。

　　为了系统地总结调味品生产的基本理论、生产工艺及配方,以促进调味品工业的发展,为从事调味品生产的技术人员提供参考,我们编著了本书。本书着重介绍了调味品生产的原辅料,各种酿造调味品如酱油、食醋、豆酱、豆豉、腐乳、辣椒酱、料酒、味精等,各种非发酵酱类制品如芝麻酱、花生酱、番茄酱等,各种香辛料调味品如咖喱粉、五香粉、辣椒油、芥末汁、油辣椒等,以及以这些调味品为基料,经过再加工的系列复合调味料等的生产工艺,包括原料配方、工艺流程、操作要点、生产设备、相关标准等。

　　本书由郑州轻工业大学徐清萍教授编著。

　　本书在编写过程中查阅了大量相关文献,在此,谨向文献的作者表示衷心的感谢!由于编者水平有限,书中难免有不妥之处,敬请读者批评指正。

编　者

2019 年 3 月

目录

第一章 概　述

第一节　调味品基础知识

一、基本概念

调味品（condiment）是在饮食、烹饪和食品加工中广泛应用的，用于调和滋味和气味并具有去腥、除膻、解腻、增香、增鲜等作用的产品。

二、分类

中国研制和食用调味品有悠久的历史和丰富的知识，调味品品种众多，对于调味品的分类目前尚无定论，从不同角度可以对调味品进行不同的分类。

依调味品的商品性质和经营习惯的不同，可以将目前中国消费者所常接触和使用的调味品分为六类：酿造类调味品（酱油、食醋、酱）等，腌菜类调味品（榨菜、芽菜、泡菜等），鲜菜类调味品（葱、蒜、姜等），干货类调味品（胡椒、花椒、干辣椒、八角等），水产类调味品（鱼露、虾米、虾酱、蚝油等），其他调味品（如食盐、味精、糖、芝麻油等）。

按调味品呈味感觉又可分为咸味调味品（食盐、酱油、豆豉等）、甜味调味品（蔗糖、蜂蜜、饴糖等）、苦味调味品（陈皮、茶叶汁、苦杏仁等）、辣味调味品（辣椒、胡椒、芥末等）、酸味调味品（食醋、茄汁、山楂酱等）、鲜味调味品（味精、虾油、鱼露、蚝油等）、香味调味品（花椒、八角、料酒、葱、蒜等）。除了以上以单一味为主的调味品外，还有大量复合味的调味品，如油咖喱、甜面酱、腐乳汁、花椒盐等。

按地方风味可分为广式调料、川式调料、港式调料、西式调料等；按烹制用途可分为冷菜专用调料、烧烤调料、油炸调料、清蒸调料，还有一些特色品种调料，如涮羊肉调料、火锅调料、糟货调料等。

以下主要介绍一下按照终端产品进行分类的调味品。

1. 食用盐

食用盐又称食盐,以氯化钠为主要成分,是用于烹调、调味、腌制的盐。按其生产和加工方法可分为精制盐、粉碎洗涤盐、日晒盐。

2. 食糖

食糖是用于调味的糖,一般指用甘蔗或甜菜精制的白砂糖或绵白糖,也包括淀粉糖浆、饴糖、葡萄糖、乳糖等。

3. 酱油

(1)酿造酱油:以大豆和/或脱脂大豆、小麦和/或麸皮为原料,经微生物发酵制成的具有特殊色、香、味的液体调味品。

(2)配制酱油:以酿造酱油为主体(以全氮计不得少于50%),与酸水解植物蛋白调味液、食品添加剂等配制而成的液体调味品。

(3)铁强化酱油:按照标准在酱油中加入一定量的乙二胺四乙酸铁钠(NaFeEDTA)制成的营养强化调味品。

4. 食醋

(1)酿造食醋:单独或混合使用各种含有淀粉、糖类的物料或酒精,经微生物发酵酿制而成的液体调味品。

(2)配制食醋:以酿造食醋为主要原料(以乙酸计不得低于50%),与食用冰乙酸、食品添加剂等混合配制的调味食醋。

5. 味精

(1)谷氨酸钠(99%味精):L-谷氨酸单钠一水化物。以碳水化合物(淀粉、大米、糖蜜等糖质)为原料,经微生物(谷氨酸棒杆菌等)发酵、提取、中和、结晶,制成的具有特殊鲜味的白色结晶或粉末。

(2)味精(味素):指在谷氨酸钠中,定量添加了食用盐且谷氨酸钠含量不低于80%的均匀混合物。

(3)特鲜(强力)味精:指在味精中,定量添加了核苷酸钠〔5′-鸟苷酸二钠,简称GMP)或呈味核苷酸钠(简称IMP+GMP、I+G或WMP)〕等增味剂,其鲜味超过谷氨酸钠。

6. 芝麻油

芝麻油又称香油,是从油料作物芝麻的种子中制取的植物油,可用于调味。

7. 酱类

（1）豆酱：以豆类或其副产品为主要原料,经微生物发酵酿制的酱类,包括黄豆酱、蚕豆酱、味噌等。

（2）面酱：以小麦粉为主要原料,经微生物发酵酿制的酱类。

（3）番茄酱：以番茄（西红柿）为原料,添加或不添加食盐、糖和食品添加剂制成的酱类,添加辅料的品种可称为番茄沙司。

（4）辣椒酱：以辣椒为原料,经发酵或不发酵,添加或不添加辅料制成的酱类。

（5）芝麻酱：又称麻酱,是以芝麻为原料,经润水、脱壳、焙炒、研磨制成的酱品,有的加入了其他辅料。

（6）花生酱：花生果实经脱壳去衣,再经焙炒、研磨制成的酱品,有的加入了其他辅料。

（7）虾酱：以海虾为主要原料,经盐渍、发酵酶解,配以各种香辛料和其他辅料制成的酱。

（8）芥末酱：以芥菜籽粒或芥菜类植物块茎为原料制成的酱,具有刺鼻辛辣味。

8. 豆豉

豆豉是以大豆为主要原料,经蒸煮、制曲、发酵,酿制而成的呈干态或半干态颗粒状的制品。

9. 腐乳

腐乳是以大豆为原料,经加工磨浆、制坯、培菌、发酵而制成的调味、佐餐制品。

（1）红腐乳：在腐乳后期发酵的汤料中配以红曲酿制而成,外观呈红色或紫红色的腐乳。

（2）白腐乳：在腐乳后期发酵的汤料中不添加任何着色剂酿制而成,外观呈白色或淡黄色的腐乳。

（3）青腐乳：在腐乳后期发酵过程中以低度食盐水作汤料酿制而成,具有硫化物气味、外观呈豆青色的腐乳。

（4）酱腐乳：在腐乳后期发酵过程中以酱曲为主要辅料酿制而成,外观呈棕红色的腐乳。

（5）花色腐乳：在腐乳生产过程中，因添加不同风味的辅料，酿制出风味别致的各种腐乳。

10. 鱼露

鱼露是以鱼、虾、贝类为原料，在较高盐分下经生物酶解制成的鲜味液体调味品。

11. 蚝油

蚝油是利用牡蛎蒸、煮后的汁液进行浓缩或直接用牡蛎肉酶解，再加入食糖、食盐、淀粉/改性淀粉等原料，辅以其他配料和食品添加剂制成的调味品。

12. 虾油

从虾酱中提取的汁液称为虾油。

13. 橄榄油

橄榄油是以橄榄鲜果为原料，经压榨加工而成的植物油，多用于西餐调味。

14. 调味料酒

调味料酒是以发酵酒、蒸馏酒或食用酒精为主要原料，添加食用盐（可加入植物香辛料），配制加工而成的液体调味品。

15. 香辛料及其调味品

（1）香辛料：香辛料主要来自各种自然生长的植物的果实、茎、叶、皮、根等，具有浓烈的芳香味、辛辣味。

（2）香辛料调味品：以各种香辛料为主要原料，添加或不添加辅料制成的制品。

①香辛料调味粉：以一种或多种香辛料经研磨加工而成的粉末状制品。

②香辛料调味油：从香辛料中萃取其呈味成分加入植物油中制成的制品，如辣椒油、芥末油等。

③香辛料调味汁：以香辛料为主要原料，提取其中的呈味成分，制成的液体制品。

④油辣椒：香辣浓郁，可供佐餐和调味的熟制食用油和辣椒的混合体。产品中可添加或不添加辅料。

16. 复合调味料

复合调味料是用两种或两种以上的调味品配制,经特殊加工而成的调味料。

(1)固态复合调味料:以两种或两种以上的调味品为主要原料,添加或不添加辅料,加工而成的呈固态的复合调味料。

①鸡精调味料:以味精、食用盐、鸡肉/鸡骨的粉末或其浓缩抽提物、呈味核苷酸二钠及其他辅料为原料,添加或不添加香辛料和/或食用香料等增香剂,经混合干燥加工而成,具有鸡肉的鲜味和香味的复合调味料。

②鸡粉调味料:以食用盐、味精、鸡肉/鸡骨的粉末或其浓缩抽提物、呈味核苷酸二钠及其他辅料为原料,添加或不添加香辛料和/或食用香料等增香剂,经混合加工而成,具有鸡肉的浓郁香味和鲜美滋味的复合调味料。

③牛肉粉调味料:以牛肉的粉末或其浓缩抽提物、味精、食用盐及其他辅料为原料,添加或不添加香辛料和/或食用香料等增香剂,经加工而成的具有牛肉鲜味和香味的复合调味料。

④排骨粉调味料:以猪排骨或猪肉的浓缩抽提物、味精、食用盐、食糖和面粉为主要原料,添加香辛料、呈味核苷酸二钠等其他辅料,经混合干燥加工而成的具有排骨鲜味和香味的复合调味料。

⑤海鲜粉调味料:以海产鱼、虾、贝类的粉末或其浓缩抽提物、味精、食用盐及其他辅料为原料,添加或不添加香辛料和/或食用香料等增香剂,经加工而成的具有海鲜香味和鲜美滋味的复合调味料。

⑥其他固态复合调味料。

(2)液态复合调味料:以两种或两种以上的调味品为主要原料,添加或不添加其他辅料,加工而成的呈液态的复合调味料。

①鸡汁调味料:以磨碎的鸡肉/鸡骨或其浓缩抽提物以及其他辅料等为原料,添加或不添加香辛料和/或食用香料等增香剂,加工而成的,具有鸡肉的浓郁鲜和香味的汁状复合调味料。

②糟卤:以稻米为原料制成黄酒糟,添加适量香料进行陈酿,制成香糟;然后萃取糟汁,添加黄酒、食盐等,经配制后过滤而成的汁液。

③其他液态复合调味料。

（3）复合调味酱：以两种或两种以上的调味品为主要原料，添加或不添加其他辅料，加工而成的呈酱状的复合调味料。

①风味酱：以肉类、鱼类、贝类、果蔬、植物油、香辛调味料、食品添加剂和其他辅料配合制成的具有某种风味的调味酱。

②沙拉酱：西式调味品。以植物油、酸性配料（食醋、酸味剂）等为主料，辅以变性淀粉、甜味剂、食盐、香料、乳化剂、增稠剂等配料，经混合搅拌、乳化均质制成的酸味半固体乳化调味酱。

③蛋黄酱：西式调味品。以植物油、酸性配料（食醋、酸味剂）、蛋黄为主料，辅以变性淀粉、甜味剂、食盐、香料、乳化剂、增稠剂等配料，经混合搅拌、乳化均质制成的酸味半固体乳化调味酱。

④其他复合调味酱。

17. 火锅调料

食用火锅时专用的调味料，包括火锅底料及火锅蘸料。

（1）火锅底料：以动植物油脂、辣椒、蔗糖、食盐、味精、香辛料、豆瓣酱等为主要原料，按一定配方和工艺加工制成的用于调制火锅汤的调味料。

（2）火锅蘸料：以芝麻酱、腐乳、韭菜花、辣椒、食盐、味精和其他调味品混合配制加工制成的用于食用火锅时蘸食的调味料。

第二节　调味品与调味的关系

味感的构成包括口感、观感和嗅感，是调味料各要素化学、物理反应的综合结果，是人们生理器官及心理对味觉反应的综合结果。

一、味的种类

人们通常所讲的"味道"或者"风味"其实是个十分复杂的概念，在不同的时间，在不同的环境下，人们对味道会有不同的感受。味道和风味的关系非常密切，但又是不一样的。风味的概念大于味道的概念，风味包括食物的味道（化学的味）、人对食物的感触（物理的味）、人的心理感受（心理的味）三大要素。其中，食物的味道主要是指化学性的味和气味，是由人的舌、口腔、鼻系统感受到的（调味之味）；人对食物的感触主要是指对食物的颜色、形状等外观的观察所获得的印象,是由眼睛或身体的其他部分接触感受到的(质感);人的心理感受主要是指对饮食环境,食品所反映出的文化环境、习惯、嗜好、生理及健康因素等所做出的精神方面的反应(美感)。人们常说的北京风味、广东风味、四川风味、上海风味等指的绝不仅是菜肴本身的味道,其中包括了菜肴的味道、气味、外观形状、颜色、周围的饮食环境,菜肴所衬托出的文化背景等各方面的要素。这些综合要素共同作用于人的感官、神经和大脑之后,使人对某种食物对象产生一种综合的概念,由此而产生或喜爱、或兴奋、或讨厌等各种不同的反应。

食物的味道是通过刺激人的味觉和嗅觉器官表现出来的。关于味的分类法有很多,目前比较有影响的是由德国 Hening 提出的分类法,即甜味、酸味、咸味和苦味,又称四种基本味。四种基本味的不同搭配和组合可以表达出各种不同的味感。Hening 认为,其他各种不同的味道都可以被纳入四种基本味的四面体图之中,也就是说,其他所有味道都处于该四面体图中的某个位置上。

基本味又称本味,是指单纯一种味道,没有其他味道。基本味是构成复合味的基础,一般复合味由两种以上的基本味构成。人们对食品风味的识别基于食品中呈味成分的含量、状态和对呈味成分的平均感受力与识别力。呈味成分只有在合适的状态下,才能与口腔中的味蕾进行化学结合,即被味蕾所感受。当呈味含量低于致味阈值时,人们也感受不到味;当含量过高,会使味觉钝化,人们也感觉不到呈味成分含量的变化;当呈味成分含量处于有效的调味区间时,人们对食品风味的味感强度与呈味成分含量成正比。要想研发高质量的调味品,要想生产出质量好的加工食品,离不开研发人员对化学性味道的性质及其相互联系的深刻理解。

二、味的定量评价

自然界物种丰富,可食用物质不计其数,呈味物质也是数量繁多。人们在对食品的风味进行研究时,应在数量上对食品和呈味物质的味觉强度和味觉范围进行量度,以保证描述、对比和评价的客观和准确。通常使用的量度参数包括:阈值(CT)、等价浓度(PSE)、辨别阈(DL 或 JND),使用最多的是阈值。

阈值是指可以感觉到特定味的最小浓度。"阈"是刺激的临界值或划分点，阈值是心理学和生理学上的术语，指获得感觉的不同而必须达到的最小刺激值。如食盐水是咸的，但将其稀释至极就与清水没有区别了，一般感到食盐水咸味的浓度应达到0.2%以上。

不同的测试条件和不同的人，最小刺激值是有差别的。一般来说，应有许多人参加评味，半数以上的人感到的最小浓度(最低呈味浓度)，即刺激反应的出现率达到50%的数值，称为该呈味物质的阈值。表1-1中是5种基本味的代表性呈味物质的阈值。

表1-1　各种物质的阈值(质量分数)

基本味	物　质	阈值(%)	基本味	物　　质	阈值(%)
咸味	食盐	0.2	苦味	奎宁	0.00005
甜味	砂糖	0.5	鲜味	谷氨酸钠	0.03
酸味	柠檬酸	0.003	—	—	—

由表1-1可见，砂糖等甜味物质的阈值较大，而苦味的阈值较小，即苦味等阈值越小的物质越比甜味物质等阈值较大的物质易于被感知，或者说其味觉范围较大。阈值受温度的影响，不同的测定方法获得的阈值不同。采用由品评小组品尝一系列以极小差别递增浓度水溶液而确定的阈值称为绝对阈值或感觉阈值，这是一种对从无到有的刺激感觉。若将一给定刺激量增加到显著刺激时所需的最小量，就是差别阈值。而当在某一浓度再增加也不能增加刺激强度时，则是最终阈值。可见，绝对阈值最小，而最终阈值最大，若没有特别说明，阈值都是指绝对阈值。

阈值的测定依靠人的味觉，这就不可能不产生差异。为避免人为因素的影响，人们正在研究开发有关仪器，其中有的是通过测定神经的电化学反应间接确定味的强度。

阈值中最常用的是辨别阈。辨别阈是指能感觉到某呈味物质浓度变化的最小变化值，即能区别出的刺激差异，也称为差阈或最小可知差异(缩写为JND)。人们都有这样的经验，当一种呈味物质为较高浓度时，能辨别的最小浓度变化量增大，即辨别阈也变得"较大"的现象；反之，辨别阈则感觉"较小"。不同的呈味物质浓度,其辨别阈也是不同的,一般浓度越高或刺激越强,辨别阈也就越大。

三、嗅感对风味的影响

嗅觉是一种比味感更敏感、更复杂的感觉现象,是由物体发散于空气中的物质微粒作用于鼻腔上的感受细胞而引起的。在鼻腔上鼻道内有嗅上皮,嗅上皮中的嗅细胞,是嗅觉器官的外周感受器。嗅细胞的黏膜表面带有纤毛,可以和有气味的物质相接触。每种嗅细胞的内端延续成为神经纤维,嗅分析器皮层部分位于额叶区。嗅觉的刺激物必须是气体物质,只有挥发性有味物质的分子,才能成为嗅觉细胞的刺激物。

嗅觉不像其他感觉那么容易分类,在说明嗅觉时,还是用产生气味的东西来命名,例如玫瑰花香、肉香、腐臭……在几种不同的气味混合同时作用于嗅觉感受器时,可以产生不同情况,一种是产生新气味,一种是代替或掩蔽另一种气味,也可能产生气味中和,这时混合气味就完全不引起嗅觉。

由于嗅感物质在食品中的含量远低于呈味物质浓度,因此在比较和评价不同食品的同一种嗅感物质的嗅感强度时,也使用嗅感物质的浓度。一种食品的嗅感风味,并不完全是由嗅感物质的浓度高低和阈值大小决定的。因为有些组分虽然在食品中的浓度高,但如果其阈值也大时,它对总的嗅感作用的贡献就不会很大。

嗅感物质浓度与其阈值之比值是香气值,即香气值(FU) = 嗅感物质浓度/阈值。

若食品中某嗅感物质的香气值小于1.0,说明这个食品中该嗅感物质没有嗅感,或者说嗅不到食品中该嗅感物质的气味,香气值越大,说明其越有可能成为该体系的特征嗅感物质。

利用好香气正是调味师的追求之一。美好的食品香气会促进消化器官的运动和胃分泌,使人产生腹鸣或饥饿感;腐败臭气则会抑制肠胃活动,使人丧失食欲,甚至恶心呕吐。不同的气味可改变呼吸类型。香气会使人不自觉地长吸气;嗅到可疑气味时,为鉴别气味,人会采用短而强的呼吸;恶臭先会使呼吸下意识地暂停,随后是一点点试探;辛辣气味会使人咳嗽。美好气味会使人身心愉快、神清气爽,可放松过度的紧张和疲劳;恶臭则使人焦躁、心烦,进而丧失活动欲望。气味的作用在人的精神松弛时会增强。

除了对气味的感知之外,嗅觉器官对味道也会有所感觉。嗅觉和味觉会整合和互相作用。嗅觉是外激素通信实现的前提。嗅觉是一种远感,即它是通过长距离感受化学刺激的感觉。相比之下,味觉是一种近感。当鼻黏膜因感冒而暂时失去嗅觉时,人体对食物味道的感知就比平时弱;而人们在满桌菜肴中挑选自己喜欢的菜时,菜肴散发出的气味,常是左右人们选择的基本要素之一。

四、色泽对风味的影响

色泽对风味的影响不是直接作用于味觉器官和嗅觉器官,而是通过对心理、精神等心理作用间接地影响人们对调味品风味的品评。但色泽对风味的衬托作用非常重要,特别是错色将导致感官对风味品评的偏差。因此,对调味品的着色、保色等调色都是保证其质量的重要手段(表1-2)。

表1-2 颜色与心理

颜 色	感官印象	颜 色	感官印象	颜 色	感官印象
白色	营养、清爽、卫生、柔和	深褐色	难吃、硬、暖	暗黄	不新鲜、难吃
灰色	难吃、脏	橙色	甜、营养、味浓、美味	淡黄绿	清爽、清凉
粉红色	甜、柔和	暗橙色	不新鲜、硬、暖	黄绿色	清爽、新鲜
红色	甜、营养、新鲜、味浓	奶油色	甜、滋养、爽口、美味	暗黄绿色	脏
紫红色	浓烈、甜、暖	黄色	滋养、美味	绿	新鲜

注 本表摘自《食品物性学》。

各种感官感觉不仅取决于直接刺激该感官所引起的反应,而且还有感官感觉之间的相互关联,相互作用。对复合调味料的感觉是各种不同刺激物产生的不同强度的各种感觉的总和,对其评价要控制某些因素的影响,综合各种因素间的互相关联和作用。

五、调味品呈味成分构成

本节讨论的味是化学的味。化学的味是某种物质刺激味蕾所引起的感觉,也就是滋味。它可分为相对单一味(旧称基本味,像咸、甜、酸、辣、苦等)和复合味两大类。

在调味品生产中,所用的原料既有呈现单一味的调料如咸味剂、甜味剂、鲜味剂等,又有呈现复合味的调料如酵母精、动植物水解蛋白、动植物提取物等。每种原料都有自己的调味特点和呈味阈值,只有知道了它们的特性,才能在复合调配中运用自如。

(一)咸味

咸味是一种非常重要的基本味,它在烹饪调味中的作用是举足轻重的,大部分菜肴都要先有一些咸味,然后再调和其他的味。例如糖醋类的菜是酸甜的口味,但也要先放一些盐,如果不加盐,完全用糖加醋来调味,反而变成怪味;甚至做甜点时,往往也要先加一点盐,既解腻又好吃。

具有咸味的物质并非只限于食盐($NaCl$)一种,还有其他物质(表1-3),而且它们的咸味强度各不相同。咸味是中性盐呈现出来的特征味感。盐在水溶液中解离后的正负离子都会影响到咸味的形成。中性盐 M^+A^- 中的正离子 M^+ 属于定味基,主要是碱金属离子,其次是碱土金属离子。它们容易被味觉感受器中蛋白质的羟基或磷酸吸附而呈现出咸味。助味基 A^- 往往是硬碱性的负离子,它影响着咸味的强弱和副味。对于 $NaCl$ 来说,Na^+ 是咸味定味基,Cl^- 则是咸味的助味基。一般来说,在中性盐中,盐的正离子和负离子的相对质量越大,越有增加苦味的趋向。正负离子半径都小的盐有咸味;半径都大的盐有苦味;介于二者之间的盐呈咸苦味。若从一价离子的理化性质来看,凡是离子半径小、极化率低、水合度高,并且由硬酸、硬碱生成的盐是咸味的;而离子半径大、极化率高、水合度低,并且由软酸、软碱组成的盐则是苦味的。二价离子的盐和高价离子的盐可咸、可苦,或不咸、不苦,很难预料。

表1-3　各种咸味物质

种　类	盐　类
咸味醇正的物质	NaCl、KCl、LiCl、RbCl 等
带苦味的物质	KBr、NH_4Cl
苦味大于咸味的物质	CsCl、RbBr、CsBr

咸味是良好味感的基础,也是调味品中的主体。咸味有许多种表现方式。一是单纯的咸味,也就是由食盐直接表达出的咸味,这种咸味如果强度过大,会强烈刺激人的感官,即使是有其他味道存在,如鲜味等共存的情况下也是如此。此外,单纯的咸味不太容易与其他味道融合,如用得不好,有可能出现各味道间的失衡感觉。二是由酱油、酱类表达的咸味,这种咸味由于是来自于酿造物、食盐与氨基酸、有机酸等共存一体,咸味变得柔和了许多,这是由于氨基酸和有机酸等能够起到缓冲作用的缘故。所以,酱油和酱的咸味刺激小,容易同其他味道融合,使用比较方便。三是同动物蛋白质和脂肪共存一体发咸味,比如含盐的猪骨汤或鸡骨架汤等。这种咸味由于食盐是同蛋白质、糖类、脂肪等在一起,特别是有脂肪的存在,能够进一步降低咸味的刺激性。此外,还有一些咸味的表达形式,比如甜咸味、有烤香或炒香的咸味、腌菜(经过乳酸发酵)的咸味等。

咸味是所有味感之本,是支撑味道表达及其强度的最重要的因素。所以,控制咸味的强度,让咸味同其他味道之间保持平衡是非常重要的。咸味既不能太强,也不能太弱,需要有一个总体的计算。经过许多试验证明,人的舌和口腔对咸味(食盐含量)的最适感度一般为 1.0% ~ 1.2%,在这个范围内人的舌和口腔感觉最舒服。

(二)甜味

甜味在调味中的作用仅次于咸味,可增加菜肴的鲜味,并有特殊的调和滋味的作用。如缓和辣味的刺激感、增加成味的鲜醇等。常用的甜味剂有蔗糖、葡萄糖、果糖、饴糖、低聚糖、甜蜜素、蛋白糖和低分子糖醇类。除此之外,还有部分氨基酸(如甘氨酸和丙氨酸)、肽、磺酸等也具有甜味。

呈甜味的物质很多,由于其组成和结构不同,产生的甜感有很大的不同,主要表现在甜味强度和甜感特色两个方面。甜味强度差异表现为:天然糖类一般是碳链越长甜味越弱,单糖、双糖类都有甜味,但乳糖的甜味较弱,多糖大多无甜味。蔗糖的甜味纯,且甜度的高低适当,刺激舌尖味蕾1s内产生甜味感觉,很快达到最高甜度,约30s后甜味消失,这种甜味的感觉是愉快的,因而其成了不同甜味剂比较的标准物。常用的几种糖基本上都符合这种要求,但也存在些差别。有的甜味剂不仅在甜味上带有酸味、苦味等其他味感,而且从含在口中瞬间的留味到残存的后味都各不相同。合成甜味料的甜味不纯,夹杂有苦味,是不愉快的甜感。糖精的甜味与蔗糖相比,糖精浓度在0.005%以上即显示出苦味和有持续性的后味,浓度越高、苦味越重;查耳酮类呈甜味的速度慢,但后味持久;甘草的甜感是慢速的、带苦味的强甜味,有不快的后味;葡萄糖是清凉而较弱的甜感,清凉的感觉是因为葡萄糖的溶解热较大的缘故,与蔗糖相比,葡萄糖的甜味感觉反应较慢,达到最高甜度的速度也稍慢;某些低分子糖醇,如木糖醇和甘露醇的甜感与葡萄糖极为相似,具有清凉的口感且带香味。

甜味因酸味、苦味而减弱,因咸味而增加。甜味能够减轻和缓和由食盐带来的咸味强度,减轻盐对人(包括动物)的味蕾的刺激度,以达到平和味道的作用,这也就是几乎所有的配方中都要使用糖类原料的重要原因。还原性糖类与调味品中含氮类小分子化合物反应,还能起到着色和增香作用。在经热反应加工的复合调味料生产中,可根据成品的颜色深浅要求,确定配方中还原糖的用量。

(三)酸味

人们在饮食当中经常会尝到酸味,酸味是由于舌黏膜受到氢离子的刺激而产生的,凡在溶液中能解离出氢离子的化合物都具有酸味。酸味是食品调味中最重要的调味成分之一,也是用途较广的基本味。

酸味在蛋黄酱、生蔬菜调味汁等当中具有十分重要的作用。但要注意的是,不同的有机酸所表达的酸味是不一样的。各种酸都有自己的味质:醋酸具有刺激臭味,琥珀酸带有鲜辣味,柠檬酸带有温和的酸味,乳酸有湿的温和的酸味,酒石酸带有涩的酸味,食醋的醋酸与脂肪酸乙酯一同构成带有芳香气味的酸味。使用酸味剂不仅可获得酸味,还可以用酸味剂收敛食物的味。收敛味道不是要得到酸味,而是要将本来宽度大和绵长的味变成一种较为紧缩的味型,这种紧缩不是要降低味的表现力,而是要强化味的表现力。酸具有较强的去腥解腻作用,在烹制禽、畜的内脏和各种水产品时尤为重要,是很多菜肴所不可缺少的味道,并且具有抑制细菌生长和防腐作用。常用的酸味剂是各种有机酸,如醋酸、柠檬酸、乳酸、酒石酸、琥珀酸、苹果酸等。呈酸味的调味品主要有红醋、白醋、黑醋、还有酸梅、番茄酱、鲜柠檬汁、山楂酱等。

在调制复合调味料时会使用两种以上的有机酸原料,这并非是为了加强酸味的强度,而是为了提高和丰富酸味的表现力。酸味很容易受其他味道的影响,比如容易受到糖的影响。酸和糖之间容易发生相互抵消的效应,在稀酸溶液中加 3% 的砂糖后,pH 值虽然不变,但酸味强度会下降 15%。此外,在酸中加少量的食盐会使酸味减少,反之在食盐里加少量的酸则会加强咸味。如果在酸里加少量的苦味物质或者单宁等,可以增强酸味,有的饮料就是利用这个原理提高了酸味的表现力。

酸味剂的使用量应有所控制,超过限度的酸味不容易被人们接受。食醋是酸味剂的代表性物质,食醋不仅可以产生酸味、降低 pH 值,还能带给人们爽口感,收敛味道。

(四)苦味

苦味是一种特殊的味道,人们几乎都认为苦味是不好的味,是应该避免的,其实苦味在某些食品和饮料当中不仅存在,而且起到了相当重要的作用。茶、咖啡、啤酒和巧克力等都含有某种苦味,这些苦味实际上有助于提高人们对该食品和饮料的嗜好性,起到了好的作用。苦味,可消除异味,在菜肴中略微调入一些带有苦味的调味品,还可形成清香爽口的特殊风味。苦味主要来自各种药材和香料,如苦杏仁、柚皮、陈皮等。

苦味物质的阈值都非常低。只要在酸味、甜味等味道中加进极少的苦味就能增加味的复杂性,提高味的嗜好性。

苦味在感官上一般具有以下一些特征:

(1)越是低温越容易感觉到苦味。

(2)微弱的苦味能增强甜味感。如在 15% 的砂糖溶液中添加 0.001% 的金霉素,该砂糖溶液比不添加金霉素的砂糖溶液的甜味感明显增强。但苦味过强则会损害其他味感。

(3)甜味对苦味具有抑制作用,比如在咖啡中加糖就是如此。

(4)微弱的苦味能提高酸味感,特别是在饮料当中,微苦可以增加酸味饮料的嗜好性。

(五)辣味

辣味具有强烈的刺激性和独特的芳香,除可除腥解腻外,还具有增进食欲,帮助消化的作用。呈辣味的调味品有辣椒糊(酱)、辣椒粉、胡椒粉、姜、芥末等,香辛料是提供复合调味料香味和辛辣味的主要成分之一。

辣味是饮食和调味品中的一种重要的味感,不属于味觉,只是舌、口腔和鼻腔黏膜受到刺激所感到的痛觉,对皮肤也有灼烧感。可见辣味是一些特殊成分所引起的一种尖利的刺痛感和特殊灼烧感的共同感受。不同的成分产生的辣味刺激是不同的,如切大葱或洋葱时眼睛受强烈的刺激而泪流不止,调配芥末时气味刺鼻,舔辣椒粉时有刺辣的痛感和嚼大蒜的辣感等。胡椒中的胡椒脂碱,辣椒中的辣椒素,芥末中的异硫氰酸烯丙酯等都是典型的辣味成分。

辣味调料是烹调的重要调料。因为辣味成分浓度的不同,辣感也有不同,人们将辣味分为从火辣感到尖刺感几个阶段。因所含辣味成分不同而使各种感觉不同,辣味物质大致分成热辣(火辣)味物质、辛辣(芳香辣)味物质和刺激辣味物质三大类。

热辣味物质是在口中能引起灼烧感觉而无芳香的辣味。此类辣味物质常见的主要有辣椒、胡椒、花椒。辣椒主要辣味成分是类辣椒素,属于一类碳链长度为 $C_8 \sim C_{11}$ 不饱和单羧酸香草基酰胺。胡椒的辣味成分是胡椒碱,是一种酰胺化合物,其不饱和烃基有顺反异构体,顺式双键越多时越辣;全反式结构也叫异胡椒碱。胡椒经光照或储存后辣味会减弱,这是顺式胡椒碱异构化为反式结构所致。花椒素也是酰胺类化合物,花椒中的主要辣味成分即为花椒素,还有异硫氰酸烯丙酯等。除辣味成分外,花椒还含有一些挥发性香味成分。

辛辣味物质包括姜、肉豆蔻和丁香。辛辣味物质的辣味伴有较强烈的挥发性芳香味物质。鲜姜的辛辣成分是邻甲氧基苯基烷基酮类。鲜姜经干燥储存,最有活性的6-姜醇会脱水生成姜酚类化合物,辛辣变得更加强烈。但姜受热时,6-姜醇环上侧链断裂生成姜酮,辛辣味较为缓和。丁香酚和异丁香酚也含有邻甲氧基苯酚基团。

刺激辣味物质最突出的特点是能刺激口腔、鼻腔和眼睛,具有味感、嗅感和催泪感。此类辣味物质主要有蒜、葱、韭菜类和芥末、萝卜类。二硫化物是前一类辣味物质的辣味成分,在受热时都会分解生成相应的硫醇,所以蒜、葱等在煮熟后不仅辛辣味减弱,还有甜味。异硫氰酸酯类化合物中的异硫氰酸丙酯,也叫芥子油,是后一类辣味物质的辣味成分,其特点是刺激性辣味较强烈,在受热时会水解为异硫氰酸,导致辣味减弱。

辣椒素、胡椒碱、花椒碱、生姜素、丁香、大蒜素、芥子油等都是两性分子,定味基是其极性头,助味基是其非极性尾。辣味随分子尾链的增长而增强,在碳链长度 C_9 左右(这里按脂肪酸命名规则编号,实际链长为 C_8)达到极大值,然后迅速下降,此现象被称为 C_9 最辣规律。辣味分子尾链如果没有顺式双键或支链时,在碳链长度为 C_{12} 以上将丧失辣味;若在 ω - 位邻近有顺式双键,即使是链长超过 C_{12} 也还有辣味。一般脂肪醇、醛、酮、酸的烃链长度增长也有类似的辣味变化。

辣味成分种类繁多,由辣椒的火辣感到黑胡椒或白胡椒的尖刺感,辣味顺序逐级改变。辣味可用于各种特色辣椒酱、辣味调味料的配制。辣味与其他呈味物的复合,才是辣味调味的关键所在。油辣子是辣椒最普通的产品,但以此为基础的发展变化是无穷尽的。油脂特有的香味和浓厚味感,是辣味最好的载体;以其他香辛料为原料进行的香化处理,可以赋予辣味丰富的香感。各种香辣粉的辣味成分比较复杂,一般来讲,香辣粉中多含辛辣型和穿鼻辣型的物质,其中所含的辛辣成分同时也是芳香型成分。

(六)鲜味

鲜味虽然不同于酸、甜、咸、苦四种基本味,但对于中国烹饪的调味来说,它是能体现菜肴鲜美味的一种十分重要的味,应该看成是一种独立的味。这在菜肴的调味中尤其显得突出和重要。鲜味可使菜肴鲜美可口,其来源主要是原料本身所含有的氨基酸等物质。呈鲜味的调味品主要有味精、鸡粉,还有高汤等。

对于鲜味的味觉受体目前还未有彻底的了解,有人认为是膜表面的多价金属离子在起作用。鲜味的受体不同于酸、甜、咸、苦四种基本味的受体,味感也与上述四种基本味不同。然而鲜味不会影响这四种味对味觉受体的刺激,反而能增强上述四种味的特性,有助于菜肴风味的可口性。鲜味的这种特性和味感是无法由上述四种基本味的调味剂混合调出的。人们在品尝鲜味物质时,发现各种鲜味物质在体现各自的鲜味作用时,是作用在味觉受体的不同部位上的。例如质量分数为 0.03% 的谷氨酸钠和 0.025% 的肌苷酸二钠,虽然具有几乎相同的鲜味和鲜味感受值,但却体现在舌头的不同味觉受体部位上。

能够呈现鲜味的物质很多,大体可以分为三类:氨基酸类、核苷酸类和有机酸类。目前市场上作为商品鲜味调料出现的主要是谷氨酸类和核苷酸类。鲜味成分的结构通式为:$-O-(C)_n-O-$, $n = 3 \sim 9$。其通式表明:鲜味分子需要一条相当于 $3 \sim 9$ 个碳原子长的脂链,而且两端都带有负电荷,当 $n = 4 \sim 6$ 时,鲜味最强。脂链不只限于直链,也可为脂环的一部分。其中的 C 可被 O、N、S 等取代。保持分子两端的负电荷对鲜味至关重要,若将羧基经过酯化、酰胺化或加热脱水形成内酯、内酰胺后,均可降低鲜味。但其中一端的负电荷也可用一个负偶极来替代。例如口蘑氨酸和鹅膏氨酸等,其鲜味比味精强 $5 \sim 30$ 倍。这个通式能将具有鲜味的多肽和核苷酸都包括进去。

呈鲜味效果与 pH 值有关,在复合调味料中使用谷氨酸钠时应注意调味品的 pH 值。pH = 3.2(等电点)时,呈味最低;pH = $6 \sim 7$,其几乎全部电离,鲜味最高;pH = 7 以上,则鲜味完全消失。关于 pH 值与谷氨酸钠鲜味强弱之间的关系,其解释如下:谷氨酸钠鲜味的产生是由 $\alpha - NH_4^+$ 和 $\gamma - COO^-$ 两个基团之间产生静电引力,形成类似五元环结构。在酸性条件下,氨基酸的羧基成为 $-COOH$,在碱性条件下,氨基酸的氨基成为 $-NH_2$,都使氨基与羧基之间的静电引力减弱,因而鲜味降低以至消失。MSG 鲜味与食盐的存在有一定的联系。据文献介绍,味精与氯化钠在水中解离出 $HOOC-(CH_2)_2-CH(NH_2)-COO^-$、$Na^+$ 和 Cl^- 三种离子,而谷氨酸钠解离后的阴离子 $HOOC-(CH_2)_2-CH(NH_2)-COO^-$,本身具有一定鲜味并起决定作用,但不与 Na^+ 结合,其鲜味并不那么明显,只有与 Na^+ 在一起作用才显示出味精特有的鲜味,其中 Na^+ 起着辅助增强的作用。

鲜味能引发食品原有的自然风味,是多种食品的基本呈味成分。选择适宜的鲜味剂可以突出食品的特征风味,如增强肉制食品的肉味感,海产品的海鲜味等。鲜味与其他呈味成分—咸味、酸味、甜味、苦味等的关系可归纳如下:使咸味缓和,并与之有协同作用,可以增强食品味道;可缓和酸味、减弱苦味;与甜味产生复杂的味感。谷氨酸钠的使用有益于风味的细腻、和谐。肌苷酸可以掩蔽鱼腥味和铁腥味。在复合调味料的调味过程中除了注意影响鲜味的有关因素外,还应注意到它与其他味感之间的对比、相抵作用。多种酿造和天然调味品都可以作为复合调味料中鲜味的来源。具体说来有味精、I + G(肌苷酸钠 + 鸟苷酸钠)、动物提取物、蛋白质水解液、酵母精、增鲜剂、氨基酸类添加剂、大豆蛋白质加工品(主要是粉末)、琥珀酸钠、海带精等。上述物质都具有生鲜的效果,但使用时却各有各的侧重点。

(七)香味

应用在调味中的香味是复杂多样的,其可使菜肴具有芳香气味,刺激食欲,还可去腥解腻。可以形成香味的调味品有酒、葱、蒜、香菜、桂皮、八角、花椒、五香粉、芝麻、芝麻酱、芝麻油、香糟,还有桂花、玫瑰、椰汁、白豆蔻、香精等。

利用热反应工艺能够对所要形成的风味进行设计,控制一定条件最终得到所希望的香型。热反应产生的香气有烤香型、焦香型、硫香型、脂肪香型等。动物的肉、骨、酱油粉、HVP 粉、酱粉等许多原料都能进行"烧烤"处理,形成众多有风味特色的调味原料。但生产这种原料一般比较定向,就是说针对某种特定需要而生产的产品。洋葱、大蒜等香辛蔬菜类很适合制成带烤香味的产品,可以是膏状、粉状或者是油脂状,比如烤蒜味在面的骨汤中具有绝佳的效果,如果有了烤蒜味的膏、油脂等产品,就可使骨汤的味道实现大的变化。复合调味料中也使用以油脂为载体的香味原料,这种香味油是以美拉德反应或酶解等手段生产的,它可以代替许多合成香精用于汤料、炒菜调料、拌凉菜汁等,适用于多种调味。

(八)涩味

涩味会使口腔有一种收缩的感觉,是涩味物质对唾液及黏膜上皮细胞的蛋白质凝固作用的反应,如柿子及未成熟水果带给人的一种特殊味感。当然,强烈的涩味使人非常不愉快,虽然不像苦味那样让人痛苦,但会带给人的口腔不快的感觉。但是极淡的涩味与苦味近似,与其他味的复合可以产生独特的风味,使味道复杂化和个性化,例如茶中的涩味能够引起人们的嗜好。

涩味的代表性成分是单宁,但不溶性的单宁没有涩味,比如用乙醇凝固柿子中的单宁物质,使之不溶,可以去掉柿子的涩味。茶里的涩成分有儿茶酸和单宁,前者的涩味较为愉悦,后者的涩味对舌头有刺激性。葡萄酒中也有涩味,该涩味成分也是单宁物质,主要是没食子酸,是从葡萄皮和葡萄子中转移进酒当中的。

涩味物质与黏膜上或唾液中的蛋白质生成了沉淀或聚合物而引起口腔组织粗糙折皱的收敛感觉和干燥感觉,这两种感觉的综合就是涩感。单宁分子具有很大的横截面,易于同蛋白质发生疏水结合,另外结构中的苯酚基团还能转变为能与蛋白质发生交联反应的酮式结构,疏水作用和交联反应都可能是形成涩感的原因。因而有人认为涩味不是作用于味蕾的味感,而是触角神经末梢受到刺激而产生的。涩味强度与植物单宁和蛋白质形成不溶性复合体的生成量之间并没有比例关系,但单宁的涩感强度在阈值附近时是与浓度成比例的。另外,在酸感较强时,降低酸度可明显减弱涩感;甜度也可使涩味变弱。

(九)蛤败味(辣嗓子味)

当把竹笋或紫萁等山菜浸在水中煮了之后,煮液变混,变得又苦又涩,喝到嘴里后嗓子发痒,很不舒服,这就是所谓的蛤败味。这种味道的成分主体是酪氨酸的衍生物尿黑酸,也有报告说是草酸及钙盐所致。

(十)金属味

由金属离子带来的味。比如罐头食品或饮料在开罐后直接食用或饮用,有时能感觉到金属(离子)对口腔(牙、舌头)的刺激酸味,这是由于食品长期同金属物体接触,金属离子溶入食品或饮料所造成的。这对食品、饮料或调味料的商品价值是有害的。

(十一)碱腥味

一般的食品呈中性或微酸性,很少有碱性的食品(如碱大的馒头,烙饼)。碱味是羟基负离子的呈味属性,0.01%的浓度就会被感知。氨基酸类与食盐均在 pH 值约为 7 时呈味,pH 值稍有升高,正常的味感即消失并转化为不良的碱味。碱味往往是在加工过程中不适当使用碱的结果,这种味在复合调味料中几乎不存在。

(十二)熟化味

老汤是经过长时间熬制后得到的,味道丰满、浑厚、回味无穷,这是长时间加热,汤内部各种有机成分经过不断分解和聚合反应后形成的一种深度熟化了的味感,称熟化味。一般的加工食品因工艺处理达不到这种要求,所以会显得单调乏味,或让人感觉味道是浮在表面的,在很大程度上会对人的食欲产生负面影响。

调味品的熟化工艺流程:

原料破碎→加水加热→过滤→滤液→浓缩→第1次反应物→加辅料→加热反应→过滤→调整→第2次反应物→加辅料→加热→调整→陈化→产品

(十三)醇味

所谓"醇味"就是厚味和后味,或者叫绵长味、回味等。这种味感常发生于浓汤、烧烤肉类食品、咖啡、豆奶、啤酒以及带有各种有能滞留于口腔的显味物质的食品。"醇味"与"熟化味",最大的区别在"滞留于口腔"的表现力上,醇味要强得多。从目前的研究结果来看,能形成醇味的成分是多方面的,其形成机理也很复杂。成分有动植物蛋白质转变而来的多肽(如相对分子质量10000~50000),美拉德反应形成的碱性物质(吡嗪类等),苦味成分(如咖啡因、生物碱等),脂肪酸类等。醇味是多种复杂成分相互重合及缓冲作用的结果。许多食品中都或多或少含有这些成分,将它们集中起来制成专用调味料是应研究的课题。

(十四)模糊味

所谓"模糊味"是指在主体风味基础上形成的一种不同于主体风味的微妙味感,它似有似无,但又是确实存在着的某种滋味。有意识地运用好这一调味方法,可以极大地提高产品的档次,起到"四两拨千斤"的作用。当人们感觉到美味时,实际上是感觉到其中有些妙不可言的滋味在抚慰着自己的口腔,要想都说清楚是不容易的,不是只用"鲜"字就能概括的,这就是所谓的"模糊"美味。许多好的厨师经常在有意无意地运用这个概念,要想让加工食品的味道提高档次,就应使用具有这类功能的调味原料,其中包括各种天然有特色的调味配料。食物美味的概念公式如下:

食物美味 = 主体风味 + 模糊味

主体风味 0.9 + 模糊味 0.1x = 食物美味

式中: x——模糊味的效应(正整数,≥1.0),这个系数越高,食物美味就越大于主体风味。

六、调味原理

调味是将各种呈味物质在一定条件下进行组合,产生新味。调味是一个非常复杂的过程,是动态的,随着时间的延长,味还有变化。尽管如此,调味还是有规律可循的,只要了解了味的相加、相减、相乘、相除,并在调料中知道了它们的关系及原料的性能,运用调味公式就会调出成千上万的味汁,最终再通过实验确定配方。

(一)味的增效作用

味的增效作用也可称味的突出,即民间所说的提味,是将两种以上不同味道的呈味物质,按悬殊比例混合使用,从而突出量大的呈味物质味道的调味方法,也称之为味的对比作用。也就是说,由于使用了某种辅料,尽管用量极少,但能让味道变强或提高味道的表现力。甜味与咸味、鲜味与咸味等,均有很强的对比作用。如少量的盐加入鸡汤内,只要比例适当,鸡汤立即变得特别鲜美。所以,要想调好味,就必须先将百味之主抓住,一切自然会迎刃而解。调味中咸味的恰当运用是一个关键。当食糖与食盐的比例大于 10∶1 时,可提高糖的甜味,反过来时,会发现不光是咸味,似乎还出现了第三种味。这个实验告诉我们,此方式虽然是靠悬殊的比例将主味突出,但这个悬殊的比例是有限的,究竟什么比例最合适,这要在实践中体会。调味公式为:

主味(母味) + 子味 A + 子味 B + 子味 C = 主味(母味)的完美

谷氨酸钠与 5′ - 肌苷酸及 5′ - 鸟苷酸之间存在十分明显的协同作用。当谷氨酸钠(MSG)与 5′ - 肌苷酸或 5′ - 鸟苷酸的比例为 1∶1 时,其鲜味增强效果最明显,但由于 IMP 与 GMP 的价格昂贵,实际生产中 I + G 用量约为 MSG 的 1/20。

(二)味的增幅效应

味的增幅效应也称两味的相乘,是将两种以上同一类味道物质混合使用,导致这种味道进一步增强的调味方式。如姜有一种土腥气,同时又有类似柑橘那样的芳香,再加上它清爽的刺激味,常被用于提高清凉饮料的清凉感;桂皮与砂糖一同使用,能提高砂糖的甜度;5′-肌苷酸与谷氨酸相互作用能起增幅效应产生鲜味。在烹调中,要提高菜的主味时,要用多种原料的味来扩大积数。如想让咸味更加完美时,可以在盐以外加入与盐相吻合的调味料,如味精、鸡精、高汤等,这时主味会扩大到成倍的咸鲜。所以适度的比例进行相乘方式的补味,可以提高调味效果。调味公式为:

$$主味(母味)×子味 A×子味 B=主味积的扩大$$

味的相乘作用应用于复合调味料中,可以减少调味基料的使用量,降低生产成本,并取得良好的调味效果。

(三)味的抑制效应

味的抑制效应,又称味的掩盖、味的相抵作用,是将两种以上味道明显不同的主味物质混合使用,导致各种物质的味均减弱的调味方式。有时当加入一种呈味成分,能减轻原来呈味成分的味觉,即某种原料的存在会明显地减弱其呈味强度。如苦味与甜味、酸味与甜味、咸味与鲜味、咸味与酸味等,具有明显的相抵作用,具有相抵作用的呈味成分可作为遮蔽剂,掩盖原有的味道。在1%~2%的食盐溶液中,添加7~10倍的蔗糖,咸味大致会被抵消。在较咸的汤里放少许黑胡椒,就能使汤味道变得圆润,这属于胡椒的抑制效果。如辣椒很辣,在辣椒里加上适量的糖、盐、味精等调味品,不仅缓解了辣味,味道也更丰富了。调味公式为:

$$主味+子味 A+主子味 A=主味完善$$

(四)味的转化

味的转化,又称味的转变,是将多种不同的呈味物质混合使用,使各种呈味物质的本味均发生转变的调味方式。如四川的怪味,就是将甜味、咸味、香味、酸味、辣味、鲜味等调味品,按相同比例融合,最后导致什么味也不像,称之为怪味。调味公式为:

$$子味 A+子味 B+子味 C+子味 D=无主味$$

两种味的混合有时会产生出第三种味,如豆腥味与焦苦味结合,能够产生肉鲜味。有时一种味的加入,会使另一种味失真,如菠萝或草莓味能使红茶变得苦涩。食品的一些物理或化学状态会使人们的味感发生变化。如食品黏稠度、醇厚度能增强味感,细腻的食品可以美化口感,pH值小于3的食品鲜度会下降。这种反应有的是感受现象,原味的成分并未改变。例如,黏度高的食品,使食品在口腔内黏着时间延长,以至舌上的味蕾对滋味的感觉时间持续加长,这样在对前一口食品呈味的感受尚未消失前,后一口食品又触到味蕾,从而使人处于连续状态的美味感中。醇厚是食品中的鲜味成分多,并含有肽类化合物及芳香类物质所形成的,从而可以留下良好的厚味。

（五）复合味的配兑

单一味可数,复合味无穷。由两种或两种以上不同味觉的呈味物质通过一定的调和方法混合后所呈现出的味,称之为复合味,如酸甜、麻辣等。常见的复合味有:呈酸甜味的调味品有番茄沙司、番茄汁、山楂酱、糖醋汁等;呈甜咸味的调味品有甜面酱等;呈鲜咸味的调味品有鲜酱油、虾子酱油、虾油露、鱼露、虾酱、豆豉等;呈辣咸味的调味品有辣油,豆瓣辣酱（四川特产）、辣酱油等;呈香辣味的调味品有咖喱粉、咖喱油、芥末糊等;呈香咸味的调味品有椒盐和糟油、糟卤等。

不同的单一味相互混合在一起,这些味与味之间就可以相互产生影响,使其中每一种味的强度都会在一定程度上发生相应的改变。总之,调味品的复合味较多,在复合味的应用中,要认真研究每一种调味品的特性,按照复合的要求,使之有机结合、科学配伍、准确调味,要防止滥用调味料,导致调料的互相抵消、互相掩盖、互相压抑,造成味觉上的混乱。所以,在复合调味料的应用中,必须认真掌握,组合得当,勤于实践,灵活应用,以达到更好的整体效果。

第三节　调味品发展现状

调味品的应用历史悠久,20世纪40年代,调味品大多为小作坊生产,品类较少。到1975年商业部召开全国调味品工作会议,要求用机械化、半机械化代替手工操作,这是调味品机械化生产的开端。到90年代,国际调味品资本进入中国市场,改变了国内调味品行业格局。目前,随着社会发展、消费者需求改变,调味品行业有了极大的改变,逐渐从相对传统、滞后的行业,转型为竞争激烈,规模超过 3000 亿元的行业。

从产量结构上看,调味品行业中产量占比最高的仍为传统调味品——酱油和食醋;其次是具有调节食物鲜味功效的味精。随着鲜味剂产品的更新换代,鸡精、鸡粉市场也逐步发展起来。

与其他行业相比,调味品行业厂家众多,集中度较低。行业龙头海天占比 6%,其次为李锦记、老干妈、太太乐、美味鲜。从未来行业的发展规律看,品牌集中度会越来越高。

1. 由单一化向多样化发展

调味品行业品牌众多,同质化问题严重。在调味品的开发方面,一方面人们越来越注重产品的安全性、健康性及功能性。另一方面,多样化的发展才能更好的满足市场需求。目前市场已经开发了烧烤、凉拌、炖鱼、煲汤、蒸菜、火锅等多种形式的复合调味料。在口味方面,不再局限于中式口味,各种西式风味复合调味品、日韩风味芥末酱、日本酱等不断深入调味品市场。

2. 产品需求转变

在调味品的使用方面,除满足调味作用外,人们对其营养保健作用、功能性、安全性越来越重视。

在调味品原料的使用方面,以动植物或酵母等天然物为原料生产的调味品所占市场份额越来越大。中国是农业大国,动植物资源相对丰富,充分利用资源优势,建立好原料生产基地,做好产品质量控制,通过分离、提取、发酵、勾兑、配置等方法对原料进行处理加工,开发营养安全的功能性调味品具有良好的市场前景。

传统调味品如酱油、酱类、酱腌菜等产品中往往含有较高的盐分,而高钠膳食易导致高血压、肾病等。降低调味品中的含盐量亦成为调味品行业的趋势之一。如某调味品企业在酱油酿造工艺中将盐水浓度降低生产薄盐酱油,与高盐稀态酿造酱油(盐分 16%~18.5%)相比,盐分降低25%。此外,很多研究人员对腐乳、酱腌菜等品类进行了低盐发酵工艺的开发。

3. 技术水平提高

在采用发酵法生产的调味品中，纯种发酵、益生菌发酵类产品的比重增加，纯种酵母菌、醋酸菌、乳酸菌等广泛应用于食醋、酱油、酱腌菜等产品的发酵生产中，各种酶制剂如淀粉酶、糖化酶、蛋白酶的应用比例增加，以用于提升产品，改善品质。

从调味品的生产制作工艺及工厂设施看，很多调味品的制作方法还处于最传统的方式，既不利于行业的发展，也不利于科技水平的提高。应用现代技术，完善调味品制作工艺，提高产品质量，才能长远地促进调味品行业的发展。除传统技术外，超临界萃取技术、现代生物技术、超高温瞬时灭菌技术、蒸馏技术等逐步应用于调味品生产加工。气调包装技术、喷雾干燥技术、自动化控制技术、膜分离技术等在复合调味品的生产加工中得到了广泛应用，各种高新技术的应用为新产品的开发提供了可能，也使我国的调味品在激烈的国际竞争中占据有利地位。

4. 食品安全

调味品种类众多，涉及的原料种类及数量繁多，各种甜味剂、鲜味剂、增稠剂、着色剂的使用及原料的处理方式都有可能引起产品的质量与安全问题，因此，添加剂的使用量及适用范围、原材料的安全检测都需要有统一的标准。此外，由于我国食品的相关法律法规体系还不够完善，普通消费者分不清食品添加剂和非法添加剂、食用香料和香精等的区别，让一些不法厂商钻空子。

在调味品标准方面，很多生产厂家采用的是企业标准，然而各企业间标准会有较大差异，容易造成混乱。应在生产企业全面推广危害分析和关键控制点（HACCP，Hazard Analysls and Critical Control Point），以确保食品在生产、加工、制造、准备和食用等过程中的安全。通过科学、合理和系统的方法，识别食品生产过程中可能发生危害的环节，并采取适当的控制措施防止危害的发生，监督和控制加工过程的每一步，才能保障调味品生产的安全性。

第二章　调味品生产原辅料

调味品是我国的传统食品,其生产的原料种类繁多,不仅包括采获后的生鲜食品,还包括供加工用的初级产品或半成品。其中,有以粮油类原料如大豆、花生、面粉、大米、蚕豆等为原料生产的调味品;有以果蔬原料如苹果、番茄、西瓜、苦瓜、蘑菇等为原料生产的调味品;有以畜禽类原料如牛肉、鸡肉、骨头等为原料生产的调味品;有以水产类为原料如虾、蟹、鱼、海藻为原料生产的调味品。调味品生产原料可分为基本原料(如蛋白质原料、淀粉质原料、食盐和水等)和辅助原料(如增色剂、增鲜剂、防腐剂等)。在调味品中选择蛋白质原料和淀粉质原料应具有蛋白质含量较高、碳水化合物适量,利于制曲和发酵,无霉变、无异味,资源丰富,价格低廉等特点。

原料是调味品生产的物质基础,是保证产品风味和质量的基础。不同的原料具有不同的风味和质地,会满足消费者的不同需求,同时原料的改变也是开发新的产品的途径之一。合理选择原料也是降低成本、提高经济效益的重要措施。

第一节　植物性原料

一、粮油类

粮油是对谷类、豆类、油料及其加工成品和半成品的统称。按是否经过加工分为原粮、成品粮。原粮分为谷类、麦类、杂粮类和豆类,包括稻谷、小麦、玉米、高粱、谷子、大麦、荞麦、大豆、小豆、绿豆、蚕豆、芸豆、甘薯等。成品粮包括大米、小麦粉、小米、油菜籽、白芝麻、黑芝麻、棉籽、葵花籽、香瓜籽、油茶籽、棕榈籽等。油脂包括花生油、菜油、香油、葵花籽油、大豆油、玉米胚油、棕榈油、橄榄油等。粮油制品类包括水解植物蛋白粉、酱粉、粉末酱油、粉末油脂等。

粮油类原料是调味品生产中最重要的原料,也是人们的最基本的食物。

(一)小麦及面粉

小麦及面粉是生产面酱的主要原料。我国是小麦生产大国,约占世界小麦总产量的20%,居世界第一位。我国小麦90%左右为冬小麦,主要分布在黄淮平原、华北平原、关中平原和河西走廊,春小麦仅占10%左右,主要分布在东北地区和内蒙古自治区。其中,河南、山东、河北三省的小麦总产量约占全国小麦总产量的一半。

作为酿造酱类的原料通常选用红色及软质小麦。碳水化合物是小麦的主要化学成分,约占麦粒重的70%,其中主要是淀粉(小麦胚乳中按重量计有3/4是淀粉),还有纤维、糊精以及各种游离糖和戊聚糖。淀粉是酱中碳水化合物的主要成分,是构成酱的香气、色素的主要原料。淀粉原料通常以小麦、面粉、麸皮等来代替。淀粉分子在小麦中是以白色固体淀粉粒的形式存在的,淀粉粒是淀粉分子的集聚体,由直链淀粉分子和支链淀粉分子有序集合而成,淀粉粒的表面有一层薄膜,具有抵抗酸、碱作用的能力。而在小麦制粉过程中,由于磨辊表面的碾压、摩擦作用,会造成少量淀粉粒薄膜的损伤。因天然屏障受损,故破损淀粉粒易受酸或酶的作用,而分解成为糊精、麦芽糖和葡萄糖。因此,破损淀粉对面粉的烘焙和蒸煮品质有一定的影响,能提供酵母赖以生长的糖分,这对于酱类制作来讲是非常有利的。小麦粉中仅有1%~2%的单糖、双糖和少量可溶性糊精可供酵母利用,在发酵过程中,当天然存在的或加入的糖分耗尽时,酵母所需的糖源主要依赖淀粉的糖化。当淀粉粒糊化或者遭到机械损伤后,淀粉酶对生淀粉粒作用速度迅速增加。将破损淀粉连续不断地水解成小分子物质和可溶性淀粉,再继续水解成麦芽糖和葡萄糖,可保证面团正常连续发酵。

小麦的蛋白质含量(干基)最低为9.9%,最高为17.6%,大部分在12%~14%,其含量随品种与生长条件等因素的差异而变化。小麦蛋白质的氨基酸组成中,赖氨酸含量少,是限制氨基酸。小麦蛋白含有较多的谷氨酸,过去曾是制造味精(谷氨酸钠)的主要原料。麦清蛋白和麦球蛋白含较多的赖氨酸、色氨酸和蛋氨酸,营养平衡较好,决定着小麦的营养品质,主要分布在麦胚和糊粉层中,少量存在于胚乳中。麦谷蛋白和麦胶蛋白集中存在于小麦胚乳中,是储藏蛋白,赖氨酸、色氨酸和蛋氨酸含量都较低,是决定小麦加工品质的主要因素。小麦的脂质含量为2%~4%,主要存在于胚芽和糊粉层中,多由不饱和脂肪酸组成,易氧化酸败,所以在制粉过程中一般要将麦芽除去。麦芽可作为糖化剂来使用,在德国及美国生产的麦芽醋就是以麦芽为糖化剂,糖化谷物的淀粉,经过酒精发酵、醋酸发酵制成的,日本也有少量生产。我国只有个别地方是利用麦芽制成饴糖后进行酒精发酵制醋的。

小麦或面粉中的矿物质含量丰富,主要有钙、钠、磷、铁、钾等,通常以盐类形式存在,其中,钙、铁、钾等含量比大米高出 3~5 倍。小麦和面粉中主要的维生素是复合 B 族维生素和维生素 E,维生素 A 含量很少,几乎不含维生素 C 和维生素 D。

(二)稻谷和大米

稻谷是我国最主要的粮食作物之一,目前,我国水稻的播种面积约占粮食作物总面积的1/4,产量约占全国粮食总产量的1/2,在商品粮中占一半以上,产区遍及全国各地。稻谷碾去谷壳后为糙米,糙米是完整的果实。糙米继续加工,碾去皮层和胚(即细糠),基本上只剩下胚乳,即我们平时食用的白米或大米。大米除供主食外,也是食品工业的主要原料。大米在加工时被碾碎的部分,称为碎米。大米的学名是稻米,包括籼米、粳米、糯米。

籼米是用籼型非糯性稻谷制成的米。米粒粒形呈细长或长圆形,长者长度在 7mm 以上,蒸煮后出饭率高,黏性较小,米质较脆,加工时易破碎,横断面呈扁圆形,颜色白色透明的较多,也有半透明和不透明的。

粳米是用粳型非糯性稻谷碾制成的米。米粒一般呈椭圆形或圆形。米粒丰满肥厚,横断面近于圆形,长与宽之比小于2,颜色蜡白,呈透明或半透明,质地硬而有韧性,煮后黏性大,柔软可口,但出饭率低。小站米、上海白粳米等都是优良的粳米。粳米产量远较籼米为低。

糯米又称江米,呈乳白色,不透明,煮后透明,黏性大,胀性小,一般不做主食,多用于制作糕点、粽子、元宵等,以及作为酿酒的原料。糯米也有籼粳之分。籼糯米粒形一般呈长椭圆形或细长形,乳白不透明,也有呈半透明的,黏性大,粳糯米一般为椭圆形,乳白色不透明,也有呈半透明的,黏性大,米质优于籼粳米。

大米淀粉分子组织疏松,容易蒸煮、糊化和糖化,在酿造工业中可用于制作白酒、黄酒、食醋。不少著名的食醋产品,都以糯米或大米为原料,如镇江醋、江浙玫瑰醋、福建红曲老醋等。也有采用糙米为原料酿制食醋的,其风味不同于用精白大米生产的食醋。为了降低成本,也可采用加工后的碎米。在发酵调味品制作中,大米也是一种重要的制曲原料,如日本米豆酱以大豆、米、盐为原料,以大米制曲。

(三)大豆

大豆为豆科,属一年生草本植物,是我国传统的“五谷”之一,也是四大油料作物之一。目前,大豆在我国广泛种植,产地主要集中在东北的松辽平原及华中的黄淮平原,以东北大豆质量最优。根据种皮颜色和粒形,大豆分五类:黄豆、青豆、黑豆、其他大豆(种皮为褐色、棕色、赤色等单一颜色的大豆)、饲料豆(一般籽粒较小,呈扁长椭圆形,两片子叶上有凹陷圆点,种皮略有光泽或无光泽)。不同品种和产地的大豆,各成分含量会有一定差异(表2-1)。

表2-1　不同品种大豆的成分(干计)　　　　　　　%

种　类	水　分	脂　肪	蛋白质	碳水化合物	粗纤维素	灰　分
黄豆	13.12	19.29	38.45	21.61	2.94	4.59
青豆	13.90	19.71	41.66	19.39	0.58	4.76
黑豆	13.96	19.85	36.58	21.33	4.05	4.23

大豆是豆酱、酱类、腐乳、豆豉、发酵豆和霉豆渣等的主要原料。大豆及其制品经微生物作用后,消除了抑制营养的因子,可产生多种具有香味的物质,因而更易被人体消化吸收,更重要的是增加了 B 族维生素的含量。原料大豆的缺陷直接影响成品的质量,而且在加工过程中很难进行修正,因此大豆原料的选择很重要。应选用色泽淡黄,无腐烂,无霉变,成熟度高,颗粒均匀的黄豆做原料。大豆中的霉烂豆粒以及石块杂质等必须除去。原料处理包括大豆浸泡和加热,浸泡可以水合蛋白质和其他的

谷物成分,因此,浸泡很容易影响随后的加热。水合不充分会导致在随后的热处理中大豆蛋白变性不充分及大豆组织软化不足。加热会影响蛋白变性,使曲霉能利用蛋白质水解蛋白,并使蛋白酶抑制剂和细胞凝集素失活,软化大豆组织,去除大豆上的细菌,去除不良的豆腥味。

(四)蚕豆

蚕豆也称胡豆、罗汉豆、佛豆或寒豆,为一年生或越年生草本植物,属豆科植物。我国蚕豆种植面积广泛,以四川、云南、江苏、湖北等地为多。蚕豆的荚果呈扁平筒形,未成熟时豆荚为绿色,荚壳肥厚而多汁,成熟的豆荚为黑色。蚕豆按其子粒的大小可分为大粒蚕豆、中粒蚕豆、小粒蚕豆。按种皮颜色不同可分为青皮蚕豆、白皮蚕豆和红皮蚕豆等。

蚕豆组成为(质量分数):水分 12.3%,蛋白质 25.6%,无氮浸出物 49.5%,粗脂肪 1.5%,粗纤维素 7.9%,灰分 3.2%。蚕豆中含有大量蛋白质,在日常食用的豆类中仅次于大豆,且不含胆固醇,并且氨基酸种类较为齐全,特别是赖氨酸含量丰富。还含有大量钙、钾、镁、维生素 C 等,蚕豆是蚕豆瓣酱的主要原料。

(五)高粱

高粱别名蜀黍,产地主要分布在东北、山东、河北、河南、山西等地。高粱的果实和稻谷一样,也叫颖果。籽粒经加工后制成高粱米,副产品有高粱壳、高粱糠。

高粱组成为(质量分数):水分 10% ~ 13%,蛋白质 10% ~ 13%,脂肪 3%,淀粉 70%,纤维素 3% ~ 4%,矿物质 1.5% ~ 2.0%。高粱具有多种用途,除作为主粮食外,也是食品工业优质原料,用作酿酒、酿醋,生产淀粉糖浆等。我国北方名品食醋都是以高粱为主要原料酿制的。高粱品种有以直链淀粉为主的粳高粱和几乎全部是支链淀粉的糯高粱(黏高粱)。前者主产于北方,是酿酒、制醋的主要原料,后者南方多产之,其淀粉的吸水性强,极易糊化。高粱含有单宁,其中白高粱含单宁最少,紫红高粱含单宁最多。单宁在高粱外皮中较多,经碾米后高粱糠中单宁含量最高。高粱糠的淀粉含量较低,油脂高,戊糖含量也比高粱米高,可达 7.6%(质量分数),因此很难为酒精酵母利用。高粱糠中的粗淀粉含量有很大的差别,一般在 33% ~ 56%(质量分数),所以也可用来酿酒,配料时应适量,不应多用。高粱不适于制曲和生产酵母,其所制曲的糖化力较低,酵母细胞瘦小,发酵能力低。

(六)谷子

谷子学名粟,古称秫。主要产于北方,如山东、山西、河南、河北、陕西、辽宁、吉林、黑龙江等地,是北方主要粮食作物之一。谷子有黏谷子及普通谷子之分;种皮有黄色及白色之别。谷子的营养价值很高,其蛋白质、脂肪高于稻米。维生素 B_1 含量高于稻米 4 倍以上。谷子与稻米一样,其种皮易于脱除,精白后的子实呈黄色小颗粒,称小米。小米的化学成分为(质量分数):水分11.1%,蛋白质9.7%,脂肪3.5%,淀粉72.8%,纤维素1.6%,灰分1.3%。小米营养丰富,为华北农村常用的杂粮,其蛋白质的含量与黏小米无大差别,除作主食外,也是食品工业中良好的淀粉质原料,用于酿酒、酿醋、酿造酱油等,制米后副产品谷壳、谷糠也是固态发酵醋的优质填充料。

(七)玉米

玉米别名玉蜀黍、苞米、珍珠米等,主要产于华北、东北、西南山区、河南、山东、陕西、四川、云南。玉米化学成分为(质量分数):水分15%,蛋白质9.9%,脂肪类4.4%,淀粉67.2%,纤维素2.2%,矿物质1.3%。玉米粗淀粉含量与高粱相当,通常黄玉米比白玉米淀粉含量高些,含(质量分数)脂肪4.2%~4.3%,粗蛋白9%~11%。脂肪多存在于胚芽中,含油率可达15%~40%。因此,用玉米制醋时,应分离出胚芽,以免在酿造过程中产生邪杂味。玉米碳水化合物中,除含淀粉外,尚含有少量葡萄糖及戊糖等,戊糖约占无氮抽出物的7%(质量分数)。由于戊糖不能为酒精酵母所利用,所以淀粉含量虽不低于高粱,但出酒率并不高。另外,玉米淀粉的结构紧密,难于糊化,糖化时还生成难溶解淀粉,出酒率低,一般不宜将玉米用作酿醋原料,如用玉米酿醋时,要注意原料的蒸煮及糖化工艺。玉米籽粒为工业原料,可制取玉米淀粉用于酿醋。

(八)薯类

薯类作物产量高,块根或块茎中含有丰富的淀粉,并且原料淀粉颗粒大,蒸煮易糊化,是经济易得的原料。用薯类原料酿醋可以大大节约粮食。常用的薯类原料有甘薯、马铃薯、木薯等。

1. 甘薯

甘薯又称红薯、地瓜、红苕、白薯等。主要产于四川、河南、山东、江苏、浙江、安徽等地。甘薯的化学成分为(质量分数):水分 12.9%,淀粉 76.7%,蛋白质 6.1%,脂肪 0.5%,纤维素 1.4%,灰分 2.4%。甘薯为我国产量较多、分布最广的薯类。其块根含大量淀粉且纯度较高,易于蒸煮糊化;含脂肪及蛋白质较少,发酵过程中升温幅度小。甘薯含还原糖也较多,发酵时可为酵母迅速利用,所以一般出酒率高。但甘薯中含有果胶,薯干中约含 3.6%(质量分数)的果胶质,是造成酒中甲醇高的原因。另外,其成品酒液中常带有薯干味,但经过醋酸发酵后,就完全显不出来了。甘薯粉可用作酿酒、酿醋的原料,在山东地区被广泛应用于食醋酿造。

2. 马铃薯

马铃薯又名土豆、洋山芋,我国东北、西北、内蒙古等地区盛产马铃薯。它是富含淀粉的酿酒原料,鲜薯含粗淀粉 25%～28%(质量分数),干薯片含粗淀粉 70%(质量分数)。马铃薯淀粉颗粒大,分子结构疏松,易于糊化、糖化,出酒率达 75%～80%。鲜薯含水量大,酿酒固态糖化时要配以较大量的填充料。产品没有薯干味,可用于生产食醋。发芽马铃薯含龙葵素,有毒,会影响发酵,因此应注意马铃薯的储存条件。

(九)花生

花生为豆科作物,又名落花生或长生果。花生是优质食用油主要油料品种之一,也是一种很好的植物蛋白资源,约占植物蛋白的 11%。花生在全国各地均有种植,其中以山东省种植面积最大,产量最多。花生中含有丰富的营养成分,花生仁的化学成分为(质量分数):水分 4.6%,蛋白质 24%～30%,脂肪 35%～56%,粗纤维 2.7%～4.1%,碳水化合物 13%～19%,灰分 2.5%～3.0%。花生是很多种食品的重要原料,也是花生酱的主要原料,花生米很容易受潮变霉,产生致癌性很强的黄曲霉菌毒素。这种毒素耐高温,煎、炒、煮、炸等烹调方法都分解不了它。所以一定要注意不可采用发霉的花生米作为原料。

(十)芝麻

芝麻又称胡麻、油麻、巨胜子,是胡麻科草本植物芝麻的种子。芝麻在我国各地均有栽培。秋季果实成熟时采收,晒干、打下种子备用;种子有黑色、白色、淡黄色。一般分为黑芝麻、白芝麻两种,以前者为优。芝麻是制作芝麻酱的主要原料。

其他如豌豆、菜子饼、芝麻饼、各种油料作物的饼粕和糖糟豆渣等均可综合利用酿造酱制品等调味品。

二、果蔬类

果蔬产品包括水果、蔬菜等,尤其水果、蔬菜是人们日常生活不可缺少的副食品,是仅次于粮食的世界第二重要的农产品,同时也是食品工业重要的加工原料。在调味品加工中它们是制备果蔬醋、果蔬酱、花酱等的主要原料。

(一)苹果

苹果的栽培面积与产量在我国为各果树的首位。品种数以千计,分为酒用品种、烹调品种、生食品种三大类。苹果的果实品质优良,风味好,含有丰富的矿物质、可食性纤维、维生素等营养物质,对人体具有极高的营养保健作用。据测定,苹果中含有(质量分数):水分85.9%、蛋白质0.2%、脂肪0.2%、碳水化合物12.3%、膳食纤维1.2%、灰分0.2%。苹果是酿制苹果醋的主要原料,原材料利用率可达95%。较适宜加工用的品种有青光、红玉、金帅、青香蕉、翠玉、金冠等。以含糖分较高的品种为好。红玉的糖分和含酸量均适中,国光的糖分多,含酸量较低,它们也都是很好的酿醋原料。

(二)葡萄

葡萄古称蒲陶,品种繁多,在我国各地均有种植,如闻名中外的新疆无核葡萄、河北白牛奶葡萄、山东的龙眼、天津的玫瑰香及四川的绿葡萄等。葡萄在全世界水果类生产量中约占1/4,以法国、意大利产量最多。葡萄含糖量高达10%~30%(质量分数),以葡萄糖为主。葡萄的化学成分含量为(质量分数):水88.7%,蛋白质0.5%,脂肪0.2%,碳水化合物9.9%,膳食纤维0.4%,灰分0.3%。

葡萄的巨大经济价值主要在于酿酒,全世界80%的葡萄都用于酿酒。葡萄也可作为酿醋的原料,如欧洲以葡萄酒生产食醋,尤其在酿造大国,如意大利、法国、西班牙和希腊等更是如此。

除上述水果品种之外,西瓜、梨、桃、山楂、沙棘、猕猴桃、酸枣、木瓜、芦柑、黑加仑、柿子、刺梨废渣等都可作为果醋、果酱等酿造的原料。如西瓜也是西瓜豆瓣酱的主要原料之一。

(三)番茄

番茄,又称西红柿,属茄科,为一年生蔬菜。我国各地均普遍栽培,夏秋季出产较多。它的品种极多,按果皮的颜色分,有大红的、粉红的、橙红的和黄色的。红色番茄,果色火红,一般呈微扁圆球形,脐小,肉厚,味甜,汁多爽口,风味佳,生食、熟食均可,还可加工成番茄酱、番茄汁;粉红番茄,果色粉红,近圆球形,脐小,果面光滑,味酸甜适度,品质较佳;黄色番茄,果色橘黄,果大,圆球形,果肉厚,肉质又面又沙,生食味淡,宜熟食。

番茄含有丰富的营养,每100g番茄含蛋白质0.6g,脂肪0.2g,碳水化合物3.3g,磷22mg,铁0.3mg,胡萝卜素0.25mg,维生素B_1 0.3mg,维生素B_2 0.03mg,烟酸0.6mg,抗坏血酸11mg。由于内含酸性物质,番茄容易罐装保存,番茄酱和番茄汁也是常见的加工品。番茄酱(番茄汁)是由新鲜的成熟番茄去皮籽磨制而成,可分为两种:一种颜色鲜红,很常见;另一种是由番茄酱进一步加工而成的番茄沙司,为甜酸味,颜色暗红。加工酱制品时一般选择充分成熟、色泽鲜艳、干物质含量高、皮薄肉厚、籽少的果实为原料,不仅口味好,而且营养价值高。

(四)韭菜

韭菜属百合科植物韭的叶,多年生宿根蔬菜。原产东亚,我国栽培历史悠久,分布广泛,尤以东北所产者品质较佳。韭菜的种类可分为叶用、花用和花叶兼用三种。叶用韭菜的叶片较宽而柔软,抽薹少,以食叶为主。花韭的叶片短小而硬,抽薹较多,以采花茎为主。花叶兼用的花叶均佳,我国栽培的以此类占多数。韭菜具有丰富的营养价值。据分析,每百克鲜韭菜中含蛋白质2.6g、膳食纤维1g、钙39mg、铁1.02mg、维生素B_1 0.1mg、维生素B_2 0.74mg,脂肪、糖分、维生素A、维生素C含量也较高。同时,还含有挥发性的硫化丙烯,具有辛辣味,能促进食欲。因此,韭菜深受广大人民群众的喜爱,是炒食、做馅、做汤和调味不可缺少的主要蔬菜之一。另外,韭菜加工还可制成腌韭菜、韭菜泥、韭菜花等风味独特的酱菜。

（五）香菇

香菇是一种生长在木材上的真菌类，由于它含有一种特有的香味物质——香菇精，形成独特的菇香，所以称为"香菇"。香菇是世界第二大食用菌，也是我国特产之一，目前中国的香菇年产量居世界第一位，出口也居世界之首。香菇分布在我国河南、浙江、福建、台湾、安徽、湖南、湖北、江西、四川、广东、广西、海南、贵州、云南、陕西、甘肃等地区。

由于香菇味道鲜美，香气沁人，营养丰富，素有"植物皇后"的美誉。据分析，干香菇的化学成分含量（质量分数）：水 12.3%，蛋白质 20%，脂肪 1.2%，膳食纤维 31.6%，碳水化合物 30.1%，灰分 4.8%。鲜香菇除含水 85%~90% 外，固形物中含粗蛋白 19.9%，粗脂肪 4%，可溶性无氮物质 67%，粗纤维 7%，灰分 3%。香菇的鲜味成分是一类水溶性物质，其主要成分是 5′-鸟苷酸等核酸，均含 0.1% 左右；其香味成分主要是香菇酸分解生成的香菇精。在做香菇酱时选择皮薄、菇肉厚、伞完整、底纹洁白、柄短、无虫蛀、无腐烂的新鲜香菇。

此外，在果蔬资源丰富的地区，可以采用南瓜、黄瓜、芹菜等果蔬类原料酿醋、做果蔬酱等。

三、香辛料

香辛料是指具有特殊香气和滋味的天然植物的根、茎、叶、花或果实。采收后，一般要先经过晒干或烘干，才能作为香料使用。香辛料中的芳香物质具有刺激食欲、帮助消化的功效。香辛料品种繁多，国际标准化组织确认的香辛料有 70 多种，按国家、地区、气候、宗教、习惯等不同，又可细分为 350 余种。香辛料的分类有多种方法，根据香辛料植物富含香味物质的部分分类，按取用的植物组织分为：

果实：胡椒、八角、辣椒、小茴香等。

叶及茎：薄荷、月桂、迷迭香、香椿。

种子：小豆蔻等。

树皮：斯里兰卡肉桂、中国肉桂等。

鳞茎：洋葱、大蒜等。

地下茎：姜、姜黄等。

花蕾:丁香、姜香科植物等。

假种皮:肉豆蔻。

葱、洋葱、姜、蒜、辣椒、香菜(芫荽)等既属于各种蔬菜,又属香辛料类。

香辛料是提供调味品香味和辛辣味的主要成分之一。正确运用香辛料,对各类调味品的风味质量有重要的作用。它不仅本身可作为调味品,也是酱类、复合调味料等生产中的一种基本原料,可以赋予产品特殊的风味、口味、色泽等。在某些情况下,香辛料还能掩蔽食品的异味和不良风味,满足人们的不同需要,同时也有利于调味品的生产加工与储藏运输。

四、微生物类

微生物在分类学上属植物,主要以酵母为主要原料,如酵母精。酵母精也称酵母抽提物,是兼有调味、营养、保健三种功能的天然调味品。它含有8种必需氨基酸、B族维生素、矿物质,且比例较为合适,易消化、吸收,有利于人体健康;含有大量的呈味物质,如鸟苷酸、肌苷酸,鲜味充足,风味浓郁,留香持久。

Torula 酵母之类的酵母粉被大量用于熏肉香精和奶酪加洋葱香精。热加工可以使自溶酵母粉产生一种焙烤香味,赋予其一种非常愉快的美味。当需要一种"天然的"风味增强效果时,粉末状的酵母提取物被广泛使用。

酵母抽提物被广泛地用于各类调味料、肉类、水产品、膨化食品、快餐食品加工中,可改善产品口味、风味,增加醇厚味,提高产品质量和营养价值。它与调味料中的动植物提取物及香辛料配合,可引出强烈的鲜香味,达到相乘效果;调味品中使用量为0.3%~1%。

五、海藻

水产植物原料以藻类为主,海藻是海产品中重要的一种。随着人们对海洋资源的开发利用,发现越来越多的海藻类原料可被利用。一些主要海藻的化学成分分析见表2-2。

表 2 – 2　　主要海藻的一般成分　　　　　　　　　　%

海　藻	蛋白质	脂　肪	碳水化合物	纤　维	灰　分
浒苔(绿藻)	19.5	0.3	58.1	6.8	15.2
礁膜(绿藻)	20.0	1.2	57.2	6.7	14.9
海带(褐藻)	9.0	1.7	50.7	14.3	24.1
羊栖菜(褐藻)	12.3	1.5	54.4	10.6	21.2
裙带菜(褐藻)	17.2	3.7	40.6	2.1	35.4
紫菜(红藻)	43.6	2.1	44.4	2.0	7.5

　　海带是一种特殊蔬菜,它除了含有一般蔬菜的营养成分外,还是一种含碘量比较高的食品,可有效地防止甲状腺肿大。海带不仅可食用或加工成干制品,还可制成海带酱类、海带味粉、调味海带丝等系列食品。

　　紫菜是一种营养价值较高的食用海藻,属红藻门、紫菜目。中国紫菜约有十几种,广泛分布于沿海地区,较重要的有甘紫菜、条斑紫菜、坛紫菜等。紫菜是由单层或双层细胞组成的膜状体,形状因种类而异。紫菜的颜色有绿色、棕红色以及其他鲜艳色,会因叶绿素 A、叶绿素 B、胡萝卜素、藻红素和藻蓝素的含量及相互间的比例不同而变化。紫菜酱原料主要是来自紫菜烘烤车间切片后的碎屑和等外品(发黄、发绿或有孔洞的紫菜饼),也可用鲜紫菜。

六、植物性原料的预处理技术

植物性原料常用的预处理方法有下列几种:

(1)将可食部分干燥后磨成细粉备用(如洋葱粉、胡椒粉)。也可采用湿式磨碎过筛后,与各种蔬菜末调合成复合蔬菜末,经灭菌、喷雾干燥后再过筛而制成蔬菜粉。

(2)制成脱水蔬菜后,粗碎备用(如胡萝卜)。

(3)制取抽提液:可参阅动物性原料的抽提工艺(如香菇、洋葱、海藻等),也可选用下述加工工艺。

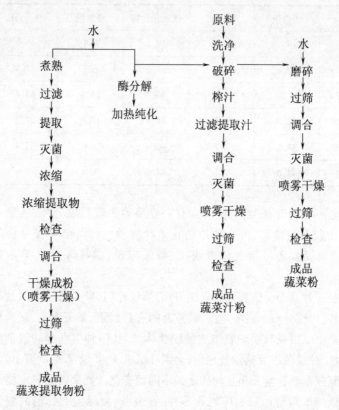

根据生产工艺,蔬菜可预处理成粉精,分蔬菜粉、蔬菜汁粉和蔬菜提取物粉三类。

蔬菜粉:保持蔬菜原有的色泽,风味。最常用的蔬菜粉是洋葱粉,主要产于美国、法国、埃及和东欧。番茄粉也被广泛用于许多配方中,特别是烧烤香精。其他常用的蔬菜粉包括大蒜粉、胡萝卜粉、芹菜粉和辣椒粉。适宜品种还有海带、甘蓝、玉米等粉末品种,是清炖肉汤、西式汤料等必备原料。

蔬菜汁粉:呈现新鲜菜汁的风味,保持着各种原料原来之色泽。适宜制备蔬菜汁粉的蔬菜品种有洋葱、胡萝卜、豆芽、甘蓝等。蔬菜汁粉主要用于清炖肉汤、面用汤料等粉汤料,突出鲜菜的风味和特色。

蔬菜提取物粉:从蔬菜中提取精华成分,其中含有呈鲜味的氨基酸类、各种有机酸、糖类等,使该品种风味独特。蔬菜提取物粉有白菜、葱、洋葱、胡萝卜、豆芽、香菇、甘蓝和海藻等品种,可用于各种粉末汤料、佐料汁、寿司。可以作为中式、日式、西式的菜肴中重要的风味成分。

蔬菜粉精还可同其他调味料混合,经过流动层造粒或挤出造粒,制成颗粒状,作为方便食品、风味小食品的调味料。

(4)将成熟鲜货用盐腌制,以便终年不间断地供用,同时又可改进鲜货的风味,例如腌辣椒。

(5)制成水解植物蛋白备用。常用原料为脱脂大豆、小麦面筋、谷朊粉等,通过盐酸水解,使蛋白质水解成氨基酸。水解植物蛋白的成品有液状、粉状、颗粒状及糊状等。为了强化植物蛋白风味,在水解的同时可加入动物性原料(如动物下脚料、鱼粉等)共同水解,由于HAP(水解动物蛋白)呈味效果强于HVP(水解植物蛋白),故制品除具有两种原料的风味外,还能产生新的风味成分。现在多用蛋白酶酶解蛋白质来制备酶解液,风味鲜美、浓郁、醇厚,效果大大优于酸水解法。

第二节 动物性原料

动物性原料种类包括禽蛋类、禽畜肉类和水产类。禽蛋类以鸡为主要原料,其次为蛋品。畜肉类以牛、羊、猪等为主的肉类如老汤精粉。水产类通常为鱼、虾和贝壳类。

一、禽蛋类

禽蛋由蛋壳、蛋白和蛋黄三部分组成,其中蛋黄由蛋黄膜、蛋黄内容物和胚盘三部分组成。蛋黄膜是包围卵黄的透明膜,新鲜蛋的蛋黄膜有韧性和弹性,随着储藏时间的延长将脆弱化并破裂。蛋黄是生产蛋黄酱最重要的原料,禽蛋蛋黄的化学成分见表2-3。

表2-3　蛋黄的化学组成

种　　类	食部(%)	能量(kJ)	水分(g)	蛋白质(g)	脂肪(g)	碳水化合物(g)	灰分(g)
鸡蛋黄	100	1372	51.5	15.2	28.2	3.4	1.7
乌骨鸡蛋黄	100	1100	57.8	15.2	19.9	5.7	1.4
鸭蛋黄	100	1582	44.9	14.5	33.8	4.0	2.8
鹅蛋黄	100	1356	50.1	15.5	26.4	6.2	1.8

　　禽蛋有很多重要特性,其中与食品加工密切相关的特性有蛋的凝固性、乳化性和发泡性,这些特性使得蛋在各种食品中得到广泛应用。当禽蛋受热、盐、酸、碱、机械作用时会引起蛋白质的变性,发生凝聚、凝固,使蛋黄的状态由流体变成固体或半固体(凝胶)状态,这有利于蛋黄酱的加工。

　　蛋黄中富含卵磷脂和蛋白质,具有优良的乳化性。蛋黄的乳化性对蛋黄酱、色拉调味料、起酥油面团等的制作有重要的意义。众所周知,油与水是根本不相溶的,但卵磷脂既具有能与油结合的疏水基,又有能与水结合的亲水基。在搅拌下能形成混合均匀的蛋黄酱。蛋黄的乳化性受加工方法和其他因素的影响,用水稀释蛋黄后,乳化液中的固形物减少,黏度降低,其乳化液体的稳定性降低。向蛋黄中添加少量食盐、食糖等都可显著提高蛋黄乳化能力;蛋黄发酵后,其乳化能力增强,乳化液的热稳定性提高;温度对蛋黄卵磷脂的乳化性也有影响,例如,制蛋黄酱时,用凉蛋乳化作用不好,一般以16~18℃比较适宜,温度超过30℃又会由于过热使粒子凝结在一起而降低蛋黄酱的质量,而酸能降低蛋黄的乳化力;另外,冷冻、干燥、储藏都会使乳化力下降。

　　当搅打蛋清时,空气进入并被包在蛋清液中形成气泡。在发泡过程中,气泡逐渐由大变小,且数目增多,最后失去流动性,通过加热使之固定,形成组织疏松的蛋黄酱。

二、禽、畜肉类

　　随着人们生活水平的提高,肉品的消费量逐渐加大,肉品加工业也以较快的速度发展,如以畜禽肉、骨为原料生产的猪肉酱、牛肉香辣酱、羊肉酱料、鹅肥肝酱、骨糊酱等。

通常所说的肉是指畜禽屠宰后除去毛、皮、头、蹄、内脏(猪保留板油和肾脏,牛、羊等毛皮动物还要除去皮)后的胴体部分,因带骨又称其为带骨肉或白条肉。肉(胴体)由肌肉组织、脂肪组织、结缔组织和骨组织四大部分构成,其组成的比例大致为:肌肉组织50% ~60%,脂肪组织15% ~45%,骨组织5% ~20%,结缔组织9% ~13%。这些组织的构造、性质直接影响肉品的质量、加工用途及其商品价值。

畜禽肉类的化学成分因动物的种类、性别、年龄、营养状态及畜体的部位不同而有变化,且宰后肉内酶的作用,对其成分也有一定的影响(表2 -4)。肉是人类饮食的重要组成部分,是优良蛋白质的来源,并能提供一些纤维素和矿物质。肉中的主要化学成分有:蛋白质、脂肪、矿物质、维生素和水等。

表2 -4 畜禽肉的化学组成

名 称	含量(%)				
	水 分	蛋白质	脂 肪	碳水化合物	灰 分
牛肉(肥瘦)	68.6	20.1	10.2	—	1.1
羊肉(肥瘦)	67.6	17.3	13.6	0.5	1
猪肉(肥瘦)	29.3	9.5	59.8	0.9	0.5
猪肉(瘦)	52.6	16.7	28.8	1	0.9
马肉	75.5	20	2	1.6	0.9
马鹿肉	76	19.5	2.5	0.8	1.2
兔肉	73	24	1.9	0.1	1
鸡肉(土鸡)	73.5	20.8	4.5	0	1.2
鸭肉	71.2	23.7	2.6	1.3	1.2
骆驼肉	76.1	20.8	2.2	—	0.9

肉类中有甜味、咸味、酸味、苦味、鲜味等呈味物质。葡萄糖、果糖、核糖、甘氨酸、丙氨酸、丝氨酸、苏氨酸、赖氨酸、脯氨酸、羟脯氨酸等呈甜味;

无机盐类、谷氨酸单钠盐、天门冬氨酸钠呈咸味;天门冬氨酸、谷氨酸、组氨酸、天门冬酰胺、琥珀酸、乳酸、吡咯烷酮羧酸、磷酸呈酸味;肌酸、肌酸肝、次黄嘌呤、鹅肌酸、肌肽、其他肽类、组氨酸、蛋氨酸、缬氨酸、亮氨酸、异亮氨酸、苯丙氨酸、色氨酸、酪氨酸呈苦味;谷氨酸单钠盐、5′-肌苷酸、5′-鸟氨酸、某些肽类呈鲜味。

三、水产类

水产动物原料以鱼类为主,其次是虾蟹类、头足类、贝类。水产原料与其他食品加工原料相比具有很大不同。水产原料的捕捞具有一定的季节性。水产原料一般含有较高的水分和较少的结缔组织,极易因外伤而导致细菌的侵入。另外,水产原料所含与死后变化有关的组织蛋白酶类的活性都高于陆产动物,因而水产原料一旦死亡就极易腐败变质。

(一)鱼类

鱼类食品被公认是优质的保健食品。鱼肉中水分占 70% ~85%、粗蛋白质 10% ~20%、碳水化合物 1% 以下、无机物 1% ~2%。与陆产动物肉相比,鱼肉的水分含量多,脂肪含量少,蛋白质含量略高于陆产动物。鱼肉是很好的蛋白质来源,而且这些蛋白质吸收率很高,约有 87% ~98% 都会被人体吸收。鱼类含有很特别的 $\omega-3$ 系列脂肪酸,例如 EPA(二十碳五烯酸)及 DHA(二十二碳六烯酸)。此外,鱼油还含有丰富的维生素 A 及维生素 D,特别是鱼的肝脏含量最多。鱼类也含有水溶性的维生素 B_6、维生素 B_{12}、烟酸及生物素。

鱼酱一直是我国传统鱼制品加工产品,以其独特的滋味充当菜肴或佐料。龙头鱼、鲢鱼等鱼类不仅可以加工鱼鲜酱、鱼鲜辣酱、鱼鲜麻辣酱、八宝鱼鲜酱等系列鱼酱,还可以加工成方便面的鱼鲜酱料包。

(二)虾和蟹

虾属节肢动物甲壳类,种类很多,全世界约 2000 种,但有经济价值的种类只有近 400 种。海虾有对虾、明虾、基围虾、琵琶虾、龙虾等;淡水虾有青虾、河虾、草虾、小龙虾等;还有半咸水虾,如白虾等。蟹是十足目短尾次目的通称。世界约 4700 种,中国约 800 种,常见的有关公蟹、梭子蟹、溪蟹、招潮蟹、绒螯蟹等属。

虾蟹类作为食品,不但风味独特,而且富有营养物质。其肉一般含水量70%～80%,富含蛋白质,脂肪含量较低,矿物质和维生素含量较高。以对虾为例,肌肉含蛋白质20.6%,脂肪仅0.7%,并有多种维生素及人体必需的微量元素,是高级滋补品。虾蟹类营养成分见表2-5。

表2-5　虾蟹类的营养成分(100g可食部位含量)

名称	水（g）	蛋白质(g)	脂肪（g）	碳水化合物(g)	热量（kJ）	灰分（g）	钙（mg）	磷（mg）	铁（mg）	维生素A（IU）	维生素B₁（mg）	维生素B₂（mg）	烟酸（mg）
三疣梭子蟹	80.0	14.0	2.6	0.7	343	2.7	141	191	0.8	230	0.01	0.51	2.1
中华绒螯蟹	71.0	14.0	5.9	7.3	582	1.8	129	145	13.0	5960	0.03	0.17	2.7
对虾	77.0	20.6	0.7	0.2	377	1.5	35	150	0.1	360	0.01	0.11	1.7
青虾	81.0	16.4	1.3	0.1	327	1.2	99	205	1.3	260	0.01	0.07	1.9
龙虾	79.2	16.4	1.8	0.4	348	2.2	—	—	—	—	—	—	—

注　摘自中国医学院卫生研究所《食物成分表》。

大多数虾蟹类可食部分蛋白质含量为14%～21%。比较而言,蟹类的蛋白质含量略低于虾类,而虾类中对虾蛋白质含量高于其他虾类。根据科学的分析,虾可食部分蛋白质占16%～20%。虾蟹类的脂肪含量较低,一般都在6%以下。蟹类的脂肪含量显著高于虾类,尤其是中华绒螯蟹高达5.9%,而虾类脂肪含量一般都在2%以下。虾蟹类固醇含量较低,尤其是胆固醇。除中华绒螯蟹碳水化合物含量高达7.1%外,其他虾蟹类碳水化合物都在1%以下。与鱼类相比较,虾蟹类脂溶性维生素A和维生素D的含量都极少,这与虾蟹类脂肪含量低有关,但维生素E的含量却与鱼类没有差异。虾蟹类的抽提物比鱼类的高,这是虾蟹类比鱼类味道更鲜美的主要原因之一。虾蟹类游离氨基酸含量比较高,尤其是甘氨酸、丙氨酸、脯氨酸、精氨酸。虾蟹类三磷酸腺苷(ATP)的降解模式与鱼类是一致的,因此,降解产物IMP在其呈味方面也有重要影响。

虾蟹类与鱼类的呈味特性有相似之处,既有丰富的游离型呈味成分,又有肌肉蛋白质结构中丰富的潜在的呈味氨基酸。但虾蟹类的呈味成分与鱼类也有差异，最大的区别在于虾蟹类含有丰富的呈甜味的甘氨酸甜菜碱，使得其抽提物或者水解物具有浓郁的香甜味道。同鱼类一样，虾蟹类既可用熬煮后产生的液汁浓缩精制为调味品，也可通过水解和发酵生产味道鲜美的调味品，如虾酱、虾油、蟹酱等。

浮游甲壳类中的主要品种如中国毛虾、日本毛虾、糠虾和沟虾都可用于生产虾酱。虾头中酚类氧化酶的活性较高，使捕获后的对虾易发生黑变。虾头集中了对虾大部分器官和组织，营养十分丰富，但长期以来在虾的加工中绝大部分被露天堆放，既造成极大的浪费，又严重地污染环境。虾头也可用于加工生产虾头酱，其中大部分是采用虾组织自溶发酵等工艺制成。

海捕低值蟹类即小杂蟹，除了部分作为家庭的汤料外，大部分作为鱼粉或养殖饲料，浪费了资源。在国外，日本和美国利用这种小杂蟹为原料，用酶解的方法，经过浓缩、过滤、精制提取出水解蟹油作为模拟蟹肉的添加剂或配合其他香辛料生产粉状的蟹味素为调味料；在国内，上海全国土特产食品公司也曾经用传统发酵的方法生产过蟹糊和蟹酱。为了有效地开发利用这种小杂蟹，有报道采用酶解法将其进行水解，经浓缩后添加各种辅料研制成蟹酱罐头，这种方法生产的蟹酱比传统方法生产周期短、效率高，而且挥发性盐基氮低，腥味淡，气味、鲜味较好。

四、老汤

老汤就是烹煮时间较长的酱汤，汤里营养丰富，口味极佳，因此，老汤历来被著名的烹调大师们奉为烹调的镇家之宝。老汤精粉是采用牛肉、猪肉、鸡肉等各类天然原料，经蛋白酶分解，微胶囊化封闭等多种生物技术作用，分解成小分子多肽、氨基酸等，再经过美拉德反应，在特定的技术条件下，配合多项单体加热反应，呈现出特定的风味，再经调和、浓缩、喷雾干燥等步骤，精制成具有天然风味的精品。

老汤精粉为乳白色粉末状，易溶于水，具有如下特点：

（1）鲜味均衡，老汤精粉的鲜味不如化学调味料，但原有的老汤鲜味不会被破坏。

(2)整体风味为主,赋予食品浓郁的味感。

(3)厚味突出,老汤精粉的精髓是肉味感浓厚强烈。

(4)后味长,留香时间长。

(5)风味突出,味道愉快,常吃不厌。

老汤精粉的整体风味突出,香味浓郁、悠长,是其他调味精粉无法可比的。老汤精粉作为调味料被广泛用于食品中,如火腿、香肠、肉类罐头、方便面汤料加 0.3% ~ 1.5%、烹调调味品加 0.5% 左右等,可赋予肉汁原汤味,强化肉味不足。液体调味品,火锅调料为 1% ~ 1.5%,一般添加量为 0.1% ~ 5%。

五、动物性原料的预处理技术

(一)动物肉质原料的处理

将食用部分洗净,切成薄片或丝状,烘干,磨成 50 ~ 200μm 的细粉,密封备用。各种原料的性质有所不同,可参照这一通则自订相应操作规程,以牛肉粉为例,举实例操作如下:

将牛肉切成 3cm × 3cm 的薄片,置烘箱中加热烘干,再用粉碎机粉碎到 50 ~ 200μm。将所得牛肉粉分两等份,一部分放在等量的牛脂中,以 140℃的温度加热 5 ~ 10min 增香,然后再与另一份混合,即成牛肉粉,如在混合牛肉粉中加入调味品和香辛料,即可制成风味牛肉粉。

(二)畜肉类原料处理的综合工艺

1. 工艺流程(见下页)

2. 工艺操作

前处理是加工的第一道工序,将畜肉和骨头清洗、切块(或片、或丁、或丝,视需要而定)、破碎,用热水浸烫一次,除去臭味和悬浮物质。原料和水的比例一般应掌握在 1:(6 ~ 30),煮沸后以文火炖煮 10 ~ 120min。在加工处理中水分、温度、pH 值、时间等技术条件,按原料与品种应严格掌握和控制好,以保障肉质及抽提物的浸提率和风味。

将一次浸出物与不溶性物质(肉和骨头)分离,可用纱布过滤或离心机离心分离。为了提高收得率(收率),可以再次分离油脂,即对不溶性部分(特别是原料内含有多量胶蛋白的肉骨)再次蒸煮或加酶水解。酶选用

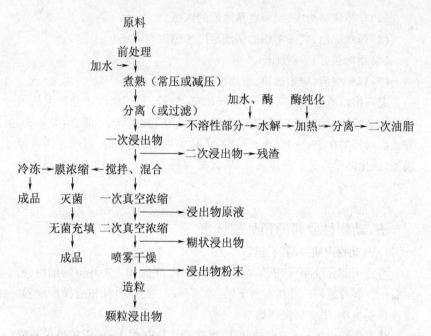

肽链内切酶和肽端解酶为佳。通过酶处理后,分离的脂质中含磷脂较多,磷脂易氧化,故产品中不应加入二次油脂。得到的二次浸出物可与一次浸出物相混合,混合时也可加入其他天然调味基料、水解植物蛋白、香辛料、果蔬菜类、化学调味品等,以制成风味、品种不同的产品。混合后的浸出物浓度一般在 1% ～2%,若制成较高一级的产品还需浓缩到 5% ～10%。浓缩一般采用 60℃以下真空浓缩,真空浓缩可使香气挥发散失;若采用超滤膜浓缩可保持并提高产品的风味,但超滤膜浓缩一般最高只能使浓缩液达到 8% ～10% 的浓度。将膜的浓缩液,一次真空浓缩成流动性好的液体调味料,再以片式换热器,进行高温短时灭菌处理,灭菌后的料液经无菌充填包装后,即可作为商品用以配制各种调味品。膜浓缩液也可以进行冷冻处理,并在冰冻状态下作冷冻调味品出售。对两次浓缩的高浓度或流动性差的调味料,可以包装后进行灭菌,制成糊状(或膏状)产品。

(三)畜禽类调味基料的生产工艺

以肉类为原料生产出的调味基料是最为典型的肉香型。产品除含有各种鲜味成分外,还保留了畜禽肉中重要的香气成分。所用原料以牛肉、羊肉、猪肉、鸡肉为主。但从降低成本角度考虑,一般采用肉类罐头的下脚料和各种肉骨头来制备肉类风味调味基料。

1. 工艺流程

(1)酶解型工艺流程。

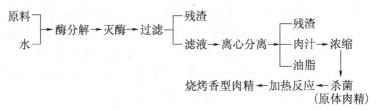

(2)抽出型工艺流程。

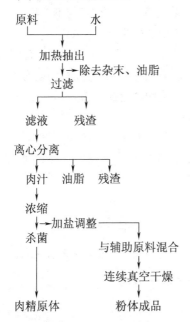

2. 操作要点

(1)原料处理:将畜禽肉或肉骨头清洗、切块或破碎。然后用沸水热烫2min,除去腥味、多余的盐类和煮汁中的悬浮杂质。

(2)煮提:将原料放入煮提罐中,加入8~10倍于原料量的水,煮沸后用文火烹煮1h。煮提条件直接影响抽提物的提取效率和风味。一般物料粉碎得越小,烹煮时加水越多,提取的物质越多。但加水太多,会给后面的浓缩工序增加难度,因需蒸发大量水分。一般采用两次煮提,第一次煮汁进行浓缩,第二次煮汁再用下次原料的第一次煮提。原料与水比例为1∶(7~15)为宜。

①酶解肉类时,先将肉粉碎,加水调成一定浓度,用碱或酸调节至酶的最适作用 pH 值,加热至酶解最适温度,加入酶制剂,在水解罐中进行酶解,所用的酶以肽链内切酶和氨基酸生成力强的肽链端解酶为好。

②煮汁提取时可加入食醋、料酒、生姜、大蒜、鼠尾草、肉豆蔻、丁香等香辛料,以抑制腥臭味,达到赋香调味的作用。

(3)过滤:趁热过滤出煮汁。

(4)离心分离:用专用离心机分离除去煮汁中的油脂与不溶物。

(5)浓缩:保持真空度 86.66kPa,55℃左右进行真空浓缩。

(6)杀菌:将浓缩后的浓汁液进行超高温灭菌。杀菌前加入部分盐,以调整肉汁中的固形物。浓缩后呈半固体浓膏状,具有独特的固有香气,脂肪含量 <10%,固形物含量 >60%,氯化钠含量在 25%~30% 之间。

(四)水产类调味基料的生产工艺

可作为酶解产品的原料有虾、虾头、牡蛎及水产类罐头的下脚料。通过水解,提高了蛋白质利用率,更有利于人体吸收,同时又使制品味道更鲜美诱人,营养价值更高。

1. 工艺流程

$$原料 \rightarrow 洗涤 \rightarrow 破碎 \rightarrow 蒸煮 \rightarrow \underset{加水\rightarrow残渣}{\overset{酶\downarrow}{酶解}} \rightarrow 灭酶 \rightarrow 过滤 \rightarrow 浓缩 \overset{溶解\leftarrow各种辅料}{\rightarrow} 杀菌 \rightarrow 成品$$

2. 操作要点

(1)原料处理:将水产品原料用清水洗净,然后用磨碎机磨碎或绞肉机绞碎。物料粉碎得越细越好,以增加与酶的接触面积,加速酶解速度。

(2)酶解:根据所需酶解的原料,选择酶的种类如碱性蛋白酶、中性蛋白酶或酸性蛋白酶,根据酶的最适用条件调整 pH 值,温度一般控制在

50~55℃之间,酶解时间为 0.5~1.5h。

(3)灭酶:酶解后根据料液的稠度加入一定量水,加热至85℃以上,保持15min,使酶失活。

(4)过滤:先进行粗滤,除去碎壳、皮及杂质,再进行过滤。过滤后的肉再返回水解罐进行酶解。

(5)浓缩:将滤液调整 pH 值后,用泵送入真空浓缩罐中进行减压浓缩,去除部分水分。浓缩前可加入辅料,如 β – 环状糊精、盐和糖等。

在生产中,有些原料也可先进行水煮抽提,滤渣再加水和酶进行酶解,灭酶,再过滤,合并 2 次的滤液,浓缩。

(6)杀菌:可在浓缩前用135℃超高温瞬间杀菌。也可在浓缩后,灌装,再连同包装一起杀菌。杀菌温度100℃,时间20min以上即可。

其成品呈黏稠状,细腻无颗粒;棕褐色,有光泽;具有独特风味,无异味。

水产类基料可用作复合调料、汤料、肉肠、膨化食品调料的原料,风味效果极佳。

(五)水产品扇贝和牡蛎的提取工艺

1. 扇贝中提取扇贝精

```
                              15%食盐液
                                 ↓
扇贝→煮制→贝柱→煮制→煮汁→高速离心→压滤→蒸发→压滤→
        ↓              ↓           (粗滤)        (精滤)
       熟贝
        ↓
       干贝
扇贝精
```

2. 牡蛎中提取牡蛎精

```
牡蛎→除壳→牡蛎肉→煮制→分离→煮汁→浓缩→牡蛎精
        ↓              ↓           ↓
        壳           熟蛎肉      牡蛎罐头
```

3. 酶解法提取牡蛎精

```
                  ┌→煮汁→浓缩→提取物→牡蛎精
牡蛎→浸提→分离→┤
                  └→残渣→酶解→加热→分离→牡蛎精
                                      ↓
                                    未分解渣
```

肽具有特殊的调味功能,使用蛋白质水解时保留较高肽的工艺,可得到含有较多肽的制品,从而可在调味时扩展风味、稳定香味、矫正异味。

第三节　食盐和水

一、食盐

食盐是最常用的调味料之一,也是其他调味品生产中常用的咸味剂,学名为氯化钠(化学式 NaCl),白色结晶体,吸湿性强,应存放于干燥处。食盐是人体正常的生理活动不可缺少的物质,每人每天需食盐 3～5g。

盐类大多呈现咸味,但只有食盐的咸味最为纯正。食盐在烹饪调味中享有"百味之主"之称,在味感上主要起风味增强或调味作用。食盐的阈值一般为 0.2%,但舌的各部位对食盐的敏感程度稍有差异。食盐的稀水溶液(0.02～0.03mol/L)有甜味,较浓(0.05mol/L 以上)时则显咸苦味或纯咸味。一般来说,含量为 0.8%～1.0% 的食盐溶液是人类感到最适口的咸味浓度,过高或过低都会使人感到不适。汤类中食盐含量一般为0.8%～1.2%。粉状的复合调味料中,食盐的比例为 45%～70%。食盐与其他调味料一起构成了复合调味料的味感平台。

以食盐为主要原料,添加其他调味料可制成复合调味盐。如添加了少量味精的食盐,称为味盐,添加花椒粉(熟的)的食盐称为椒盐,此外,还有五香盐、辣味盐、芝麻盐、苔菜盐及新引进的许多"味香盐"制品,清香即食调味盐(添加了香辛料、大蒜粉等)、肉汤烧烤调味盐、蒜汤调味盐等。添加了氯化钾的食盐,即"低钠盐",也属于复合调味盐。调味品生产中的食盐应选用氯化钠含量高、颜色洁白、杂质少的作为原料。如果食盐中含卤质过多则会带来苦味,使成品品质下降。除用于调味,食盐还可用来防腐,盐渍是食品加工储藏的重要手段。在液体汤料中添加 15% 的食盐,可以抑制细菌的生长。

二、水

调味品如食醋、酱油、酱类、料酒等生产中需要大量的水,对水的要求虽不及酿酒工业严格,但也必须符合食用标准。一般可因地制宜选用含铁少、硬度小的自来水、深井水及清洁河水、江水、湖水等。因为含铁过多会影响调味品的香气和风味,而硬度大的水不仅对发酵类调味品不利,而且还会引起蛋白质沉淀。

第四节　辅料及添加剂

一、咸味剂

(一)氯化钾

氯化钾易溶于水,咸味醇正,可代替食盐做咸味剂。它与食盐有相同的盐味、防腐作用、生理作用,在低浓度时,呈甜性,高浓度时有苦味,最高浓度时有咸味、酸味混成的复杂味,盐味为食盐的70%。氯化钾的渗透压与水分活性为食盐的80%左右。

氯化钾代替一部分氯化钠,可制成低钠盐。制造低盐(低钠)酱油、淡盐酱油,氯化钾添加量1%以下,超过2%苦味较重。制造低盐酱时,在酱的熟成过程中加10%～20%氯化钾代替部分食盐,比单独用食盐能促使熟成中乳酸菌与酵母菌的增殖,但加多了氯化钾会影响味质。日本市场销售食盐含量为5%～9%的沙司中,有一半盐使用氯化钾代替食盐。盐渍鱼子时,使用食盐的2%～5%以氯化钾代替,发色好,口味好(咸味少),与有机酸、味精、植物蛋白水解液等并用效果更好。美国是将食盐与香料等调料一起使用,食盐的45%用氯化钾代替。香料等调料有掩盖氯化钾苦味的效果。日本使用氯化钾代替食盐,只代替15%的量,否则影响其凝集性、弹性。

氯化钾也可代替一部分食盐应用于汁液、饭中,用量为食盐的0.70%～10.0%,比单用食盐盐味不差,用量40%以上则影响食味。鲜味料中加0.07%氯化钾不影响盐味。氯化钾代替食盐,用量多会影响味质,带来苦味,与适量有机酸、氨基酸等调味料、酵母提取物、香辛料混合应用可以减低苦味,提高加工食品质量,又能补钾减钠,达到味质,且益于健康。氯化钾在盐及代盐制品中最大使用量为350g/kg。

(二)葡萄糖酸钠

葡萄糖酸钠又称五羟基己酸钠,为白色或淡黄色结晶粉末,易溶于水,无刺激性,无苦涩味,盐味质接近食盐,阈值远高于其他有机酸盐,是食盐(无机盐)的5倍、苹果酸钠的2.6倍、乳酸钠的16.3倍。

葡萄糖酸钠和葡萄糖酸钾是优良的呈味改善剂,本身呈味性能优良,还可掩盖苦味和臭味、改良呈味效果,能明显改善高甜度甜味剂天冬甜精、甜菊苷、糖精等的味质。在鱼类加工品鱼酱中加入0.5%的葡萄糖酸钠能减低鱼臭味。葡萄糖酸钠能掩盖镁、锌、铁等微量金属特别是镁的特有苦味效果。

在食品加工中,用葡萄糖酸钠和葡萄糖酸钾代替部分或全部食盐制作低盐或无盐(指氯化钠)食品,如味噌发酵,以葡萄糖酸盐代替食盐,既能使发酵正常又能制得低盐、无盐味噌;在食品加工中,葡萄糖酸钠代替食盐还有改良物性、调整发酵、降低水分活性、赋予食品保存性、防止蛋白质变性等功能。

(三)苹果酸钠

苹果酸钠为白色结晶性粉末或块状,无臭,略有刺激性,味咸,咸度约为食盐的1/3,有潮解性。加热至130℃失去结晶水,易溶于水。苹果酸钠可用于肉类、火腿肠、水产品加工,具有防腐保鲜和增加咸味的作用;也可作为代盐剂,制造无盐酱油。

(四)食盐代用品

新型食盐代用品Zyest在国外已配制成功并大量使用。该产品属酵母型咸味剂,可使食盐的用量减少一半以上,甚至90%,并同食盐一样具有防腐作用。日本广岛大学也研制了一种不含钠、有咸味的人造食盐,是由与鸟氨酸和甘氨酸化合物类似的22种化合物合成,并加以改良后制备而成,称其为鸟氨酰牛磺酸,味道很难与食盐区别开。现已投入生产,但售价比食盐高50倍。

二、甜味剂

调味品生产中常用的甜味剂有蔗糖、结晶葡萄糖、果糖、甜菊苷、甘草甜素、调味甘甜素、氨基酸糖、氯代蔗糖、蛋白糖和低分子糖醇类(山梨糖醇、木糖醇、麦芽糖醇)异麦芽酮糖。甜味具有掩盖杂味、协调各种风味、令口感圆润等功能,用量因地域而异,用量弹性较大,为10%~25%,在华南地区习惯用量较大。如生产需造粒的鸡精,一般要达15%以上,否则会影响造粒。调味品中常用的甜味剂及其用量见表2-6。

表2-6　调味品中常用的甜味剂

甜味剂名称	应用范围	最大使用量（g/kg）
糖精钠	复合调味料	0.15
环己基氨基磺酸钠	腐乳、复合调味料	0.65
环己基氨基磺酸钙（甜蜜素）	酱渍的蔬菜、盐渍的蔬菜	
异麦芽酮糖（帕拉金糖）	果酱	按生产需要适量使用
山梨糖醇	调味品	
天门冬酰苯丙氨酸甲酯（阿斯巴甜）	各类食品	
木糖醇		
乳糖醇（4-β-D-吡喃半乳糖-D-山梨醇）		
罗汉果甜苷		
N-[N-(3,3-二甲基丁基)]-L-α-天门冬氨酰-L-苯丙氨酸-1-甲酯（纽甜）		
甜菊糖苷	调味品	
甘草	调味品	
甘草酸一钾及三钾		
甘草酸铵		
三氯蔗糖（蔗糖素）	复合调味料	0.25
	色拉酱、蛋黄酱	1.25
	香辛料酱（如芥末酱、青芥酱）	0.40
	果酱	0.45
	醋、酱油、酱及酱制品	0.25
	发酵酒	0.65

三、酸味剂

当各种酸的水溶液在同一规定浓度时,解离度大的酸味强。醋酸、柠檬酸、苹果酸、酒石酸等用作烹调和食品加工的有机酸,味感各不相同。柠檬酸、苹果酸、酒石酸分别是柑橘类、苹果和葡萄的特征酸,但酸感差异很大;醋酸是挥发性酸,刺激性强,有特征风味;琥珀酸有酸味和辣味,是特殊的酸。

食用冰醋酸可做酸味剂、增香剂,可生产合成食用醋。用水将乙酸稀释至4%~5%(浓度),添加各种调味剂而得食用醋,其风味与酿造醋相似,常用于番茄调味酱、蛋黄酱、醉米糖酱、泡菜、干酪、糖食制品等。添加醋酸钠至复合调味料中,可兼做酸度调节剂、防腐剂,最大添加量为10.0g/kg。

柠檬酸酸味圆润滋美、爽快可口,最强酸感来得快,后味时间短,能赋予水果的风味,是最常用的酸味剂。它能使甜味剂、色素、香精相互协调,通常用量为0.1%~1.0%;同时还有增溶、抗氧化、缓冲及螯合不良金属离子的作用;在肉制品中还可脱腥脱臭。使用时将柠檬酸与柠檬酸钠共用味感更好。

L-苹果酸口感接近天然苹果的酸味,与柠檬酸相比,具有酸度大(酸味比柠檬酸强20%)、味道柔和(具有较高的缓冲指数)、滞留时间长等特点,具特殊香味,不损害口腔与牙齿,代谢上有利于氨基酸吸收,不积累脂肪,是新一代的食品酸味剂。L-苹果酸可用于制作咸味食品,减少食盐用量。苹果酸可形成许多衍生物,应用苹果酸盐类代替食盐浸渍咸菜时,其咸味仅有食盐1/5~1/7的情况下,浸渍效果却是食盐的2倍。

酒石酸,2,3-二羟基丁二酸,酸味为柠檬酸的1.2~1.3倍,稍有涩感,但酸味爽口。酒石酸与柠檬酸1:3复配,有增强酸味之功效。据我国《食品安全国家标准 食品添加剂使用标准》(GB 2760—2014)规定:本品可在各类食品中按生产需要适量使用。用于果酱和果冻时,其用量以保持产品的pH值为2.8~3.5较合适。对浓缩番茄制品则以保持pH值不高于4.3为好,一般用量为0.1%~0.3%。酒石酸单独使用较少,主要与柠檬酸、苹果酸复配使用。

乳酸,别名α-羟基丙酸、丙醇酸,有很强的防腐保鲜功效。乳酸独特的酸味可增加食物的美味,在色拉、酱油、醋等调味品中加入一定量的乳酸,可保持产品中的微生物的稳定性、安全性,同时使口味更加温和;乳酸粉末是用于生产芥头的直接酸味调节剂。

磷酸为无机酸,无色透明或略带浅色稠状液体。磷酸的酸性比柠檬酸和酒石酸强烈,但口感酸味弱,有涩味。磷酸用作调味料的酸度调节剂,实际用量可根据生产需要适量添加。磷酸三钙用作复合调味料的酸度调节剂、抗结剂,最大添加量为20.0g/kg。

葡萄糖酸具有与柠檬酸相似的酸味,稍有臭味,酸味强度是柠檬酸的0.5倍,常与其他酸味剂混合使用。葡萄糖酸内酯是白色晶体或结晶粉末,几乎无臭,味先甜后酸,约于153℃分解,易溶于水(59g/100mL),在水溶液中缓慢水解形成葡萄糖酸及其δ-内酯和γ-内酯的平衡状态,稍溶于乙醇,不溶于乙醚。葡萄糖酸内酯除可用作复合调味料的酸度调节剂外,还可用作稳定和凝固剂、螯合剂及膨松剂的原料。它可改善食品品质和色、香、味,能保持食品鲜度,防止腐败变质,易被人体吸收,具有营养价值,是一种多功能的优良食品添加剂。可抑制霉菌和一般细菌,能增强发色剂的作用效果。葡萄糖酸的使用量为0.1%~0.3%。

四、鲜味剂和增味剂

常用的鲜味剂主要有谷氨酸钠和呈味核苷酸。谷氨酸钠,俗称味精,在pH值为6左右时,一般在发酵中自然产生,是酱类中主要的鲜味成分之一。呈味核苷酸盐有肌苷酸盐、鸟苷酸盐等。肌苷酸钠呈无色结晶状,均能溶解于水,为了防止米曲霉分泌的磷酸单酯酶分解核苷酸,通常将酱类灭菌后加入。调味品中常用的增味剂见表2-7。

表2-7　调味品中常用的增味剂

增味剂名称	应用范围	最大使用量(g/kg)
L-丙氨酸	调味品	按生产需要适量使用
氨基乙酸(甘氨酸)	调味品	1.0
琥珀酸二钠	调味品	20.0
辣椒油树脂	复合调味料	10.0
糖精钠	复合调味料	0.15(以糖精计)

五、食用香精香料

按照食用香精香料的制备方式可分为五类:

1. 天然香精香料

这种香精香料是通过物理方法,从自然界的动植物(香料)中提取出来的完全天然的物质,如香辛料提取物、香味油脂。香辛料在食品生产中既是调味料又是增香剂,通过萃取、蒸馏、精馏、浓缩等技术可获得香辛料提取物、精油和油树脂。香辛料可作为复合调味料中的增香剂,赋予一定风味;可直接复配成复合香辛调料,如著名的河南王守义"十三香"调味料、上海"味好美"调料、贵阳南明"老干妈"辣酱和重庆"美乐迪"辣椒制品(饭遭殃)等复合产品。香味油脂指的是将来自动植物原料及其烹调的香气成分包容在油脂(载体)当中所形成的产品群。这类产品的种类如下图所示。香味油脂能带给复合调味料更多的烹调香气,而且这种香气不是单一型的,是复合型的。

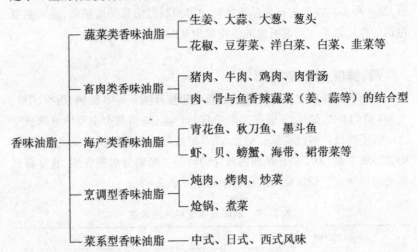

2. 等同天然香精香料

这种香精香料经由化学方法处理天然原料而获得的或人工合成的与天然香精香料物质完全相同的化学物质。

3. 人工合成香精香料

这种香精香料用人工合成等化学方法得到的尚未被证实自然界有此

化学分子的物质。若在自然界中发现且证实有与此相同的化学分子,则为等同天然香精香料。只要香精香料中有一个原料物质是人工合成的,即为人工合成香精香料。人工合成香精香料种类很多,复合调味料中常用的乙基麦芽酚,一般在调味品中的用量为 20~50mg/kg。

4. 微生物方法制备的香精香料

这种香精香料是经由微生物发酵或酶促反应获得的香精香料。

5. 反应型香精香料

这种香精香料是通过美拉德化学反应,即氨基化合物和还原糖或其他羟基化合物之间发生的反应而得到,常见于肉类、巧克力、咖啡、麦芽香中。反应中使用的氨基酸种类较多,有 20 多种。在反应中能产生不同香气、香味。

食用香精是将各种提取的天然香味、化学合成香料,按适当比例调和而成的不同香型的食品添加剂。按产品形态分可分为四类食用香精,即水溶、油溶、乳化、固体等。使用何种形态的增香剂是根据增香对象的物性决定的。比如水溶性的增香剂可以添加到液体调味品中,但因其对热敏感,宜在加热以后添加。油状物较耐热,但要注意必须均匀地分散到对象物之中。乳化物应注意防止微生物污染。在生产休闲食品时,由不同粉末香精调配成的各式各样的调味粉能赋予休闲食品不同的风味,肉香、辛辣、烧烤、酱香等味道应有尽有。使用调味粉的目的是使产品呈味更直接,减少产品的水分含量,延长产品的保质期。

食用香精按口味可分为甜味香精(如草莓、苹果、桃等)和咸味香精(如香辛料香精、肉类香精)。甜味香精常以各种天然香料提取物和具有特征香气的合成香料通过适当的比例调配而成,具有一定香型,主要用于饮料、糖果、焙烘食品等的调香。咸味食品香精是由热反应香料、食品香料化合物、香辛料(或其提取物)等香味成分中的一种或多种与食用载体和/或其他食品添加剂构成的混合物,用于咸味食品的加香。从品种来看,咸味食品香精主要包括牛肉、猪肉、鸡肉等肉味香精,鱼、虾、蟹、贝类等海鲜香精,各种菜肴香精以及其他调味香精。同其他食品香精一样,咸味食品香精只能作为加工食品生产中的一种香味添加剂,不能直接食用,也不能直接作为厨房烹调的原料或餐桌佐餐的调料。

在调味品生产中,增香剂的用量与其他调味原材料相比是非常少的。比如用于面条的各种汤料中少不了使用香味油脂,虽然其用量一般只占全部用量的1/10~1/20,却能决定一种汤料的风味特性,用得好就能以低成本获得最大的调味效果,也就是以香气取胜。西洋芥末常被用于调制沙司。它所具有的辛辣气诱人食欲,用量通常只有万分之几。生姜和大蒜等传统香辣调料有许多被制成高纯度的液态提取物,特别适用于需要突出这类气味的食品和调味品,比如调制盖浇饭的味汁以及烤肉的调料时,只要加几滴就非常有效。

在调味品中适当地添加一定数量的香精可使调味品香气浓郁,如在牛肉味粉包中适当添加一定数量的牛肉香精,在鸡肉粉包中适当添加一定量的鸡油香精。在食品及调味品生产中,各种产业根据其自身的特点经常使用哪类增香剂也是一定的。比如调味品产业中制作方便面和面条用油料时,主要使用香味油脂,可在汤料中加香味油脂或者是单独包装(俗称子母袋)。

六、着色剂

食用着色剂,又称食用色素,是使食品着色,从而改善食品色调和色泽的可食用物质。属于食品添加剂中的一大类。食用色素按来源分为食用天然色素和食用合成色素。

(一)食用天然色素

1. 红曲红

红曲红色素是以天然红曲米为原料加工而成的,为暗红色水溶性液体或粉末。红曲红耐热性好、着色力好,不受金属离子影响,不受 pH 值变化的影响,对蛋白质的染着性很好,一旦染着后经水洗也不褪色。与化学合成的红色素相比,红曲红具有无毒、安全的优点,而且还有健脾消食、活血化淤的功效。红曲红色素可用于各类调味品如腐乳、酱油、酱制品(如花色酱类)等的着色。

2. 焦糖色

焦糖色,又称酱色,为黑褐色稠状液体或粉粒状,易吸湿,具有焦糖色素的焦香味,无异味。焦糖色具有水溶性好、着色力强、安全无毒和性质稳定等优点,在调制各种调味汁(液)及粉末产品时,通常使用红褐色和黑色的焦糖色。

　　根据所用催化剂的不同,可将焦糖色素分为普通法(不加氨法)、铵盐法(亚硫酸铵法)和氨法等几类。普通法生产的焦糖色素适用于酱油、食醋、调味酱、调味粉和酱;氨法生产的焦糖色素适用于酱油、食醋。调味品中使用的焦糖色素主要是采用氨法生产的,其带有正电荷。酱油中所使用的焦糖色素必须具有耐盐性,否则极易出现沉淀;而为了提高酱油的红亮度和挂壁性,则需要选择红色指数和固形物含量高的品种。食醋中使用的焦糖色素一般具有耐酸性,否则会在短期内出现褪色。焦糖色最适合用于强调以酱油和酱为基调的调味品的颜色。各类调味品中,如沙司、塔菜或汤料等,无论何种产品,在色调上一般有一个公认的标准,特别是当调制仿制品时,要得到与被仿制品同样的颜色,就得靠焦糖色来调配。换句话说,如果没有焦糖色,许多产品就调不出应有的颜色,味道好也很可能卖不出去,由此可知焦糖色在调味品工业中的重要性。

　　液体焦糖色素易于溶解,适合于各种液体调味品的调色。粉末状焦糖色素不仅可以用于液体产品,还特别适合调制粉末调料。

3. 辣椒红色素

　　辣椒红色素,别名辣椒红、辣椒色素、红辣素。辣椒红色素是以辣椒的果实为原料提取而得到的食用天然色素,属类胡萝卜素,成品多为具有辣椒香气味的暗红色油膏状物,主要是叶黄素类的辣椒红素和辣椒玉红素的混合物。辣椒红色素溶于大多数非挥发性油,色调会因稀释浓度不同呈现由浅黄色至橙色变化,着色力强,色泽鲜艳,遇到 Fe^{2+}、Cu^{2+}、Co^{2+} 使其褪色,遇到 Al^{3+}、Sn^{2+}、Pb^{2+} 使其发生沉淀。目前,国内外辣椒红色素的生产方法主要有油溶法、有机溶剂法和超临界 CO_2 流体萃取法三种。目前我国东南沿海一带已将辣椒红色素广泛应用于酱油、醋中的着色。辣椒红色素也用于咸菜、火锅底料、调味料、酱料的着色,并深受人们欢迎。

4. 红枣糖色

　　利用大枣所含糖分、酶和含氮物质,进行酶褐变和美拉德反应,经过红枣→蒸煮→分离→浓缩→熬炒制成红枣糖色素成品。红枣糖色素色度高,香气正,无毒害并含有还原糖、氨基酸态氮等营养成分,是一种安全的天然食用色素,也可用于酱类增色。

(二)食用合成色素

食用合成色素是以从煤焦油中分离出来的苯胺染料为原料制成的,又称煤焦油色素与苯胺色素,如胭脂红、柠檬黄等,对人体有害,如中毒、致泻、致癌,应尽量少用或不用。

常用于调味料的着色剂及其用量见表2-8。

表2-8　常用着色剂

着色剂名称	应　用	最大使用量(g/kg)
苋菜红及苋菜红铝色淀	果酱	0.3
	固体汤料	0.2
胭脂红及胭脂红铝色淀	果酱	0.5
	蛋黄酱、沙拉酱	0.2
	半固体复合调味料(除蛋黄酱、沙拉酱)	0.5
赤藓红及赤藓红铝色淀	复合调味料、酱及酱制品	0.05
柠檬黄及柠檬黄铝色淀	果酱	0.5
	香辛料酱(如芥末酱、青芥末酱)	0.1
	固体复合调味料	0.2
	半固体复合调味料	0.5
日落黄及日落黄铝色淀	果酱	0.5
	复合调味料	0.2
	半固体复合调味料	0.5
亮蓝及亮蓝铝色淀	香辛料酱(如芥末酱、青芥末酱)	0.01
	果酱	0.5
	半固体复合调味料	0.5
二氧化钛	蛋黄酱、沙拉酱	0.5
诱惑红及其铝色淀	固体复合调味料	0.04
	半固体复合调味料(除蛋黄酱、沙拉酱)	0.5
姜黄	调味品	按生产需要适量使用
紫胶红(虫胶红)	果酱、复合调味料	0.5

续表

着色剂名称	应　　用	最大使用量(g/kg)
辣椒红	酱及酱制品、复合调味料	按生产需要适量使用
辣椒橙	酱及酱制品、半固体复合调味料	按生产需要适量使用
焦糖色(普通法生产)	食醋、酱油、酱及酱制品、复合调味料、黄酒	按生产需要适量使用
	果酱	1.5
	蚝油、虾油、鱼露等	按生产需要适量使用
焦糖色(亚硫酸铵法)	酱油、酱及酱制品、复合调味料、黄酒	按生产需要适量使用
焦糖色(氨法生产)	果酱	1.5
	食醋、酱油、酱及酱制品、复合调味料、黄酒	按生产需要适量使用
萝卜红	酱及酱制品、果酱、半固体复合调味料	按生产需要适量使用
红曲米、红曲红	果酱、蔬菜酱(番茄沙司除外)、腐乳、醋、酱油、酱及酱制品、复合调味料	按生产需要适量使用
栀子蓝	果酱	0.3
葡萄皮红	果酱	1.5
柑橘黄	复合调味料	按生产需要适量使用
胭脂树橙(红木素、降红木素)	复合调味料	0.1
胭脂虫红	半固体复合调味料	0.05
	复合调味料(除半固体复合调味料)	1.0

七、增稠剂

增稠剂,也称食品赋形剂、黏稠剂,是能增加液态或半固态食品黏度,保持体系的物理状态相对稳定的亲水性物质,能有效改善调味品的组织形态,并丰富食品的触感与味感功能。增稠剂来源有两类,一为含有多糖类的植物原料,二为含蛋白质的动物及海藻类原料制取而成。一些发酵调味品如酱油、食醋、豆酱、甜面酱,以及一些复合调味料如蚝油、番茄酱、辣椒酱等,为了提高黏度,需要添加一定量的增稠剂。沙司或塔菜类的调味汁,一般有一定的黏度,这是因为这类调味品是浇在或抹在肉、鱼等类食品的表面起调味作用的,所以流动性要小,附着性要大,这就必须使用增稠剂和淀粉。

现在我国批准使用的增稠剂有食用明胶、卡拉胶、海藻酸钠(或钾)、黄原胶(汉生胶)、羧甲基纤维素钠、果胶、琼脂、阿拉伯胶、海藻酸丙二醇酯、羧甲基淀粉(钠)等。

(一)淀粉

淀粉一般作为食品原料使用,有时也可用作增稠剂。淀粉包括玉米淀粉、番薯淀粉、马铃薯淀粉、木薯淀粉、绿豆淀粉、豌豆淀粉、蚕豆淀粉、大麦淀粉、燕麦淀粉,各种淀粉各有特色,用法也完全不同。一般淀粉中含有两种成分,即直链淀粉和支链淀粉。淀粉中支链淀粉含量高的黏度大,其增稠效果好,并且原料与卤汁黏附得较牢。淀粉是调制许多专用复合调味料不可缺少的原料之一,同多糖类增稠剂的用途基本相同,既可增加黏度,也属于糊料。同多糖类增稠剂相比,淀粉的特点是廉价、形成黏稠的溶液味感好(其他多糖类增稠剂使用过多时,在舌头上有黏质感,味感欠佳),黏质滑润光亮。从用量比例看,一般在黏稠调味液里,多糖类增稠剂只占 0.1% ~ 0.2%,而淀粉要占 1% ~ 3%,也就是说,淀粉的使用量是多糖类增稠剂的 20 ~ 30 倍。

在液体调味品中,例如蚝油或以酱油为基料的复合调味料中,添加淀粉,使其糊化,可以提高制品的黏度,但糊化了的淀粉经一段时间静置后,水分会从淀粉糊中析离出来,使制品上部明显出现水层。添加其他增稠剂如黄原胶,可以防止这种现象出现。

通过选择淀粉的类型或改性方法可以得到满足各种特殊用途的淀粉制品。变性淀粉作为食品增稠剂中的一大类,可以提高食品的黏稠度或使产品形成凝胶状,增强挂壁性,改变感官体态,改变食品的物理性质,赋予食品黏润、适宜的口感;还兼有乳化、稳定或使产品成悬浮状态等固有特性。可用作增稠剂的变性淀粉有氧化淀粉、乙酰化淀粉、羟丙基淀粉、羧甲基淀粉、淀粉磷酸酯、交联淀粉等。

(二)明胶

明胶是用动物的皮、骨、软骨、韧带、肌膜等富含胶原蛋白的组织,经部分水解后得到的高分子的多聚物,在工业上常用碱法和酶法来制取。其外观为白色或淡黄色,是一种半透明、微带光泽的薄片或粉粒。明胶不溶于冷水,但加冷水后可缓慢吸水膨胀软化,吸水量为自身重量的 5～10 倍;在热水中可以很快溶解,形成具有黏稠度的溶液,冷却后即凝固成胶冻。一般明胶溶解于水中的浓度为 15% 左右才能凝成胶冻。如果低于 5%,则溶液不能凝成胶冻。明胶溶液凝成胶冻富有弹性,口感柔软,具有热可逆性,加热时溶化,冷却时凝固。胶冻的溶解与凝固温度在 25～30℃ 范围内。

明胶使用时先用冷水浸泡 10～20min,再加热使其溶解,但温度不要超过 60℃,其水溶液不能长时间加热煮沸,否则,溶液即使冷却也不易凝固成胶冻,或是胶冻的质量不理想。因明胶本身是营养物质,故使用量没有严格限制,通常按生产需要适量使用即可。明胶主要用于生产果酱粉、肉汁粉、果冻粉、果膏、糖果、糕点、熟肉制品、蛋白酱等调味汁。

(三)卡拉胶

卡拉胶是一种具有商业价值的亲水凝胶(属天然多糖植物胶),为白色或淡黄色粉末,无臭、无味,有的产品稍带海藻味,主要存在于红藻纲中的麒麟菜属、角叉菜属、杉藻属和沙菜属等的细胞壁中。卡拉胶形成的凝胶是热可逆性的,即加热融化成溶液,溶液放冷时,又形成凝胶。卡拉胶是由 $1,3-\beta-D-$吡喃半乳糖和 $1,4-\alpha-D-$吡喃半乳糖作为基本骨架,交替连接而成的线性多糖类硫酸酯的钾、钠、镁、钙盐和 $3,6-$脱水半乳糖直链聚合物所组成。目前工业生产和使用的主要有 $\kappa-$卡拉胶、$\iota-$卡拉胶、$\lambda-$卡拉胶三种,以 κ 型更为多见。

卡拉胶可与多种胶复配。有些多糖对卡拉胶的凝固性也有影响。如添加黄原胶可使卡拉胶更柔软、更黏稠、更有弹性。黄原胶与 $\iota-$卡拉胶复配可降低食品脱水收缩。$\kappa-$卡拉胶与魔芋胶相互作用可形成一种具弹性的热可逆凝胶。加槐豆胶可显著提高 $\kappa-$卡拉胶的凝胶强度和弹性。玉米和小麦淀粉对它的凝胶强度也有所提高,而羟甲基纤维素则会降低其凝胶强度。土豆淀粉和木薯淀粉对它无作用。

卡拉胶能形成高黏度的溶液,这是由它们无分支的直链型大分子结构和聚电解质的性质所造成的。在酱油、鱼露和虾膏等调味品中加入卡拉胶做增稠剂,能提高产品的稠度并调整口味。此外,用卡拉胶调制西餐的色拉效果也很好。制作红豆酱时,可加入卡拉胶做增稠剂、凝固剂和稳定剂,以使产品分散均匀,口感好。

(四)海藻酸钠

海藻酸钠,又称藻朊酸钠、褐藻酸钠、藻胶。海藻酸钠主要由海藻酸的钠盐组成,由 α – L – 甘露糖醛酸(M 单元)与 β – D – 古罗糖醛酸(G 单元)依靠 1,4 – 苷键连接并由不同 GGGMMM 片段组成的共聚物。海藻酸钠为白色至浅黄色纤维状或颗粒状粉末,易溶于水,糊化性能良好,在 pH 值为 6~11 时较稳定,pH 值低于 6 时析出海藻酸,不溶于水;pH 值高于 11 时又要凝聚,黏度在 pH 值为 7 时最大,但随温度的升高而显著下降。

海藻酸钠是由海藻制备的,将海藻洗净破碎,以无机酸(硫酸)浸泡,制成藻酸,再以碱中和,经过滤、漂白、干燥制得成品。海藻酸钠与钙离子形成的凝胶,具有耐冻性和干燥后可吸水膨胀复原等特性。海藻酸钠的黏度影响所形成凝胶的脆性,黏度越高,凝胶越脆。增加钙离子和海藻酸钠的浓度而得到的凝胶,强度增大。凝胶形成过程中可通过调节 pH 值,选择适宜的钙盐和加入磷酸盐缓冲剂或螯合剂来控制,也可以通过逐渐释出多价阳离子或氢离子,或通过两者同时来控制。通过调节海藻酸钠与酸的比例,可调节凝胶的刚性。

海藻酸钠是良好的增稠剂,用于果酱、辣酱、果子冻、番茄酱、鱼糕、布丁、色拉调味汁、肉香调味汁、调味品、色拉调味油,可提高乳化和稳定性,使固体粒子悬浮均匀,减少液体渗出。海藻酸钠可按生产需要适量用于各类食品,但在酸性溶液中作用弱,一般不宜在酸性较大的水果汁和食品中应用。

(五)黄原胶

黄原胶是以碳水化合物为基础,经微生物发酵生产的一种微生物胞外多聚糖。因为具有显著的增加体系黏度的凝胶结构物的特点而经常被使用于食品或其他产品中。它不仅具有良好的水溶性、增稠性、假塑流变性、热稳定性、耐酸碱稳定性、酶稳定性,而且对盐有较高的稳定性。

黄原胶在各种天然糊料中黏性最高、最为稳定,特别是在低浓度领域更是如此。黄原胶溶液具有塑性流动的特性,其在有外力作用时,黏度会急剧下降。这种特性非常适合制作吃生鲜蔬菜的味汁。当这种味汁被装在瓶子里时和浇到生菜上时黏度较大。瓶中含黄原胶的调味汁之所以能迅速地通过瓶口流出,是因为使用者在用前需要用力晃动瓶子,这就形成了一种外力,降低了调味汁的黏度并很容易将其倒出来。黄原胶溶液能和许多盐溶液混溶,黏度不受影响。它可在 10% KCl、10% CaCl$_2$、5% Na$_2$CO$_3$ 溶液中长期存放(25℃、90d),黏度几乎保持不变。黄原胶浓度为 0.3% 以上的水溶液在有食盐的情况下黏度会加强。随着食盐含量增加,黏度逐渐提高。这种现象是在不含有其他原料的情况下出现的,当调制沙司等调味汁时,不光有食盐,还有其他各种原料,这时遇盐黏度增强的特性则表现得不明显。有试验表明,1% 含量的黄原胶溶液在中性附近的黏度最低,在酸性或碱性时的黏度增强。黄原胶还适合用于高压蒸煮食品,将黄原胶含量为 0.5% 的水溶液以 97℃ 加热,0.5~2h 后没有大的变化。

按我国国标规定,黄原胶作为增稠剂和稳定剂在各种食品中都可以使用,其最大使用量为 0.3%。

(六)羧甲基纤维素钠

羧甲基纤维素钠(CMC - Na)是由精制天然纤维素、NaOH 和氯乙酸为主要原料化学合成的一种高聚合纤维素醚,化合物相对分子质量从几千到百万不等。CMC - Na 为白色粉末或纤维状物,是最主要的离子型纤维素胶。羧甲基纤维素钠无毒、无臭、无味,是一种大分子化学物质,能够吸水膨胀,在水中溶胀时可以形成透明的黏稠胶液,水悬浮液的 pH 值为 6.5~8.5。

CMC - Na 可控制食品加工过程中的黏度,在低浓度下亦可获得高黏度,同时赋予食品润滑感。CMC - Na 可保持食品品质的稳定性,防止油水分层(乳化作用),控制冷冻食品中的结晶体大小(减少冰晶)。CMC - Na 主要用作增稠剂、稳定剂,被公认为是安全物质,在食品生产中应用广泛,可用于果酱、汤汁、调味汁、酱油等多种食品,在果酱、花生酱、芝麻酱、辣酱中添加 CMC - Na 后,能起到增稠、稳定和改善口感的作用。其添加量为总量的 5‰。

调味品生产中常用的增稠剂还有很多,具体可参见表 2 - 9。

表2-9 常用增稠剂

增稠剂名称	应　　用	最大使用量(g/kg)
琼脂、明胶、海藻酸钠、海藻酸钾、果胶、卡拉胶、阿拉伯胶、羧甲基纤维素钠、酸处理淀粉、氧化羟丙基淀粉、磷酸酯双淀粉、醋酸酯淀粉	各类食品	按生产需要适量使用
黄原胶(汉生胶)	香辛料类	按生产需要适量使用
羧甲基淀粉钠	酱及酱制品、果酱	0.1
淀粉磷酸酯钠	果酱、调味品	按生产需要适量使用
羟丙基淀粉	果酱、复合调味料	30.0
辛烯基琥珀酸铝淀粉	固体复合调味料、半固体复合调味料	按生产需要适量使用

食品增稠剂在调味品生产中应用具有增稠增浓、耐盐耐温、抗沉淀、防瓶垢生成等作用,现已广泛应用于酱油、鱼子酱、虾酱、肉酱、果酱、蔬菜酱等的生产中。绝大多数增稠剂耐盐性较差,特别是高价金属盐,极易形成沉淀。由于各种调味品都含有食盐及酸,在选择增稠剂时,应考虑所采用的增稠剂在食盐及酸的存在下会不会降低其增稠效果。在生产中利用亲水胶体的协同增效作用,能有效地提高产品质量和降低其使用量。如亚麻籽胶与黄原胶、瓜尔豆胶、魔芋胶、阿拉伯胶、CMC - Na 等其他多糖类天然亲水胶体的协同作用很显著,主要表现在溶液黏度大幅度提高、耐酸、耐盐性增强、乳化效果更好,悬浮稳定性、保湿性得到改善等。黄原胶与瓜尔豆胶也有良好的协同效果,两者复配不能形成凝胶,但可以显著增加黏度和耐盐稳定性,黄原胶与瓜尔豆胶最合适的配比为30:70。黄原胶、槐豆胶、瓜尔豆胶的含量分别为0.2%、0.01%、0.9%时,耐盐性最好,用量最少,成本最低。而黄原胶、魔芋精粉、瓜尔豆胶的含量分别为0.3%、0.01%、0.8%时,耐盐性最好。市场上的酱类增稠剂即是利用以上原理设计生产的,其效果远比单一增稠剂好。

八、防腐剂

使调味品腐败的原因有很多,包括物理、化学、生物等变化因素,在人们的生活中和食品生产活动中,这些因素有时单独起作用,有时共同起作用。由于空气中微生物到处存在,调味品的原料多数营养含量很高,如含水量、氨基酸态氮、还原糖等成分含量较高,适合微生物的生长与繁殖,所以易受到微生物如霉菌、酵母菌等侵袭,使其带菌严重;同时一些半成品,如甜面酱、大豆等,都是以手工操作为主,采用开放式生产方法,敞口发酵,因此,在制作完毕后,仍有大量微生物存在,可继续发酵,产酸、产气。这不仅影响调味品的质量,同时还大大缩短了产品的保质期。据资料介绍,半成品、成品中的微生物污染菌主要是土壤、空气中的芽孢杆菌(短小芽孢杆菌、地衣芽孢杆菌)。

防腐剂是针对微生物具有杀灭性,抑制或阻止细菌生长的食品添加剂,它不是消毒剂,不会使调味品的色、香、味消失,不会破坏食品的营养价值,对人体不会产生伤害,与速冻、冷藏、罐装、干制、腌制等方法相比,正确使用防腐剂,具有简单、无需设备、经济等特点。防腐剂的种类很多,随着国家对防腐剂安全性的重视程度的增加,我国对每种防腐剂的使用范围进行了严格的限制,因此能应用于调味品行业的防腐剂种类并不多。根据《食品安全国家标准 食品添加剂使用标准》(GB 2760—2014)的规定,目前可应用于调味品的防腐剂主要包括以下几种。

(一)苯甲酸及苯甲酸钠

苯甲酸又称为安息香酸,苯甲酸钠又称为安息香酸钠。苯甲酸在常温下难溶于水,在空气(特别是热空气)中微挥发,有吸湿性,常温下溶解度大约为 0.34g/100mL;但溶于热水,也溶于乙醇、氯仿和非挥发性油。未离解酸具有抗菌活性,其防腐最佳 pH 值是 2.5 ~ 4.0。苯甲酸钠大多为白色颗粒,无臭或微带安息香气味,味微甜,有收敛性;易溶于水,常温下溶解度约为53.0g/100mL,pH 值为 8 左右。苯甲酸钠也是酸性防腐剂,和苯甲酸的性状、防腐性能差不多,在碱性介质中无杀菌、抑菌作用;其防腐最佳 pH 值同苯甲酸。

苯甲酸及苯甲酸钠是目前调味品行业中应用最为广泛的防腐剂,这与其较好的抑菌效果和低廉的价格有关,但其安全性受到一定质疑。

苯甲酸钠由于比苯甲酸更易溶于水,而且在空气中稳定,抑制酵母菌和细菌的作用强,因此比苯甲酸更常用。苯甲酸钠在调味品工业中可用于酱油、食醋、酱腌菜、调味沙司、调味汁、低盐酱菜、复合调味酱等。《食品安全国家标准 食品添加剂使用标准》(GB 2760—2014)中规定,在复合调味料中的最大使用量为 0.6g/kg(以苯甲酸计),通常在调味品中的使用量为 0.3~0.5g/kg。

(二)山梨酸及山梨酸钾

山梨酸,又名 2,4 - 己二烯酸、2 - 丙烯基丙烯酸,为白色或淡黄色结晶性粉末或颗粒,易吸湿、易溶于水、在空气中可氧化。山梨酸为酸型防腐剂,在酸性条件下对霉菌、酵母菌和好气性菌均有抑制作用,随 pH 值增大防腐效果减小,pH 值为 8 时丧失防腐作用,适用于 pH 值在 5.5 以下的调味品防腐。

山梨酸在水中的溶解度不是很高,食品添加剂生产企业通常将其制成溶解性能良好的山梨酸钾,以扩大山梨酸类产品的应用范围。山梨酸和山梨酸钾的防腐原理和防腐效果是一样的。与山梨酸比,山梨酸钾易溶于水,且溶解状态稳定,使用方便,其 1% 水溶液的 pH 值为 7~8,所以在使用时有可能引起食品的碱度升高,需加以注意。山梨酸钾在酸性介质中能充分发挥防腐作用,在中性条件下防腐作用小。山梨酸钾在 pH 值为 6 以下使用,具有很强的抑制腐败菌和霉菌的作用,其毒性远低于其他防腐剂,已成为广泛使用的防腐剂。

在调味品工业中山梨酸和山梨酸钾可用于酱油、食醋、低盐酱菜、酱类、复合调味酱。在酱油中按照 0.01% 的比例添加山梨酸,在高温季节放置 70d,可以使酱油不发生长霉变质的问题。酱类制品比较黏稠,山梨酸在其中不易均匀分散,用户可以在产品灌装之前,在加热的情况下,加入相应浓度的山梨酸溶液。蛋黄酱中山梨酸用量为 0.08%~0.1%,山梨酸钾用量为 0.1%。色拉中添加山梨酸(用量为 0.1%)和苯甲酸钠(用量为 0.06%)的混合物,可以防止酸味和气泡的产生,而酸味和气泡多是因乳酸发酵而产生的。《食品安全国家标准 食品添加剂使用标准》(GB 2760—2014)中规定,山梨酸及山梨酸钾在复合调味料中的最大使用量为 1.0g/kg,通常在调味品中的使用量为 0.3~0.5g/kg。

(三)丙酸钙

丙酸钙为白色结晶性粉末,熔点在 400℃ 以上(分解),无臭或具轻微臭味。丙酸钙由丙酸与碳酸钙或氢氧化钙进行反应制得,可制成一水合物或三水合物,为单斜板状结晶,可溶于水(1g 约溶于 3mL 水),微溶于甲醇、乙醇。10% 水溶液 pH 值等于 7.4。使用膨松剂时不宜使用丙酸钙,因为会由于碳酸钙的生成而降低产生二氧化碳的能力;丙酸钙为酸型防腐剂,在酸性范围内有效,pH 值为 5 以下对霉菌的抑制作用最佳,pH 值为 6 时抑菌能力明显降低。

丙酸钙是世界卫生组织(WHO)和联合国粮农组织(FAO)批准使用的安全可靠的食品与饲料用防霉剂。在淀粉、含蛋白质和油脂物质中对霉菌、好气性芽孢产生菌、革兰氏阴性菌、黄曲霉素等有效,具有独特的防霉、防腐性质。在抑制霉菌方面效果显著,常被调味品工业应用于酱油及食醋中防止霉变。《食品安全国家标准 食品添加剂使用标准》(GB 2760—2014)中规定,在酱油、食醋等中的最大使用量为 2.5g/kg(以丙酸计),通常在调味品中的使用量为 0.1 ~ 0.3g/kg。

(四)双乙酸钠

双乙酸钠为白色晶体粉末,几乎无臭。对光和热较为稳定,抗菌能力随 pH 值的不同而变化,但不太受其他因素的影响。

双乙酸钠是一种广谱、高效、无毒的防腐保鲜剂,主要是通过有效地渗透霉菌的细胞壁而干扰酶的相互作用,抑制霉菌的产生,从而起到高效防霉、防腐等作用。双乙酸钠对腐败菌、病原菌一样起作用,特别对霉菌、酵母菌的作用比抑制细菌的作用强。根据国内外大量实验证明,双乙酸钠对黄曲霉菌、烟曲霉菌、黑曲霉菌、绿曲霉菌、白曲霉菌、微小根毛霉菌、伞枝梨头霉菌、足样根霉、假丝酵母菌等 10 多种霉菌有较强的抑制效果,对大肠杆菌、利斯特菌、革兰氏阴性菌等细菌有一定的抑制作用,但它对食品中所需要的乳酸菌、面包酵母几乎不起什么作用,能保护食品的营养成分,这种特性使得双乙酸钠被视为一种相当不寻常的食品添加剂。

在调味品工业中,双乙酸钠可用于黄酱、食醋、酱油、调味料等食品中。《食品安全国家标准 食品添加剂使用标准》(GB 2760—2014)中规定,在复合调味料中的最大使用量为 10g/kg,通常在调味品中的使用量为

0.1~0.5g/kg。

(五)尼泊金乙酯和尼泊金丙酯

尼泊金乙酯(又名羟苯乙酯,对羟基苯甲酸乙酯)和尼泊金丙酯(又名对羟基苯甲酸丙酯)是尼泊金酯中的两种应用广泛的防腐剂,具有高效、低毒、广谱、易配伍、在酸性及微碱性范围内均可使用,在使用效果上不像酸型防腐剂随 pH 值变化起伏较大。尼泊金乙酯和尼泊金丙酯由于具有酚羟基结构,因此抑菌效果强于苯甲酸和山梨酸。一般说来,尼泊金酯的抗菌作用随酚羟基碳原子数的增加而增加。因此,尼泊金丙酯的抗菌效果略强于尼泊金乙酯。此外,尼泊金乙酯和尼泊金丙酯混合使用时具有增进溶解度、抗菌力的协同增效作用。尼泊金乙酯和尼泊金丙酯在调味品工业中被应用于食醋、酱油、酱料以及蛋黄馅料等食品中。《食品安全国家标准　食品添加剂使用标准》(GB 2760—2014)中规定,对羟基苯甲酸酯类及其钠盐(对羟基苯甲酸甲酯钠,对羟基苯甲酸乙酯及其钠盐,对羟基苯甲酸丙酯及其钠盐)在酱油、酱及酱制品中的最大使用量为0.25g/kg,通常在调味品中的使用量为(0.05~0.1)g/kg。

可用于调味品的其他防腐剂见表2-10。

表2-10　常用其他防腐剂

防腐剂名称	使用范围	最大使用量(g/kg)
脱氢乙酸及其钠盐	调味品(除复合调味料)	2.5
	复合调味料	0.5
纳他霉素	沙拉酱	0.02

防腐剂在选用时除必须从安全和经济的角度考虑外,其抗菌力和抗菌范围也是选择时需要重点考虑的方面。在酸性条件下,苯甲酸钠、山梨酸钾、尼泊金乙酯和尼泊金丙酯对细菌、酵母菌和霉菌的抑制力均较为理想,其中尼泊金丙酯对细菌、酵母菌和霉菌的抑制力均最为有效,而丙酸钙对细菌、酵母菌的抑制力一般,但其抑制霉菌的能力十分突出,双乙酸钠对细菌的抑制力也不太理想,而其对酵母菌和霉菌的抑制力要好于苯甲酸钠和山梨酸钾。此外,苯甲酸钠和山梨酸钾在对细菌、酵母菌和霉菌

的抑制力方面基本相当。

由此可见,不同防腐剂在其抑菌能力方面各有其优越性,实际应用时可根据生产的需要进行选择,并结合安全和成本来加以综合考虑,也可考虑在不超出国家标准规定的范围内将两种或多种防腐剂进行配伍使用。

九、抗氧化剂

抗氧化剂是指能阻止或延缓食品氧化,并提高食品的稳定性,延长食品储存期的食品添加剂。调味品中含有蛋白、多糖、脂肪等成分,因微生物、水分、光线、热等的反应作用,易氧化和加水分解,产生腐败、退色、褐变、微生物破坏,降低其质量与营养价值,以至引起食物中毒。防止调味品的氧化,应着重原料新鲜、加工工艺、保藏保鲜环节上采取相应的避光、降温、干燥、排气、除氧、密封等措施,并使用安全性高、效果好的抗氧化剂。调味品中常用的抗氧化剂见表 2－11。

表 2－11 常用的抗氧化剂

抗氧化剂名称	应用范围	最大使用量(g/kg)
D－异抗坏血酸及其钠盐	各类食品	按生产需要适量使用
茶多酚	复合调味料	0.1
抗坏血酸	发酵面制品	0.2
维生素 E	固体汤料	按生产需要适量使用

十、抗结剂

抗结剂又称抗结块剂,主要是用来防止颗粒或粉状调味料聚集结块,保持其松散或自由流动的物质。其颗粒细微、松散多孔、吸附力强、易吸附导致形成分散的水分、油脂等,使固态调味料保持粉末或颗粒状态。如鸡精(粉)储存太久会受潮产生结块现象,加入抗结剂如二氧化硅或磷酸钙则可延缓此现象发生,一般其用量为 1.0% 以下,冬季干燥时可少加或不用,要造粒的鸡精可不用。

我国调味品生产中常用的抗结剂见表 2－12。

表 2 – 12　常用的抗结剂

抗结剂名称	应用范围	最大使用量(g/kg)
磷酸三钙	复合调味料	20.0
二氧化硅(矽)	其他油脂或油脂制品(仅限植脂末)、其他甜味料	15.0
	香辛料、固体复合调味料	20.0
微晶纤维素	各类食品	按生产需要适量使用

十一、稳定剂和凝固剂

稳定剂和凝固剂主要用于半固态(酱状和膏状)调味料,是使调味料结构安定或使其组织结构不变、增强黏性固形物质的一类食品添加剂。常见的有各种钙盐,如氯化钙、乳酸钙、柠檬酸钙等,能使可溶性果胶成为凝胶状不溶性果胶酸钙,以保持果蔬加工制品如果酱的脆度和硬度。另外,金属离子螯合剂(如乙二胺四乙酸二钠)能与金属离子在其分子内形成内环,使金属离子成为此环的一部分,从而形成稳定而能溶解的复合物,消除了金属离子的有害作用,提高了调味料的质量和稳定性。调味品生产中常用的稳定剂和凝固剂见表 2 – 13。

表 2 – 13　常用的稳定剂和凝固剂

稳定剂和凝固剂名称	应用范围	最大使用量(g/kg)
氯化钙、氯化镁	豆类制品	按生产需要适量使用
乙二胺四乙酸二钠	复合调味料	0.075
	蔬菜泥(酱),除番茄沙司外	0.07
	果酱	0.07

十二、乳化剂

乳化剂是能改善乳化体系中各构成相之间的表面张力,形成均匀分散体或乳化体的物质。它能稳定食品的物理状态,改进食品组织结构,简化和控制食品加工过程,改善食品风味、口感,提高食品质量,延长货架寿命等。乳化剂在调味品生产中主要作为水不溶物的增溶剂与分散剂。调味品生产中常用的乳化剂见表2-14。

表2-14 调味品中常用的乳化剂

乳化剂名称	应用范围	最大使用量(g/kg)
蔗糖脂肪酸酯	调味品	5.0
酪蛋白酸钠(酪朊酸钠)	各类食品	按生产需要适量使用
双乙酰酒石酸单双甘油酯		
改性大豆磷脂		
聚氧乙烯山梨醇酐单月桂酸酯(吐温20)	豆类制品	0.05 (以每千克黄豆的使用量计)
聚氧乙烯山梨醇酐单棕榈酸酯(吐温40)		
聚氧乙烯山梨醇酐单硬脂酸酯(吐温60)		
聚氧乙烯山梨醇酐单油酸酯(吐温80)		
丙二醇脂肪酸酯	复合调味料	20.0
聚甘油脂肪酸酯	固体复合调味料	10.0
磷脂	固体复合调味料	按生产需要适量使用

第三章 酿造调味品

第一节 酱 油

酱油(soy sauce),又称酱汁、豉汁,是以豆饼、麸皮、黄豆等原料,依酿造法、速酿法或混合法制得的液体调味液。酱油中含有蛋白质、氨基酸、糖分、食盐等,营养丰富,滋味鲜美。酱油种类较多,按制造方法不同可分为天然发酵、人工发酵和化学合成酱油。天然发酵时间长、产量低,但含氨基酸较高,香气浓,味道鲜,营养丰富;而人工发酵时间短、产量大,大多厂家为了提高生产效率,多选用人工发酵。化学合成酱油是以盐酸水解黄豆或豆粕原料,再加入碳酸钠中和而成,在水解的同时,伴随着产生氯丙醇之类致癌物质,所以国家颁布的标准中明确把酱油分为三大类,即酿造酱油(GB/T 18186—2000)、配制酱油(SB/T 10336—2012)、酸水解植物蛋白调味液(HVP,SB/T 10338—2000),将酱油制造方法分开,并要求厂家在标签上注明是酿造酱油还是合成酱油。

酱油味美咸鲜,气味醇香,具有解热除烦、调味开胃的功效。酱油一般又可分为老抽和生抽两种:老抽较咸,主要用于提色;生抽主要用于增鲜,烹调时加入,可增加食物的香味,并使其色泽更加好看,从而增进食欲。

中国地域广阔,各地自然条件(温度、湿度、原料、水质等)差异很大,饮食习惯的差异也大,因此各个地区酱油生产的传统工艺,在原料及原料配比,原料处理(蒸、煮、炒),酱醪(或酱醅)的盐度,水分的多少,发酵时间的长短及酱油的提取方法(压滤、淋出、抽取)等方面均存在许多不同之处。由于这些工艺上的差异,才产生了许多历史形成的,风味各有特色的不同地区的酱油名特产品。我国传统的豆酱及酱油产品并不是全国统一的一种工艺,一种风味的单一产品。按照发酵方法,目前国内应用较多的酱油生产工艺有:高盐稀态发酵法、低盐固态发酵法、分酿固稀发酵法、低盐稀醪保温法及其他传统工艺法。

一、高盐稀态发酵法

（一）工艺流程

<pre>
                菌种──→种曲
                        │
                        ↓
大豆─→浸渍除杂─→蒸煮─→制曲─→发酵─→抽油─→配兑─→加热澄清─→灭菌─→成品
                        ↑   ↑
                      面粉 食盐溶液
</pre>

（二）操作要点

高盐稀态发酵法适用于以大豆、面粉为主要原料,配比一般为 7∶3 或 6∶4,成曲加入 2～2.5 倍量的 18°Bé/20℃ 盐水,于常温下经 3～6 个月的发酵工艺。该法的特点是发酵周期长,发酵酱醪成稀醪态,酱油和香气质量好。

1. 种曲制造

菌种可采用米曲霉、酱油曲霉或适用于酱油生产的其他霉菌;培养基采用麸皮 80%、豆饼粉 15%,面粉 5%。拌水量为原料的 100%～110%,常压蒸煮 60min。熟料经摊凉、搓散,降温至 30℃ 即可接入锥形瓶纯种,接种量为原料量的 0.1%～0.2%。曲料用竹匾培养,料厚为 1～1.2cm。曲室温度前期为 28～30℃,中、后期为 25～28℃。曲室干湿球温差,前期为 1℃,中期 1～0℃,后期 2℃,培养过程翻曲 2 次,当曲料品温达 35℃ 左右,稍呈白色并开始结块时,进行首次翻曲,翻曲要将曲料搓散,当菌丝大量生长,品温再次回升时,要进行第二次翻曲。每次翻曲后要把曲料摊平,并将竹匾位置上下调换,以调节品温。当生长嫩黄色的孢子时,要求品温维持在 34～36℃,当品温降到与室温相同时才开天窗排除室内湿气。种曲培养 72h。成熟的种曲应置于清洁、通风的环境中存放。种曲的质量要求:种曲的孢子数要求 5×10^9 个/g 曲(干基)以上,孢子发芽率应不低于 90%。

2. 原料处理

原料处理包括食盐溶液的配制、大豆的浸渍、除杂和蒸煮。原盐用水溶解后,要经过滤沉淀,待澄清后方能使用。本工艺所用食盐溶液浓度为

19.1%。浸豆前浸豆罐先注入 2/3 容量的清水,投豆后将浮于水面的杂物清除。投豆完毕,仍需从罐的底部注水,使污物由上端开口随水溢出,直至水清。浸豆过程应换水 1 ~ 2 次,以免豆变质。浸豆务求充分吸水,出罐的大豆,晾至无水滴出为止,再投进蒸料罐蒸煮。

蒸豆用常压或加压均可。若加压,应尽量开大气阀,使罐内迅速升压。蒸煮时要注意排清罐内的冷空气。蒸煮所用蒸汽压力为 0.16MPa,保压 8 ~ 10min 后立即排汽脱压,并要求在 20min 内使熟料品温降至 40℃左右。

3. 接种与制曲

曲室、曲池及用具必须经清洁,并经灭菌(可用 5% 漂白粉溶液喷洒)。熟豆应与面粉及种曲混合均匀,种曲用量为原料的 0.1% ~ 0.3%。种曲应先与 5 倍量左右的面粉混合搓碎,以利接种均匀。曲料进池要求速度快、厚度均匀、疏松程度一致。料层厚度控制在 30cm 以内,初进池的曲料含水量控制在 45% 左右。曲料进池后品温调整为 30 ~ 32℃,当品温上升,应启动风机,控制风温 30 ~ 31℃,相对湿度要求 90% 以上。当曲料出现发白结块,品温达 35℃时进行首次翻曲,使曲料松散,翻曲后要将曲料拨平,并使品温降至 30 ~ 32℃,待品温回升,曲料再次结块则进行第二次翻曲。第二次翻曲后,注意做好压缝工作,以防进风短路。制曲后期,菌丝已着生孢子,此时要求保持室温 30 ~ 32℃,以利孢子发育。整个培养过程共 40 ~ 44h。要求酱油曲水分 28% ~ 32%,蛋白酶活力(福林法)1000U/g 曲(干基)以上。

4. 发酵

按成曲质量 2 ~ 2.5 倍量淋入 19.1% 食盐溶液于发酵罐(或池)内,加盐水时,应使全部成曲都被盐水湿透。制醪后的第三天起进行抽油淋浇,淋油量约为原料量的 10%。其后每隔 1 周淋油 1 次,淋油时注意控制流速,并在酱醪表面均匀淋浇,避免破坏酱醪的多孔性状。

发酵 3 ~ 6 个月,此时豆粒已溃烂,醪液氨基酸态氮含量约为 1g/100mL,前后一周无大变动时,意味醪已成熟,可以放出酱油。抽油后,头滤渣用 18°Bé/20℃食盐溶液浸泡,10d 后抽二滤油,二滤渣用加盐后的四滤油及 18°Bé/20℃食盐溶液浸泡,时间也为 10d,放出三滤油后,三滤酱渣改用80℃热水浸泡一夜,即行放油,抽出的四滤油应立即加盐,使浓度为19.1%,供下批浸泡二滤酱渣使用。四滤渣含食盐量应在2g/100g以下,氨基酸含量不应高于0.05g/100g。

5. 配兑、加热沉淀、灭菌与包装

酱油检测后按产品等级标准进行配兑。经配兑的酱油,加热至90℃,送进沉淀罐静置沉淀7d。已澄清的酱油,必须经60℃加热灭菌30min后,才可装瓶出售。

二、低盐固态发酵法

低盐固态发酵法是在无盐固态发酵的基础上,结合当时我国酱油生产的实际情况而予以改进的方法。可以说是总结了几种发酵方法的经验,比如前期以分解为主的阶段采用天然发酵的固态酱醅;后期发酵阶段,则仿照稀醪发酵。此外,还采用了无盐固态发酵中浸出淋油的好经验。

自20世纪60年代中期国内逐步推广低盐固态发酵工艺以来,因地区、设备、原料等条件的不同,现在已有三种不同的类型:一是低盐固态移池发酵法;二是低盐固态发酵原池浸出法;三是低盐固态淋浇发酵浸出法。前两者因受工艺及设备限制,没有进行酒精发酵和成酯生香的条件,只做到"前期水解阶段"。后者由于采用了淋浇措施,可调节后期酱醅温度及盐度进行酒精发酵,为生产浓郁酱香型的酱油创造了条件。这种方法是定时放出假底下面的酱汁,并均匀地淋浇于酱醅面层,还可借此将人工培养的酵母和乳酸菌接种于酱醅内。

(一)工艺流程

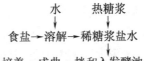

（二）操作要点

1. 原料处理

原料处理包括豆饼粉碎、润水及蒸料。豆饼粉碎是为润水、蒸料创造条件的重要工序。一般认为原料粉碎越细，表面积越大，曲霉繁殖接触面越大，在发酵过程中分解效果越好，可以提高原料利用率；但是粉碎过细，润水时容易结块，对制曲、发酵、浸出、淋油都不利，反而影响原料的正常利用。所以必须适当控制细碎程度，只要大部分达到米粒大小就行。润水是使原料中含有一定的水分，以利于蛋白质的适度变性和淀粉的充分糊化，并为米曲霉生长繁殖提供一定水分。常用原料配比为豆饼:麸皮 = 100:(50~70)；加水量通常按熟料所含水分控制在45%~50%。润水时要求水、料分布均匀，使水分充分渗入料粒内部。蒸料是使原料中的蛋白质适度变性及淀粉糊化，成为容易为酶作用的状态。此外，还可以通过加热蒸煮，杀灭附在原料表面的微生物，以利于米曲霉的生长。

其他原料的处理：使用小麦、玉米、碎米或高粱作为制曲原料时，一般应先经炒焙，使淀粉糊化及部分糖化，杀死原料表面的微生物，增加色泽和香气；也可以将上述原料直接磨细后，进行液化、糖化，用于发酵。以其他种子饼粕作为原料的处理方法与豆饼大致相同。米糠饼可经细碎作为麸皮的代用品。

2. 制曲

当前国内大都采用厚层通风制曲。厚层通风制曲有许多优势，如成曲质量稳定，制曲设备占地面积少；管理集中、操作方便；减轻劳动强度；便于实现机械化，提高了劳动生产率等。

原料经蒸熟出锅，在输送过程中打碎成小团块，然后接入种曲。种曲在使用前可与适量新鲜麸皮充分拌匀，种曲用量为原料总重量的0.3%左右，接种温度以40℃上下（夏季35~40℃，冬季40~45℃）为好。

曲料接种后多入曲池，厚度一般为20~30cm，堆积疏松平整，并需及时检查通风，调节品温至28~30℃，静止培养6h（其间隔1~2h通风1~2min，以利于孢子发芽），品温即可升至37℃左右，开始通风降温。以后可根据需要，间歇或持续通风，并采取循环通风或换气方式控制品温，使品温不高于35℃。入池11~12h，品温上升很快，此时由于菌丝结块，通风阻力增大,料层温度出现下低上高现象,并有超过35℃的趋势,此时应进行第一次翻曲。以后再隔4~5h,进行第二次翻曲。此后继续保持品温在35℃左右,如曲料又收缩裂缝,品温相差悬殊时,还要采取1~2次铲曲措施(或以翻代铲)。入池18h以后,曲料开始生孢子,这时仍应维持品温32~35℃,至孢子逐渐出现嫩黄绿色,即可出曲。如制曲温度掌握略低一点,制曲时间可延长至35~40h,这对提高酱油质量有好处。

制曲操作归纳起来有:"一熟、二大、三低、四均匀"四个要点。

一熟:要求原料熟透好,原料蛋白质消化率在80%~90%之间。

二大:大风、大水。曲料熟料水分要求在45%~50%(具体根据季节确定);曲层厚度一般不大于30cm,米曲霉生长时,需要足够的空气,其繁殖旺盛,会产生很多热量,必须要通入大量的风和一定的风压,才能够透过料层维持米曲霉繁殖的最适温度范围。

三低:装池料温低、制曲品温低、进风风温低。装池料温保持在28~30℃;制曲品温控制在30~35℃;进风风温一般为30℃。

四均匀:原料混合及润水均匀,接种均匀,装池疏松均匀,料层厚薄均匀。

3. 发酵

盐水调制:食盐加水或低级油溶解,调制成需要的浓度。一般淀粉原料全部制曲者,盐水浓度要求为12.3%~13.4%。

制醅:将准备好的12.3%~13.4%盐水(根据实际需要确定,一般发酵周期长,盐水浓度高些),加热至50~55℃,再将成曲和盐水充分拌匀入池。拌盐水时要随时注意掌握水量大小,通常在醅料入池最初的15~20cm厚的醅层时,应控制盐水量略少,以后逐步加大水量,至拌完后以能剩余部分盐水为宜。最后将此盐水均匀淋于醅面,待盐水全部吸入料内,再在醅面封盐。盐层厚3~5cm,并在池面加盖。

成曲拌加的盐水量要求为原料总重量的65%~100%为好。成曲应及时拌加盐水入池,以防久堆造成"烧曲"。在拌盐水前应先化验成曲水分,再计量加入盐水,以保证酱醅的水分含量稳定。入池后,酱醅品温要求为42~50℃,发酵8d左右,酱醅基本成熟,为了增加风味,通常延长发酵期为12~15d。发酵温度如进行分段控制,则前期为40~48℃,中期为

44～46℃,后期为36～40℃。

固态低盐发酵的操作要特别注意盐水浓度和控制制醅用盐水的温度,制醅盐水量要求底少面多,并恰当地掌握发酵温度。

4. 浸出

浸出是指在酱醅成熟后利用浸泡及过滤的方式将其可溶性物质溶出。浸出包括浸泡、过滤两个工序。

浸泡:按生产各种等级酱油的要求,酱醅成熟后,可先加入二淋油浸泡(预热至70～80℃),加入二淋油时,醅面应铺垫一层竹席,作为"缓冲物"。二淋油用量通常应根据计划产量增加25%～30%。加二淋油完毕,仍盖紧容器,防止散热。2h后,酱醅上浮(如醅块上浮不散或底部有黏块,均为发酵不良,影响出油)。浸泡时间一般要求20h左右,品温在60℃以上。延长浸泡时间,提高浸泡温度,对提高出品率和加深成品色泽有利。如为移池浸出,必须保持酱醅疏松,必要时可以加入部分谷糠拌匀,以利浸滤。

过滤:在生产中,根据设备容量的具体条件,可分别采取间歇过滤和连续过滤两种形式。酱醅经浸泡后,生头淋油可以从容器的假底下放出,加食盐,待头淋油将要完(注意醅面不要露出液面)时,关闭阀门;再加入预热至80～85℃的三淋油,浸泡8～10h,滤出二淋油(备下次浸醅用);然后再加入热水(也可以用自来水),浸泡2h左右,滤出三淋油备用。总之,头淋油是产品,二淋油套出头淋油,三淋油套出二淋油,最后用清水套出三淋油,这种循环套淋的方法,称为间歇过滤法。但有的工厂由于设备不够,也有采用连续过滤法的,即当头淋油将要滤光,醅面尚未露出液面时,及时加入热三淋油;浸泡1h后,放淋二淋油;又如法滤出三淋油。如此操作,从头淋油到三淋油总共仅需8h左右。滤完后及时出渣,并清洗假底及容器。三淋油如不及时使用,必须立即加盐,以防腐败。

5. 配制加工

加热:生酱油加热,可以达到灭菌、调和风味、增加色泽、除去悬浮物的目的,可使成品质量进一步提高。加热温度一般控制在80℃以上(高级酱油可以略低,低级酱油可以略高)。加热方法习惯使用直接火加热、夹层锅或蛇形管加热以及热交换器加热等。在加热过程中,必须让生酱油保持流动状态,以免焦煳。每次加热完毕后,都要清洗加热设备。

配制:为了严格贯彻执行产品质量标准的有关规定,对于每批制成的酿造酱油,还必须进行适当的配制。配制以后还必须坚持进行复验合格,才能出厂。

防霉:为了防止酱油霉变,可以在成品中添加一定量的防腐剂。习惯使用的酱油防腐剂有苯甲酸、苯甲酸钠等品种,尤以苯甲酸钠为常用。

澄清及包装:生酱油加热后,会产生凝结物使酱油变得浑浊,必须在容器中静置 3d 以上(一级以上的优质酱油应延长沉淀时间),方能使凝结物连同其他杂质逐渐积累于器底,达到澄清透明的要求。如蒸料不熟及分解不彻底的生酱油,加热后不仅酱泥生成量增多,而且不易沉降。酱泥可再集中用布袋过滤,回收酱油。酱油包装分洗瓶、装油、加盖、贴标、检查、装箱等工序,最后作为成品出厂。

三、分酿固稀发酵法

该法适用于以脱脂大豆、炒小麦为主要原料酿制酱油,其特点是前期保温固态发酵,后期常温稀醪发酵,发酵周期比高盐稀态发酵法短,而酱油质量比低盐固态发酵法好。

(一)工艺流程

小麦→精选→炒麦→冷却→破碎——→种曲

脱脂大豆→破碎→拌水→蒸煮→冷却→混合→通风制曲→成曲→固态发酵→保温稀醪发酵→常温稀醪发酵→成熟酱醪→压滤→生酱油→配兑→加温→澄清→成品

(二)操作要点

1. 种曲

脱脂大豆的制作与处理要求同低盐固态法。

2. 小麦处理

小麦精选去杂后,于170℃焙炒至淡茶色,破碎至粒度为 1~3mm 的颗粒,与蒸熟的大豆混合均匀(豆粕与小麦配比为 7:3 或 6:4),接入种曲,按低盐固态法操作通风制曲。

3. 发酵

成曲按 1:1 拌入 12.3% ~ 14.5% 盐水,入池保温(40 ~ 42℃)发酵 14d,然后补加 2 次盐水,盐水浓度 18.9%,加入量为成曲质量的 1.5 倍。此时酱醅为稀醪态,用压缩空气搅拌,每天 1 次,每次 3 ~ 4min。3 ~ 4d 后改为 2 ~ 3d/次,保温 35 ~ 37℃,发酵 15 ~ 20d。稀醪发酵结束后,用泵将酱醪输送至常温发酵罐,在 28 ~ 30℃温度下发酵 30 ~ 100d,此期间每周用压缩空气搅拌 1 次。

4. 压滤取油

由于此法的酱醪成糊状物,不能用淋油法抽油,故用压滤机压滤法取油。压滤分出的生酱油进入沉淀罐沉淀 7d 后,取上清油按酱油质量标准配兑,然后用热交换器加热,控制出口温度为 85℃,再自然澄清 7d 后,就可按成品包装。

四、低盐稀醪保温法

该法在南方得到较广泛应用,这里不再详细介绍其工艺。

该法吸收高盐稀醪法的优点应用于低盐固态发酵法中,所不同的是,加盐水量高于低盐固态法成稀醪态,故名。

五、其他工艺法

在我国北方有些省份,尚有无盐固态发酵工艺。其特点是制酱醅时不加或加较少量食盐。为了防腐,发酵温度维持在 55 ~ 60℃,发酵时间只需要 72h 左右。由于产品质量差,基本上处于被淘汰之列。

还有部分地区(四川地区)采用的高盐固态发酵工艺,以大豆、面粉为原料,一般采用天然晒露方法,属传统工艺。

另外,我国许多地方还流传着当地传统酿造方法,因而产生出许多名特产品,如湘潭龙牌酱油、福建琯头酱油、浙江舟山洛泗油、天津红钟牌酱油等,其工艺这里不再一一介绍。

第二节 食 醋

食醋是人们生活中不可缺少的生活用品,是东西方共有的调味品。中国、日本酿醋多以谷物原料为主,而欧美国家则以果实(果汁)原料为主。食醋的酿造包括淀粉分解、酒精发酵和醋酸发酵三个主要过程,这三个过程都离不开不同种类微生物酶的作用。如曲霉中的糖化型淀粉酶使淀粉水解为糖类,蛋白酶使蛋白质分解为各种氨基酸;酵母菌分泌的各种酒化酶使糖分解为酒精;醋酸菌中的氧化酶将酒精氧化成醋酸。整个食醋的发酵过程就是这些微生物酶互相协同作用,产生一系列生物化学变化的过程。此外,食醋的风味很大一部分还与陈酿后熟有关。陈酿期包括醋醅陈酿和醋液陈酿。一是醋醅陈酿,即将加盐后熟的醋醅移入缸内砸实,上盖食盐1层,用泥封顶,放置1个月,中间倒醅一两次;二是生醋经日晒夜露,浓缩陈酿数月;三是将醋成品灌装后封坛陈酿。在陈酿过程中,醋中的酯香类物质不断增加,醋酸与水分子的缔合度增加,使食醋口感柔和,香味浓郁。

一、镇江香醋

镇江香醋以优质糯米为主要原料,具有"色、香、酸、浓"的特点,为江南最著名的食醋之一。其生产工艺,一直采用100多年来的传统工艺,即在大缸内采用"固体分层发酵"。1970年后用水泥池代替大缸发酵,经酿酒、制醅及淋醋三个过程。镇江陈醋的陈酿期为一年以上,其原产地域范围、原料、生产工艺等与镇江香醋相同。

(一)原料配方

糯米500kg,酒药1.5~2kg,麦曲30kg,麸皮750kg,砻糠(稻壳)400~500kg。此外,生产1000kg一级香醋耗用辅助材料为:米色135kg(折成大米40kg左右),食盐20kg,糖6kg。

(二)工艺流程

糯米→浸渍→蒸煮→淋饭→拌曲→糖化→酒精发酵(酒化)→成品(酒醅)→制醅→醋酸发酵(翻醅)→封醅→陈酿→淋醋→煎醋→成品

（三）操作要点

1. 酒精发酵

选用优质糯米，淀粉含量在72%左右，无霉变。投料时每次将500kg糯米置于浸泡池中，加入2倍的清水浸泡。一般冬季浸泡24h，夏季15h，要求米粒浸透无白心。然后捞起放入米笋内，以清水冲去白浆，淋到出现清水为止，再适当沥干。将已沥干的糯米蒸至熟透，取出用凉水淋饭冷却，冬季冷至30℃，夏季25℃。均匀拌入酒药1.5～2kg，置于缸内。低温糖化72h后，再加水150kg，麦曲30kg，28℃下保温7d，即得成熟酒醅。其出品率是：每100kg糯米可产酒醅300kg左右，酒醅酒度13度、酸度0.8左右。

2. 醋酸发酵

先在池内投入麸皮750kg，摊平于池内，将发酵成熟的酒醅1500kg用水泵打入池内与麸皮拌均匀，即成酒麸混合物（半固体）。取砻糠（稻壳）25kg均匀地摊于池内上层，与池内酒麸混合物拌和。再取在另一处发酵6～7d的醋醅（称为老种）25kg，均匀地接入到酒麸糠混合物中去，在池中做成馒头形，上面覆盖大糠25kg即成。

翌日（24h后）进行翻醅，以扩大醋酸菌的繁殖。具体的操作是：将上面覆盖的砻糠和接种后的醋醅与下面1/10层酒麸翻拌均匀，随即上层覆盖砻糠50kg。第3天按照第2天的操作方法，把上层盖糠和中间的醋醅再与下面1/10层酒麸翻拌均匀，上面仍旧覆盖砻糠50kg。第4天，第5天，至第10天，每天均照上述方法操作，10d后共加砻糠400～500kg，池内的酒麸全部与砻糠拌和完毕。在这10d中，由于逐步加入砻糠，使醋醅内水分含量降低，中途需适当补充水分（分2～3次加入），保持醋醅内含水分在60%左右。

从第11天起，每天不加任何辅料，在池内进行翻醅，将上面的翻到池下，池下的翻到池上面，每天翻1次，使品温逐步下降，翻醅到18～20d即可，但从第15天起，每天要化验醋酸上升情况，如酸度不继续上升，应立即加盐20kg、用塑料布密封。经过30～45d密封，即可转入淋醋工序。

3. 淋醋

可用容量250～350kg的淋醋缸或用水泥池，缸的数量和水泥池大小应根据生产量而定。如果日产香醋1t，需淋醋缸5套，每套3只，计15只缸。若用水泥池代替，需水泥池3个，每个容量相当于5只缸的总量。取陈酿结束的醋醅,按比例加入米色(优质大米经适当炒制后溶于热水即为炒米色,用于增加镇江香醋色泽和香气)和水,浸泡数小时,然后淋醋。采用套淋法,循环泡淋,每缸淋醋 3 次。通常醋醅与水的比例为 1.5:1,应按照容器大小投入一定量的醋醅,再正确计算加入的数量。

醋汁加入食糖进行调配,澄清后,加热煮沸。生醋煮沸时,要蒸发 5%~6% 的水分,所以在加水时,要考虑这个因素,适当多加 5%~6% 水。煮沸后的香醋,基本达到无菌状态,降温到 80℃ 左右即可密封包装。

二、山西老陈醋

山西老陈醋是我国北方最著名的熏醋,创始于 300 多年前的清初顺治年间,生产工艺独特,具有酸、绵、香、甜的独特风格。

(一)原料配比

高粱 100kg,大曲 62.5kg,麸皮 70kg,谷糠 100kg,食盐 8kg,润料用水 60kg,闷料用水 210kg,入缸水(酒精发酵时用水)60~65kg,香辛料(包括花椒、大料、桂皮、丁香、生姜等)0.15kg。

(二)传统山西老陈醋酿造工艺流程

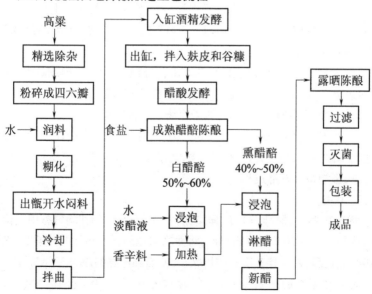

(三)操作要点

1. 原料处理

(1)选料:料进厂后要进行精选除杂,去除霉坏、变质、有邪杂味的原料,并测定原料的淀粉、水分含量。

(2)原料粉碎:高粱粉碎成四六瓣,细粉不超过1/4,最好不要带面粉。

(3)润粱:粉碎好的高粱加入高粱重量50%～60%的水进行润料。冬天最好用80℃以上的水润料。把原料铺在晾场上,先挖成边沿高、中间凹状,然后把备好的润料水洒入其中,再用木锨从内圈四周把高粱糁和润料水慢慢混合,翻拌均匀,放入木槽内或缸中,静止润料8～12h。润料期间要勤查料温。做到夏季不要发热,冬季不能受冻,让原料充分润透。

润料标准为高粱吸水均匀,手捻高粱糁为粉状,无硬心和白心,水分60%～65%。

(4)蒸煮糊化:蒸料前检查甑桶是否清理干净,甑锅内的水是否加足,把甑蓖放好放平,铺上笼布,再铺一层谷糠。开始火要烧旺,待锅沸腾后开始上料。从润料池内或缸内取出高粱糁翻拌均匀(打碎块状物),先在甑底轻轻撒上一层,待上汽后往冒汽处轻轻撒料,一层一层上料,要保持甑桶内所上的料平整,上汽要均匀。待料上完,盖上麻袋开始计时,蒸2h,停火再闷30min。

(5)闷料:将蒸好的高粱糁趁热取出,直接放入闷料槽内或缸中,按高粱糁:开水为1:1.5(质量比)的比例混合搅拌,均匀打碎。静置、闷料20min,高粱糁充分吸水膨胀后,摊于凉场上进行冷却。

(6)冷却:把闷好的高粱糁摊到晾场上,越薄越好,在冷却过程中要不停地用木锨翻倒,并随时打碎块状物,要求冷却的速度越快越好,防止细菌感染,影响整个发酵过程。

2. 拌曲

提前2h按大曲:水＝1:1(质量比)的比例混合,翻拌均匀备用。待高粱糁冷却到28～30℃时开始拌曲,将曲均匀地洒到冷却好的高粱上,先把曲料收成丘形,再翻拌2次打碎块状物,使曲和蒸熟的原料充分混匀。

对蒸好原料的质量要求:润料含水分68%～70%;闷高粱含水分

120% ~150%;拌曲后原料含水分 100% ~150%。

3. 酒精发酵

将拌好曲的料送到酒精发酵室内的酒精缸中。先在酒精缸中加水 30 ~32.5kg,再加入主料 50kg。发酵室温度控制在 20 ~25℃,料温在 28 ~ 32℃,原料入缸后第 2 天开始打耙,每天上下午各打耙 1 次,发现有块状物要打碎,开口发酵 3d 后搅拌均匀并擦净缸口和缸边,用塑料布扎紧缸口,再静止发酵 15d。

成熟酒醪的质量要求:酒精体积分数 9% 以上;酸度 1 ~1.8g/100mL (以醋酸计)。

感官要求:香,有酒香和浓郁的酯香;味,苦涩、辣、微甜、酸、鲜。

4. 醋酸发酵

(1)拌醋醅:把发酵好的酒精缸打开。先把麸皮和谷糠放于搅拌槽内,翻拌均匀后再把酒精液倒在其上翻拌均匀,不准有块状物(酒精液:麸皮:谷糠 = 13:6:7)。然后移入醋酸发酵缸内,每缸放 2 批料,把缸里的料收成锅底形备用。

拌好醋醅的质量要求:水分 60% ~64%;酒精体积分数 4.5% ~5%。

(2)接火:取已发酵的、醅温达到 38 ~45℃的醅子 10% 作为火种接到拌好的醋醅缸内,用手将火醅和新拌的醋醅翻拌几下,同时把四周的凉醋醅盖在上边,收成丘形,盖上草盖,保温发酵。待 12 ~14h 后,料温上升到 38 ~43℃时要进行抽醅,再和凉醅酌情抽搅一次。如发现有的缸料温高,有的缸料温低时,要进行调醅,使当天的醋酸发酵缸在 24h 内都能来了温,而且温度比较均匀,为给下批接火打下基础。

(3)移火:接火经 24h 培养后称为火醅,醅温达到 38 ~42℃就可以移火,取火醅 10% 按上法给下批醅子进行接火。移走火的醅子,根据温度高低,进行抽醅,如温度高抽得深一些,温度低抽得浅一些,尽量采取一些措施使缸内的醋醅升温快且均匀。

(4)翻醅:翻醅时要做到有虚有实,虚实并举,注意调醅。争取 3d 内90% 的醋醅都能达到 38 ~45℃。根据醅温情况,掌握灵活的翻醅方法。即料温高的翻重一些,料温低的翻轻一些,醅温高的要和醅温低的互相调整一下,争取所有的发酵醋醅都升温均匀一致,克服有的成熟快,有的成熟慢,影响成熟醋醅的质量和风味。

接火后第 3~4 天醋酸发酵进入旺盛期,料温可超过 45℃,而且 80%~90% 的醅子都能有适宜温度,当醋酸发酵 9~10d 时料温自然下降,说明酒精氧化成醋酸已基本完成。

(5)成熟醋醅的陈酿:把成熟的醋醅移到大缸内装满踩实,表面少盖些细面盐用塑料布封严,密闭陈酿 10~15d 后再转入下道工序。

成熟醋醅的质量要求:水分 62%~64%;酸度 4.5~5g/100g(以醋酸计);残糖 0.2% 以下;基本上无酒精残留。

5. 熏醅

把陈酿好的醋醅 40%~50% 入熏缸熏制,每天按顺序翻 1 次,熏火要均匀,所熏的醅子闻不到焦煳味,而且色泽又黑又亮。熏醅可以增加醋的色泽和醋的熏香味,这是山西老陈醋色、香、味的主要来源。

熏醅的质量要求:水分 55%~60%;酸度 5~5.5g/100g(以醋酸计)。

6. 淋醋

把成熟陈酿后的白醋醅和熏醋醅按规定的比例分别装入白淋池和熏淋池。淋醋要做到浸到、闷到、煮到、细淋、淋净,醋稍量要达到当天淋醋量的 4 倍,头稍、二稍、三稍要分清,还要做到出品率高。

(1)对醋糟含酸的要求。白醋糟 0.1g/100g(以醋酸计);熏醋糟 0.2g/100g(以醋酸计)。

(2)老陈醋半成品的要求。总酸 5g/100mL(以醋酸计);浓度 7~8°Be′;色泽红棕色、清亮、不发乌、不浑浊;味道酸、香、绵、微甜、微鲜、不涩不苦;出品率为每 100kg 高粱出 600kg 醋(醋酸浓度 50g/L)。

7. 老陈醋半成品陈酿

把淋出的半成品老陈醋,打入陈酿缸内,经夏日晒冬捞冰及半年以上陈酿时间,使半成品醋的挥发酸挥发、水分蒸发,即为成品醋,其浓度、酸度、香气等方面都会有大幅度提高。

三、浙江玫瑰米醋

玫瑰米醋的生产在浙江杭嘉湖一带相当普遍,该产品因色泽呈鲜艳而透明的玫瑰红色而得名。在全国几大类名醋中,唯有玫瑰米醋与福建红曲老醋采用液体表面发酵工艺,但玫瑰米醋在色、香、味的形成上又和福建红曲老醋有所不同。玫瑰米醋以籼米为原料,不加糖色和芝麻等调料,在酿制工艺上,是以米饭的自然培菌发花,多菌种混合发酵,充分利用环境中的野生霉菌、酵母、细菌,经过糖化、酒化、醋化,使这些野生菌所产生的代谢物质形成玫瑰米醋特有的色、香、味、体的特征。

(一)原、辅料配比(以缸为单位)

早籼米100kg(出饭率控制在200%);麦曲(生)5kg,麦曲(熟)2.5kg;酵母10kg;食盐2.25kg;总控制量450kg。

加水量 = 总控制量 - (出饭后的平均饭量 + 用曲量 + 酵母量)

(二)玫瑰米醋的传统工艺流程

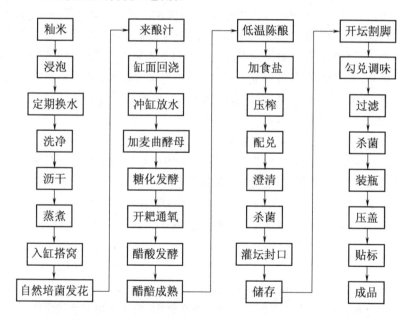

(三)传统玫瑰米醋工艺操作要点

1. 浸泡及冲洗

先将早籼米冲洗,倒入缸内,加水高出米粒12~20cm浸泡,缸的中央插入空心竹箩桶,高出水面。浸米要求米粒浸透,每隔3d在竹箩中定时换水,注入清水要求不浑浊为止,一般浸泡10~12d。捞出放在米箩内,用清水淋冲,洗净黏附在米粒上的黏性浆液,使蒸汽能均匀通过饭层,以防蒸汽局部不畅产生没有蒸熟的饭粒。

2. 蒸煮

采用串联立式连续蒸饭机,台时产量要严格控制熟饭流量和流速为1.8～2t/h。开蒸汽,从加米到放出熟饭以前要闷10～20min,达到熟透前暂停放饭,同时前道落饭,加入65℃热水,隔5min放出余水,进后道蒸饭机,蒸后要求饭粒完整,以手捻无白心,控制出饭率在200%以上。如果出饭率较低,在入缸搭窝发花期间,混合霉分泌酶系缺少水分,酶活力下降,来酿汁少,不利于米饭的糖化和分解。

3. 入缸搭窝

将蒸熟的米饭倒入清洁的大缸中,视大缸容量大小而定,一般为500L大缸装入米饭200kg,然后用木锨打饭降温,中间放入酒坛1只搭成圆形窝,四周稍压紧,最后半盖草缸盖。到第2天温度下降到45℃以下,去掉酒坛,全盖草缸盖,做好室内保温。搭窝中要注意防止去掉酒坛时饭面塌窝。如发现及时补好,否则会造成米饭中间发花不好,而且温度发不出,形成馊酸味。

4. 缸面发花(自然培菌发花)

发花是培养各种微生物,利用草盖中的自然菌落和落到饭面上的外界微生物,混合发花,发花期一般掌握在10～12d,米饭面上和四周缸壁上长满红、黄、黑、绿、灰、白等微生物,即为发花完成。发花期间,品温逐渐升高,但以不超过40℃为宜。如超过40℃以上,要及时开盖降温。

5. 缸面回浇(汁液回浇)

缸里培养发花10～12d后,窝里已有40%汁液。缸面表层温度上升,水分挥发,菌丝逐渐萎缩,酿醋内部渗透压增大,发酵基质与酶的扩散速度逐渐减慢,此时要及时将汁液回淋在缸面,使汁液均匀渗透到酿醋的各个部位,提高酶的活性,同时有利于调节酿醋上、中、下温度,保证液化、糖化正常进行。

6. 冲缸放水

通过回淋酿液,缸内醋的温度逐渐下降到37～38℃,同时凹孔内汁液含糖分在27%～30%,酸度是25～28g/L,氨基酸态氮是1.5～2.2g/L,尝之甜里带酸,并有正常的醋酸香味,此时从饭粒入缸发花培菌到自然酶系分解变为半固态半液态已结束,然后打散醋醅,冲缸放水。按配方控制加水量,放水后加入酵母液和麦曲,盖上草缸盖进行发酵。

7. 发酵控制

冲缸放水到醋酸发酵成熟前后 3 个多月时间中可分为两个过程。醋醅沉淀前 16 ~ 25d 和沉淀后 70d。从整个过程来看,这两个过程不能截然分开。淀粉糖化、酒精发酵是连续发生而又相互交叉进行的,但首先进行的是淀粉糖化,继而才是酒精发酵,同时由于空气和工具中带入到醅缸中的醋酸菌繁殖,逐步将醋醅中的酒精氧化成醋酸。因此在酒精和醋酸发酵阶段要严格控制品温以及适时开耙。加水后 1 ~ 2d,温度上升到 32℃以上,开头耙降温。以后每天开一次耙和捏碎浮于缸面上的醋醅,增加氧气溶入机会,以利于醋酸生成。同时有利于原料分解和排除 CO_2,经 16 ~ 20d,醋醅自然下沉,缸液表面层膜醋酸菌大量繁殖,闻之酸味较强,隔天将缸面轻轻搅动;盖好草盖,并经常要轮换日晒草盖,以保持其发酵温度。在发酵期间如发现部分缸受到杂菌污染,液面生长产膜性酵母菌(俗称生白花),可在酒精发酵结束转入发酵时,在生白花的大缸中加入溶解的苯甲酸钠 0.07% 左右,搅拌数次,几天后,产膜性酵母菌便自动消失,菌体会下沉,液面恢复正常,持续发酵 30d 醋醪中菌膜逐渐消失,醋液呈玫瑰红色,醋汁清亮,有醋香味、不浑、不黄汤、醋酸含量达 45g/L 左右,发酵醪中残余酒精含量为 0.2% ~ 0.5%,酸度不再上升,酒精氧化将完成时,即为醋酸发酵结束。

8. 加食盐及后熟

醋酸发酵完毕后,立即加盐,用量为成熟醪的 2% ~ 5%。加盐后,再延长一段时间,即为后熟期。

9. 压榨、配兑

传统生产的压榨是用杠杆式木榨进行压滤,滤袋用绢带,将醋醪装入滤袋扎紧,利用木榨进行压榨,清液流入缸中,第一次压榨完毕,取出头渣放入缸内,捏碎加清水浸泡24h,再进行压滤,得第二次滤液,2 次滤液分别装入缸内沉淀后,每缸取样化验,根据理化指标、缸与缸之间的香气、口味、体态含量,将各不相同的醋按照比例混合配兑,使其取长补短,达到平衡。

10. 杀菌、灌坛封口

调配完成后将沉淀的醋液去脚,然后进行灭菌(温度 82℃以上)。经灭菌以后的醋装入到干净干燥的醋坛内,坛口封泥,移入库内经 6 个月储存以进一步提高食醋的陈香味。

11. 装瓶、成品

通过 6 个月储存,醋的稳定性进一步提高,然后过滤、调味,再消毒灭菌(温度 65℃以上),装入清洁干净 250 ~ 500mL 的玻璃瓶中。之后压盖、贴标、装箱、检验、成品、出厂。

成品具有透明鲜艳的玫瑰红色,促进食欲的特殊清香,口味柔和不刺激,味感醇厚,略带鲜甜味。总酸(以醋酸计)40 ~ 45g/L;糖分 25g/L;氨基酸氮 1.8g/L。

四、四川麸醋(保宁醋)

保宁醋产于我国四川阆中,是我国麸醋的代表。它以麸皮为主要原料,以药曲为糖化发酵剂,采用糖化、酒化、醋化同池发酵,9 次秒糟的独特工艺酿制而成。产品色黑褐,味幽香、酸柔和、体澄清,久储而不腐。

(一)原料配比

麸皮 750kg,糯米 30kg,药曲粉 0.3kg,井水 1500kg。

(二)传统生产工艺流程

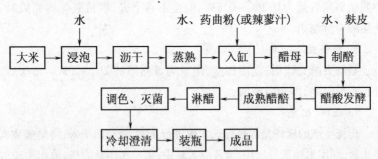

(三)操作要点

1. 药曲制备

阆中保宁醋的药曲制备原料是麦片、麸皮、中草药,对原料总的要求是新鲜无霉变、无异味、无农药污染。其中中草药有砂仁、川芎、苍术、薄荷等60多种中草药。

将一部分中草药晒干磨细成粉,与麦片、麸皮或菱粉混合,加水调湿,制成0.4m×0.2m×0.1m的长方体曲坯,移入曲室自然制曲,8d后可出曲,将所出的曲置于通风干燥处,干燥1个月,磨成粉末即成药曲粉。

制辣蓼汁,采取野生辣蓼,晒干储于罐或坛中,加水浸泡,放置于露天,1个月后即可使用。

2. 制醋母

将糯米30kg浸泡至无硬心,指捏米粒能成粉状,滤干,入甑蒸熟至无白心。出甑盛于缸中,加温凉水100kg拌和成粥。调节品温38~43℃,撒入0.3kg药曲粉拌匀,盖上草帘保温发酵2~3d。中途时加搅拌,待饭粒完全崩解,醪呈烂浆状,有淡淡的酒味即告成熟。

3. 制醅入池发酵

保宁醋发酵池为半坑式,以石条或火砖砌成,内衬瓷砖,长约5m,宽3m,高1m,成双排列于发酵车间,将750kg麸皮卸入发酵池,醋母液逐渐流至麸皮中,并充分翻拌达到均匀、无结块、无干麸,含水量约50%。制醅结束盖上草帘发酵。当醅成为油光锃亮的黑褐色时,表示醅成熟,即可淋醋。

由于采用生料固态自然发酵工艺,物料不经高温,醋醅全部采用人工分层翻造,因此整个发酵过程是一个温和、多种微生物协同作用、边糖化边发酵的过程。发酵温度低也不加以控制,随季节变化而自然变化,冬季入池温度最低5℃左右,高温控制不超过40℃,平均发酵温度在33℃左右,入池发酵时间35~40d。长时间低温发酵,醋醅多次分层翻造,有利于多数微生物的生长代谢以产生丰富的代谢产物,也有利于各种物质间的融合和反应,最终生成醇、有机酸、酯、醛、酚、酮以及它们的复合物等各种各样的风味物质,从而赋予保宁醋独特的风味和上乘的品质。

4. 淋醋

发酵成熟的醋醅放入浸淋池,以3套淋循环法淋出醋液。将一个发酵池的醋醅3等分,分别入3个淋醋池,采用高漂、低漂和白水3道漂水3池套淋,即所有漂水均先入第1池浸泡,所取醋液(漂水)入第2池浸泡,第 2 池所取醋液(漂水)入第 3 池浸泡,最后从第 3 池取醋和下次所用之高漂水、低漂水。3 池套淋法可使各淋醋池醋醅中的有效成分被充分浸取,同时有利于有效成分的积累,提高产品的收得率、等品率。

5. 熬制和过滤

淋出的醋称之为生醋,按级别分类收集,打入锅中加热熬制,一般冷醋加热至沸腾,工艺要求在 2.0 ~ 2.5h,沸腾保持时间依据食醋级别而定,一般控制在 0.5 ~ 1.0h。长时间加热处理即熬制。经过热处理的保宁醋,趁热过滤以除去醋液中的沉淀使醋液澄清、色泽光亮。

6. 陈酿

经过熬制、过滤的保宁醋,必须经过 3 ~ 12 个月的密闭陈酿方可包装。在陈酿期间,醋液中的酸、醇、醛、酯、酚、酮类等物质进一步发生各种物理化学反应并相互融合以增加和协调其色、香、味,最终形成了四川保宁醋色泽红棕、醇香回甜、酸味柔和、久陈不腐等独特的风格。

五、福建红曲老醋

红曲老醋是选用糯米、红曲、芝麻为原料,采用分次添加,进行液体发酵,并经多年陈酿精制而成。它是一种色泽棕黑,酸而不涩,香中有甜,风味独特的酸性调味品。

(一)原料配比

糯米∶芝麻∶白糖 = 100∶4∶2。古田红曲、米香液用量均约为糯米饭的 25% 。

(二)福建红曲老醋工艺流程(见下页)

(三)操作要点

1. 浸泡

每次投 285kg 糯米于浸泡池中,加入清水,水层比米粒高出 20cm 左右,冬春浸泡时间控制在 10 ~ 12h,夏秋一般控制在 6 ~ 8h,要求米粒浸透又不生酸。浸泡后,捞出放入米箩内,以清水洗去白浆,淋到清水出现为止,适当沥干。

2. 蒸熟

将沥干的糯米分批蒸料,每次约 75kg。糯米放入蒸桶内铺平后,开少

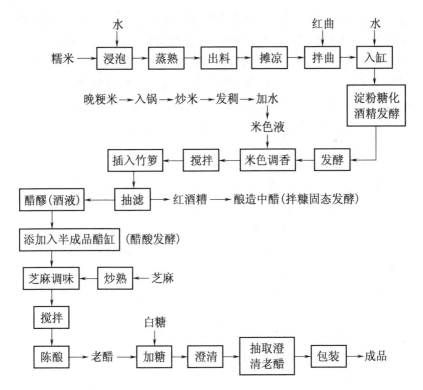

量蒸汽。若局部已冒蒸汽,用铁铲将米摊在冒汽的地方力求出汽均匀。然后逐层加入糯米,铺平,盖上水盖,开大蒸汽,待冒汽后,继续蒸 20 ~ 30min,使糯米充分熟透。

3. 拌曲

趁热将糯米饭用铁铲取出,放置于饭盘上,待冷却到 35℃(夏秋)或 38℃(冬春)。拌入米量的 25% 古田红曲,迅速翻匀。翻匀后及时入缸。

4. 淀粉糖化、酒精发酵

依自然气候条件,掌握好入缸的初温、加水次数、加水温度以及保温降温等措施,控制糖化的品温在 38℃,加水量一般控制在每 50kg 糯米饭加 100kg 左右的冷开水。

拌曲的糯米饭 50kg 放入缸后,第 1 次加入约 60kg 冷开水(冬、春季约 30℃ 冷开水),迅速翻匀。搅碎饭团,让饭、曲、水充分混合,铺平后加盖,进入以糖化为主的发酵。此时应注意保温和降温等措施,控制主发酵品温为38℃。隔24h 左右,饭粒糊化,发酵醪清甜,可第 2 次加入冷开水(冬、春约30℃冷开水)40kg,进入以酒精发酵为主的发酵,品温可达38℃左右。以后每天搅拌 1 次,第 5 天左右,每缸加入约 10kg 的米香液(由4kg 晚粳米制成),每隔 1 天搅拌 1 次,直至红酒糟沉淀为止。糟沉淀后,及时插入竹篓,以便抽取澄清的红酒液(醋醪)。生产周期70d 左右,酒精体积分数10% 左右。

5. 醋酸发酵

采用分次添加液体发酵法酿醋,分期分批地将红酒液用泵抽取放入半成品醋液中,每缸抽出和添加50% 左右,即将第 1 年醋液抽取50%于第 2 年的醋缸中,将第 2 年醋液抽取 50% 于第 3 年的醋缸中,将第 3年已成熟的老醋抽取 50% 于成品缸中,依次抽取和添加进行醋酸发酵和陈酿。

在第 1 年醋缸进行液体发酵时,加入醋液的 4% 的炒熟芝麻作为调味料用。

醋酸发酵期间,要加强管理,每周搅拌 1 次。如能控制品温在 25℃ 左右,则醋酸菌繁殖良好,液体表面具有菌膜,色灰有光泽。

6. 配制成品

将第 3 年已陈酿成熟、酸度在 80g/L 以上的老醋抽出,过滤于成品缸中,加入 2% 的白糖(白糖经醋液煮沸溶化),搅匀后,让其自然沉淀,吸取澄清的老醋包装,即得成品。

每 100kg 糯米生产福建红曲老醋 100kg。

六、全酶法液态深层发酵

全酶法液态深层发酵制醋是以碎米为原料,添加液化酶、糖化酶、酸性蛋白酶等各类酶制剂和酵母菌、醋酸菌等发酵剂,按液态深层发酵工艺规程进行制醋,能减少麸曲制造和醋酸菌扩大培养工序,由于酶制剂、发酵剂均采购质量可靠的产品,可稳定原辅料质量,便于生产线建立 GMP控制和 HACCP 管理,使食醋安全卫生得到进一步保证。液态深层发酵制醋工艺,占地小,机械化程度高,发酵周期短,劳动效率高,有利于提高食醋质量并达到环境卫生要求。

(一)原料配比

碎米800kg,氯化钙1.6kg,碳酸钠0.8kg,中温α-淀粉酶2kg,糖化酶2.6kg,醋酸菌14.4kg,酸性蛋白酶2.08kg,酵母菌0.8kg,水4000kg,活性炭48kg,焦糖色10kg,食盐72kg,苯甲酸钠少许。

(二)工艺流程

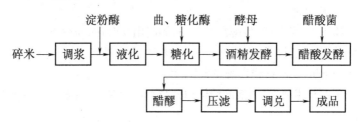

(三)操作要点

1. 粉碎、调浆

原料粉碎至细度<50目,加水浸米2h,加0.2%氯化钙,调节pH值为6.2~6.4,淀粉乳浓度为30.2%~35.5%,加α-淀粉酶0.25%(酶活力2000U/g)。

2. 液化

在液化罐内放入底水开足蒸汽,将加酶后的浆液化,液化温度85~90℃,维持10min,升温煮沸10min。要求液化液具有香味,呈渣水分离状,碘反应呈棕黄色,葡萄糖值(DE值)20%~25%。

3. 糖化

食醋生产中糖化酶一般一次加入,温度64℃时加糖化酶100U/g,糖化温度60~62℃,糖化时间30min。

由于糖化酶在60~62℃糖化后,在酒精发酵时糖化力有所降低,故保持糖化酶后期糖化力可采取2次添加糖化酶方法,其工艺流程为:

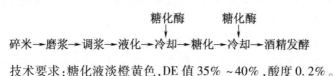

技术要求:糖化液淡橙黄色,DE值35%~40%,酸度0.2%。

4. 酒精发酵

原料液化、糖化后添加酵母菌 0.1%，进入双边发酵时，添加 0.01% 酸性蛋白酶(60U/g)，24h 后再添加糖化酶。接种温度 28～30℃，发酵温度 30～37℃，最适发酵温度 32～33℃，发酵时间 60～68h。

技术要求：酒精体积分数 7.5%～8.0%，酸度 3～4g/L，总醪量为原料的 5～6 倍。

5. 醋酸发酵

空罐灭菌：种子罐、发酵罐及管道、阀门用 0.1MPa 蒸气灭菌 30min。

活性醋酸菌接种量 0.3%，种子罐种子接种量 10%，通风量 0.1 m³/(m³·min)，32～35℃，培养 24h。

培养的技术要求：酒液酒精体积分数 4%～5%，活性醋酸菌酸度 15～20g/L。

醋酸发酵工艺参数：接种温度 28～30℃，发酵温度 32～34℃，最高不超过 36℃，通风量 0.07～0.1m³/(m³·min)。

醋酸发酵的技术要求：发酵液初始酒精体积分数 5%～6%，发酵终止酸度 50～55g/L。

6. 后熟发酵

添加糖化酶、酸性蛋白酶的食醋后熟发酵工艺流程：

醋酸菌种子　糖化酶、酸性蛋白酶
　　↓　　　　　↓
醋液→醋酸发酵→醋醪→后熟发酵→压滤→液醋

工艺参数：糖化酶添加 60U/g，酸性蛋白酶添加 100U/g，后熟发酵温度 45～55℃，时间 48h。

技术要求：醋液澄清，有醋香和酯香，不挥发酸含量 >5g/L。

7. 压滤

工艺参数：发酵醪预处理 55℃维持 24～48h；压头醋时二醋用泵输送，泵压 2×98kPa，压净为止，压清醋用高位槽自流。技术要求：滤渣水分 ≤70%，酸度 ≤0.2%。

8. 后处理技术

全酶法液态深层发酵生产线主要生产 2 类产品，即米醋和白醋，这 2 类产品对发酵液营养要求不一样，全酶法酒精发酵添加酸性蛋白酶，酒液作为醋酸发酵培养液,C、N源含量完全适应米醋发酵,但在白醋生产中,这些 C、N 含量太高,为了控制白醋色泽,保存不易变色,醋酸发酵培养液不仅要控制 C、N 源总含量,还要控制 C、N 在合适范围内。

(1)米醋生产:在米醋生产中后熟发酵结束,可用食品添加剂来调整色度和柔和酸味,增加鲜味,具体操作视企业产品质量要求而定。

(2)白醋生产:后熟发酵后经压滤制取米醋,再用活性炭脱色法制取酿造白醋,活性炭 80% 脱色 30min,能有效脱去生醋中有色物质,同时生醋中一部分低沸点物质挥发,有利于提高酿造白醋风味。

工艺参数:1% 粉末活性炭,80℃保温 30min 后压滤,高位槽自流,必要时加硅藻土。

技术要求:无色透明,透光率≥98%。

9. 配兑灭菌

工艺参数:灭菌温度 80℃,维持适当时间,苯甲酸钠添加量为 0.06% ~ 0.1%。

技术要求:灭菌后成品醋酸≥35g/L,配制食醋需加 50% 以上酿造食醋,醋液红褐色,无混浊,无沉淀,无异味,细菌总数 ≤5000 个/mL。

全酶法液态深层发酵制醋,液化酶、糖化酶、酸性蛋白酶技术应用后,酒精发酵率达 85.02%,酒精转酸率达 91.94%,生酸速度达 0.91g/ (L·h)。

七、生料制醋

生料制醋,顾名思义是指原料粉碎之后,不经蒸煮处理,直接糖化发酵制醋。与一般的固体发酵法相比,它具有简化工艺、降低劳动强度、节约燃料等优点,现已应用于多家食醋酿造厂。该法配料的一大特点是麸皮用量加大,为主料的 140% ~ 150%。另外,其使用了较多的麸曲,数量占主料的 50% ~ 60%。

(一)原料配比

按生米粉计算,每 100kg 原料加麸曲(AS 3.758)50kg,酵母(AS 2.339)10kg,麸皮 140kg,稻壳 130kg 左右,水 600 ~ 650kg,食盐适量。

(二)工艺流程

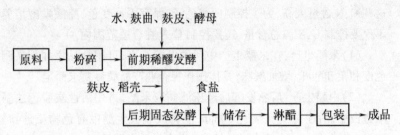

(三)操作要点

1. 原料处理

生产使用的原料,高粱或碎大米必须选好,以确保产品的质量。用磨粉机进行粉碎,高粱使用 40 目筛,大米用 50 目筛。原料粉碎得越细越好。

2. 前期稀醪发酵

生料的糖化与酒精发酵采用稀醪大池发酵,按主料每 100kg 加麸皮 20%、麸曲 50%、酵母 10%,一并倒入生产池内,翻拌均匀,曲块打碎,然后加水 650kg,根据季节气温,24 ~ 36h 后,把发酵醪表层浮起的曲料翻倒 1 次。翻倒的目的是防止表层曲料杂菌生长,有利于酶的作用。待酒醪发起后,每日打把 2 ~ 3 次。一般发酵 5 ~ 7d,酒醪开始沉淀。

稀醪发酵感官特征:呈浅棕黄色,酒液澄清无白膜,品尝微涩不苦、不黏、无异味。理化指标:酒精含量在 4% ~ 5%(体积分数),总酸在 20g/L 以下。

为了缩短发酵周期,应适当加大酵母液的接种量,一般为 10%,酒精发酵的最适温度为 27 ~ 33℃,在此范围内温度越高发酵越快。如果超过适当温度,应迅速降温,否则酵母的作用减退,杂菌将随着繁殖起来。但是也有些高温酵母菌能适应较高温度。

3. 后期固态发酵

前期发酵完成后,立即按比例加入辅料,料层一般在 50 ~ 80cm,根据季节不同闷 24 ~ 48h,然后将料搅拌均匀,即为醋醅。用塑料布盖严,再过 1 ~ 2 天,开始翻倒。由于料层厚,水分大,需要每天翻倒 1 次。并用竹竿将塑料布撑起,给以定量的空气。头 4 ~ 5 天竹竿不宜过高,因为此阶段是醋酸生成期。如塑料布过高,酒精容易挥发,影响醋酸生成量。第 1 周品温控制在 40℃ 左右,使醋醅温度稳定上升,当醋醅温度达 40℃ 以上时,可将塑料布适当支高,使品温继续上升,但不宜超过 46℃,这一阶段为乳酸菌生长最旺盛阶段。醋酸发酵后期,品温开始下降,由于季节不同,一般品温在 34~37℃。此时,竹竿支起塑料布高度要压低,防止高温"跑火"。

固态发酵感官鉴定:成熟醋醅的颜色上下一致,无花色(即生熟不齐现象),棕褐色,醋汁清亮,不浑浊,有醋香味,无不良气味。理化指标:一、二、四季度总酸 65g/L 左右,三季度 60g/L 左右。

当酒精含量降到微量时即可按主料的 10% 加食盐,以抑制醋酸过度氧化。加食盐后再翻 1~2d 后将醋醅移出生产室,存在缸内或池内压实,根据条件储存 1 个月或半年均可,不过每隔一段时间要翻倒 1 次,无存放条件,也可随时淋出成品醋。

4. 淋醋

把成熟的醋醅装入淋池内,每套装醅按主料计算为 600kg 左右,放水浸泡,时间长达 12h,短则 3~4h,但需泡透,即可开始淋醋。淋醋采取套淋法,清水套三醋,三醋套二醋,二醋套头醋。

5. 熏醅

部分成熟醋醅可采用以下 4 种方法生产熏醅。

(1)煤火法。将缸连砌在一起,内留火道,把成熟的醋醅放入缸内用煤火熏醅,每天翻 1 次,熏醅温度保持在 80℃ 以上,熏醅过干时可适当加些二醋,7d 可熏好,颜色乌黑发亮,熏香味浓厚,无焦烟气味。

(2)水浴法。将大缸置于水浴池内,水温保持在 90℃ 以上,两三天翻 1 次。熏醅 10d 左右。

(3)蒸汽浴法。其设施与水浴相似,但必须密封,防止跑汽,工艺条件同水浴法。

(4)旋转高压罐法。由吉林酿造厂开始试用,北京也随后引用。其特点是省汽、时间短,效果与水浴法类似。

从以上几种熏醅方法看,其风味质量特别是熏香味以煤火法为最佳,其次是蒸汽浴法,再次是水浴和旋转高压罐法。由于水浴法易掌握温度均衡,所以采用者较多,旋转高压罐法只有少数企业使用。

用成熟醋醅所淋出的醋汁浸泡熏醅,淋出的醋即为熏醋。出品率一般1kg粮食(主料)可产总酸为45g/L食醋10kg左右。多数企业在淋醋时,把熏醅放在底层,未熏的醋醅放在中上层混淋,其效果较好。

此外,食醋的品种还包括各种果醋、糖醋、白醋等,在这里不再一一列举。

第三节 豆 酱

豆酱是以豆类或其副产品为主要原料,经微生物发酵酿制的酱类。包括黄豆酱、蚕豆酱、味噌等。以黄豆为原料的主要酱类包括黄豆酱、大酱、黄酱、黄豆豉。其中传统工艺生产的大酱经润水、蒸煮、磨碎、造型、制曲、发酵而成。近代工艺生产的大酱是以黄豆酱磨碎而成。黄酱是采用大酱工艺生产的产品,制醪发酵时所用盐水量较大。黄酱与大酱产品细腻、呈糊状。黄豆豉则呈干态或半干态的颗粒状。黄豆酱中有豆瓣形态的,有些地区亦称为豆瓣酱。而根据调味品名词术语标准(SB/T 10299—1999)则仅将蚕豆酱称为豆瓣酱。

一、黄豆酱

黄豆酱是以大豆为主要原料,经浸泡、蒸煮、拌和面粉制曲、发酵,酿制而成的色泽棕红、有光泽、滋味鲜甜的调味酱。

(一)曲法豆酱

利用米曲霉所分泌的各种酶系,在适宜的条件下,使大豆原料中的成分经过一系列复杂的生物化学变化而制成的一种色、香、味俱全的调味品。由于豆酱往往直接作为菜肴食品,卫生要求较严格,因此,必须从原料的选择、处理,直至成品包装等处加以严格管理。

1. 原料配方

大豆100kg,标准面粉40~60kg,种曲450~750g,食盐适量。

2. 工艺流程

大豆→清洗除杂→浸泡→蒸煮→冷却、混拌均匀→接种(曲精或种曲)制

曲→入容器压紧曲→发酵→加 15% 盐水→保温发酵→加 25.9% 盐水→翻酱→成品

3. 操作要点

(1)原料要求:大豆种皮薄,颗粒均匀,无皱皮,相对密度大,吸水率和持水率高,可溶性碳水化合物高,蛋白质含量高而含油、钙量低,干燥,无霉烂变质现象。面粉是主要的碳源,通常使用未变质的标准粉。食盐选用纯度高于95%的再制盐,且要求盐中铁的含量低于 1×10^{-6}。水应符合饮用水标准,钙铁含量低。因钙可导致蒸煮大豆变硬,铁离子可加速酱在发酵和储藏期的褐变。

(2)大豆处理:大豆用清水浸泡。一般夏天浸泡 2~3h,冬天浸泡 4~5h。浸泡吸水有利于大豆蛋白质的变性、淀粉的糊化,并易于微生物的分解和利用。浸泡程度以豆粒涨起,无皱纹,并能于指间易压成两瓣为宜。然后沥干备用。此时重量一般增至原豆重量的 2.1~2.15 倍。

如果使用的原料为豆片,则可省去清洗、浸泡等工序,直接拌水混合后蒸熟即可。豆片组织较松软,易吸水,对蒸煮、制曲及发酵均有利。

沥干后的大豆要进行蒸煮。蒸煮方式分为常压蒸煮和加压蒸煮两种。常压蒸煮,时间为 4~6h。加压蒸煮时,压力(表压)为 147~196kPa,时间为 30~60min。蒸熟的大豆应熟而不烂,既酥又软,用手捻时,可使皮脱落,豆瓣分开。若蒸煮不熟,豆粒发硬,蛋白质变性及淀粉糊化不充分,不利于曲霉的生长繁殖。如果蒸煮过度,会产生不溶性的蛋白质,不利于霉菌生长,且制曲困难,杂菌易丛生。所用的蒸煮设备有常压蒸煮锅、加压蒸煮锅及旋转加压蒸煮锅。

(3)面粉处理:可炒焙或干蒸,亦可加少量水蒸熟,但蒸后水分增加,不利于制曲。

(4)制曲:制曲方法基本与酱油生产相同。制曲工艺流程如下:

大豆→洗净→加水浸泡→蒸熟→冷却→混合面粉→接种种曲或曲精→厚层通风培养→大豆曲

制种曲的菌株多用米曲霉 3.040 或 3.042。种曲或曲精(从种曲中分离出的孢子)用量为原料量的 0.15%~0.3%,使用前与少量面粉拌匀。

接种品温 40℃左右。由于豆粒较大,水分不易挥发,故制曲时间应适当延长。可用 2 日曲或 3 日曲,大多用 2 日曲。这两种曲含水量不同,可在制醅添加盐水时酌情增减。

(5)制酱:目前普遍采用低盐固态发酵法。制酱工艺流程如下所示。

食盐────────────────────────────┐
大豆曲→入容器→自然升温→加第一次盐水→保温发酵→加第二次盐水及盐→翻酱→成品

分别配制 15.3% 和 26% 的盐水,澄清,取上清液备用。

大豆曲移入发酵容器,耙平,稍稍压紧。使盐分能缓慢渗透,使面层也充分吸足盐水,并且利于保温升温。在酶及微生物作用下,发酵产热,品温很快自然上升。当升至 40℃ 时,在面层上淋入占大豆曲重量 90%、温度为 60~65℃、浓度为 15.3% 的盐水,使之缓慢吸收。既保证迅速达到 45℃左右的发酵适温,又能抑制非耐盐性微生物的生长,达到灭菌的目的。当盐水基本渗完后,在面层上加封一层细盐,盖好罐盖,进入发酵阶段。酱醅含盐量为 9%~10%。

发酵期为 10d,保持品温约 45℃,酱醅水分控制在 53%~55%。大豆曲中的各种微生物及各种酶在适宜条件下,作用于原料中的蛋白质和淀粉,使它们降解并生成新物质,从而形成豆酱特有的色、香、味、体。酱醅发酵成熟,再补加大豆曲重量 40% 的 26% 的盐水及约 10% 的细盐(包括封面盐)。然后翻拌均匀,使食盐全部溶化。置室温下再发酵 4~5d,可改善制品风味。为了增加豆酱风味,可把成熟酱醅品温降温至 30~35℃,人工添加酵母培养液,再发酵 1 个月。

(二)酶法豆酱

1. 原料配方

(1)豆酱原料配方:大豆 1000kg,面粉 388kg,水(配盐水用)1060kg,酶制剂、酒醅各适量。

(2)酶制剂配方:豆饼∶玉米粉∶麸粉 = 3∶4∶3,种曲(AS 3.951 米曲霉)为原料的 0.3%~0.4%,碳酸钠为原料的 2%。

(3)酒醅配方:面粉 12kg,氯化钙 24g,α-淀粉酶 36g,3.324 甘薯曲霉麸曲 84g。

2. 工艺流程

大豆→压扁→润水→蒸熟→冷却→熟豆片→拌和(加熟面粉、盐水、酒醪、酶制剂)→混合制酱醅→保温发酵→成品

3. 操作要点

(1)酶制剂制备:工艺如下。

豆饼、玉米粉、麸粉→混合、拌水→加碳酸钠→蒸料→冷却→接种(米曲霉)→厚层通风培养→成曲干燥→粉碎→酶制剂

混合原料加入75%的水、2%的碳酸钠(溶解后加入),拌和均匀。加压0.1MPa蒸料,20min。亦可采用常压蒸料,熟料出锅后经粉碎、冷却至40℃,接入种曲0.3%~0.4%,混合均匀后采用通风制曲。保持室温28~30℃,料温初始温度为30~32℃,8~10h后升温至35℃左右;开始间隙通风,保持料温30~32℃,14~15h,菌丝已渐成白色,料层开始结块,品温迅速上升,应进行翻曲降温。继续通风培养至20~22h,此时曲料水分减少较多,要及时二次翻曲,并补充pH值为8~9的水分,使曲料水分达40%~50%,应将水均匀撒在料上混拌。连续培养48h左右,曲料呈淡黄色,即为成熟。成熟曲料要求无干皮、松散,菌丝旺盛,中性蛋白酶活力在5000U/g以上。然后将成品曲干燥,再经粉碎而制成粗酶制剂。

(2)蒸大豆:将大豆压扁,加入重量为大豆45%的热水,经拌水机一边搅匀,一边随即落入加压蒸锅中,在蒸汽压力0.15MPa下蒸30min。另将97%的面粉加入占面粉重量30%的水中,搅匀后采用常压连续蒸料机蒸熟。

(3)蒸面粉:面粉加水拌和,蒸熟,冷却。

(4)酒醪制备:工艺如下。

熟面粉→加水、加氯化钙→调pH值→加α-淀粉酶→液化→灭菌→冷却→糖化(加3.324麸曲)→降温→发酵(加酒精酵母)→酒醪

取3%(总量)的面粉,加水调至淀粉乳浓度35.5%,加入0.2%氯化钙,并调节pH值为6.2。加α-淀粉酶0.3%(每克原料加100U),升温至85~95℃液化,液化完毕再升温至100℃灭菌。然后冷却至65℃,加入3.324甘薯曲霉麸曲7%,糖化3h后降温至30℃,接入酒精酵母5%,常温发酵3d即成酒醪。

(5)制酱:将冷却至50℃以下的熟豆片、熟面粉、盐水、酒醪及酶制剂(按每克原料加入中性蛋白酶350U计),充分拌和,入水浴发酵池发酵。前期5d,保持品温45℃;中期5d,保持品温50℃;后期5d,保持品温55℃。发酵期间每天翻酱1次,15d后豆酱成熟。

为了使酱香更好,可将成熟豆酱再降温后熟1个月制成成品。

(三)大豆豆瓣酱(产地辽宁沈阳)

1. 原料配方

大豆100kg,面粉43kg,海盐24.3~25.7kg,种曲0.29~0.43kg。

2. 工艺流程

大豆→筛选→清洗→浸泡→搅拌→捞出悬浮物→蒸煮→出锅→冷却→拌入面粉→接种→入曲床→制曲→翻曲(3次)→成曲→入发酵池→成品酱

3. 操作要点

(1)原料的选择:大豆,选择东北大豆,要干燥,比重大而无霉烂变质,无虫害、泥沙、杂质少,颗粒均匀,种皮薄而有光泽,蛋白质含量高。面粉,选用标准粉。在储存期间注意保管原料。

(2)原料处理:将大豆蒸至全部均匀熟透,无硬心,保持整粒不烂为标准,其颜色应为深褐色。面粉则直接采用生面粉拌熟豆生产豆瓣酱。

(3)通风制曲:制曲时要注意控制温度与湿度,温度不易过高,使用具有新鲜孢子的种曲,发芽率在90%以上为宜。曲料入池后要做到四个均匀,即大豆和面粉拌和均匀,使其营养成分一致;接种均匀,保证米曲霉在曲料上正常地发芽生长;曲料入池疏松均匀,在制曲中使米曲霉能够获得适宜的空气、温度及湿度;料层厚薄均匀,这样可以缩小温差,便于管理。

(4)发酵:通过霉菌、细菌、酵母菌等微生物共同作用,形成豆瓣酱中所含的营养成分。在生产中适当地采用中、低温型发酵,酵母菌就能够将糖分解为酒精和二氧化碳。所生成的酒精,一部分被氧化成有机酸类,另一部分挥发散失,再一部分与氨基酸及有机酸等合成为酯,还有微量残留在酱醪中,为豆瓣酱增添了特有的香气。适量的有机酸存在于豆瓣酱中,是增加其风味的有效成分,但含量如果过多就会使豆瓣酱酸败,从而影响蛋白酶和淀粉酶的分解作用,使产品质量降低。

发酵时要根据原料出品率,合理地配制适量的盐水。因为盐水数量少则延长发酵周期,盐水数量多则影响酶类的分解与合成。此时如果温度掌握偏高,则酱醅中的谷氨酸和谷氨酰胺酶就会因高温变成焦谷氨酸,使成品酱产生焦糊味。还应注意配制盐水的浓度,以 18% ~20% 为好,盐水浓度过高既增加成本又抑制成品酱中的鲜味,严重时还会产生一种苦味;盐水浓度过低将会使成品酱易于酸败。加热盐水至 60 ~65℃,可以达到对盐水灭菌的目的,保证酶的活力,促进酱醅成熟。产品发酵成熟后,不再经过特殊的加热灭菌而直接销售。

成品呈红褐色、鲜艳、有光泽。具有酱香和酯香,无其他不良气味,味鲜而醇厚,咸淡适中,无苦、焦、糊味、酸味及其他异味。体态:黏稠适度,无霉花,无杂质。

(四)黄豆豆瓣辣酱

1. 原料配方

豆瓣酱 100kg,干辣酱 100kg。

豆瓣酱配方:大豆 33kg,面粉 14 ~20kg,曲种 75 ~150g,15.6% 盐水 35kg,25.9% 盐水 15kg,细盐 5kg。

干辣酱配方:辣椒粉 35kg,15.6% 食盐水 53 ~70kg,江米粉 14kg,白糖 6kg,大蒜碎泥 2.1kg,生姜泥 700g。

2. 工艺流程

大豆→洗净→浸泡→蒸熟→冷却→面粉混合→种曲→接种→培养→大豆曲→入池发酵→升温发酵→盐水混合→酱坯保温发酵→第二次加盐→发酵翻酱→豆瓣酱→调配(加干辣酱)→加热→入发酵池→加封面盐→室温发酵→豆瓣辣酱→灭菌→加防腐剂→装瓶→成品

3. 操作要点

(1)制大豆曲:大豆洗净,于大量水中常温浸泡 2h,使豆粒充分润水。常压蒸煮 30min 或在 98kPa 压力下蒸煮 10min 左右,直到豆粒软透及食后无酸味为止。用生面粉充分拌和,通过接种,培养制成大豆曲 50kg。

(2)制豆瓣酱:先把大豆曲料倒入发酵池内,稍压后以盐水逐渐渗透,增加曲和盐水接触时间。发酵后自然升温到 40℃ 左右,同时把 15.6% 盐水加热到 60 ~70℃ 倒入面层,然后上层撒入一层细盐盖好。这样 10 ~

15d 发酵完毕,再补加 25.9% 盐水及封面用细盐,混合均匀后在室温下再次发酵 5~6d 即可。注意保温发酵时酱坯温度不应低于 40℃,以防发酵太慢而感染杂菌后变酸。

(3)制干辣酱:用万能粉碎机将干辣椒粉碎后称 35kg,按配方加入 15.6% 食盐水、生江米粉(也可用白面粉)、白糖、大蒜碎泥、生姜泥。在大缸内充分搅拌后于室温下自然发酵 15d 左右,即成干辣酱。

(4)配制豆瓣辣酱:上述所制得的豆瓣酱与干辣酱按 1:1 的比例混合后放入大锅内,加热至 50~55℃ 时移出倒入发酵池内,在室温下发酵 15~20d,控制室温在 40~45℃,则 10d 左右就发酵完毕。发酵前为防止杂菌或产膜菌侵入,池面铺一层白布并放一层干盐。

(5)储藏、装瓶:将成品放入大锅内,边搅拌边加热(防止焦煳),中心温度 80℃ 以下,加热 10min 就立即出锅,盛在配料缸内。稍冷后加入 0.1% 苯甲酸钠或 0.5% 丙酸钙,搅匀、装瓶或装入灭过菌的干净坛内封盖入库。

成品呈酱红色,鲜艳而有光泽。口味鲜美而辣,无苦味,霉味。

二、大酱

大酱发酵起源于我国,已有几千年的历史,不仅含有丰富的蛋白质、脂肪和碳水化合物,具有独特的色香味,同时还具有人体生理调节作用,如抗血栓、抗氧化、抗疲劳、抗癌等生理作用。

传统工艺生产的大酱,以大豆或脱脂大豆为原料,经润水、蒸煮、磨碎、造型、制曲、发酵而成,是糊状并具酱香的红褐色发酵性调味酱。近代工艺生产的大酱,是以黄豆磨碎而成。大酱是东北的特产,下面以东北大酱为例来说明大酱的生产。

(一)东北大酱

1. 原料配方

黄豆 650kg,面粉 350kg,食盐为成曲的 31%,水为成曲的 144%。

2. 工艺流程

大豆→筛选→漂洗→浸泡→蒸料→冷却→拌面粉→接种(种曲)→通风培养→第一次翻曲→第二次翻曲→成曲→入缸→加盐水→澥稀→发酵→打

耙→磨细→成品

3. 操作要点

(1)制种曲。制种曲的目的是要获得大量纯菌种,为生产大曲提供优良的种子。

①原料配比。种曲原料配比一般麸皮与豆饼粉为8:2,加水量为原料重量的100% ~110%,接种量为原料重量的0.1%。

②制种曲工艺。

豆饼→粉碎、过筛→混合(加麸皮、水)→蒸料→打碎、降温→接种(接扩大培养菌种)→初次翻曲→二次翻曲→去草帘→种曲

③种曲的制备。

蒸料:可采用常压或加压两种方法。常压蒸料一般保持蒸汽从原料面层均匀喷出时,加盖蒸1h,然后再关汽闷1h。加压蒸料一般在98kPa的条件下蒸约30min,然后再闷10min。熟料出锅呈黄褐色,质地柔软而无浮水,含水量在50% ~55%。尽快打碎熟料降温,以免杂菌污染。

接种:将熟料迅速移至种曲室的操作台上,用木铲翻一次,摊平冷却。待料温降至38 ~40℃时,即可加入菌种。

保温培养:曲种接种后,应立即分装于曲盒内,料层厚一般为1 ~1.2cm,放在曲架上堆码成柱形,顶上倒盖一个空曲盒。然后开始保温,曲室温度在27 ~30℃。每隔2h检查一次温度,16h之后盒内品温升至33 ~35℃。曲料上呈现出白色菌丝,微结硬块,同时产生一股曲香味,此时即可进行第一次翻曲。翻曲时将曲块用手轻轻搓碎使其得到充足的空气,尽量使其松散,以保证霉菌的正常发育,同时使温度均匀,并防止温度上升过高。翻后将其摊平。每翻完一盒之后立即覆盖经灭菌的湿草帘或纱布。同时依次将上、下、左、右曲盒的位置加以调换,堆成品字形。为了调节品温及换气,应开启门窗,开的时间要短,以防止杂菌侵入。将品温调至30 ~32℃后关闭门窗,让盒内品温逐渐上升,约5h后,曲料上全部长满菌丝,呈现整齐的白色,此时品温为35 ~36℃,即要进行第二次翻曲。每翻完一盒曲仍要覆盖原来的灭菌湿草帘或纱布。同时依次将上、下、左、右各曲盒互换位置一次,堆成"品"字形。再经过5h左右,就可见到嫩黄色的孢子,此时盒内品温应维持在34 ~36℃,室温保持在25 ~28℃。经

64～72h后,孢子大量繁殖呈黄绿色,外观呈块状,内部很松散,用手指一触,孢子即能飞扬出来。此时可将覆盖草帘或纱布拿掉,曲盒改为柱形堆起。同时打开天窗,将湿气放掉,准备出曲。

种曲保藏:种曲制成后,如不马上使用,要进行干燥,使种曲所含水分快速下降,防止老熟的孢子又发芽。干燥时品温不得超过40℃,如超过会影响孢子的发芽率。种曲短时间储存时,水分在10%左右即可。若较长时间储存,水分要低于10%。制成的种曲要在环境清洁、干燥、低温、避光的地方保存。

④种曲质量鉴定。新制出的种曲具有菌种固有的曲香(似枣香),无霉味、酸味、氨味等不良气味;用手指触及种曲,松散光滑,菌丝整齐健壮,孢子丛生,呈鲜艳的黄绿色。种曲含水分在30%左右;短时间存放的种曲水分在15%以下;无水种曲孢子数在5×10^9个/g以上。

(2)制曲。制曲就是在蒸熟的原料中混合种曲,使米曲霉充分发育繁殖,同时分泌出大量的酶(蛋白酶、淀粉酶、氧化酶、脂肪酶、纤维素酶等),为发酵过程提供使原料分解、转化、合成的物质基础。

①原料处理:黄豆过秤计量后,筛去沙土、草屑等杂物,再放入池中放水漂洗,去除豆中杂质、豆皮。然后将豆子入池用清水浸泡3～5h,黄豆含水量达到75%～80%,至豆皮全部膨胀没有皱纹为止。

②蒸料:将泡好的黄豆入锅蒸煮,用大汽蒸1h,然后改小汽闷2h左右。多使用旋转蒸料罐,装料时装至蒸料罐容积的70%即可,这样能使罐中原料混匀,压力、温度比较均匀。蒸料时,先排除汽管中的冷凝水,避免蒸料中进入过多的水分。开汽后,先把罐内空气排尽,不然罐中空气加热后产生压力,使罐内形成虚假气压,不完全是饱和的蒸汽压力,会降低蒸料熟度。待罐内连续喷出饱和汽后,关闭排气阀,压力到29.4～49kPa时,再排一次汽。待气压达到98kPa时,关汽,将蒸料罐转动一次,使豆子蒸得均匀,闷蒸2h。蒸料完毕后,开启排气阀,使压力降至零,即可出锅,降温。

蒸料含水在能掌握的前提下尽量要大,但不要有浮水。浮水大,容易生长杂菌,会出现花曲、酸曲或烧曲。蒸豆水分以50%左右为宜,水分小会使酱分解不好,发稀没有黏性,无盐固形物偏低;过大则会在制曲时不好掌握,升温慢且易形成酸曲。

③接种:蒸熟的豆料要迅速冷却,以减少杂菌污染的机会。夏季蒸料要冷却到 30 ~ 35℃,冬季在 35 ~ 40℃ 即可接种。接种时先将豆料在曲台上降温,摊至厚 12 ~ 15cm,然后把面粉按比例撒在豆子上边,边撒边混匀。把曲种按比例用面拌匀,达到接种温度时撒在料上拌匀,冬季种曲可适量增加,使温度升得较快。

④堆曲:接种后,料在曲场继续堆放,隔 8h 后品温上升到 37 ~ 38℃ 时翻一次,隔 5 ~ 6h 再翻一次。把块状料打碎搓开,就可入通风池培养。此方法可以提高曲池利用率,但必须管理得当,否则容易污染杂菌。

通风制曲:堆曲后入通风池培养,料层厚度在 20 ~ 25cm,入池要松散、均匀、摊平,严防脚踏或压实,这样可使通风一致,温度和湿度也保持一致。如踩压结实,会因通风不好而出现烧曲。入通风池后,品温达到37℃时,应开鼓风机降温,品温不低于30℃即可。霉菌孢子在适宜的条件下,首先吸水膨大,再开始萌发,即由孢子表面露出一个或多个芽管发芽,在培养开始 6 ~ 7h 内孢子发芽,此时品温上升不快。孢子发芽后即开始生长菌丝,长出分支,分支上再生分支。使曲料上布满结成网状的菌丝体。此时品温上升较快,要适当通风,一面调节品温,一面补充新鲜空气,以利菌体旺盛呼吸。经过 14 ~ 16h,由于菌丝生长旺盛,曲料发白结块,应进行第一次翻曲。把曲料用筛子过一遍,将块打碎摊平继续培养。此后菌丝发育更为旺盛,品温上升迅速。此时要加强通风,控制品温不要超过37℃。隔 4 ~ 5h,曲料又结成团块,白色菌丝密集布满曲料,底层和表层曲料温差加大,应进行第二次翻曲。此后由于营养菌丝普遍繁殖成熟,大量生成多种酶,同时有部分营养菌丝分化生出足细胞,在足细胞上生出直立的分生孢子梗,顶端膨大成球形顶囊,在顶囊上以辐射方式长出小梗,小梗顶端各长出一串分生孢子,曲料逐渐出现淡黄色,这时孢子形成,此时酶活力提高。整个制曲时间约为48h。

成曲质量要求:普遍呈黄色,有曲香味,不得有灰色、黑色夹心,无异味。酶活力在 300U/g 以上,出曲时水分为 23% ~ 28%。

(3)发酵。发酵就是将成曲拌入一定数量的盐水,装入缸(或池)中,利用微生物所分泌的酶,催化各种原料的分解,以形成酱的良好风味。

①原料配比。成曲 100kg,食盐 31kg,水 144L。

②操作要点。

入缸:先将食盐用清水溶解,配成浓度为 18% 的盐水,经澄清后去除杂质。将曲料入缸,再加入盐水,拌和均匀后,待其发酵。时间在二三月最为适宜,最晚不得超过四月中旬。

泡酱:当酱曲全部泡开后,为了使其很快发酵,可在天热时每缸加上白水 7L 左右,即所谓的"澥水"。酱曲入缸拌入盐水后,由于食盐浓度较高,有害菌不能繁殖,以至被抑制而死亡。但酵母菌也不能广泛地活动,经过澥水,降低了食盐浓度,酵母菌也就能活动了。澥水一般在上午放水,经晒一中午,下午 4 时以后用酱耙将水打匀。一般经过 20d,酱醪就已发起。这时如有个别缸发性不大,可与发性强的缸互相调剂一下,以使发酵一致。经过几天以后全部发起,可进行第二次澥水。这次澥水主要起调节酱的稀稠和促进进一步发酵的作用。再经一段时间后,等酱曲发酵到高峰,就不要再动了。但还要经太阳晒一段时间(一般需晒两个月),使其发性逐渐减弱,酱曲变为金黄色。这时可用耙上下打匀,放出酱醪内部由发酵而产生的恶味。再经几天后酱醪自然又浮起发酵,但这次的发力很快会消下去。经过泡酱发酵,霉菌所分泌的淀粉酶、蛋白酶、氧化酶的作用把酱醪中的碳水化合物(淀粉)分解为麦芽糖、糊精和酒精等;蛋白质则分解为氨基酸和有机酸等,从而形成黄酱特有的香气。

打耙:泡酱发酵后,就可开始打耙(搅拌),时间在初伏,即所谓"入伏开耙"。10d 以内每天 2 次,每次打 10 耙左右,不要过多,否则会倒发缸。10d 以后要不断增加耙数,最多增加到 30 耙。打耙必须要用力打,由缸下往上挖,要耙耙翻上"花"来。开耙以后 40d 左右,随天气渐凉,酱醪的发力自然消失,黄酱逐渐趋于成熟,这时可减少打耙的次数和耙数,每天轻打几下即可,农历处暑后停耙。磨细后即为成品,出品率为原料的 260%。

成品呈红褐色,有光泽;具有酱香及酯香,无异味;具有大酱独特的滋味、鲜味、鲜甜适口。酱体无豆瓣、无明显的颗粒。

(二)东北速酿大酱

传统的大酱酿造时间一般为半年左右,随着科技的发展,人们逐渐摸索了一套速酿大豆酱的方法。速酿工艺缩短了发酵时间,同时产品质量与传统大酱相比也有所提高。

1. 原料配比

面粉：大豆（质量比）= 65：35。

2. 种曲的制造

将 18g 大豆，2g 麸皮和 20mL 水装入 250mL 三角瓶中，混匀，在 70kPa 蒸汽压下灭菌 40min，冷却至 35℃。接种，30℃培养 72h，制成种曲。

制曲原料采用两种配比：一种是采用 100% 的大豆为原料，另一种是采用 80% 脱脂大豆和 20% 麸皮混合的原料。取 2.5kg 上述两种原料，分别加入 2.5L 水，混匀后静置。于 71kPa 蒸汽压下灭菌。冷却至 35℃ 后，分别接入 A. oryze、AS 3042 种曲各 20g。制曲时要时常进行搅拌，以控制温度不超过 35℃，培养约 24h。曲料入池要平整，厚度在 20 ~ 25cm 之间，室温控制在 25 ~ 30℃，严格控制曲料温度，前期应满足曲菌的生长温度，中期满足孢子萌发的温度，后期要适于发酵产物积累的温度，经 42 ~ 48h 生成黄绿色、松软、有曲香的成曲，水分在 25% ~ 30%，蛋白酶活力 400U/g。

3. 速酿大酱工艺流程

大豆精选→清洗→浸泡 3 ~ 4h →蒸料（蒸煮压力为 0.13 ~ 0.14MPa）→出锅→加曲精面粉→接种，32 ~ 38℃通风制曲，42 ~ 48h 成曲→入池发酵→中间倒池（二次盐水）→风冷、后期成熟→研磨，60 ~ 65℃，灭菌→分包装出厂

4. 操作要点

（1）原料筛选：选颗粒饱满，无病虫害的大豆，按照大豆与面粉配比的质量比为 65：35 进行配料。

（2）浸泡：一般浸泡 3 ~ 4h 至大豆豆粒饱满，手掐无夹心时立即将水放出。

（3）蒸煮：蒸煮前先排净锅内冷空气，压力控制在 0.13 ~ 0.14MPa，时间 15 ~ 20min。蒸后大豆应熟、软、疏松、不黏手、无夹心、有豆香气。

（4）接种：先用 50 ~ 75kg 面粉（25kg/每袋）将曲精（沪酿 3042）拌匀，曲精用量为 0.05% 左右，再均匀地拌到豆面上，接种后温度在 30 ~ 40℃之间。

（5）发酵：制酱的重点在于发酵过程控制。

①发酵前期。成曲入发酵池后,加入45℃盐水,盐水浓度在17.8%~20.2%。加入盐水前曲料面要耙平,先均匀地淋摊,使各角落吸水量一致,避免有干曲造成烧曲。最好每个池内放一个可以循环淋浇的笼桶,每天循环浇淋几次,以使酱的颜色、温度、吸水量等上下一致。酱醅一次性加入盐水后含水量在53%~55%。前7d为发酵前期,酱醅温度控制在41~43℃。发酵池用水浴保温,水浴温度在50~60℃,7d后倒醅一次。倒醅可使温度、盐分、水分及酶的浓度趋向均匀,同时放出因生化过程产生的二氧化碳及有害气体和有害挥发物,补充新鲜空气,增加酱醅氧含量,促进有益微生物的繁殖和色素的生成,防止厌氧菌的繁殖。否则会使酱醅发乌、没有光泽、风味口感不正,影响酱的质量,倒池后要翻搅均匀。

②发酵中期。倒池后15d为发酵中期,酱醅温度控制在43~45℃。这一时期成曲中的蛋白酶已经失活,经过蛋白质的分解,酱醅无盐固形物已经很高,这一时期主要是酱醅转色,使酱醅呈红褐色、有光泽、不发乌,但要注意酱醅温度不能太高。中期结束后,进行二次倒池,倒池后加入二次盐水,盐水要求为40℃左右,16.7%~17.8%热盐水。发酵中期应间隔3~5d翻搅一次,其作用与发酵前期倒池的作用相同,翻搅次数按酱醅发酵程度而定。如果发酵得激烈,有大量气泡产生则要增加翻搅次数,以放出产生的气体,促进酱醅快速成熟;如果发酵很平稳,则相应减少翻搅次数。

③发酵后熟期。这一时期酱醅发酵过程已近尾声,但为了使大酱的后味绵长、适口,酱香、酯香浓郁,还要经过半个月的后熟期。酱醅温度控制在35~38℃,每3d左右翻搅一次,使上下品温一致,并使空气中的酵母菌接入酱醅,约2周后停止翻搅。这时观察酱的表面,如果酱面平整,没有气泡溢出,则说明发酵已经结束。整个发酵过程需要28~30d。

(6)研磨:发酵成熟的大酱经过研磨及调制(指将要计算达到出厂标准所需添加的盐水浓度及盐水量兑入酱醅),使产品的指标趋于一致。

(7)灭菌:经过研磨的酱在包装前最好经过60~65℃的高温灭菌,可以采用通过提高池温来实现这一目的。但由于酱池中的酱多,不利于快速升温及降温,容易造成酱醅产生焦煳味或颜色过深,最好使用连续灭菌器。这样既能保证达到灭菌效果,又能保证酱的颜色、风味、体态不变。

成品外观呈红褐色,有光泽,酱香浓郁,风味醇正、柔和,无异味。具有大酱独特的滋味、鲜味、鲜甜适口。酱体无豆瓣、无明显的颗粒。

三、黄酱

黄酱的生产采用大酱工艺生产的产品,制醪发酵时所用盐水量较大,也可称稀大酱。

(一)天然野生菌种黄酱

1. 原料配方

黄豆100kg,面粉50kg,食盐60kg,清水240kg。

2. 工艺流程

黄豆→过筛→浸泡→控水→蒸煮→碾轧→掺入面粉→砸黄子→切片→入曲室码架→封席→放气→黄子成熟→刷毛→入缸→加盐水→木耙搅动→过筛(磨细)→续清水→打耙→成品

3. 操作要点

(1)采曲(制曲)。

①泡豆、蒸豆:将黄豆过筛去除杂质,清水浸泡20h(用水量25%)。捞出泡好的黄豆,控净水,入锅蒸煮。开始用急火,汽上匀了以后改用微火。蒸煮时间约3h。蒸好的黄豆要求红褐色,软度均匀,用两个手指头一捏即成饼状为好。

②碾轧:把蒸好的黄豆放到石碾上,掺入面粉,进行碾轧。边轧边用铁锹翻动。轧到无整豆为止。

③砸黄子:将碾轧好的原料放入砸黄子机内,砸成结实的块状。块长80cm,宽53.8cm,高13.3cm。再切成长26.6cm、宽8.3cm、厚1.7cm的黄子块。要切得厚薄一致。

④制黄子:将曲室打扫干净,铺上苇席。席上放长方形木椽,木椽分167cm、200cm、233cm三种。167cm的横放,200cm、233cm的纵放,上面再码好细竹竿,俗称黄子架。然后将切好的黄子片一卧一立码在架上,一层层码至距离屋顶67cm为止。用两层苇席封严曲室,每天往席上洒两次水,以调节室内温湿度。封席后的3~5d,曲室内温度上升到35℃,将两席之间揭开一道缝隙散发室内温度、湿度(俗称放气)。每天放气一次,一

般早晨 6 ~ 7 时约放气 1h,使曲室温度保持在 30℃左右。一周后,每隔 1 ~ 2d 放气一次,直至曲室内无潮气,再将席缝封严,20d 以后黄子制成。

⑤刷毛:黄子成熟后,拆开封席,吹晾,1 ~ 2d 后,用刷黄子机刷去菌毛。

(2)泡黄子(发酵)。刷净的黄子入缸,每缸 100kg,再加入盐水,其比例为黄子 100kg,食盐 50kg,水 200kg。黄子入缸后,每天用耙搅动,促使黄子逐渐软碎,然后过筛,搓开块状,筛去杂质。过筛后续入少量清水(每缸 25kg),以调节浓度,促进发酵。但水不能一次续入,应分 3 次续入。续水在夏至之前完成。夏至开始打耙,每天 4 次,每次 20 耙。在此期间,打耙要缓慢,不宜用力过大,防止再发酵。暑伏开始定耙,早、晚各增打 20 耙,1 个月后,改为每天打耙 3 次。处暑停止打耙,黄酱即成熟。

4. 产品特点

成品呈红褐色,鲜艳而呈粥糊状,有光泽,并具有酱香和酯香;无不良气味,味鲜而醇,咸淡适宜。无酸、苦及异味。黏稠适度,不稀、不澥、无霉花、无杂质。

(二)稀黄酱

1. 原料配方

(1)稀酱配方:大豆 650kg,面粉 350kg,种曲 3kg,相对密度 1.11 (15.6%)的盐水 1700kg。

(2)种曲方:豆粕 20%,麸皮 80%,总加水量为原料总量的 100% ~ 105%,曲种为原料总量的 0.3%。

2. 工艺流程

大豆筛选→浸泡→加压蒸煮→出锅→降温接种→通风→制曲→第一次翻曲→第二次翻曲→制曲温度管理→成曲→入池发酵(加第一次盐水)→固态发酵→中间倒池→放稀(加第二次盐水)→搅拌均匀→中间打耙→保温管理→成熟研磨→成品

3. 操作要点

(1)原料处理。

①大豆筛选:在投料前,大豆必须经过筛选,才能使用,以去掉各种杂质,保证生产原料的质量,筛选所用设备一般为卧式振荡筛或马蹄筛。

②浸泡:大豆通过吸水膨胀,以便在蒸料时迅速达到适度变性,同时还可以供给曲霉生长繁殖所必需的水分。要求浸泡池清洁、无污物,将选好的大豆放入泡豆池内,加清水浸泡 3～4h,冬季浸泡时间可稍长。大豆吸水膨胀,吸足水分,一般大豆的吃水量为 80% 左右。

③蒸煮:加压蒸煮,可以使原料灭菌,使大豆适度变性,制米曲时,使米曲霉生长、繁殖,生成各种酶。蒸煮大豆所用气压为 0.1MPa,温度一般在 110～120℃,时间为 40～60min。蒸煮设备选用旋转式蒸煮锅,如果没有旋转式蒸煮锅,也可用水泥地池或常压蒸锅,时间需要 3h左右。

④闷料的时间及其作用:为了使大豆蒸熟的程度良好,停气后保持蒸料罐内的蒸汽,闷热 2～3h 再出罐。闷料的第二个目的,是使蒸熟的大豆上色,由黄白色变成紫红色。

⑤蒸豆的质量要求:蒸熟后的大豆,豆紫红色,色泽均匀,无硬心,不黏不烂,有豆香味,无异味,水分含量在 48%～52%。

⑥出锅散热降温:大豆经蒸熟闷料出锅摊平,厚 15～20cm,自然降温。

(2)制种曲。其工艺如下:

豆粕→粉碎→拌料→蒸料→出锅→过筛→冷却→接种→培养→翻曲→培养→第二次搓曲→培养→出曲(成曲)

制曲前先将曲室、曲盒及用具灭菌。利用人工,将水、豆粕、麸皮混合均匀。蒸料时将气门稍稍打开,将原料层层铺平,使蒸汽缓缓上升,当原料全部装满后,将蒸汽节门全部打开,常压蒸 2～3h,然后停气、闷蒸 2h。出锅后的原料过筛,将原料结块打碎。待原料自然冷却后,一般冬天熟料冷却 35～40℃,夏天冷却至 30～32℃,接种量为原料总量的 0.3%。接种时用 75% 的酒精先将双手擦净,在木盒中放入干蒸麸皮少量,再将三角瓶菌种倒入备好的干蒸麸皮内,将干蒸麸皮和菌种搓碎混合均匀备用。将熟料堆起,撒上菌种,用铁锨反复翻拌 3 次,使菌种和熟料充分混匀。将接种后的熟料分装在曲盒中,曲料厚约 1cm。

将曲盒直立式堆叠,维持室温 27～30℃,品温保持 28～32℃。经过16h 后品温上升到 34～35℃,曲料结成小块时翻曲。翻曲前用 75% 的酒精先将双手擦净。曲料翻完后,将消过毒的草帘盖好,并码成"品"字形。经过 3~4h 后曲种又结成小块,这时翻第二遍曲。培养 72h,揭去草帘,把盒曲搬出室外,自然通风干燥 6~7d 即可使用。

种曲具有曲香味,无霉味、酸味、氨味等不良气味。用手指触及种曲,松软而光滑,孢子飞扬。菌丝整齐健壮,孢子丛生,曲霉呈新鲜黄绿色。孢子数 $\geq 6 \times 10^9$ 个/g(以干基计),蛋白酶活力 $\geq 5000U/g$(以干基计)。新制曲水分含量为 28%~32%,保存曲含水分在 10% 以下。

(3)通风制曲。曲室、曲箱四周要清洁、整齐、卫生,曲室温度保持在 30℃ 左右。熟豆出锅后,当品温降到 36~40℃ 时,按配方比例(65% 大豆、35% 面粉)把面粉均匀撒在豆料的表面。将种曲(按接种量 0.3%)掺和少量面粉,然后搓碎,不使菌种有颗粒,把掺匀搓好的菌种均匀散布在面粉上。然后把混合料充分地拌匀,使每个豆粒都粘有面粉,不能有没粘上面粉的大块豆料。将拌匀的原料移入曲箱,均匀摊开,厚为 20cm。

曲料入池平整完后,在曲料上、中、下各插温度计 1 支,室温保持在 30℃,并及时开动风机,调节温度进行保温培养,这时为菌种发芽生长期。经过 10h 左右,品温上升,并逐步升高,是曲菌体大量生长阶段。当品温升到 35~36℃ 时,开始吹风降温,当曲料结成块时,就要开始翻第一遍曲,用四齿耙将结块的料打碎,或将结块的料过筛打碎。通过翻曲使曲料松散,放出由于呼吸热产生的碳酸酸气,吸收新鲜空气,更好地促进米曲霉的生长繁殖。曲料经过一次翻曲后,曲霉菌大量地繁殖,温度又上升,曲料重新结块,当温度上升到 37℃ 时,就要吹风降温,当品温降到 33℃ 时,翻第二遍曲。从第一次翻曲到第二次翻曲要经过 5~6h,其作用和第一次相同,即更好地使曲料均匀,促进曲霉繁殖,为制好曲打下基础。曲料经过通风培养和筛曲过程,水分逐渐减少,曲料体积随着水分的散发而缩小,并出现裂缝现象。这时应将裂缝铲平压住,防止吹风不均、局部烧曲。后期培养温度为 33~35℃,经过 40~42h,曲料长满菌丝,结成孢子,即可成熟。

豆曲的质量要求:豆曲的每个豆粒上都要长满菌丝,菌丝健壮,内部发白,颜色均匀一致,无夹心、硬块、杂色,无杂菌污染。制好的豆曲水分为 25%~30%,蛋白酶活力大于 400U/g。

（4）酱醅发酵。酱醅发酵就是利用豆曲生成的蛋白酶、糖化酶分解大豆的蛋白质,生成氨基酸和一部分有机酸,分解淀粉产生糖类,形成酱的色、香、味。

①固体发酵:将制好成熟的曲料移入发酵池,加入盐水发酵。要求盐水温度为45℃,盐水相对密度为1.11(15.6%),盐水的加入量以每50kg混合料加盐水30kg计算。

固体发酵前期:从豆曲拌盐水入池后算起至第7天为第一阶段,品温在40~42℃,水浴温度在50~60℃。经过7d后翻倒醅子1次。倒酱是控制固态发酵条件的主要措施之一,它的作用是让曲料中各种霉菌充分发挥作用。通过倒酱醅子,使其温度上、下均匀一致,同时放出由分解热产生的碳酸气,吸收新鲜空气,补充氧气,更好地促成色、香、味的形成。如果固态发酵不倒池,会使酱的颜色发乌,没有光泽,味不正,影响酱的质量。

固体发酵中期:7~15d为中期,品温为42~45℃。

②液体发酵:固体发酵15d后,加第二次盐水放稀,进行液体发酵。盐水温度为40~45℃,盐水相对密度为1.11(15.6%)。盐水加入数量按50kg混合料加盐水55kg计算。液体发酵温度控制在38℃,要求每天打耙或打气2次,使上、下温度均匀,吸收新鲜空气,放出二氧化碳。磨酱前3d品温达到60~65℃,液体发酵20d。

黄酱生产周期:从制曲到出成品不少于30d,周期过长会影响酱的成分和色、香、味的形成。

四、蚕豆酱、蚕豆辣酱

蚕豆酱是以蚕豆为主要原料,在蚕豆脱壳后经制曲、发酵而制成的调味酱。蚕豆辣酱是以蚕豆酱为原料,配入辣椒酱及各种辅料制成的调味酱。

蚕豆酱亦称豆瓣酱,起源于四川民间,由家庭制作发展为工业生产,至今已有200多年的历史。随着交通事业的发展,豆瓣制作技术也随之流传,长江沿岸省市亦有生产。根据消费者的习惯不同,在生产蚕豆豆瓣酱中配制了香油、豆油、味精、辣椒等原料,增加了豆瓣酱的品种。蚕豆酱的主要原料是蚕豆,加入辣椒的产品叫辣豆瓣,不加辣椒的叫甜豆瓣。蚕豆豆瓣酱具有鲜、甜、咸、辣、酸等多种调和的口味,能助消化、开口味,可用来代菜佐餐,是一种深受消费者欢迎的方便食品。辣豆瓣色香味美,营养丰富,是烹饪川菜的主要调味料。甜豆瓣适宜于不嗜辣味的消费者口味,烹饪和佐餐作用不如辣豆瓣广泛。

(一)甜豆瓣酱

1. 原料配方

蚕豆肉100kg,面粉30kg,种曲200～400g,15.6%盐水180～210kg,盐35～40kg,水适量。

2. 工艺流程

蚕豆→清洗→浸泡→去皮→蒸煮→冷却→混合→接种→培养→成曲→入发酵容器→升温→加曲→盐水→发酵→加盐→翻拌→培养→成品

3. 操作要点

(1)蚕豆预处理。蚕豆要颗粒饱满、均匀、充分成熟、无虫蚀、少杂质。蚕豆有一层不适于食用的坚硬的皮壳,在酿制前必须去掉。去皮壳的方法根据加工要求而定,若要求豆瓣能保持原来形状的,在工艺上就需要采用湿法处理;若不考虑豆瓣形状,在工艺上可采用干法处理。

湿法处理,即蚕豆经除去泥沙杂质后,投入清水中浸泡至无白心,且稍有发芽状态后,可采用人工剥皮去壳,但效率低;大规模生产必须采用机械去皮壳,将浸泡好的蚕豆用橡皮双辊筒轧豆机脱皮。还可采用化学方法,即将2%的氢氧化钠溶液加热至80～85℃,然后再将在冷水中浸泡好的蚕豆浸泡于热碱水中4～5min。当表皮颜色变成棕红色时取出,立刻用清水洗至无碱性。

干法处理,即采用机械化处理。蚕豆先通过振动筛除去杂质及瘪豆,然后用石磨或钢磨调松页距磨去皮壳或用粗碎机击碎,并通过回转筛分级,再经风筛去皮,用相对密度去石机分离出豆肉和皮壳,现在大多使用脱壳机。用脱壳机干法脱壳,平均每台每天能处理蚕豆2500～4000kg,大大提高了劳动效率,减轻了劳动强度,改善了卫生条件。

(2)制蚕豆曲。

①浸泡:干蚕豆瓣在蒸煮前,需要加水浸泡。浸泡时间因水温、豆粒

大小、品种等因素而异。一般宜用水温为 25～35℃ 的水浸泡,时间控制在 40～60min 内,以豆粒断面中心无白色硬心为准。

②蒸煮:蒸煮蚕豆要适度,既不能蒸煮不熟,也不能蒸煮过度。一般以豆肉中心刚开花,用手指轻捏即成粉状,不带水珠,食后无生腥气味为宜。蒸煮方法有加压和常压两种。

加压蒸煮采用旋转式蒸煮锅。豆肉入锅后,喷淋 70% 水,旋转浸泡 30～50min,然后进汽并排出冷空气,当压力达到 100kPa 后,维持 10min 即成。适合于不要求保持原豆瓣形态的蚕豆酱生产。

常压蒸煮采用大锅或蒸煮瓶,将浸泡好并沥干的豆肉入锅,进汽到面层冒汽后维持 5～10min,关汽后再闷 10～15min。适合于要求保持豆瓣形状的蚕豆酱的生产。

③混合、接种:达到蒸煮要求的豆肉,出锅后冷却至约 80℃,加入 30% 的标准面粉并混匀。此操作应注意卫生,最好能在封闭的绞笼内混合并继续冷却。当温度降至 38～40℃ 时,接入 0.15%～0.30% 的种曲或曲精(种曲或曲精应先与少量面粉拌匀后使用)翻拌,使之均匀附着在豆粒表面。

④培养:接种后的曲料,当品温降至 30～34℃ 时入池培养 8～10h,品温升至 35～37℃ 时,通风降温至 30～32℃ 时,停止通风。静止培养,当品温再次升至 35～37℃ 时,再通风降温,这样经数次反复。第 12～13h,翻曲 1 次,再经 4～6h 出现裂面漏风时要铲曲 1 次。培养 39～48h 后,豆曲成熟。成熟的豆曲,外观呈块状,用手捏,曲疏松,内部白色菌丝茂盛,并密布着生嫩黄绿色的孢子,有正常曲香味,无异味。

(3)制酱。

方法一:将培养成熟的蚕豆曲送入发酵容器内,耙平并稍压实,自然升温至 40℃ 左右。从面层四周加入为曲量的 1.4 倍、温度 60～65℃、浓度 15.6% 的热盐水,使之缓慢渗入曲内,此时曲醅品温应为 45℃ 左右。加封一层封口盐并加盖发酵 10d,曲醅即可成熟。在成熟的酱醅中再添加 8% 的盐水及 10% 的水,然后翻拌均匀,再继续保温培养 3～5d。这样可使成品香气更为浓厚,风味更佳。

方法二:将蚕豆曲送入发酵缸(池)内,每 100kg 蚕豆曲加入 18.9% 食盐水160～180kg,混合均匀进行自然发酵,白天晒晚上露,遇雨天及时加盖避免淋入雨水,适时翻缸将面层晒后水分少、色泽较深的酱醅压向缸(池)底,使下层酱醅翻至面层,晴天勤翻,阴天少翻,使整个酱醅晒露均匀,6～8个月即可成熟,可直接作为商品出售,或用来配制辣豆瓣。

成品呈红褐色,有光泽,味鲜、咸淡适口,无异味。保持有碎豆瓣粒形,黏稠适度,无杂质。具有蚕豆瓣酱特有的香气,无其他不良气味。

(二)无蒸煮甜豆瓣酱

用常规蒸煮法生产的豆瓣酱口感平淡,没有特色,如用现代科技改良传统豆瓣酱的制作工艺,采用瞬间浸烫法代替蒸煮法,可以生产出一种甜豆瓣酱。既可以直接作为菜肴,也可以炒菜、拌凉菜或佐面食食用。

1. 参考配方

豆瓣100kg,酱曲0.03kg,面粉20kg,食盐30kg,水(不包括浸烫豆瓣用水)120kg,花椒、胡椒、八角、干姜、三奈、小茴香、肉桂子(桂丁)、陈皮等香料适量。

2. 工艺流程

生豆瓣→浸烫→冷却→拌面粉、接种→培养→成曲→配料、入发酵容器→发酵→翻拌→培养→成品

3. 操作要点

(1)生豆瓣沸水浸烫:先将用干法或湿法去皮的生豆瓣片装到箩筐里,每筐25kg左右,然后在桶口锅上沿横置一木棒,待水烧到沸腾,将装有豆瓣的箩筐系上吊绳,悬吊到锅里(注意不要让豆瓣浮起散落于锅底),豆瓣入水后要用铁铲在筐内搅拌,使之均匀受热。一般浸烫1～2min,使豆瓣达到2分熟的程度即可迅速取出,用冷水冲淋浸泡,使之降温,最后滤去水分,倒入拌曲台。

(2)制作豆瓣酱曲:将浸烫后滤干、指掐断面可见白迹的豆瓣拌入占豆瓣重量的0.03%的酱曲和20%的标准面粉,充分混合均匀,装于曲室的竹编匾或盘内,摊放厚度以2～3cm为宜,置于室内,维持室温28～30℃。待品温升到36℃时翻曲1次,将结饼的曲块搓散、摊平。以后使品温最高不超过38℃,上下左右换曲匾(盘)的位置,以调节品温。一般情况下2～3d即可成豆瓣酱曲。

（3）豆瓣酱曲发酵：先按每 100kg 豆瓣酱曲加水 100kg，食盐 25kg，配制发酵盐水，倒入锅内烧开，再放入装有少量花椒、胡椒、八角、干姜、三奈、小茴香、桂丁、陈皮等香料的布袋，煮沸 3～5min，取出，将煮沸的溶液打进配制溶解食盐水的缸或桶里，然后倒入豆瓣酱曲，让其发酵。

（4）豆瓣酱曲料入缸（桶）后，很快会升温到 40℃ 左右，要注意每隔 2h 用双手将缸（桶）面层与底层的豆瓣酱曲搅拌均匀。自然露晒发酵 1d 后，改为每周掀酱 2～3 次。掀酱时要经过日晒，较干、色泽较深的酱醅集中，再用力往下压入酱醅内深处发酵。随着发酵时间延长，酱的颜色也逐步变为红褐色，一般日晒夜露 2～3 个月后，可以成为甜味豆瓣酱。

（三）四川郫县豆瓣酱

郫县豆瓣酱是川菜食谱里常提到的调味品。郫县生产豆瓣酱已有 100 多年的历史。因其配料恰当，工艺合理，质量特别好，除用作调味外，也可单独佐食，用熟油拌炒，味道至妙。

郫县豆瓣酱的生产工艺包括三个重要工艺阶段：甜瓣子的制作、辣椒坯制作及混合后发酵生香。

1. 原料配方

按目前使用的土陶缸为单位计算，每缸成品 67.5～70kg，每缸下料：蚕豆 22kg，鲜红辣椒 5.25kg，面粉 5.5kg，食盐 12kg。

2. 操作要点

（1）"郫县豆瓣"的原料特点。

红辣椒：产自郫县及郫县附近双流、仁寿、中江、三台、盐亭等地区的优质辣椒品种，如"二荆条"等红辣椒，严格规定采摘时间为每年的 7 月至立秋后的 15d 之内。辣椒质量要求色泽红亮、肉质饱满、质地硬朗、新鲜程度高并符合国家相关卫生安全要求。

蚕豆：产自四川省和云南省的优质干蚕豆。

食盐：产自四川自贡的自流井牌精制食盐，其氯化钠含量高、色泽洁白、颗粒均匀细致、可溶解性强。

小麦粉：采用优质小麦粉。

(2)甜瓣子制作。

蚕豆→筛选→除杂→脱壳→瓣粒→浸泡→拌和小麦粉→接种→制曲→加盐水→拌曲→发酵→养护→成熟甜瓣子

蚕豆去壳收拾干净,在96~100℃沸水中煮沸1min,捞出放冷水中降温,淘去碎渣,浸泡3~4min。捞出豆瓣拌进面粉,拌匀后摊放在簸箕内入发酵室进行发酵,控温在40℃左右。经过6~7d长出黄霉,初发酵即告完成。再将长霉的豆瓣放进陶缸内,同时放进食盐5.75kg、清水25kg,混合均匀后进行翻晒。也可采用干蚕豆浸泡后不经蒸煮的生料处理工艺,既可保持瓣粒外观完整,又能满足瓣粒适度酶解,具呈味、生香、提色的特点。甜瓣子成熟后再与盐渍成熟的辣椒坯按比例混合,进入后发酵生香阶段。豆瓣酱白天翻缸,晚上露放,注意避免淋雨。这样经过40~50d,豆瓣变为红褐色,即为成熟的甜瓣子。

其中,采用沪酿3.042米曲霉与中科3.350黑曲霉复合制曲或分别制曲,混合发酵酿制甜瓣子的生产工艺,应为"郫县豆瓣"在霉瓣子制曲时的最佳功能菌组合方式之一。

(3)辣椒坯制作。

鲜红辣椒→去把→除杂→清洗→沥干→轧碎→盐渍→发酵→淋浇→养护→成熟辣椒坯

(4)郫县豆瓣的后发酵生香。

成熟甜瓣子+成熟辣椒坯→配兑→补盐→补水→入缸(池)→拌和→日晒→夜露→翻坯→养护→检验→成熟郫县豆瓣

成熟郫县豆瓣中加进碾碎的辣椒末及剩下的盐,混合均匀。再经过3~5个月的储存发酵,豆瓣酱才完全成熟。

"郫县豆瓣"的后熟周期应严格控制发酵周期为6个月至1年以内。需要注意的是,其间需包含一年一度的盛夏"三伏天",否则,未经充分晒露发酵的产品,保质期将会明显缩短。若的确需要适当延长发酵周期,必须终止发酵,转入低温、隔氧、压实、排气、遮光、密闭的陈酿工序。其中"晴天晒、雨天盖、白天翻、夜晚露"的传统发酵方式历经漫长、周而复始、昼夜8~10℃温差的转换,极有利于多种有益微生物的生长繁殖,有助于物料充分而完全的复式发酵,酿成的"郫县豆瓣"酱香醇厚浓郁,无须任何香精、香料;色泽红润油亮,不添加任何色素、油脂,瓣粒酥脆、辣而不燥、悠香绵长全凭自然天成的纯粹发酵独立完成,属国内发酵辣椒酱中的上品。

(5)郫县豆瓣的保鲜储藏。"郫县豆瓣"的防腐保鲜方法常同步采用:隔氧、控盐、降低活性水分、针对主要污染菌选择复合防腐剂等方式,效果十分明显。在实际生产中,各企业只要根据污染源的具体情况,合理组合相关的单个"栅栏",就一定会收到事半功倍的效果。

(四)传统型辣豆瓣酱

辣豆瓣酱制醅方法有两种:一是将蚕豆曲与鲜辣椒碎块混合入坛密闭发酵,由于辣椒表面附着的有益微生物和酶等活性物质与曲料协同作用,可促进酱醅早成熟,成品酱酯香浓郁,风味较好;二是用经过晒露发酵的原汁豆瓣与腌制过的碎辣椒配制而成。现分别介绍如下。

1. 眉山豆瓣酱——加辣椒密闭发酵法

(1)原料配方:鲜碎辣椒100kg,蚕豆曲42kg,食盐26kg,植物油2kg,香料0.5kg,白酒2kg。

(2)工艺流程:

```
鲜辣椒  →  去蒂切碎 ┐
蚕豆曲 → 晾晒、扬衣 ├→ 拌和 → 装坛(缸池) → 密封 → 发酵 → 辣豆瓣
食盐、油、酒、香料 ┘
```

(3)操作要点:将扬去孢子的蚕豆曲置于拌料槽中,加入植物油拌匀,再依次加入辣椒、食盐、白酒和香料,充分拌匀装入小口大肚的瓦坛中,边装边压实,至八成满铺平,用预留的盖面盐封盖,坛口用油纸封扎,用泥密封,自然放置发酵3~5个月即可成熟。如果不用坛改用大口缸、木桶或大池时,在上述配料中增加10kg酱油或18.9%食盐水作为补充隔封卤汁之用。入缸(池)时边加边压实,至八成满铺平并盖盐,上盖晒席,席上放竹片或木板数条,再压以重石使卤汁渗汁隔绝酱醅与空气的接触。密闭发酵3~5个月即可成熟。

2. 无蒸煮香辣豆瓣酱——晒露发酵法

以四川省青神县翠微酿造厂生产的豆瓣酱为例。

（1）工艺流程：

辣椒 → 去蒂切碎 → 腌制
蚕豆曲
盐水 → 入缸(池) → 晒露发酵 → 拌和 → 后熟 → 熟豆瓣

（2）操作要点：

①甜豆瓣酱的制作。采用无蒸煮法制作甜豆瓣酱。

②厌氧制作辣酱。在鲜红牛(羊)角辣椒成熟的季节,摘取新鲜辣椒,按其重量的18%加入食盐,混合均匀,打碎,连同汁水一并盛放于发酵缸或者池中,撒上10%的食盐于缸面或池面,再铺上聚乙烯薄膜并加食盐封面,让其发酵。发酵期间注意防止浸汁漏气,一般密封厌氧发酵3个月后,可以制得成熟的辣酱。

③成品香辣豆瓣酱。在每100kg发酵成熟的甜味豆瓣酱中加入100~120kg熟辣椒酱,2kg米酒,也可加入适量香料,充分搅拌均匀,放置后熟1个月即得成品辣豆瓣酱。成品包装时,先将辣豆瓣酱装入已经灭菌冷却的消毒瓶内(到瓶口3~5cm为止),随即注入2~3cm高度的精植物油,然后排气、加盖旋紧(盖内需垫一层蜡纸板以免封面油渗出),经检验合格、贴商标,即可装箱上市。

传统型辣豆瓣酱成品呈红棕至棕褐色,油润有光泽;具有浓郁的酱香和辣香,无不良气味;滋味鲜辣、后味深长,无异味;黏稠适度,可见辣椒块和豆瓣粒,无杂质。传统型辣豆瓣以散装销售为主。

（五）临江寺香油豆瓣——佐餐型辣豆瓣酱

临江寺香油豆瓣是四川资阳县传统名产,已有200多年历史。其豆瓣选用当地的良种蚕豆和芝麻为主料,并配以食盐、花椒、胡椒、白糖、金钩、火肘、鸡松、鱼松、香油、红曲、辣酱、麻酱、甜酱以及多种香料精工酿制而成。加工时要经过蚕豆脱壳、浸泡、接种、制曲、洒盐水等多道工序,再入池发酵近1年。最后,经消毒,与各种辅料按比例进行配制,方可成为成品豆瓣酱。加工好的临江寺香油豆瓣,色泽鲜艳,油润发亮,瓣粒成型,入口化渣,香气浓郁,具有鲜、香、咸、甜、辣的特点;含有蛋白质、脂肪、糖类及多种维生素等营养成分,是佐餐调味的上乘原料。

1. 原料配比

原汁豆瓣 100kg,香油 4kg,辣椒酱 16kg,芝麻酱 6kg,香料粉 0.25kg,甜酱 2kg,白糖 1kg,增鲜剂适量,食盐适量。

2. 工艺流程

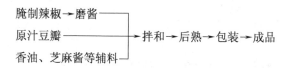

3. 操作要点

(1)辣椒处理。工艺流程如下:

辣椒→洗净→沥干→去蒂柄→切碎→腌制→磨酱→制醅

选用肉质肥厚,辣味大的新鲜牛角辣椒。洗净、沥干、摘除蒂柄,切成碎块。将碎辣椒放入罐(池)中,放一层辣椒加一层食盐,下层少加上层多加,边加边压实,加至八成满时用食盐封盖平整。每 100kg 碎辣椒用食盐 17 ~ 18kg(含盖面盐),取样化验辣椒醅应含氯化钠 14.5% ~ 15.5%。盖面盐上用竹席铺盖,上压竹片或木板,板上再压重石,随着渗透作用的产生,渗出的卤汁淹没竹席,隔绝辣椒与空气的接触,可以抑制有害微生物的活动,减少对维生素 C 的破坏。腌制期间要经常检查,发现水分蒸发要及时补充淡盐水,以保持卤经常淹没竹席。在腌制过程中,附着在辣椒表面的有益微生物如酵母、乳酸菌等产生发酵作用,使腌制后的辣椒具有鲜艳的红色和诱人食欲的辛香。

制作佐餐型辣豆瓣,腌制后的辣椒还要磨成细腻的辣椒酱使用。

(2)按配方称取各种原料,充分拌匀,后熟 1 个月包装,即得香油豆瓣。其成品呈红棕至棕褐色,油润有光泽;酱酯香和辅料特有香气;味鲜微辣回甜;纯和化渣,咸淡适口,无异味;体态黏稠适度,内有油层,呈酱状兼有豆瓣粒和辅料碎粒,无杂质。

佐餐型辣豆瓣酱以包装销售为主。包装容器必须具有经济实用、造型美观、携带便利、利于保存和食用方便的特点。香油豆瓣包装主要有纸筒内衬塑料袋的小包装和竹篓大包装,也有的采用瓦罐、瓦坛、精制陶罐、玻璃瓶、塑料瓶、塑料桶等容器,容量为 0.25 ~ 25kg。包装容器要先洗净、沥干,灭菌后再把经过灭菌处理的豆瓣装入,包装时要注意清洁卫生,防止污染。

(六)金华豆瓣——熟料型辣豆瓣

1. 原料配比

原汁豆瓣 100kg,腌辣椒 55kg,甜酒 20kg,香油 2.5kg。

2. 工艺流程

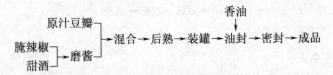

3. 操作要点

先将腌辣椒与甜酒混合磨成细酱,加入原汁豆瓣充分拌匀,后熟 1 个月装入瓦罐中。豆瓣酱黏稠,加热灭菌就不容易,故采用油封保鲜法,将豆瓣装入容器至口部 3～5cm 高度为止,擦干器壁立即注入香油,厚 2～3cm,使油层隔绝豆瓣与空气的接触,可以避免氧化和微生物的污染,香油中含有维生素 E,可以防止油脂的氧化酸败,最后密封容器口,防止香油渗出。成品色泽红亮,鲜香味美,香辣味醇。

(七)生料制曲法豆瓣酱

1. 原料配方

蚕豆肉 100kg,种曲 300～450g,18.9%～21.2% 盐水 100kg,辣椒酱 200kg,香料适量。

辣椒酱配方:鲜辣椒 140kg,盐 310～340kg。

2. 工艺流程

蚕豆→去杂→脱壳→蚕豆瓣→浸泡→吸水→接种→制曲→蚕豆曲→入池发酵(加盐水)→陈酿后熟→豆瓣酱醅→混合(加辣椒酱、各种香辛料)→灭菌→封坛发酵→成品

辣椒酱工艺流程:鲜辣椒→洗净→沥干→去蒂柄→腌渍→轧碎→磨浆→辣椒酱

3. 操作要点

(1)脱壳:蚕豆除杂后采用湿法或干法脱壳,筛出豆肉备用。

(2)豆瓣处理:将干豆瓣肉质(蚕豆子叶),按颗粒大小分别倾倒在浸

泡容器中,以不同水量进行浸泡。豆肉吸水后,一般重量可增加 1.5 ~ 2 倍,体积膨大 1.8 ~ 2.2 倍。浸泡程度的判断:将豆肉拭去表面水分,折断瓣粒,若断面中心有一线白色层,即证明水分已经达到适度。浸泡时可溶性成分略有溶出,其中有部分蛋白质,可以另行综合利用。

(3)制曲:蚕豆不经蒸煮生料制曲,可以节约能源。豆肉浸泡适度后,应及时排放余水,或捞起沥干送入曲室制曲。但是由于豆瓣颗粒较大,因此制曲时间也需适当延长。一般通风制曲时间为 2d。要特别注意调节曲室温度,防止"干皮",必要时可在曲料面上搭盖一层席子。种曲用量为 0.15% ~ 0.3%。

(4)制酱醅:将蚕豆瓣曲送入发酵容器中,表面耙平,稍稍压实。待品温升至 40℃ 左右,再将 18.9% ~ 21.2% 的盐水徐徐注入曲中。盐水用量约为豆肉原料的 1 倍。如能将盐水加热至 60℃ 使用更好。最后加上封口盐,保持品温在 45℃ 左右进行发酵,或移至室外后熟,则香气更浓,风味更佳。

(5)辣椒处理:生产豆瓣酱用的辣椒有鲜椒和干椒两种,一般以使用盐腌渍的鲜椒为好。

鲜椒收购以后应及时除去蒂柄,洗净沥干,按鲜红椒每 100kg 加盐 22 ~ 24kg,一层鲜椒一层盐,撒布均匀。同时大力压实,再加少量食盐封面,食盐上铺竹席,用重物压上,使卤汁流出,可防止辣椒变质。并经常检查,若发现盐水耗干,应及时补加淡盐水,以保持汁水深度。容器要加盖,以免杂质落入。鲜椒一般经腌渍至 3 个月后即可应用。使用时要先用轧碎机粗碎后再在钢磨中反复磨细。若水量不足,可在磨浆时添加适量 21.2% 的盐水,以调节稠度。通常每 100kg 鲜椒加盐水磨酱,可产成椒酱 150kg 左右。储放椒酱,要每天搅拌 1 次,以防表面生霉,影响产品质量。四川豆瓣酱在磨制椒酱时有的还加入约 20% 的含盐甜米酒汁。

干辣椒使用前的处理方法是将干椒 100kg 加水浸泡,先加部分食盐腌渍,储放,用时再加 21.2% 盐水至 500kg 磨成酱状。此椒盐放置数天后也能自然发酵,但不如鲜椒质量好。

(6)配制:成熟后的蚕豆瓣醅与适量椒盐混合,即成为豆瓣酱。直接佐餐作为副食品的豆瓣酱要经加热灭菌处理。配制后若能再封坛发酵半个月包装出售,风味更好。成品色泽酱红,酱香醇香浓郁,口味鲜辣,滋味鲜美。

(八)安徽安庆蚕豆辣酱

1. 原料配方(成品 100kg)

蚕豆 40kg,红大椒酱 36kg,面粉 2.9kg,种曲 8g,甜酒 2kg,红曲 200g,食盐 9kg,水 35kg。

2. 工艺流程

蚕豆→浸豆→脱壳→漂豆米→蒸豆→拌粉曲→制曲→后期发酵(加盐水、甜酒)→蚕豆制酱→混合(加红大椒酱)→成品

红大椒酱工艺流程:红大椒→去蒂→洗净→切片→腌渍→自然发酵→磨细→红大椒酱

3. 操作要点

(1)浸豆:除去灰尘的蚕豆放到清水里浸泡,豆子以饱和状无凹、无皱纹、剥开豆壳发芽了为止。浸豆时间,春、秋两季在 30h 左右,夏季较短,冬季较长。

(2)脱壳:浸好的蚕豆,脱去豆壳,即成洁白的豆米。

(3)漂豆米:豆米在清水里浸泡,一方面除去豆米中的碱性和异味;另一方面使豆米湿润。浸泡时间不得超过 12h。

(4)蒸豆:将豆蒸熟,而后倒出降温片刻,豆瓣中心开花,用手指捏,能成粉状,不带水珠,口嚼无腥味。

(5)拌粉曲:将蒸熟的豆米,另置凉筛中,凉至常温,使其散发一部分水分,再混合面粉和种曲(种曲和面粉先混合均匀),使其附着于豆米上吸收水分。

(6)制曲:蚕豆辣酱制曲方法,基本上与黄豆酱、酱油制曲相同,但它的特点是温度较高,一般在 30~40℃,水分要少,温湿度相差要小,因而制曲用具以竹制曲匾为宜。因其下面有孔隙,容易散发水分。在制曲时应注意翻曲和控制水分。

(7)后期发酵:已制好的蚕豆酱曲呈草绿色,十分干燥,置发酵罐中注入约为蚕豆量 75% 的 20.2% 盐水,一般盐水为酱曲体积的 1/2,并同时注入甜酒。后期发酵方法与制黄豆酱、豆饼酱相同,可采用自然发酵,也可

采用地灶保温、水浴式保温。保持品温中心温度45℃。用发酵罐,每罐约放成品酱坯0.5t,并每日翻拌1次,18~20d成熟。后期发酵后的半成品,叫蚕豆酱坯,发酵时间一般比黄豆酱要短。一般为黄豆酱发酵期的4/5,酱坯中心呈老黄色,即可。

(8)红大椒酱的制法:先将鲜椒除去蒂柄,用刀切成1cm²左右的椒片,加入20%的食盐水中腌渍。待膨胀后,即移入水泥池或罐内,并另外用食盐平封面层,让其自然发酵。一般以隔年使用,至少应储存半年。使用时取出椒片,加入红曲,用石磨磨细,通常要磨3~4遍,否则其中夹有少量的大椒子、大椒皮,影响质量。特别是夏天,红大椒酱应煮沸消毒。

(9)混合:按配料取定量的蚕豆酱与红大椒酱,置大罐内,均匀地混合,也可视红大椒的辣度、色泽而作增减,可不受配料的限制。经混合放置数日,饱和后,即为成品。成品呈鲜艳绛红色,鲜美而微辣,富于营养,味道细腻,没有渣滓。

(九)胡玉美豆瓣酱

安徽省安庆市胡玉美豆瓣酱是驰名中外的特产,曾连续4次在国际博览会上获奖。

1. 原料配方

蚕豆2000kg,18.9%~19.4%盐水2125kg,辣椒酱630kg,红曲、麻油、甜酒酿、面粉、食盐各适量。

2. 工艺流程

```
辣椒 → 加盐腌渍 ┐
                 ├→ 混合 → 发酵 → 灭菌 → 包装 → 成品
蚕豆、面粉 → 制曲 ┘
```

3. 操作要点

(1)原料及处理。主料为蚕豆、面粉、辣椒、食盐和水。辅料为麻油、甜酒酿及红曲。

先腌渍辣椒,辣椒处理好坏与成品质量关系极大。将鲜辣椒洗净沥干,除去蒂柄。每100kg辣椒加食盐15kg,先腌渍在缸中,一层辣椒一层盐,压实。2~3d后汁液渗出,即行取出,然后卤汁移入另一缸内,再加5%食盐平封于面层。食盐上铺一张竹篾,上压重石,压出卤水。鲜辣椒腌渍 3 个月后成熟。腌渍辣椒在使用时,还需要磨细成酱,一般含水量为 60% ,水量不足时加适量的 21.2% 盐水,同时加入 2.5% ~3% 的红曲。

(2)制曲:将蚕豆和面粉按常规方法制成豆瓣曲。

(3)制酱(混合、发酵):将豆瓣曲、盐水及辣椒酱按上述配比,投入发酵容器后翻拌 1 次,要求升温至 42 ~45℃,保温 12h。发酵期为 12.5d,每天日夜班各翻 1 次。酱温应逐步升至 55 ~58℃,直至第 12 天再升温至 60 ~70℃(夏季 65 ~70℃、冬季 60 ~65℃),继续保温 36h。第 14 天冷却,第 15 天即得成品。

(4)灭菌:为了包装后不变质,一般需进行加热灭菌。灭菌方法有直接火法和蒸汽法两种。但必须注意,由于温度太高易发生焦煳,故加温时要稍加入灭菌盐水。灭菌温度为 80℃,维持 10min。成品酱中应加入 0.1% 的苯甲酸钠,以利于防腐。

(5)包装:一般用广口玻璃瓶包装。玻璃瓶容量为 250g。玻璃瓶必须用清水洗净,沥干,在蒸汽灭菌箱内灭菌后,再装入成品。每瓶层面加入麻油 6.5g,然后加盖,盖内垫一层蜡纸板,以免油分渗出。最后贴标,包装入箱即可出售。用于封面的麻油应加入 0.1% 苯甲酸钠,以利防霉、防腐。

成品呈乌黑色,质地细腻,豆瓣软嫩,鲜香可口,略带辣味,风味独特。

(十)醉豆瓣

醉豆瓣是一种传统的调味品,它是以白蚕豆为主要原料,并以面粉为辅料,经原料处理、蒸煮、制曲、调料、储藏加工而成,产品在色、香、味等方面有一定特色。

1. 原料配方

蚕豆瓣 100kg,面粉 12.5kg,盐水(浓度 20.2% ~22.3%)10kg,黄酒(酒精体积分数 14.8%)20kg。

2. 工艺流程

蚕豆→选料→脱壳→豆瓣浸泡→沥干→蒸煮→制曲→装坛→发酵→储藏→成品

3. 操作要点

(1)原料处理与蒸煮:将挑选后的白蚕豆脱壳、分离,再将豆瓣倒入缸内浸泡26～30h,使豆瓣充分吸水。将浸泡后的豆瓣放入开口锅内用蒸汽蒸煮,无蒸汽的可用火灶,但蒸熟后的豆瓣要求颗粒完整,无硬心。豆瓣蒸煮后应立即出锅,放在已清洗消毒过的竹匾内趁热拌入面粉。面粉与豆瓣应充分拌匀,待料冷却后接入种曲。种曲可使用酱油曲种,接种量为0.3%～0.35%,曲接种温度36～38℃。

(2)制曲:先对曲房、竹匾进行清洗、消毒。接种后的熟料进入曲房放在竹匾内,料层厚度为2～3cm,温度控制在32～35℃,当菌繁殖旺盛,料层结块、温度升高时,要进行人工翻曲,否则会发生烧曲现象。以后还要翻曲一次,整个制曲时间为2～3d。这时曲料出现绿色孢子,即为成曲。

(3)发酵:首先将食盐加水溶化,进行过滤,滤去杂质,用波美度表测定浓度(20.2%～22.3%),称取一定重量放入已清洗消毒的酒坛内,再加入黄酒。用竹壳、荷叶把坛口封好,盖好坛盖,堆放在阴凉的地方(不得有阳光和雨水),储藏时间2～3个月或半年,即为成品。装入玻璃瓶内,封好盖,可远销、保存,也可将其晒干或烘干作为小食品。

成品豆肉完好,呈棕黄色,卤汁较清,口味较鲜,有豆香气和酒香气。

第四节 豆 豉

豆豉起源于我国先秦时代,已有2000多年的历史,豆豉是以黄豆/黑豆为主要原料,经微生物制曲、添加或不添加辅料发酵制作而成的发酵性豆制品。豆豉的种类很多,豆豉按原料分有"黑豆豆豉"和"黄豆豆豉"两种;按口味有咸豉与淡豉之分,成品中含有食盐的叫咸豉,不含食盐的叫淡豉;按是否加入调味辅料又分为在豆豉中加入调味辅料的调味豆豉(如贵州的麻辣豆豉)和不加调味辅料的素豆豉两类;按豆豉中水分含量的高低,可分为干豆豉与水豆豉两种。发酵好的豆豉再进行烘干(炒、晾晒)等干制工艺,添加或不添加辅料而制成干豆豉,含水量在35%及以下。干豆豉多产于南方,豉粒松散完整,油润光亮;水豆豉发酵时加水分较多,产品含水量较高,呈浸汁状态的颗粒,豉粒柔软粘连。豆豉品种按制曲时参与的微生物不同可分为霉菌型(米曲霉型、毛霉型、根霉型、脉胞菌型)和细菌型。现在的北京豆豉、湖南豆豉、日本静冈县滨松纳豆都是米曲霉型豆豉;毛霉型豆豉以四川潼川豆豉为代表;根霉型豆豉如印度尼西亚的丹贝;细菌型豆豉如山东水豉、贵州豆豉、日本的拉丝纳豆。

一、米曲霉型豆豉

米曲霉是中温型微生物,最适宜的生长温度为 28~35℃。利用米曲霉为豆豉生产制曲的微生物,不受高温季节限制,可以终年生产。空气中的米曲霉孢子多,温暖季节制豆豉曲完全可以采用自然接种,冬季采用人工接种也很方便。

(一)纯种米曲霉型豆豉

1. 原料配方

大豆 100kg,面粉 20kg,食盐 18kg,生姜 5kg,花椒面 2kg,小茴香 50g,其他混合辛香料适量。

2. 工艺流程

大豆→筛选→浸泡→蒸煮→冷却拌粉→制曲→翻曲→发酵→豆醅→发酵→成品

3. 操作要点

(1)大豆筛选:选用颗粒饱满、无霉变、无虫蛀、无伤痕的大豆,淘洗后用清水浸泡。浸泡程度以豆粒表皮刚呈涨满,液面不出现泡沫为佳。取出沥干水分,反复用水冲洗,除净泥沙。

(2)蒸煮:浸泡后的大豆在常压下蒸煮至豆粒基本软熟,用手捏豆粒成粉状(上汽后约维持 4h);若加压蒸煮,可在压力为 0.098~0.1MPa 下蒸煮 30~40min,切勿使豆子太烂。

(3)冷却拌粉:将蒸煮后的大豆摊开,适当蒸发一些多余水分。然后拌入面粉,搅匀。

(4)制曲:豆豉原料温度为 35~40℃时,接种 3.042 米曲霉,接种量为原料的 1%,拌匀后移入曲池。原料厚度一般为 20~30cm,堆积疏松平整,在 30℃左右恒温培养。其间每 1~2d 通风 1~2min,品温不得高于 35℃。入池 11~12d,菌丝结块,料层温度出现下低上高现象。品温升高,此时应进行第一次翻曲。培养 18d 后,需进行第二次翻曲。经 50d 左右的恒温培养,曲料变为黄绿色,即为成曲。

(5)发酵:将成曲转入发酵缸中,在 50～55℃加入 13% 食盐水,拌食盐水时要随时注意掌握水量大小。通常在最初醅料入缸时加入食盐水量略少,以后逐步加大水量。食盐水量要求为原料总量的 65%～100% 为好。再加入生姜、花椒面、小茴香及适量的混合辛香料,拌匀、摊平。然后在豆醅面封盐,要求品温为 42～50℃,发酵 4～8d 后即成豆豉。成品色泽黝黑光亮,清香鲜美,回味甜润,有豆豉特有的风味。

(二)湖南霉菌型豆豉

1. 原料配方

大豆 100kg,食盐 18kg,白酒 1.3kg,香料适量。

2. 工艺流程

选豆→浸泡→蒸煮→摊凉→入曲房→成曲→洗霉→拌料→发酵→晒干→成品

3. 操作要点

(1)蒸煮:大豆经筛选去杂,浸泡后常压或加压蒸煮至豆粒基本软熟,用手捏豆粒成粉状,即可出甑。

(2)成曲:出甑后,待其自然降温至 35℃左右,然后入曲房将豆粒分装竹席或蔑盘,厚度 5cm(一般不使用菌种),然后摊平。温度控制 1 个星期后,曲料中菌丝密布,颜色呈白色或黄色,即可出曲。

(3)洗霉:将成熟曲料用洗豉机进行清洗,洗去(或减少)豆曲表面上的曲霉菌分生孢子和菌丝体。

(4)拌料发酵:用箩筐装好曲料让其自然沥水。6～10h 后,豆曲品温明显升高。7～8h 后,将升温后的豆曲倒入围桶或在室内堆放。每 50kg 豆曲加食盐 7kg、白酒 0.5kg、香料适量。然后压紧,用干净麻袋盖上,保温发酵。

(5)成品:10d 后,经过发酵后的豆豉散发出一种浓郁的香味,这时,豆豉便成熟了。当晒至八成干后,即为五香豆豉。成品干燥无霉变,香味浓郁。

(三)湖南浏阳豆豉

浏阳豆豉,是浏阳县的地方土特产。它以泥豆(秋大豆之一,大豆种子外皮无光泽而有泥膜,像泥色)或小黑豆为原料,经精加工而成。成品豆豉呈黑褐色或酱红色,皮皱肉干,质地柔软,颗粒饱满,加水泡涨后,汁浓味鲜,是烹饪菜肴的调味佳品。湘菜中的"腊味合蒸"名菜,即是以豆豉为佐料。

1. 原料配方

黑豆100kg,食盐200g,食油200g,3.042米曲霉、水适量。

2. 工艺流程

黑豆→除杂→干蒸→浸泡(加食油、水)→沥干→复蒸→冷却→拌曲→制曲→搓散→晒干→筛屑→浸泡→搓洗→淋水→浸泡→淋水→沥干→堆温→翻堆→晒干→成品

3. 操作要点

(1)原料处理:黑豆经过精选,并去除其中的沙土灰尘。

(2)干蒸:用蒸汽将其干蒸1h左右。

(3)浸泡:黑豆蒸煮后,与食油、水同时放入缸中,浸泡至豆粒全部膨胀后再复蒸1~2h,豆粒熟透后进行冷却。

(4)拌曲:冷却到45℃时接种3.042米曲霉。

(5)制曲:采用通风制曲,品温30℃,室温25℃左右。经3~5d后,将成曲搓散,晒干,筛屑。

(6)浸泡搓洗:将筛过的曲下缸浸泡3~5min,捞起进行搓洗,淋水。再浸泡2~4h,然后捞起再淋洗干净。

(7)堆温:沥干表面水分,入室堆成山形,室温22~30℃。盖上干净麻袋,经过6~12h,品温上升到55~60℃,开始倒堆。

(8)晒干:经过24h发酵后,不拌食盐,直接进行日晒。晒干后即为成品。成品色黑亮,形同葡萄干,味淡而鲜。

(四)湖南辣豆豉

1. 原料配方

大豆100kg,细食盐8.5kg,辣椒粉1kg,生姜粉1kg。

2. 工艺流程

大豆→浸泡→冲洗→沥干→蒸熟→摊凉→接种沪酿3.042米曲霉→通风制曲→出曲→拌辅料(加细食盐、辣椒粉、生姜粉)→保温发酵→晒干→辣豆豉

3. 操作要点

(1)原料处理:选优质大豆去杂,浸泡8~10h,至豆粒基本膨胀而无皱纹。冲洗沥干后加压(0.15MPa)蒸料20~30min,出锅要求无夹生豆。

(2)制曲:待蒸豆冷却至28℃左右,接入沪酿3.042米曲霉种曲0.3%~0.4%,翻拌均匀进入曲箱。

开始品温在28℃,隔12h,品温开始上升,达35~37℃时开风机,保持品温34℃左右。经6h后四边开始裂缝,曲料上布满豆色菌丝并结块,此时进行翻曲,打碎结块,使曲料疏松。再经6~7h,四边又产生裂缝,进行第二次翻曲。菌丝进入旺盛繁殖,大量水汽排出,品温不宜超过40℃,否则会产生氨气,使曲料转黑。再经6~7h,进行第三次翻曲,曲应疏松,有曲香,略微转黄。制曲时间为36~40h,成曲含水50%~52%。

(3)拌辅料:成曲中加入细食盐、辣椒粉及生姜粉,拌匀,装入食品塑料桶加盖。

(4)发酵:将桶送入温度为35℃左右的室内,1~3d品温应保持在35~38℃。利用其分散热,3d后味转鲜,品温也开始下降,7d后完成发酵。

(5)晒干:晒场上铺上竹垫,把豆豉薄摊于竹垫上,勤翻,使豆豉颗粒分散不黏结,至水分25%以下,待外皮皱缩、颗粒干燥,包装即成。成品中含食盐9.42%,水分26%,氨基酸态氮0.24%;滋味鲜美,香辣。

(五)广州豆豉

1. 原料配方

黑豆100kg,食盐32~34kg,3.042米曲霉适量。

2. 工艺流程

水→煮沸→煮豆→出甑→摊凉→接种→制曲→洗曲→发酵→淋水→腌渍→淋水→湿豆豉→干燥→成品

3. 操作要点

(1)煮豆:将水放入锅中烧沸,加入黑豆,煮约30min,待锅中水再沸时,即可出锅冷却。

(2)接种:熟豆捞出后冷却至32~35℃时,拌入0.1%~0.2%的种曲

（即酱油种曲3.042米曲霉），然后装筐制曲（直径93cm的竹筐，盛曲量为8~10kg）。

（3）制曲：曲料入室24h，品温开始上升，约40℃时，进行第一次翻曲，翻曲后的曲温降至34~35℃。36h后进行第二次翻曲，品温37~38℃。48h后进行第三次翻曲，品温36℃左右。96h后，即可出曲。

（4）洗曲：用洗豆豉机洗去豆粒表面的曲菌。

（5）发酵：采用在底部开有小孔的木桶发酵，以便在发酵时空气流通及发酵液（豉水）流出。先在一只木桶中自然发酵（冬季应保温）12~15h，再转入另一只空桶中继续发酵8h左右。品温升至50~55℃时，淋水降温。

（6）腌渍：淋水后待水流尽即进行腌渍（在木桶内进行），24~48h腌好。一般在腌渍24h后，按每100kg配75kg清水淋豆豉，以溶解腌渍过程中残留的盐粒。流出的液汁称为豆豉水，留在桶里的豆粒即为湿豆豉。

（7）干燥：将湿豆豉取出于日光下晒干，待水分在25%~30%时，即为成品。

成品颗粒完整，乌黑发亮，无异味。

（六）广西黄姚豆豉

黄姚豆豉是广西昭平县黄姚乡的传统名品。早在清代初期，就以色黑、质软、无核、味甘、醇香而驰名远近。黄姚豆豉低盐，为了保鲜，黄姚的镇民采用了高浓度的白米酒浸腌防腐。酒精在挥发过程中，反而加深了黑豆的味道，造成了久煮不烂的特性。在制作豆豉过程中，除了当地黑豆品种比较特别，还与黄姚那几眼仙人古井的水质有关，三蒸三晒，褪去了黑豆微微的苦涩之味，留下了可口的豆香。

1. 原料配方

干黑豆100kg，米曲霉种曲适量。

2. 操作要点

将干黑豆放入木槽内蒸2h左右，取出后放入冷水中浸泡40min，捞取滴干。再入槽复蒸3h，取出冷却，降温至28~32℃，摊在簸箕内进保温房，保持温度28~32℃。自然发酵5~6d，或接种米曲霉，入曲房发酵5d左右。待豆豉曲长出10cm以上的黄霉并结成块状时，取出用冷水将霉洗净。洗至没有黄水,用手抓不成团为宜。然后滴干余水,放入用黄茅草(或桐叶、藕叶围)垫好的大竹笋内,笋面用约 6.7cm 的叶子盖好,并用重石块压紧。经 6~7d 取出,摊入大簸箕内晾晒 40min,翻动后再晒 40min。干后冷却装入大缸或大桶内约 15d,闻到有香味即得成品。

成品豆粒均匀,颜色乌润,松化柔软,清香带甜。不仅有"隔壁闻香"之誉,还有"红线下沉"的特点。将豆豉放在清水中豆豉徐徐下沉,便会泛出一条条红褐色的水线,从水面一直泛到水底,这一点是其他豆豉所没有的。

黄姚豆豉为佐餐、调味佳品,取其汁文猪肉、鲜鱼或烹制其他菜肴,味道浓郁,芳香可口。广西名菜白斩三黄鸡、文猪排、文豆腐、纸包鸡等,常用此料调味。名满天下的桂林马肉米粉、地羊米粉、梧州牛腩粉、肠粉等,也用黄姚豆豉调味增香。

(七)江西豆豉

江西豆豉历史悠久,花色品种也很多,有甜豆豉、汁豆豉、菜豆豉、水豆豉、家乡豆豉、姜辣豆豉、葡萄豆豉、大众豆豉、淡味豆豉、咸味豆豉、五香豆豉等 10 多个品种,还有抚州地区盛产的"豆豉油"和丰城一带出产的"豆豉酱"等。

1. 原料配方

黑豆 100kg,食盐 4~18kg,五香粉 0.1kg,白酒 0.2kg,3.042 米曲霉适量。

2. 工艺流程

黑豆→淘洗→浸泡→冲洗→蒸豆→摊凉→接种 3.042 米曲霉→制曲→洗豉→发酵→拌料→晒豆→后熟→筛选→成品

3. 操作要点

(1)浸泡:黑豆经筛选后,淘洗干净,然后浸泡,浸泡时间随气温高低而增减。夏季泡 1~2h,春、秋季泡 2~3h,冬季泡 3~4h。泡至不出现皱皮为止,捞出冲洗沥干。

(2)蒸豆:采用一次蒸豆法。压汽上甑,从甑加盖起蒸 2h,再闷 1h 出甑。蒸后豆含水量为 42% 左右。

(3)制曲:出甑熟料,冬季凉至 40~45℃,夏季温度越低越好,春秋两季凉至 36℃ 左右,然后将 3.042 米曲霉种曲均匀撒拌在料上,接种量一般为黑豆量的 3% 。接种后翻拌均匀,料上簸箕,平均厚 2.5cm,中间稍薄以利散热。米曲霉适宜在室温 33 ~ 37℃ 生长繁殖,一般入曲室后,室温应保持在 20 ~ 25℃,因米曲霉繁殖时产生呼吸热和分解热。品温控制:制曲初期一般在 28 ~ 32℃;中期应不高于 40℃;末期在 31 ~ 37℃ 。在制曲阶段要求湿度为 85% ~ 95% 。制曲的整个过程需 48 ~ 96h(嫩曲 48h,老曲 96h)。

(4)洗豉:成曲后要经初洗和复洗。

(5)发酵:发酵时间,夏季 24h,冬季 48h 左右。

(6)成品:按 4% 的比例和 0.1% 的比例分别将食盐与五香粉同豆混合(先用水调好),晒豆。晒豆以后,再洒入 0.2% 的白酒。然后打围后熟,经筛选,即为成品。成品色泽乌黑,滋味鲜美,醇香诱人,营养丰富。

(八)江西油辣豆豉

1. 原料配方

江西豆豉干豆豉 100kg,晒制清酱(天然酱油)50kg,辣油 5kg,味精 50kg。

2. 操作要点

将江西豆豉洗净,用簸箕或晒垫晒干。取食用植物油 4kg,加热后投入辣椒粉 1kg,翻动后即成辣油。按配方将干豆豉、晒制清酱用辣油和味精拌和均匀,装坛或瓶密封一周即成油辣豆豉。成品色泽乌黑,滋味香辣,鲜香味美。

(九)浙江杭州五香豆豉

1. 五香豆豉一

(1)原料配方:黄豆 50kg,酱瓜片 42.5kg,面粉 12kg,酱姜丝 5kg,黄酒 70kg,酱汁 60kg,食油 30kg,香料粉 200g。

(2)操作要点:

①制淡豆豉。大伏之际,将大豆进行筛选,要求颗粒粗大,均匀无虫。选出的豆加水淘洗浸涨,入锅蒸煮,以熟为度(保证颗粒完整,不能烧酥)。出锅冷却后拌面粉,要保证附着均匀。将多余面粉筛去,接米曲霉菌种入曲匾,进曲室培菌。曲成后出曲室晒干,筛去粉末,成为淡豆豉,入袋保存

备用。

②制酱瓜、姜坯。秋末冬初之时,将已用盐腌渍过的青瓜和姜坯,分别用水撤咸。瓜坯切片去子,姜坯切丝,分别用木榨压干。然后分别用酱汁(从黄豆瓣酱中提取的酱汁)酱制。待酱制成熟后,再分别用木榨压干备用。

③制五香豆豉。将淡豆豉、瓜片、姜丝等按比例倒入缸内,加入黄酒(地产甲级黄酒),座子油和香料粉(八角、小茴香、桂皮、橘皮经炒制磨细而成)后,充分拌和,使液体吸入干基内,分装于绍兴酒坛内。装满后加封口曲,然后用荷叶箬壳包扎坛口,储存起来,使之自然发酵。次年夏季发酵成熟,去卤晒干,用筛去除碎末,始成五香豆豉。

成品色褐而亮,瓜片乌而有光,干燥无霉变,味鲜稍辣,有香料和豆豉特有的香味。

2. 五香豆豉二

(1)原料配方:黄豆100kg,姜末、白酒各2kg,冷开水50kg,食盐12～15kg,五香粉1kg,种曲适量。

(2)工艺流程:

五香粉、冷开水、姜末、食盐、白酒

黄豆→浸泡→淋水→蒸熟→冷却拌曲→制曲→成曲搓散→拌料→下缸→拍紧发酵→翻缸→晒干→五香豆豉

(3)操作要点:筛选黄豆,浸泡2～4h,以豆粒泡涨为好。蒸熟后冷却到45℃时接种。种曲用量为豆料的0.3%。采用通风制曲,温度保持30℃,室温保持25℃左右。成曲搓散拌入冷开水、五香粉、姜末、食盐、白酒,一起下缸发酵2～4d,翻缸1～2d,就可以出缸晒干。晒干后即为成品五香豆豉。成品颜色浅褐,豆豉鲜辣清香。

(十)开封西瓜豆豉

开封西瓜豆豉是在配制咸豉的基础上,用西瓜瓤汁拌醅而得名,是独具一格的佐食调味佳品,在清代曾博得"香豉"之美称。

西瓜豆豉的生产是以精选上等黄豆、面粉、优质品种西瓜为原料,利用天然制曲、西瓜瓤汁拌醅,伏前入缸,经天然发酵酿制而成。

1. 原料配方

黄豆 100kg,面粉 75kg,食盐 33kg,西瓜瓤 164kg,陈皮丝 13.2kg,生姜 2kg,小茴香 13.2kg。

2. 工艺流程

黄豆→浸泡→煮熟→出锅→拌面粉→保温制曲→成曲晒干→混拌辅料→入缸发酵→成品

3. 操作要点

将黄豆先用清水洗净,除去浮土杂质,捞出置罐内加清水浸泡 3~4h。常压蒸 3~4h,料用手捏成饼状无硬心。蒸豆制曲沿用传统方法,靠天然黄曲霉菌自然生长繁殖。蒸熟黄豆与面粉混拌均匀,置苇席上平摊厚为 3~4cm,室温保持 28~30℃为宜。1d 后,成块状,进行第 1 次翻曲。之后约 6h 翻第 2 次曲。约经 3d 保温培养,待全部黄豆曲料呈鲜嫩浅黄色即为成曲。出曲后在烈日下晒至成干豆黄。

发酵前先将成曲的块子揉散成小粒块,将西瓜瓤汁与食盐、生姜丁、陈皮丝、小茴香混匀,然后拌入干豆黄,入缸置日光下保温浸润。待食盐全部溶化,豉醅稀稠度适宜,并缸密封保温发酵 40~50d,即配制成西瓜豆豉成品。发酵期间要定期翻豉数次,以保持上下品温一致。若再经数月的陈酿,则色香味更佳。

成品呈新鲜的浅酱褐色,色泽鲜嫩,豆粒饱满外包酱膜,液体呈糊状;气味醇香,酯香、酱香味浓厚,口尝软香鲜美,柔和爽口,后味绵长并有回甜;营养丰富。

(十一)八宝豆豉

八宝豆豉是临沂特产之一,始产于清嘉庆年间,距今已有 200 余年的历史。这种酱菜用大黑豆、茄子、鲜姜、杏仁、鲜花椒、紫苏叶、香油和白酒 8 种原料酿制而成,故名"八宝豆豉"。以其营养丰富、醇厚清香、去腻爽口、食用方便的特色成为享誉中外的临沂地方名吃之一。

1. 原料配方

配方一(八宝豆豉传统配方之一):大黑豆 40kg,茄子(去蒂)62.5kg,花椒 2kg,杏仁 2kg,香油 17.5kg,白酒 15kg,生姜 5kg,紫苏叶 0.25kg,盐 12.5kg,苯甲酸钠少量,0.5% 氢氧化钠溶液、0.1% 盐酸溶液、水、种曲、青矾适量。

配方二(八宝豆豉传统配方之二,成品150kg):大黑豆50kg(发酵后成曲重40kg),茄子71kg,姜5kg,花椒1.5kg,杏仁1.5kg,紫苏叶1kg,香油15kg,白酒15kg,0.5%氢氧化钠溶液、0.1%盐酸溶液、水、种曲、青矾适量。

配方三(枸杞豆豉,成品100kg):大黑豆30kg,茄子41kg,姜3kg,花椒1kg,杏仁1kg,紫苏叶1kg,枸杞2kg,白酒10kg,香油10kg,食盐7kg,0.5%氢氧化钠溶液、0.1%盐酸溶液、水、种曲、青矾适量。

配方四(芦笋豆豉,成品100kg):大黑豆30kg,茄子23kg,姜3kg,花椒1kg,杏仁1kg,紫苏叶1kg,芦笋20kg,白酒10kg,香油10kg,食盐7kg,0.5%氢氧化钠溶液、0.1%盐酸溶液、水、种曲、青矾适量。

配方五(牛蒡豆豉,成品100kg):大黑豆30kg,茄子23kg,姜3kg,花椒1kg,杏仁1kg,紫苏叶1kg,牛蒡20kg,白酒10kg,香油10kg,食盐7kg,0.5%氢氧化钠溶液、0.1%盐酸溶液、水、种曲、青矾适量。

2. 工艺流程

大黑豆→筛选→洗涤→浸泡→沥干(TY—Ⅱ)→蒸煮→冷却→接种→制曲→洗豉→浸 $FeSO_4$ →拌盐→发酵→晾干→成品(干豆豉)

3. 操作要点

(1)原料处理。

黑豆:选择色黑光滑、颗粒饱满均匀、皮薄肉多的原料。加工前,剔除霉烂、虫蛀、破碎粒及小粒种子,除去泥土、沙砾及其他杂质,并清洗干净,在40℃浸泡150min,使豆粒吸收率为82%,此时黑豆体积膨胀率为130%。浸泡时间不宜过短,当黑豆吸收率<67%时,制曲过程明显延长,且经发酵后制成的豆豉不松软;若浸泡时间延长,吸收率>95%时,黑豆吸水过多而胀破失去完整性,制曲时会发生"烧曲"现象。经发酵后制成的豆豉味苦,且易霉烂变质,可在0.1MPa压力下蒸煮15min或常压蒸煮150min,使蛋白质适度变性,易于水解,淀粉达到糊化程度,同时可起到灭菌的作用。

茄子:选用肉质细嫩、品质较好的圆茄,去蒂,清水洗净,用切菜机切成厚度为1cm、长度为5cm的切片,放入水泥池或缸中,加食盐腌渍。每

50kg 茄子加食盐 4~11kg,一层茄子一层食盐,搅拌均匀。在茄子腌渍过程中,会释放出大量生理盐水,需每天翻动 1~2 次,连续翻动 10~15d,使茄子完全腌渍成熟。为防止酸败,可加入 0.1% 苯甲酸钠。

杏仁:分为甜杏仁和苦杏仁 2 种。甜杏仁可直接腌渍;苦杏仁有毒,需加工去毒。将苦杏仁倒入沸水中,不断搅拌,10min 后捞出沥干。杏仁脱皮后,放入缸中,用清水浸泡,每 12h 换水 1 次,浸泡 72h;或者将苦杏仁在清水中浸泡 12h,然后在 0.5% 氢氧化钠溶液(100℃)中热处理 6min,清水冲洗后,去皮,放在 0.1% 盐酸溶液(100℃)中热处理 10min,然后用清水浸泡,每隔 6h 换水 1 次,浸泡 24h 即可。

紫苏叶,在紫苏生长最繁茂时,采摘叶子,用清水洗净,切成细条。枸杞选用宁夏枸杞,用清水冲洗干净。选用绿色芦笋,用清水洗净,切成圆形薄片。将刚收获的牛蒡根,削去黑皮,浸入水中,然后取出切片。姜洗净沥干水分,用切菜机切成细丝。

将花椒及处理好的姜丝、杏仁、紫苏叶、枸杞、芦笋、牛蒡一起放入茄缸中腌制。

白酒:选用粮食酿造 72°白酒。

香油:选用色泽透明、香气充足的小磨香油。

辅料:豆豉加工过程中需要用水和食盐水。水必须选用清洁、含杂菌少的自来水;选用不含杂质的精盐。

(2)制曲。制曲的目的是使煮熟的豆粒在霉菌的作用下产生相应的酶系,在酿造过程中产生丰富的代谢产物,使豆豉具有鲜美的滋味和独特风味。将大黑豆加上适量的水煮熟,捞出后放在席上晾去浮水,运至制曲室内堆积制曲,约 7d 时间,待豆子长满霉菌即可。也可采用接种种曲的方法:煮熟豆粒冷却至 35℃ 左右,接种米曲霉菌种(以沪酿 3.042 号米曲霉菌株为佳)或 TY—Ⅱ,接种量为 0.5%,拌匀入室,保持室温 28℃,16h 后每隔 6h 观察。制曲 22h 左右进行第 1 次翻曲,翻曲主要是疏松曲料,增加空隙,减少阻力,调节品温,防止温度过高而引起烧曲或杂菌污染。28h 进行第 2 次翻曲。适时翻曲能提高成曲质量,翻曲过早,会使发芽的孢子受抑;翻曲过迟,会因曲料升温引起细菌污染或烧曲。当曲料布满菌丝和黄色孢子时,即可出曲。一般制曲时间为 34h。通过曲料及室内温度、湿度的调节,促使米曲霉快速生长繁殖,分泌大量蛋白酶和淀粉酶,前者分解蛋白质成氨基酸,后者分解淀粉成糖。米曲霉在曲料上生长、繁殖的好坏,直接影响到八宝豆豉的后期发酵及产品质量。

(3)洗豉。将豆子放在席上晾干,把黄霉菌搓掉、扬净,再用凉透的开水浸泡扬净的豆子,至恢复煮熟时的豆子原状时,捞出放在席上晾干,保持豆子含水率在 30% 左右。向成曲中加入 18% 的食盐、0.02% 的青矾和适量水,以刚好齐曲面为宜,浸闷 12h。青矾可使豆变成黑色,同时增加光亮。

(4)原料调拌配制。将腌渍好的茄料从缸内捞出,装入布袋压干。把加工好的黑豆放入缸内,用压出的茄水浸泡 15min 后,倒入香油、白酒,再加入压干的茄料及加工好的杏仁米、鲜花椒、紫苏叶、鲜姜,拌匀配好。

(5)发酵。据各类豆豉配方进行配料,装入罐中至八九成满,装时层层压实,然后密封,用桑皮纸涂上血料,扎住坛口。坛口上扣一个碗,用泥将坛口封严。封坛后,春、秋季放在阳光下晒,夏季可放在阴凉处,约经 1 年即为成品。

也可采用在人工控制温度下进行无氧发酵直至成熟,置于 28~32℃ 恒温室中保温发酵,发酵时间控制在 15d 左右。

(6)晾干。各地生产的豆豉多为干豉,唯独八宝豆豉有汁。一般于头年茄子成熟季节配料装坛,经日光发酵 10~12 个月,次年中秋节前后方为成品。启封后,色泽晶莹,粒粒玑珠,具有醇厚清香、去腻爽口、营养丰富、食用方便等特点。待豆豉发酵完毕,从罐中取出置于一定温度的空中晾干,即可制成干豆豉。

传统八宝豆豉的含盐量在 14% 左右,不仅咸味重,而且抑制了酶活性,以致发酵时间长。现在也可采用低盐发酵技术,含盐量 7% 就能起到防腐作用,对酶的活性也无影响;通过人工控制发酵温度在 40℃ 左右,可使发酵周期从 1 年缩短为 6 个月,产品质量也得到显著提高。

二、毛霉型豆豉

毛霉型豆豉制曲的主要微生物是毛霉。成品酱香浓郁、味鲜化渣、油润散子、颗粒完整,很受消费者欢迎。

天然毛霉最适宜的生长温度为15℃,高于20℃或低于10℃,其生长都要受到抑制。所以,采用自然接种制曲生产毛霉型豆豉一般都在冬季。其他季节生产毛霉豆豉必须进行人工接种制曲。作为制曲的毛霉菌种是通过人工选择驯化的耐热性毛霉。耐热性毛霉在23~27℃范围的温度下可以正常生长。

(一)纯种毛霉型豆豉

1. 原料配方

豆豉曲100kg,细盐1kg,酒度50%的白酒3kg,甜酒酿2kg,水、毛霉曲种各适量。

2. 工艺流程

茶色大豆→浸泡→沥干→蒸豆→闷豆→出甑→冷却→接种(毛霉曲种)→入室→上垫培养→成曲→配料(加食盐、白酒、甜酒酿、水)→润料→装坛发酵→成品

3. 操作要点

(1)大豆的选择:选取茶色大豆品种,要求颗粒硕大、饱满,粒径大小基本一致,充分成熟,表皮无皱,有光泽。经过筛分规划粒径,去除杂质。再经水选飘浮去不实颗粒和霉烂粒。

(2)浸泡:将大豆淘洗干净加水浸泡3~4h,泡至豆粒90%膨胀无皱纹(含水量为46%~50%)时,取出沥干即可蒸豆。

(3)蒸豆:常采取常压蒸煮。蒸4h,停火留甑闷豆4h出甑。出甑的豆粒要求熟而不烂,内无生心。经过蒸料吸水后其含水量在52%左右。

(4)接种上垫:将出甑熟料摊晾在曲台上,待品温降低到28℃左右,接入5%的毛霉曲种,拌和均匀,入室上垫培养。毛霉型豆豉在棕垫上制曲,棕垫由棕榈制成,沥水、透气性均比竹匾木盒好,又比搪瓷盘导热性小,热容量也大。在培养过程中棕垫能起到疏通空气、调节水分、缓冲热量、防止产生凝结水的优良作用。原料接种后移入室内铺于曲架的棕垫之上,边高中低,厚度为4~5cm。

(5)培养:经过耐热驯化的毛霉已经适应在较高温度下生长,低温反而使它的生长受到抑制。一般把培养温度控制在21~29℃。培养1d左右豆醅表面就可以观察到毛霉菌落。培养2~3d时,是毛霉在豆醅上生

长繁殖最旺盛的时期,菌丝增长速度十分快,菌丝直立,浅灰色孢子大量产生。此时温度极易升高,应采取开启门窗翻曲等措施降低温度,使品温最高不超过31℃。3d后毛霉生长减弱,菌丝部分倒毛,孢子大量生成,须维持较低的湿度,使酶能顺利产生。4d以后菌丝已全部倒毛,浅褐色孢子把曲染成灰色,曲已成熟。

筛取部分成熟的毛霉孢子,在40℃以下的温度烘干,备作下批豆豉曲制作的菌种,可省去种曲的制造。

(6)配料:将成曲打散成单粒状,置于操作台上,以喷雾器洒上白酒。边喷洒边翻拌,使每粒豆豉曲表面都被白酒浸润。再将甜酒酿用水稀释与曲拌匀。最后撒入食盐,补足水分,使之达到含水量45%~48%,盖上塑料薄膜浸润1d。

(7)装坛发酵:将浸润后豆豉曲再拌和1次,充分达到颗粒散、水分匀,装入浮水坛中。坛口用无毒塑料薄膜封严,加盖并掺浮水密封。常温下发酵1年,要经常检查补加浮水,防止干涸漏气。

成品呈黑褐色,较油润,有光泽;酱香浓郁,有酯香;味鲜回甜,咸淡适口,较化渣,散子成颗。

(二)四川潼川豆豉

潼川豆豉是四川省的优秀产品,也是各地川菜大师们专用的调味品之一。炒食、拌食、制汤皆妙,以它烹调各种荤素菜,最能体现川菜的风味。潼川豆豉出产在三台县,因三台古为潼川府,故习惯称为潼川豆豉。

1. 原料配方(成品1650~1700kg)

黑豆1000kg,盐180kg,酒度50%以上的白酒10kg,井水60~100kg(不包含浸渍和蒸料时加入的水量)。

2. 工艺流程

选料→浸泡→蒸煮→摊凉→制曲→拌料→发酵后熟→包装→成品

3. 操作要点

(1)原料选择:采用黑豆、褐豆、黄豆均可,尤以黑豆最佳。因黑豆皮较厚,做出的豆豉面色黑,颗粒松散,不易发生破皮烂瓣等情况,多取自安县秀水地区的黑色大豆。这种大豆颗粒大小如花生仁,酿出的豆豉质量最佳。普通黄豆制成的豆豉色、香、味皆次之。

(2)浸泡:泡料水温掌握在40℃以下,用水量以淹过原料30cm为宜。一般浸泡5~6h,可见有90%~95%的豆粒"伸皮"(无皱)。气候特别寒冷(0℃以下)时,需适当延长浸泡时间,要求100%的豆粒"伸皮"。达到浸泡要求后,沥干,豆粒水分含量为50%左右。

(3)蒸煮:常压蒸料,分前后两个木甑,前甑蒸2.5h左右。待甑盖冒"大汽"和滴水汽时,移到后甑再蒸2.5h。使甑内上下原料对翻,便于蒸熟原料。待后甑冒大汽,滴水汽时,即可出甑散热。蒸料时间需5h左右。蒸料后,熟料的水分含量为56%左右。

(4)摊凉:下甑后,将熟料铲入箩筐,待自然冷却到30~35℃时,进曲房入簸箕或上晒席制曲,曲料堆积厚度为2~3cm。

(5)制曲:常温制曲,自然接种。制曲周期因气候条件变化而异,一般为15~21d。冬季制曲,从当年立冬(农历十月)至次年的雨水(农历一月)。在这段时间里,四川地区的最高气温在17℃左右,很适宜毛霉的生长。冬季曲料入曲房3~4d后起白色霉点。8~12d后菌丝生长整齐。16~20d后毛霉转老,菌丝由白色转为淡灰色,质地紧密,直立,高度为0.3~0.5cm。同时,在浅灰色菌丝下部,紧贴豆粒表层有少量暗绿色菌体生成。21d后出曲房,豆坯呈浅灰绿色。菌丝高度为0.5~0.8cm,有曲香味。此制曲过程中品温为5~10℃,室温为2~5℃。

(6)拌料:将制好的豆曲倒入曲池内,打散(原料100kg可制得成曲125~135kg)。加入定量的食盐、水,混匀后浸闷1d,然后加入定量的白酒(酒度50%以上的白酒),拌匀后待用。

(7)发酵:拌料后的曲料,装入浮水罐,每罐必须装满(每罐约装干料50kg,即豆豉成品82.5~85kg)。装料时,靠罐口部位压紧,其上不加盖面盐。用无毒塑料薄膜封口,罐沿内加水,保持不干涸。同时每月换水3次,以保持清洁。用浮水罐发酵的豆豉成品质量最佳。这与浮水罐的装量适当、后期排气、调节水分、温度等因素有密切关系。发酵周期12个月,其间不翻罐,罐子可放在室内,也可在制曲季节放在室外(便于厂房合理利用),保持品温20℃左右。

(8)储存:潼川豆豉只要注意密封,一般可存放5~6年。此豆豉经长时间储存后,质量越变越好。

成品颗粒松散,色黝黑而有光泽,清香鲜美,滋润化渣,后味回甜。

(三)四川永川豆豉

四川省的永川市以生产豆豉而闻名,素有豆豉之乡的美称。永川豆豉主要分布在松溉镇、朱沱镇及城区五板桥(现为永川酱园厂豆豉产区)等地,生产工艺起源于永川家庭作坊,距今已有300多年的历史。永川豆豉属毛霉型豆豉。富含蛋白质和人体所需氨基酸,香气浓郁,滋味鲜美,既可用于烹饪,也可代菜佐餐,不但营养价值高,又有开胃助食、解表祛汗之功效。2008年6月"永川豆豉酿制技艺"被列入第二批国家级非物质文化遗产名录。

1. 原料配方(成品 410 ~ 425kg)

黄豆 500kg,自贡井盐 90kg,白酒(酒度 50% 以上)25kg,做醅糟用糯米 10kg,40℃ 温开水(拌料用)25 ~ 40kg。

2. 工艺流程

选料→浸泡→蒸料→摊凉→制曲→辅料拌和→发酵后熟→包装→成品

3. 操作要点

(1)黄豆筛选:选择颗粒成熟饱满、均匀新鲜、蛋白质含量高、无虫蚀、无霉变、杂质少的黄豆。

(2)浸泡:将黄豆浸泡在 35℃ 左右的温水中,一般不超过 40℃,用水漫过原料 30cm,浸泡 1.5 ~ 5h,遇气温低时,浸泡时间适当延长,要求超过90% 的豆粒伸皮。含水量为 50% ~ 56% 为宜。

(3)蒸料:产量较小时,一般采用水煮,常压蒸煮 4h 左右,不翻甑。产量大时,也可采用改进的通风制曲、大型水泥密封式发酵的配套蒸料方法,即旋转式高压蒸煮锅在 0.098 ~ 0.1MPa 压力下,蒸 1h。蒸后含水率为 40% ~ 47%。

(4)制曲:蒸料摊凉,待自然冷却到 30 ~ 35℃ 时进曲房入簸箕。若是蒸熟的罐料,则须经螺旋输送机送入通风制曲曲床,料温约 35℃。制曲有簸箕制曲和通风制曲两种,前者为传统的制曲方法,后者为改进的制曲方法。

簸箕制曲:是利用自然发酵常温制曲,曲料厚度为 3 ~ 5cm。冬季曲料品温 6 ~ 12℃,室温 2 ~ 6℃,制曲时间约 15d,其间翻曲一次。3 ~ 4d 后起白色霉点,8～12d 菌丝生长整齐,15～20d 毛霉转老。菌丝高度为0.3～0.5cm 即可出曲,成曲呈灰白色。每粒豆坯均被浓密的菌丝包被,菌丝上有少量黑褐色孢子生长。豆坯内部呈浅牛肉色,同时菌丝下部紧贴豆粒表面有大量绿色菌体生成。成曲有曲香味。

通风制曲:制曲时要求曲料厚度为 18～20cm,品温 7～10℃,室温一般为 2～7℃。制曲周期为 10～12d,其间翻曲 2 次。也可采用自然发酵通风制曲,冬季曲料入曲室 1～2d 后起白色霉点,至 4～5d 菌丝生长整齐,并将豆坯完全包被。同时,紧贴豆粒表层有少量暗绿色菌体生成。7～10d 后毛霉衰老,菌丝由白色转为浅灰色。菌丝长 1cm,其上有少量黑褐色孢子生成。在浅灰色菌丝下部,豆粒表层有大量暗绿色菌体生成。

(5)发酵:向成曲中加入定量的冷食盐水浸闷 1d 后,再加入定量辅料(食盐、醪糟水、白酒等)拌和后入罐或入池(一般通风制曲的成曲装入配套的密封式水泥发酵池发酵)。毛霉豆豉的后期发酵是利用制曲获得的酶系,在一定条件下作用于变性蛋白质,形成豆豉的色香味成分。由于毛霉属于厌氧性微生物,在发酵过程中不需要氧,故一定要密封好,一般采用浮水罐发酵,经常检查坛盖槽是否有水,并且经常换水,冬季 1 月 2 次,夏季 1 周 1 次;料温控制在 20℃左右,周期 10～12 个月,其间不需翻罐。

4. 产品质量

永川豆豉属天然制曲,对自然环境特别是温度有较为特殊的要求,形成了曲中微生物类群较多,酶系复杂,且各种酶的活力不尽相同的体系,加上发酵时间较长,加入的辅料也属发酵产物,因而永川豆豉具有特有的品质。毛霉型永川豆豉外观为黑色颗粒状,松散,有光泽,口感滋润化渣,清香回甜,具有一定的醇香、酯香。

(四)宏发长豆豉

宏发长豆豉生产始于 1924 年,距今有 70 多年历史,基本采用潼川豆豉的生产工艺配制而成。

1. 原料配方

黄豆 500kg,花盐 95kg,白酒(酒度 50% 以上)10kg,做醪糟用糯米

15kg,花椒粉 1kg,小茴香面 500g,八角面 500g,水(拌坯时用)30~50kg。

2. 操作要点

原料经常压蒸煮,熟料入曲房 2~3d 后出现白色霉点,7~8d 后菌丝体生长整齐,9d 后毛霉转老,由白色转为浅灰色,菌丝质地较疏松,直立而稍短,高度在 1cm 以内,10d 后曲料成熟。将此成曲按照配料量加入花盐、水混匀后放置一夜,再加入各种香料、白酒混匀后装罐。坯料上加厚2cm 的食盐、封口。在室温下发酵 6 个月即成。

成品色泽棕褐色,有光泽,香味浓郁,滋味鲜美,营养丰富。

(五)传统工艺豆豉

1. 原料配方

大豆 125kg,食盐 23kg,糯米 5kg,白酒 2.5kg。

2. 工艺流程

大豆→筛选→浸渍→蒸煮→摊凉→制曲→成曲→配料→翻拌→入池→熟化→成品

3. 操作要点

(1)筛选:选用颗粒饱满,无霉素、无虫蛀、无伤痕的大豆,用水洗净浸泡至表面刚涨满,沥干水分。

(2)蒸煮:常压蒸煮或加压(98kPa,30~40min)蒸煮至软熟。

(3)制曲:使用豆豉毛霉菌种,曲室温度保持在 20~26℃,料在曲池的厚度约 5cm。需 3d 左右曲料中菌丝密布,表面呈白色时,要翻曲 1 次,室内通风。翻后 3~4d,菌丝又穿出曲面。通常制曲时间为 8~15d。

(4)配料:出曲后,成曲要充分搓散。另外,将糯米制作成甜米酒。按配料加入食盐、白酒、米酒的混合物,拌和均匀,务必使成曲充分沾湿。拌和时要精心操作,防止擦破豆粒表皮。

(5)熟化:拌料后 3d 内,至少每天倒翻 1 次,使辅料完全均匀吸收,方可入池。入池后表面必须封盐,并定时检查堵缝。产品一般要经过 40~50d 成熟。

成品呈黄褐色或黑褐色,具有豆豉特有的香气;滋味鲜美,咸淡适口,无异味。

三、根霉型豆豉——田北豆豉

田北豆豉是采用无盐发酵法生产的豆豉,产于印度尼西亚,是爪哇岛中部、东部居民的日常生活调味品,已有数百年历史。其生产工艺有传统法和改良法两种,改良法是美国提出的。

(一)原料配方

大豆100kg,含85%乳酸3L,淀粉1kg,水适量。

(二)工艺流程

传统法:精选大豆→洗净→一次水煮→排水、脱皮→除皮→浸渍→二次水煮→排水→冷却→接种(加混合菌种)→用芭蕉叶包裹(或装入有孔塑料袋)→发酵→成品

改良法:精选大豆→洗净→浸渍(加沸水)→排水→脱皮→酸性液水煮(加乳酸0.1%)→排水→冷却→接种(加纯种)→装袋→发酵→成品

(三)操作要点

1. 原料处理

经过精选的大豆水洗后,浸于水中使其充分吸水膨胀。当气温超过30℃时,为了防止浸渍水中杂菌或致病菌的繁殖,可利用天然乳酸菌进行乳酸发酵,或接种胚芽乳酸菌使大豆的pH值下降至3.2~3.8或4.5~5.3。这一pH值不适于腐败菌的繁殖,而适于田北豆豉菌的生长,从而保证了发酵安全地进行。

利用干燥大豆进行脱皮再浸渍,一夜时间不可能完成乳酸发酵,因此1kg大豆需加30mL含85%的乳酸及1L的水,或加冰醋酸7.5mL。当浸渍大豆充分吸水后,将大豆装入竹篮中,用脚进行脱皮,或用石臼、脱皮机脱皮。

脱皮大豆一般是在100℃水中煮沸1h,也有先将大豆脱皮,而后在100℃沸水中浸渍30min,再煮沸90min。这时若使用0.1%乳酸液,则可以保证发酵安全进行。

蒸煮后的大豆不可过软,否则易招致细菌的污染。冷却时将料摊开,促进大豆上附着水分的挥发,使大豆表面水分适当。冷却后,添加为大豆1%左右的淀粉充分混匀。如果使用添加木薯淀粉渣的发酵剂,淀粉可将多余水分吸收,这样就可以防止杂菌的污染,促进霉菌的生长。

2. 种菌的培养及接种

田北豆豉菌的代表菌是豆豉根霉、米根霉、少孢根霉。

少孢根霉为东爪哇常用的菌种,是田北豆豉生产中最具有代表性的菌株。其蛋白酶活性及脂肪酶活性在田北豆豉菌中最强,而糖化酶最弱。少孢根霉生长最适温度在37℃左右,较一般霉菌要高些,也能在45℃的熟豆上很好地繁殖;湿度以75%~85%较为适宜;对氧的要求较一般霉菌低,为大量生产创造了有利条件。少孢根霉孢子生长较慢,菌丝的蔓延较缓慢,需要一定时间。但在较低温度(20~25℃)白色菌丝仍可蔓延,而不易结孢子。米根霉适用于添加碳水化合物的各类田北豆豉。糖化酶活性最强,蛋白酶次于少孢根霉。

生产田北豆豉的种菌有两种:一种是印度尼西亚传统使用的混合种菌,另一种是以少孢根霉孢子为中心的纯粹培养的种菌。

印度尼西亚所用传统混合种菌(发酵剂)有多种,使用最多的叫乌杂,将接种根霉的部分田北豆豉排在两枚刺桐或柚木叶子中间,培养至生成大量孢子,干燥备用。使用时将豆子除掉,将两枚豉子上附着的孢子搓掉来接种。另外,还有一种将根霉接种于片状木薯淀粉渣上培养,晒干而成的发酵剂,叫做拉义田北。也可将切薄的田北豆豉放置培养至结成孢子,晒干后直接或粉碎使用。

纯种培养方法也很多,将脱皮大豆煮熟后放入三角瓶,于120℃灭菌30min,接种根霉,于37℃培养4d。晾凉干燥,粉碎后作为发酵剂,每1kg煮豆接种发酵剂3~5g。纯种培养的基质以大米或大豆:麦麸=4:1或小麦:麦麸=4:1较为适当。发酵剂宜干燥储存于4℃下,在22℃下放置2个月后发芽率显著降低。菌种可装入聚乙烯薄膜袋或有干燥剂(如硅胶或无水碳酸钙)的聚乙烯袋中,在冷库(约4℃)中密封保存;但不可采用冷冻保存,因反复冷冻、解冻,必然导致一些细胞的破坏。水分含量高时会加速这种破坏作用。

煮熟大豆冷却至40℃即可加入种子,充分拌匀,堆积保温,进行数小时的前发酵。然后装入大型容器中,如在40cm×100cm浅竹筐上铺几层芭蕉叶,可堆放厚4~5cm的接种大豆。改良法培养可用塑料或不锈钢制的容器,将拌种的培养基装入袋中堆积起来。待发热后再排列于发酵棚架上。

3. 发酵

培养过程亦属发酵过程,最初数小时是诱导期,不久即开始发芽。再过几小时菌丝生长旺盛,品温及室温均有所升高。当品温达到最高峰时,根霉的生长趋于缓慢,品温也逐步下降。这时豆瓣因菌丝的旺盛生长而结成饼状,在根霉急剧繁殖后形成孢子,随着蛋白质的分解而产生氨,pH值由发酵开始的5.0上升到6.0~6.7,最后可达7.6。

田北豆豉最适发酵温度范围为25~37℃;温度高,则发酵时间短,25℃需80h,28℃需26h,31℃需24h,37℃则需22h。20℃时,因温度过低,菌丝不能生长。44℃高温则由于细菌增殖,抑制根霉的生长而制不成田北豆豉。

田北豆豉菌增殖最旺盛的时期品温可达48℃,这时氧浓度降至2%以下,二氧化碳浓度却增加到21%。含氧低会抑制根霉生长,氧浓度低于0.25%就会使其生长停止。氧浓度在1.0%~6.5%时增殖速度很快,氧过多,会产生过多孢子;发酵温度过高时,会产生水滴,这种湿度会促使细菌的生长;湿度过低,可能使大豆表面干燥,抑制根霉的生长。如果控制好温度、湿度及氧气含量,就会使根霉顺利繁殖,18h即可结束发酵。

四、好食脉孢菌豆豉——印度尼西亚昂巧豆豉

昂巧豆豉是印度尼西亚的一种传统发酵食品,它是利用花生或榨油后的花生饼,接种好食脉孢菌橙红色孢子,培养而成。它的产量虽不及田北豆豉,但历史悠久,为家庭配制的常用食品。

好食脉孢菌是子囊菌的一种霉菌,着生美丽的橙红色孢子,具有较强的淀粉分解力、纤维分解力,对蛋白的溶解力很强,而把蛋白分解至氨基酸的能力却很弱;乙醇的发酵能力很弱,但酯化力很强,因而在大豆或花生上生长就形成芳香成分。此菌属好气性菌,其生长适宜温度为27℃,在通气良好的环境下,气菌丝得到充分生长,呈毛状,顶端着生橙红色孢子。

(一)原料配方

花生(或花生饼)100kg,好食脉孢菌、生木薯淀粉、水各适量。

(二)操作要点

1. 原料处理

整粒花生在 20℃ 浸渍 14h 即可,不宜水煮,因水煮会有损花生的滋味。充分浸渍后可增重 1.3 倍,水分达 35% ~ 40%。然后常压蒸煮 30min。脱脂花生粕一般是加 1 ~ 1.5 倍的热水后蒸熟。

2. 发酵

花生浸渍蒸煮,加些生木薯淀粉进行成型,使其成为棒状,而后放于芭蕉叶上,撒上菌种,放入 27 ~ 30℃ 的发酵室中,培养 1 ~ 2d。培养中要注意发酵室的通风。大概 12h 就可长满菌丝,24h 即会生孢子,48h 全面着生很厚的一层菌丝及孢子。这时放出水果的香气,能引起人们的食欲。

将"昂巧豆豉"表面布满的部分菌膜粑下,日晒后所得粉末即可做菌种,但现在多采取纯粹培养的菌种。培养基多用麦麸及玉米,为固体培养。一般将培养基于 110℃ 杀菌 20min,冷却后从斜面接种,在 27℃ 温度下培养 3 ~ 4d。而后低温干燥,此时好食脉孢菌的孢子极易脱落,用过筛后的孢子做种。

"昂巧豆豉"的水分一般为 40% 左右。其菌丝旺盛并可繁殖深入到内部,因此即使把它切成薄片也不会散开,其可用植物油炸后或切碎后放入汤中煮后食用。

五、细菌型豆豉

细菌型豆豉大多是利用纳豆枯草杆菌(Bacillus Subtilis Natto)在较高温度下,繁殖于蒸熟大豆上,借助其较强的蛋白酶系生产出风味独特的豆豉。纳豆枯草杆菌生长适温为 30 ~ 37℃,在 50 ~ 56℃ 尚能生长,最大特点是产出黏性物质,并可拉丝。自古以来,制造这种豆豉是将蒸熟大豆趁热在高温下包入稻藁内或用稻秆覆盖保温生产的。纳豆枯草杆菌的孢子耐热性较枯草杆菌的孢子高 1.6 倍。因此,制曲时创造高温、高湿的条件可以杀死杂菌,纳豆枯草杆菌的孢子被高温所激活,迅速发芽、繁殖。

参与细菌型豆豉制曲和发酵的微生物种类很多,除主要的枯草芽孢杆菌外,还有豆豉芽孢杆菌及微球菌,其机理为厌氧菌生长于蒸煮过的大豆中,使大豆发黏,散发一种豆豉特有的气味,在此过程中又产生多种蛋白酶,使蛋白质分解成氨基酸,赋予产品鲜味。

(一)水豆豉

水豆豉主要是云南、贵州、山东一带民间制作的家常豆豉。水豆豉制曲水分和发酵水分均较高。水豆豉的发酵属细菌型发酵,主要是小球菌和杆菌等参与。水豆豉是在淹水状态下发酵,成品为固液混合状态,豉汁微黄、透明、质地黏稠,挑起悬丝长挂;豉粒完整柔和,为豉汁所浸渍。水豆豉口味清淡典雅,富有纯正的豉香,富含维生素和多种氨基酸,营养丰富,消化性极好,鲜香宜口,既是大众欢迎的菜肴,又是极好的调味料。

1. 原料配方

黄豆 100kg,豉汁 200kg,食盐 40kg,萝卜粒 75kg,姜粒 10kg,花椒 250g,水适量。

2. 工艺流程

<pre>
                          花椒、姜粒、萝卜粒
                                 ↓
           熟豆 → 入箩培菌 → 豉曲 → 配料 → 入坛发酵 → 水豆豉
大豆 → 淘洗 → 煮豆 → 沥干 → 豆汁 → 陈酿培养 → 豉汁 → 食盐
</pre>

3. 操作要点

(1)煮豆:制作水豆豉常采用黄豆。将黄豆投入木桶中,掺水搅拌,漂浮去不实之粒,淘洗净泥沙,分选除石子。捞出洁净、完整、饱满的黄豆放入蒸煮锅中,加入 3~4 倍于黄豆的清水煮豆。煮豆时间从水沸腾时计 1h。

(2)培菌:水豆豉的培菌分豆汁培菌和熟豆培菌,它们都是利用空气中落入的微生物及用具带入的微生物自然接种繁殖而完成培菌过程的。体系中微生物区系复杂,枯草芽孢杆菌和乳酸菌是占优势的种群。豆汁的培养菌是把煮豆后过滤出的豆汁放于敞口大缸中,在室温下静置陈酿 2~3d,待略有豉味产生时搅动 1 次,再静置培养 2~3d,豉味浓厚并微有氨气散出,以筷子挑之悬丝长挂,即成豉汁。

熟豆培菌在竹箩中进行,箩底垫以厚 10cm 的新鲜扁蒲草。扁蒲草俗名豆豉叶,茎短节密而扁,匍匐生长,叶似披针,肉质肥厚,表面光滑,保鲜力强,能充分保持水分,使豆粒表面湿润。在扁蒲草上铺上厚 10~15cm

的熟豆,表面再盖厚10cm左右的扁蒲草,入培养室培养。培养2~3d后翻拌1次,再继续培养3~4d,培养成熟。成熟的豆豉曲表面有厚厚一层黏液包裹,并有浓厚豉香味。因为竹笋体积大,制曲入笋的豆也不多,豆粒含水量又大,制曲过程中温度不易升得过高,只能在室温20~22℃。制曲时间需要经过6~7d。如果一批接着一批生产,可利用上批生产的豉汁为菌母,进行人工接种培菌,接种量为1%,这样可以大大缩短培菌时间。

水豆豉培菌过程中,蚊蝇易在豉内产卵导致生蛆,所以,水豆豉生产季节多选在寒露之后,春分之前。其他季节生产则需严格防蚊除蝇。

(3)入坛发酵:入坛发酵在浮水坛中进行。入坛前先洗净浮水坛,准备好原料。老姜洗净刮除粗皮,快刀切细成米粒大小的姜粒。花椒去子除柄摘干净。选个头较小肉质结构紧密的胭脂萝卜晾萎、洗净,快刀切成豆大的萝卜粒。

将食盐投入豉汁,搅动使全部溶解,再按豆豉曲、花椒、姜粒、萝卜粒的顺序一一投入搅匀,入坛。盖上坛盖,掺足浮水,密闭发酵1月以上则为成熟的水豆豉。

(4)保存:发酵成熟的水豆豉可以经常取作食用。取后立即盖坛,并经常注意添加浮水,勿使水干漏气。这样经久不会变质,并且越陈越香,滋味越放越好。成品口味清淡典雅,富有醇正的豉香,富含维生素和多种氨基酸,营养丰富,消化性极好,鲜香宜口,既是菜肴,又是调味料。

(二)四川水豆豉

1. 原料配方(成品400kg)

黄豆100kg,食盐58kg,姜48kg,花椒400g,干辣椒20kg,水适量。

2. 操作要点

(1)原料预处理:将黄豆加水浸泡3~6h,以80%以上豆粒膨胀无皱皮为好。沥干后采用常压煮豆,添加量为水:黄豆=1:1。煮沸后小火维持沸腾状态,常压煮30~40min,至透心无生豆味为止。滤出豆子,沥干水分。煮豆水和沥水,可用于配料。

(2)保温发酵:将煮熟的黄豆,摊凉至40℃,装入容器,保温25℃以上,使由空气中落入的小球菌、乳杆菌等耐热性微生物繁殖并分泌酶,将蛋白质等进行分解。2~3d 后,品温开始逐渐上升。到第 5 天时,品温可上升至 50℃。其间大部分细菌在不利于生长的条件下形成了硬膜,而使成品具有黏液,并产生特殊的气味。此时应及时取出,加入配料,阻止醅温继续上升。

(3)拌料、后熟:按配方要求加入配料,并添加煮豆水,使每 100kg 黄豆配成 400kg 的料,拌匀后装满陶坛。在室温下后熟 1 个月。

(4)灭菌:发酵成熟的水豆豉,在 80℃下进行 30min 灭菌后,趁热分装、密封,即为成品。

成品口味香辣,鲜美馨香,营养丰富,可直接佐餐,或供烹调蘸食之用。

(三)袋装水豆豉

袋装水豆豉是在继承和发扬我国传统的水豆豉食品特点的基础上,用科学的方法加以改进和提高后,开发出的一种适宜于工业化生产的风味食品。该产品食用和携带方便,家庭和餐馆中既可做菜直接食用,也可做烹调用料配菜。尤其适用于出差旅游和野外工作时食用。

1. 原料配方

黄豆 100kg,白糖(或红糖)、红辣椒、食盐、味精、姜、香辛料、水各适量。

2. 工艺流程

黄豆原料→挑选→清洗→浸泡→煮制→沥干→熟豆→保温发酵→豉醅→混合调配(加煮豆水、辅料)→包装→密封→杀菌→冷却→成品

3. 操作要点

(1)原料处理:黄豆挑选、清洗,浸泡至豆粒发涨无皱纹,含水量在50% 左右即可。浸泡时水要淹没豆面 30cm。夏季浸泡时间为 3~4h,冬季为 6~8h。用温水浸泡可缩短浸泡时间。泡涨后的原料在常压煮制时间为 3~4h 或 0.1MPa 的压力下煮制 1.5~2h。煮制时也可加入少许八角、小茴香、辣椒等香辛料以增加风味。

(2)保温发酵:将煮熟后的原料趁热沥干,降至 45℃左右后再进行保

温。保温时间视气温和发酵温度而定,一般为 40～60h,温度控制在 35～45℃。煮豆水中加入 10% 左右的食盐保存至发酵结束。

(3)混合调配:保温发酵完毕后,将黄豆与煮豆水混合,再加入适当比例的食盐、味精、白糖或红糖、红辣椒、姜、香料等辅料进行调配。

(4)包装、灭菌:调配好的半成品用 50g、100g、200g 等不同规格的复合薄膜袋进行包装,用真空封口机密封,封口时真空度不宜过高,否则袋中的汁液会影响封口效果。采用小于或等于 100℃ 的温度灭菌,灭菌时间视包装规格而定,一般为几分钟至十几分钟不等。灭菌完毕后立即用冷水冷却至 38℃ 左右,减少余热对产品的影响。冷却后将水擦干便可得成品。

成品具有水豆豉产品特有的香气,无其他不良气味,滋味辛辣咸适度,口味协调,黏稠适度。

(四)日本豆豉

一般说的日本豆豉,是将发酵菌(Bacillus Natto)接种在大豆上而制成的抽丝发酵点。发酵菌能产生蛋白酶、淀粉酶等;在发酵过程中能促使蛋白质分解成易于消化的形态。

1. 原料配方

大豆 100kg,纯种发酵菌、水适量。

2. 工艺流程

大豆→精选→浸渍→加压蒸煮→接种→入室→出室→冷却→制品

3. 操作要点

选用充分干燥的小、中粒大豆,除去杂质,经水洗后浸泡。浸泡时间随大豆种类和水温而有所不同。一般夏季浸泡 8～12h,冬季需浸泡 24～30h。浸泡后的大豆重量可增大 2～3 倍。将浸泡好的大豆放入 0.138MPa 的压力锅中,蒸煮 20min,待冷却至 70℃ 以后,接种事先培养的纯种发酵菌。接种的大豆用木质纸、竹皮包好放入箱中重叠堆放,盖好箱盖。将箱置于温度为 40～42℃、湿度为 95% 左右的室内发酵。经数小时后,由于发酵豆温上升,将室温下降到 37℃ 左右,再发酵约 20h 即可终止发酵。然后将发酵豆从室内取出冷却,为使风味良好还需稍加后熟,即为成品。成品氨基酸含量高,滋味鲜美,易于消化吸收。

第五节 腐 乳

腐乳又称豆腐乳、菽腐或酱豆腐,是我国著名的民族特色发酵食品之一,口味鲜美、风味独特、质地细腻、营养丰富。它是以黄豆为主要原料,经过加工磨浆、制坯、发花、腌渍、装坛后,通过多种微生物协同发酵酿制而成的。

我国几乎各地都有豆腐乳生产,虽然它们的外观、形状、大小不一,又因配料不同而名称和风味各异,但其制造方法大体相同。因地而异称为"腐乳""南乳"或"猫乳"。中国许多省份及东南亚都有生产,但各不相同,比如苏州的豆腐乳呈黄白色,口味细腻;北京的腐乳,呈红色,偏甜;四川的腐乳,就比较辣。在湖南因讳虎(Fu)而称猫乳。另外还有臭豆腐乳等变种。

根据加工工艺不同,腐乳可分为红腐乳、青腐乳、白腐乳、酱腐乳、花色腐乳五类,腐乳发酵类型包括腌渍腐乳、毛霉腐乳、根霉型腐乳、细菌腐乳和混合菌种酿制腐乳。

一、华东腐乳

腐乳品种很多,现将华东地区的红腐乳、白腐乳、青腐乳三种配制法介绍如下。

(一)配料

1. 红腐乳(小红方,每万块,重约260kg)

黄酒100kg(15°~16°),面糕曲28kg,红曲4.5kg,糖精15g,白酒5.4kg(封面用)。

其中配料a:加入染坯红曲卤(红曲1.5kg、面糕曲0.6kg、黄酒6.5kg)配料后浸泡2~3d,磨浆,再加黄酒18kg,搅匀备用。

配料b:装坛红曲卤(红曲3kg、面糕曲1.2kg、黄酒12.5kg),浸泡2~3d,磨浆,加黄酒63kg、糖精15g(开水溶化后加入),搅匀备用。

装坛:腌坯先在染坯卤中染红,要求块块均匀无白心,然后装入坛内,再灌装坛用卤,顺序加面糕曲150g,荷叶1~2张,封口盐150g,最后加白酒 150g。

2. 白腐乳(小白方)

白腐乳为季节性销售产品,一般不采用腌坯装坛,只将毛坯直接在坛内盐腌 4d,用盐量为每坛(350 块坯、重约 6kg)0.6kg。白方豆腐坯含水量较高,灌坛卤汁由盐水和新鲜腌坯汁(毛花卤)加冷开水并成 8% ~ 8.5% 灌至坛口,加封口黄酒 0.35kg。

3. 青腐乳(青方)

青方也是季节性销售的产品,腌坯装坛时使用的卤汁,每万块(重300 ~ 320kg)用冷开水 450kg、黄浆水 75kg 及适量的腌坯汁(毛花卤)和盐水配制而成。卤汁应在当天配用,灌至坛口,每坛加封口白酒 50g。

(二)工艺流程

黄豆→浸泡→磨浆→滤浆→煮浆→点浆→养花→压榨→切块→接种→培养、翻笼→腌渍装坛→发酵→成品

(三)操作要求

1. 制坯

(1)浸泡:一般冬季气温低于 15℃ 时,泡豆 8 ~ 16h,春秋季气温在15 ~ 25℃ 时,泡豆 3 ~ 8h;夏季气温高于 30℃ 时,仅需 2 ~ 5h。泡豆程度:掰开豆粒,两片子叶内侧呈平板状,但泡豆水表面不出现泡沫。泡豆水用量约为大豆容量的 4 倍。

(2)磨浆:将浸泡适度的大豆,连同适量的三浆水均匀送入磨孔,磨成细腻的乳白色的连渣豆浆。在此过程中使大豆的细胞组织破坏,大豆蛋白质得以充分溶出。

(3)滤浆:将磨出的连渣浆送入滤浆机(或离心机)中,将豆浆与豆渣分离,并反复用温水套淋 3 次以上。一般 100kg 大豆可滤出 5 ~ 6°Bé 的豆浆 1000 ~ 1200kg。测定浓度时要先静置 20min 以上,使浆中豆渣沉淀。

(4)煮浆:滤出的豆浆要迅速升温至沸(100℃),若在煮沸时有大量泡沫上涌,可使用消泡油或食用消泡剂消泡。生浆煮沸要注意上下均匀,不得有夹心浆。消泡油不宜用量过大,以能消泡为度。

(5)点浆:点浆是关系到豆腐乳出品率高低的关键工序之一,点浆时

要注意正确控制 4 个环节：

①点浆温度(80±2)℃。

②pH 值为 5.5~6.5。

③凝结剂浓度(如用盐卤，一般要 12.3%~15.6%)。

④点浆不宜太快，凝结剂要缓缓加入，做到细水长流，通常每桶熟浆点浆时间需 3~5min，黄浆水应澄清不浑浊。

(6)养花：豆浆中蛋白质凝固有一定的时间要求，并保持一定的反应温度，因此养花时最好加盖保温，并在点浆后静置 5~10min。点浆较嫩时，养花时间相对应延长一些。

(7)压榨：豆花上箱动作要快，并根据花的老嫩程度，均匀操作。上完后徐徐加压，最好待坯冷后再划块，以免块形收缩，划口应当致密细腻，无气孔。

(8)调 pH 值：制坯过程要注意工具清洁，防止积垢产酸，造成"逃浆"。出现"逃浆"现象时，可以低浓度的纯碱溶液调节 pH 值至 6.0。再加热按要求重新点浆。若发现豆浆 pH 值高于 7.0 时，可以用酸黄浆中和，调节 pH 值至蛋白质的等电点。

2. 培菌

(1)菌种准备：将已充分生长的毛霉麸曲用已经消毒的刀子切成 2.0cm×2.0cm×2.0cm 的小块，低温干燥磨细备用。

(2)接种：在腐乳坯移入"木框竹底盘"的笼格前后，分次均匀撒加麸曲菌种，用量为原料大豆重量的 1%~2%。接种温度不宜过高，一般在 40~45℃(也可培养霉菌液后用喷雾接种)，然后将坯均匀侧立于笼格竹块上。

(3)培养：腐乳坯接种后，将笼格移入培菌室，呈立柱状堆叠，保持室温 25℃左右。约 20h 后，菌丝繁殖，笼温升至 30~33℃，要进行翻笼，并上下互换。以后再根据升温情况将笼格翻堆成"品"字形，先后 3~4 次以调节温度。入室 76h 后，菌丝生长丰满，不黏、不臭、不发红，即可移出(培养时间长短与不同菌种、温度以及其他环境条件有关，应根据实际情况掌握)。

3. 腌渍装坛

腐乳坯经短时晾笼后即进行腌坯。腌坯有缸腌、箩腌两种。缸腌是将毛坯整齐排列于缸(或小池)中,缸的下部有中留圆孔的木板假底。将坯列于假底上,顺缸排成圆形,并将毛坯未长菌丝的一面(贴于竹块上的一面)靠边,以免腌时变形。要分层加盐,逐层增加,腌坯时间5~10d。腌坯后盐水逐渐自缸内圆孔中浸出,腌渍期间还要在坯面淋加盐水,使上层毛坯含盐均匀。腌渍期满后,自圆孔中抽去盐水,干置一夜,起坯备用。笋腌是将毛坯平放于竹笋中,分层加盐,腌坯盐随化随淋,腌2d即可供装坛用。

配料前要先将腌坯每块分开,然后计数装坛,并根据不同的品种配料。装坛时将腌坯依次排列,用手压平,分层加料。装完后灌足卤汁,卤汁以淹过坯面2cm左右为好。装坛不宜过满,以免发酵时卤汁涌出坛外。

腐乳坛口可用水泥和熟石膏的混合物加水封固,泥料的常用配方是水泥:熟石膏:水=1:3:4。

4. 产品成熟期

豆腐乳成熟期因品种而异。一般在6个月左右,青方、白方因腐乳坯含水率大(75%~80%)、氯化物少、酒精度低,所以成熟快、保质期短。一般小白方30d左右即可成熟。青方也在1~2个月,不能久藏。否则应在生产时采取腌坯措施,并调整盐酒配料,这一点必须加以注意。

二、青方腐乳

青方腐乳又名青腐乳,俗称臭豆腐,是腐乳的大类,因表里颜色呈青色或豆青色而得名。由于青方腐乳发酵后使一部分蛋白质的硫氢基和氨基游离出来,产生硫臭和氨臭(以硫化物的臭味为主),所以臭味很容易被感觉到。青方腐乳因其分解较其他品种彻底,所以氨基酸的含量较为丰富,特别是青方腐乳中含有较多的丙氨酸,使味觉可感受到独特的甜味和酯香味。

(一)工艺流程

黄豆→浸泡→磨浆→煮浆→点脑→压榨→切块成型→接种→倒笼→腌渍→兑卤汤→封顶糊口→发酵→成品

(二)操作要点

1. 原辅料要求

黄豆:个大、粒匀、无霉变、蛋白质含量高。

水:在无条件使用软水的地方,尽可能使用自来水,不要用硬水。

盐:选用色泽洁白、杂质较少的精盐粉。用盐卤做凝固剂。

雪里红:使用轻腌渍后的雪里红。

料酒:使用优质大曲酒。

黄豆、香椿、香辛料等,均采用优质品。

2. 浸泡

黄豆经过淘洗后用清水浸泡,使黄豆充分吸收水分、膨胀,用水量以黄豆浸泡后不露出水面为宜。浸泡时间冬季 16~20h,夏季 6h 左右,春秋季节 8~12h,若用温水或在温室内浸泡,则时间可相应缩短。黄豆浸泡适当与否,对磨浆点脑及出品率都有很大影响。

3. 磨浆

磨浆的作用是为了破坏黄豆原来的机体组织,便于蛋白质与豆渣分离。磨浆细度要求无糁无粒,有滑腻感,为在磨浆时不起热,便于蛋白质溶解并起到润滑作用,应以浸泡过的黄豆为标准再加入 3 倍左右的水。在豆浆从磨中流出时,加入适量的消泡剂以降低豆浆黏度,过滤甩干,消泡剂的用量一般为 1.5%。

4. 煮浆

将豆浆注入蒸煮罐后,打开蒸汽阀,加热煮浆,使豆浆温度在 20min 内达到 100℃,最多不应超过 30min,否则,点脑时不易凝聚成脑。

5. 点脑

将煮沸的豆浆流入缸中,待温度降至 85℃时,缓慢加入凝固剂,同时慢慢搅动,并注意观察凝固情况。一般情况下,凝固剂的用量与原料黄豆的比例为 12%~15%,若用量过大,虽凝固较快,但乳坯色泽不好并有苦涩味;若用量过小,则起不到凝固作用。以豆脑色泽白亮、浆水各呈黄色、分离清楚明显为适度,时间要求在 15min 左右完成。

6. 压榨

点脑后不应立即上榨板,应"蹲脑"10min,保持静止状态,使蛋白质充分凝固,然后将黄浆水倒去,将豆腐脑捞出按定量要求分层装入榨板上面的布包内。利用液压榨挤出多余水分,使豆腐厚度保持在 2cm,含水量在 68%~70%,要求薄厚均匀、无蜂窝、无麻点、无水泡、手感富有弹性、色泽白亮。

7. 切块成型

将压榨后的乳坯沿标准木条切成 2cm×4cm×4cm 的方块,要求刀口倾直、不歪不斜、规则整齐。

8. 接种

先把培养好的五通桥毛霉(AS3.25)加入经过烘干的面粉中,充分混合均匀后使用。待切块成型的乳坯温度降至 25~30℃时,采用三面接种法,将菌粉均匀撒于乳坯表面,然后摆放于笼内入发酵室。

9. 倒笼

乳坯进入发酵室后,应严格控制室温及品温。室温保持在 15~20℃(品温保持在 22~24℃)。温度过高,菌种繁殖过快,菌丝过长,容易老化,乳坯松散,表面出现红斑且有异味;温度过低,菌种繁殖受抑制,而且会延长生产时间。控制温度比较好的办法是适时花笼或倒笼,1~3d 错格摆放,不超过 10 格,4~10d 将笼闭合,每天早晚上下倒笼 1 次,1~3d 孕育坯体,4~5d 开始边角见霉,6~7d 遍体遮身,8~10d 菌丝变黄,形如雏鸡。

10. 腌渍

将长成的乳坯用于扶裹住坯体,一层坯一层盐腌入缸内,5~7d 可装坛。腌坯时经过互相渗透,菌丝及乳坯都随之收缩,菌丝形成被膜,水分含量从豆腐的 72% 左右下降到 56.4% 左右。

11. 兑卤汤

将准备好的混合卤汤熬沸,加入食盐达 8%,冷却后缓慢兑入坛内,使卤汤与坯相平即可。

12. 封顶糊口

兑卤汤完毕后,用咸豆腐渣封顶,厚度以 10cm 为宜,以达到保鲜的目的,最后用 3 层棉纸糊口封闭。

13. 发酵

青方腐乳的后期发酵一般不少于 6 个月,并且必须经过夏季的自然高温发酵过程,因此,秋季生产的青方腐乳发酵期将近 1 年;而春季生产的青方腐乳可以当年完成后期发酵。

成品呈豆青色,具有青方腐乳特有之气味,滋味鲜美,咸淡适口,无异味,块形整齐均匀,质地细,无杂质。

三、红曲酱腐乳

(一)原料选择

豆腐干:厚度2cm,含水量控制在68%～70%,要求厚薄均匀、无蜂窝、无水泡、手感富有弹性、色泽白亮。

食盐:选用氯化钠含量高、色泽洁白、杂质较少的加碘精盐。

料酒:选用优质黄酒、50°白酒。

红曲、面酱、香料、蚕豆酱各适量。

(二)工艺流程

豆腐干→切块→接种→培养→搓毛→腌坯→装坛→兑汤→发酵→成品

(三)操作要点

1. 切块

切成2cm×3cm×3cm的方块,即豆腐坯。要求刀口顺直,不歪不斜、规则整齐。

2. 制毛霉孢子悬浮液

先将毛霉菌活化,再制成毛霉麸曲,然后加适量无菌水,制成毛霉孢子悬浮液。

3. 培养

将豆腐坯置于竹盘内,按"井"字形堆码,每块四周留有空隙,一般3～4层。层数过多会影响通风效果。然后将毛霉孢子悬浮液喷洒于豆腐坯上,放入28～30℃培养室内培养,要求温度恒定,湿度、通风度适宜。

4. 搓毛

将长满菌丝的白坯用手搓毛,让菌丝裹住坯体,以防腐乳烂块。

5. 腌坯

搓毛后加盐腌坯,操作工序:一层盐一层坯,逐层增加盐量,即按下层少、上层多的原则放盐,腌渍5～7d即可制成咸坯,腌坯时间和加盐量要严格把握好。若腌坯时间过短,则直接影响成品的风味及质地;若加盐量太少,则不能抑制杂菌生长,不利于保藏,同时也会影响成品的风味和质地;若加盐量太多,直接影响口感,同时高盐对人体健康不利。加盐量夏季应多于冬季。腌坯后的卤汁不可浪费,含有豆腐坯和菌丝体的溶出物和蛋白酶类,可用于红曲酱卤的勾兑。

6. 制红曲卤

先将紫红曲霉活化,再接种于三角瓶液体培养基中,于 28~30℃摇床培养 48~72h。然后接种于已蒸好的籼米饭中拌匀,培养 3~5d,等米粒呈紫红色后,粉碎,即为红曲。将红曲、面酱、黄酒按 1:0.1:4 的比例浸泡 2~3d 后,研磨成浆,并加适量砂糖水或其他香料。

7. 红曲酱卤

将蚕豆酱加适量凉盐开水,研磨成浆,再加入红曲卤勾兑调色,加入量视消费者的口味调整。另外可根据不同消费者的口味,加入适量的辣椒、花椒或生姜、大蒜等。

8. 装坛

将腌坯每块搓开,分层装入坛内直至装满。

9. 兑汤

将红曲酱卤加入坛内以浸没为宜,再加适量豆酱,封面铺薄层食盐,并加 50°的白酒少许,加盖密封。

10. 发酵

此工序为红曲酱腐乳后熟成味阶段,常温下一般需 6 个月。采用 25℃恒温发酵,1 个月即可成熟。取出装瓶或进行其他包装。

四、五香腐乳

(一)辅料配方

50kg 大米制成的米酒,面曲 25kg,五香粉 2kg,辣椒粉 1kg,红曲米 5kg,食盐 10kg。

(二)工艺流程

大豆→浸泡→磨浆→豆浆→蒸煮→过滤→点卤→上筛→压榨→切块→接菌→培养→腌渍→灌装→加辅料→发酵→成品

(三)操作要点

1. 原料处理

选择新鲜,颗粒饱满,无霉变,蛋白质含量高的大豆。放入缸中,加水浸泡,水淹没大豆。在浸泡时,加入0.4%左右的纯碱,能使浸泡时间缩短4h左右。

2. 磨浆

采用浆、渣分离式磨浆机,加水适量,豆浆浓度适中,浓度高时用水稀释;豆渣不易过细,否则会有部分细渣进入豆浆,使制成的豆腐粗糙,发酵成熟的腐乳易碎。

3. 蒸煮

采用蒸汽蒸煮,加热到100℃,持续3min,停止加热。

4. 过滤

使用滤布、过滤热浆至渣干时,加入冷水稀释,再过滤至渣干。

5. 点卤

点卤前加入微量柠檬酸或部分陈浆,将豆浆调到pH值为6.8左右,但不能超过7.0或过低。蛋白质的等电点在pH值为6.8左右,这时溶解度最低,凝固效果最好,白毛霉菌在弱酸性环境中易生长繁殖。

测试豆浆温度,使用冷水调至80~90℃,这段温度蛋白质变性效果好。

加入卤,并慢慢搅拌,表面浆液澄清时,即停止加卤,静置待用。

6. 上筛、压榨、切块

模具尺寸为:87.5cm×87.5cm,切成3.5cm×1.5cm小块。

7. 接菌、培养

采用白毛霉菌培养3~4d,绒毛长至5~7cm,均匀浓密。

8. 腌渍

将长好毛霉的豆腐坯,用手摸平绒毛,排列成行,有规则地排齐在缸(池)中腌渍,要求下层腐块放一层盐,按上多下少的原则下盐腌渍,下盐量为每300块下盐2.5kg,腌渍5~7d即可。腌好后,质地较以前变硬,掰开后断面整齐,平滑。

9. 灌装

灌装使用罐坛瓶等,要求腐块排列整齐,块与块之间保持一定间隙,利于辅料渗入,全面发酵。

10. 辅料配制

米酒自制:优质大米50kg → 浸泡 → 蒸煮 → 冷却 → 拌曲(5d)→ 发

酵→成品。

按配方将米酒、面曲 25kg、五香粉 2kg、辣椒粉 1kg、红曲米 5kg、食盐 10kg，混合粉碎，加热水至 500kg，静置 10h 左右即可用。

11. 发酵成品

灌装好后，放置发酵 1～2 个月，即为成品。成品质地细腻，色泽鲜红，块状整齐，表面光滑，有浓郁的香气，咸淡适中，鲜美可口。

五、克东腐乳

克东腐乳是细菌类型发酵，有别于毛霉类型发酵，其产品特点是色泽鲜艳，质地细腻而柔软，味道鲜美而绵长，具有特殊的芳香气味。克东腐乳在腐乳之林中独树一帜，因此，在全国享有盛名，是黑龙江省独特的名牌发酵食品。

（一）原料配方

大豆 1500kg，白酒 210kg，良姜 262g，白芷 262g，砂仁 146g，白蔻 116g，公丁香 262g，紫蔻 116g，肉蔻 116g，母丁香 262g，贡桂 36g，管木 36g，山奈 234g，陈皮 36g，甘草 116g，食盐 320g，面粉 130kg，红曲 28kg。

（二）工艺流程

白坯→切块→冷却→腌渍→倒坯→洗坯→切块→装盘→面曲、红曲→接种培养→混合→倒垛→浸泡→盐水→成熟→磨碎→干燥→配料→白酒、香料→装缸→汤料→后发酵→成品

（三）操作要点

1. 原料选择

主料选用优质大豆，平均千粒重 170～200g 以上，含蛋白质 40% 左右，这有利于制造质量好的豆腐坯。

2. 豆浆与豆坯制作

浸泡大豆，冬季需加温至 15℃ 左右，浸泡时间近 24h，如果浸泡时起白沫，应立即换水，以免酸败。当大豆浸泡后重量增加 2.2～2.3 倍时，即可用手掰开豆瓣，其相对处呈平面状，豆瓣无硬心，即为浸泡适宜。

磨豆浆要保证粉碎细度和均匀度，磨下豆汁应成鱼鳞状下滑，取 1L 豆汁，用 70 目铜网过滤 10min，干物质不应高于 30%。要求磨细是为了破

坏大豆细胞壁组织,使蛋白质能很好地游离溶于水中,加水量应是大豆的10倍,这样可溶出80%蛋白质。

用滚浆机分离豆汁与豆渣。要保证不糊网,不流渣子。煮浆温度要达到100℃,并保持5~10min,一定要少用油脚等消沫剂。点浆温度必须达到95℃以上,如果温度低于90℃就会残留豆臭,凝固不好,抽出量也少。因此,点浆要求:细倒卤汁,慢打把,微见清沟,凝结块如黄豆粉大小。点浆后养花3min再开浆,5min撒黄浆水,pH值为5.7~5.8。上榨工艺使用压力不要过猛,否则易造成薄厚不均。成品豆腐要求坏色为淡黄,无白点,豆坏面无高低不平,有弹性,有特殊香味。豆坏厚度为1.9~2.1cm,水分为69%~70%。

3. 豆坯的蒸、腌与前发酵

将合格的豆坯先蒸20min,要蒸透,表面无水珠,有弹性。蒸后将白坯立起,冷却到30℃以下再进行腌渍。腌时摆一层豆腐块,均匀撒一次盐;腌24h后,将豆坯上下倒一次,每层再撒少量盐,腌48h,使其含盐量为6.5%~7%。腌后,用温水洗净浮盐及杂质(水温冬季40℃左右,夏季20℃左右)。切块,然后放入前发酵室,将豆坯串空摆在盘子里,要排紧,防止倒。然后喷洒菌液,菌液的制法是:将发酵好的风味正常的豆坯上的菌膜刮下,用凉水稀释过滤而成。

接种后的豆坯放置于28~30℃的发酵室内培养,使其品温在36~38℃,发酵3~4d后,坯上的菌呈黄色后倒垛一次,发酵7~8d,豆坯呈红黄色,菌衣厚而质密,即为成熟。

4. 装缸与后发酵

将红黄色的豆坯在50~60℃干燥12h,使其软硬适度,有弹性,不裂纹,含水量在45%~48%之间,含盐分8%~9%,即可装缸,将辅料配成汤料加入缸内。装缸时,加一层汤料装一层坯子,装上层要装紧,坯子间隙为1cm,装完后,坯子距缸口9~12cm。然后将缸放在装缸室内,坯子在缸内浸泡12h,然后再进入后发酵库内,垫平缸,再加二遍汤子,其深度为5cm,然后用纸封严,绝不可透气。后发酵温度要保持在28~30℃。装满库后经50~60d,要上下倒一次,再经30d即可成熟食用。

六、绍兴糟方腐乳

(一)原料配方

黄豆 50kg,糯米 27.5kg,食盐 23kg,甜酒药 0.125kg,白酒 9kg,甜蜜素适量。

(二)工艺流程

黄豆→浸泡→磨浆→煮浆→滤浆→点浆→上榨→划块→摆笼→大缸腌渍→配料装坛→堆装→检验封口→成品

(三)操作要点

1. 酒药工艺

当盛夏时,采取未开花之野生辣蓼草,晒干去茎存叶,研成细末,将辣蓼粉、早米粉、水拌匀,辣蓼粉约为米粉质量的 10%,水约为其 50%,打实,曲刀切成寸许块状,用陈白药粉敷洒其上,于匾中成圆形,置草席上,再以草及麻袋覆之,并密闭房屋,一二日后,药之四围,如现白色菌丝及分生孢子,则袋等可以撤去。粉品置于诸蚕匾,匾搁架上,每日移换 1~2次,使其所蒸热量上下相等,若天气晴朗,可一次晒干。

2. 酒酿糟制法

50kg 糯米(最好是金坛白元米、溧阳中元米或丹阳中元米)制成新酒酿中加 50°糟烧即成。酒酿汁是直接由酒酿灌袋淋榨而得。切忌带糟酒酿直接灌入,否则易混浊,沉淀较多,产品不美观。

3. 腌渍、发酵

采用自然发花法,大缸腌坯,腌渍时间 8~10d,用盐量控制每 1000 块13.5kg,毛花卤控制在 24.1%~24.7%。

糟方装入"中元口",最佳为 130~140 块配用酒酿糟 3.4~3.5kg,酒酿汁1.5kg 左右,50°糟烧 12.5g 封面,并加少量白砂糖或甜蜜素,切忌加糖精。

七、酥制培乳

酥制培乳是河南柘城县的传统名产。

(一)原料配方(1000 块)

大豆 32kg,盐 7.5kg,酱面 12.5kg,八角面 100g,熟盐水 7.5kg,白酒0.25kg,面酱 2.5kg,食盐适量。

(二)操作要点

1. 制乳坯

主要原料为大豆(黄豆、黑豆均可),配料为黄酱(酱面、八角面)等,选一般大豆即可。把原料筛选干净,按照生产普通豆腐的工序加工操作,再制成乳坯,每500g 大豆制 15 ~ 16 块乳坯为宜。

2. 发酵

将乳坯装笼加温,待菌丝长至 2cm 左右并自然倒伏为止。笼中所放乳坯,每块间隔 2cm 为宜,即俗称"不稀不稠,放下指头"。

3. 干腌

把笼中取出的成熟乳坯放在晾盘中,用食盐干腌,每 1000 块乳坯约放食盐 7.5kg,逐块拌匀,然后放入腌缸密封(不留间隙)。

4. 配料

取出腌好的乳坯,洗净晾干再装入缸内,用黄酱拌和,数日后再用熟盐水和少量白酒浸泡(熟盐水要加各类调料熬开,盐度为 18% 左右最好,每日 1 次,分 3 次加完)。

5. 封顶储存

乳坯装缸后,用面酱 2.5kg 封顶,放在露天晒场常温培制,或放在有增温设备的车间内焙制,经过一定时间,即为成品。

成品色泽棕红,味美可口,醇香浓厚,健胃助食,是别具一格的佐餐佳品。

八、桂林腐乳

桂林腐乳是白腐乳的代表,早在宋代,桂林的腐乳已很出名,腐乳块小,质地细滑松软,表面橙黄透明,味道鲜美奇香,营养丰富,可增进食欲,帮助消化,是人们常用的食品,同时又是烹饪的作料。桂林腐乳有辣椒豆腐乳和五香豆腐乳两大类。烹饪乳猪、扣肉、狗肉、红烧肉、白切鸡等,均宜用腐乳做配料,可使其香味四溢。用腐乳凉拌豆腐、皮蛋、椿芽、小笋等,更是风味别具,回味无穷。

(一)原料配方

大豆 100kg,酸水 167 ~ 250kg,毛霉种曲、盐、酒度 20% 米酒、香料各适量。

香料配方：盐 10kg、八角 264g、苹果 12g、山奈 6g、小茴香 6g、陈皮 12g。

(二)工艺流程

大豆→浸泡→磨浆→煮浆→洗浆→豆浆→点脑→成型→切块→前发酵(加毛霉)→腌渍(加盐、酒、香料)→封口→后发酵→成品

(三)操作要点

1. 制豆腐坯

大豆拣选、除杂、浸泡。一般春、秋季大豆泡 7h，夏季 4h，冬季 10h。一般体积增加 70% ~ 80%，重量增加 80% ~ 100%。泡好的大豆豆皮肿胀发亮，用手指轻压豆，感觉有弹性。豆皮容易脱落，把豆瓣分开，豆瓣肿胀而中间有槽。

磨浆、煮浆、洗浆，与传统做法相同。大豆熟浆用酸水点脑，然后用木斗插到缸底围绕缸边轻轻地搅动，经一定时间静置，豆腐与豆腐水慢慢地分成清浊两层。豆脑凝固之后，再经压榨，划块，即成豆腐坯。

酸水是黄浆水(即点脑清液)，经过乳酸杆菌和醋酸杆菌作用而成。每次生产豆腐坯时留一定的酸水，再冲入新鲜的黄浆水，保持在 20 ~ 28℃的温度下，放置 15 ~ 24h，酸水即形成。

制成的豆腐坯，要求含水量应在 69% ~ 71%，坯体应具有软、韧、结实有弹性、嫩滑等特性。

2. 豆腐乳发酵

(1)前期发酵：毛霉菌在乳坯上发酵至成熟，这段时间称前期发酵，豆腐乳毛霉发酵采用自然传种和人工接种相结合的办法。

毛霉菌最适培养温度为 18 ~ 24℃，毛霉菌以无性孢子传代。孢子在温度适宜(16 ~ 32℃)的情况下发芽，到 20h 后进入生长旺盛期，放出热量；44 ~ 48h 后，菌丝顶端已长出孢子囊。孢子囊不断长大，乳坯下毛霉呈棉花絮状，菌丝下垂，色素变深。

(2)后期发酵：把成熟的乳坯加入原料，入坛，每坛装 80 块乳坯、酒度 20% 米酒 1kg 左右，然后密封进行后期发酵。在 20 ~ 25℃下，经 100d 的后熟，豆腐乳即成熟。

成品颜色淡黄，质地细腻，气香味鲜，咸淡适宜，无杂质、杂味。

九、四川夹江腐乳

(一)原料配方

大豆 5000kg,广木香 750kg,丁香、桂皮各 650g,小茴香、花椒各 2.5kg,排草、灵草各 1.3kg,甘松 1.5kg,陈皮、山奈各 3kg,八角 4kg,冰糖、红米各 15kg,食盐 1000kg,酒度 52% 的白酒 1250kg。

(二)工艺流程

黄豆→制乳坯→接种发酵→成熟乳坯→加盐干腌→装缸→配料→封顶储存→成品

(三)操作要点

将大豆 5000kg 制成 2.2 万块豆腐坯(每块坯重约 1kg)。先蒸 3h,蒸后再摆晒,使豆腐坯达到适宜接种的干湿度。然后进入霉房,接种毛霉,进行前期发酵,4~5d 即可,接着搓毛,不经盐腌渍,直接配用食盐、白酒及香辛料装坛,一层坯一层食盐,底轻面重。装坛一半,灌酒一次,装满后再灌满酒,洒面盐。用两层塑料纸密封装坛,经夏季暑热后成熟。

成品色泽乳黄,质地细腻而有光泽,香气浓郁,味道鲜美,咸淡适口,回味绵长,是佐餐佳肴。

十、四川桥牌腐乳

(一)原料配方

黄豆 4500kg,食盐 120kg,白酒 100kg,冰糖 6kg,八角 1.25kg,山奈 1.25kg,公丁香 200g,条桂 200g,小茴香 200g,胡椒 500g,花椒 4kg。

(二)操作要点

以优质黄豆等为主要原料。经蒸化排水,前期培菌,配料加水,装坛密封,后期发酵等工序,半年后开坛食用。成品色泽棕黄,质地细腻,鲜美可口,独具一格。

十一、四川唐场腐乳

(一)原料配方

大豆 500kg,食盐 175kg,豆瓣曲 40kg,辣椒粉 55kg,菜油 30kg,酒酿 80kg,花椒 1.75kg,小茴香 1kg,八角 200g,山奈 200g,陈皮 175g,桂皮

175g,胡椒200g,公丁香200g,母丁香100g,安桂、肉桂、砂头(指进口砂仁中的粒小者)各150g,八角500g,灵草100g,芝麻2.5kg。

(二)操作要点

将大豆制成豆腐坯,500kg大豆制成800kg豆腐坯。豆腐坯加盐排水8h,然后与辅料拌匀,入池发酵。10~12个月后豆腐乳成熟。

成品味鲜可口,细嫩无渣,清香回甜,辣味较浓。

十二、四川丰都腐乳

(一)原料配方(成品1000块)

大豆20kg,胆巴1kg,食盐7.5kg,高粱酒3.75kg,醪糟2kg,香料液1.9kg。

(二)操作要点

将大豆浸泡、磨浆、冲浆、点花、上榨、划块、制成豆腐乳白坯。然后将白坯接种、培养、翻箱倒水、腌坯、装坛,加酒醪糟、香料等,再封口、后熟,制作成品。成品有脂香味,鲜香可口,易存放。因含有多种氨基酸,对人体有较高的营养价值。

十三、北京王致和桂花腐乳酱

(一)原料配方

腐乳(最好用桂花腐乳)50kg,糖桂花2.5kg,白糖2.5kg,芝麻酱4kg,味精150g,桂花香精少许,0.03%山梨酸钾适量。

(二)操作要点

首先将腐乳加上一定量的原汤经胶体磨入夹层锅,而后用水调芝麻酱过胶体磨入夹层锅加糖,搅匀加温至沸持续20min,停止加温,将味精、桂花、山梨酸钾充分搅匀后加入,即为成品,装瓶或塑料袋均可。成品口感细腻,风味独特,食用方便,老幼皆宜。

第六节　面　酱

面酱因其咸中略带甜味,也称甜酱或甜面酱。是以小麦为原料,经蒸煮后,采用米曲霉制曲,经发酵酿制而成的半流动状态的调味品。利用米曲霉所产生的淀粉酶和少量蛋白酶等作用于糊化的淀粉和变性的蛋白质,使它降解成小分子物质,如麦芽糖、葡萄糖、各种氨基酸,从而赋予产品甜味和鲜味。其生产方法有传统酿造法(即曲法制酱)和酶法制酱两种。

一、曲法面酱

(一)原料配方

标准面粉 105kg,水 29.4~31.5kg,曲精粉 105g,14.5% 的盐水 60~80kg,苯甲酸钠适量。

(二)工艺流程

面粉、水→拌和→蒸熟→冷却→接种(加曲粉)→培养→面糕曲→拌盐水→酱醅保湿发酵→成熟酱醅→磨细、过筛→灭菌→成品

(三)操作要点

制酱工艺操作分为制曲和酱醅发酵两部分。制曲是利用原料面粉培养曲霉获得分解蛋白质、淀粉等物质的酶类,同时使原料得到一定程度的分解,为发酵创造条件。酱醅发酵是制曲的延续和深入,以便原料更充分地分解。

1. 拌和

面粉按比例加水,用人工或机械拌和成蚕豆般大的颗粒或面块碎片,或者面粉拌水后以辊式压榨成面板再切成面块。拌和应做到水分均匀,避免局部过湿和有干粉存在,面块大小也要均一,以利于蒸熟和蒸透心。

2. 蒸熟

蒸熟面块的设备有甑锅或面糕连续蒸料机。采用甑锅蒸料的方法是边上料边通蒸汽,面粒或面块持续放入甑锅。上料结束片刻上层全部冒汽,加盖再蒸 5min 即可出料。蒸熟的面块呈玉白色,嘴嚼不黏牙,且有甜味;采用面糕连续蒸料机蒸料,应控制好蒸汽流量和面块在蒸料机中运行的速度及经过的时间,连续蒸料 1h 能蒸面粉约 750kg。既节约劳动力,又能提高蒸料质量。

3. 冷却接种

蒸熟的面粒或面块出甑后,立即冷却至40℃左右,拌入占原料量的0.1%的曲精粉,即可入室(池)培养。曲精粉是采用麸皮为培养基制成的

米曲霉麸曲菌种,经分筛除去了大部分麸皮的制成品,主要是米曲霉的摇落孢子。利用曲精粉为接种剂,避免了以麸曲直接接种给成品引入残余麸皮的不良效果。

4. 培养

小型生产制面糕曲时用簸箕或曲盘在曲室中培养,大型生产制面糕曲在通风培养池中进行培养。室温控制在 28 ~ 32℃,料温最高不超过 36℃,较低的培养温度有利于菌丝生长健壮,但孢子不易生成。当肉眼能见到曲料全部发白或略带黄色即可出曲。培养温度过高,培养时间过长,不仅会导致出曲率低,面酱还会发苦。一般 36 ~ 38h 可制好曲。每 100kg 面粉可制得 95 ~ 98kg 面糕曲(干重)。

5. 发酵

将酱发酵有一次加足盐水发酵法和分次添加盐水发酵法。

(1)一次加足盐水发酵法:面糕送入发酵容器,表面耙平,让其自然升温至 40℃左右。随即徐徐从表层及四周注入 60 ~ 65℃ 的热盐水,使之逐渐全部渗入曲内。最后把表层稍加压实,加盖保温发酵。发酵品温要求 53 ~ 55℃,不能过高和过低。过高,酱醅易发苦;过低,酱醅易变酸,且甜味不足。发酵过程中 1d 搅拌 1 次,4 ~ 5d 吸足盐水的面糕曲基本完成糖化。再经 7 ~ 10d 天醪醅成熟,成为浓稠带甜的酱醪。

(2)分次添加盐水发酵法:先将面糕曲的大块打碎,堆积升温至 45 ~ 50℃,加入 14.5%、65 ~ 70℃ 的热盐水。盐水的用量为所需盐水总量的一半,充分拌和均匀,送入发酵容器。盐水与曲料拌和热交换平衡后,品温应在 54℃ 左右。入料完毕,食盐盖面,维持 53 ~ 55℃ 发酵 7d。发酵完毕,再加入剩下的一半盐水,翻拌均匀,即得浓稠带甜的酱醪。

6. 磨细、过筛

发酵成熟的酱醪,总有些疙瘩,会引起口感不适,需要磨细过 50 目左右的筛。一般采用磨浆机或螺旋出酱机磨细。磨细的酱通过粗筛经消毒处理即可储藏。

7. 天菌

面酱的加热防腐通常是直接通入蒸汽,将面酱加热至 65 ~ 70℃。同时添加 0.1% 的苯甲酸钠,搅拌均匀。用蒸汽通入酱醪加热,凝结水对酱醪有稀释作用,为了不使产品过稀,发酵时盐水用量应酌量减少。没有蒸汽条件的厂也可应用直火加热,用直火加热,应不断翻拌,以防受热不均匀,酱醪焦煳。

经过加热防腐处理的酱醪应注意保藏,经常检查有无霉变。应做到先生产先销售、后生产后销售,以保证质量。

成品呈黄褐色或红褐色,鲜艳、有光泽;有酱香和酯香,味甜而鲜,咸淡适口,干稀合适,黏稠适度。

二、酶法面酱

酶法面酱是在传统曲法制酱工艺的基础上改进而来的,其主要是利用蛋白酶及淀粉酶分解原料中的蛋白质及淀粉。与传统制面酱工艺相比较,采用酶法水解可减少杂菌污染,提高产成品率。同时可减少制曲工艺,简化制酱工序,缩短面酱生产周期,也能节省劳动力,节约通风制曲能源(即设备投资),并改善酱品卫生条件。

(一)原料配方

面粉100kg,食盐14kg,AS 3.951米曲霉10kg,3.324甘薯曲霉3kg,水(包括酸液)66kg。

(二)工艺流程

面粉→加水拌和→蒸料→冷却→冷却面糕→制酱醪(加粗酶液)→保温发酵→磨酱→灭菌→成品

(三)操作要点

1. 粗酶液的提取

以麸皮为原料,分别接种3.324甘薯曲霉和AS 3.951米曲霉,制备麸曲。按面粉重量的13%(其中米曲霉占10%、甘薯曲霉占3%)将这两种麸曲混合、粉碎,放入浸出容器内,加入3~4倍曲重的45℃的温水浸泡,提取酶液,时间为90min。其间充分搅拌,促进酶的溶出。过滤后残渣应加入水浸提一次。合并两次酶液备用。浸出酶液在热天易变质,可适当加入食盐。

2. 蒸料

面粉与水(面粉重28%)拌和成细粒状,待蒸锅内水煮沸后,上料,上气均匀后继续蒸1h。蒸熟后面糕水分为36%~38%。

3. 保温发酵

面糕冷却至 60℃ 下缸,按原料配比加入麸曲萃取液、食盐,搅拌均匀后保温发酵。此时品温要求在 45℃ 左右,以便各种酶能迅速起作用。24h 后缸四周已经开始有液化现象,有液体渗出,面糕开始膨胀软化,这时即可进行翻酱。维持酱温 45~50℃,第 7 天后升温至 55~60℃,第 8 天视面酱色泽的深浅调节温度。待酱成熟后,将酱温升高到 70~75℃,立即出酱,以免糖分焦化变黑,影响产品质量。升温至 70℃ 即可起到杀菌灭酶的作用,对防止成品变质有一定的作用。必要时成品中可添加 0.6‰以下的苯甲酸钠以防腐。另外,在保温发酵过程中,应每天翻醅 1 次,以利于酱醅与盐水充分混合接触。

成品呈黄褐色或红褐色黏稠状,有酱香和酯香气,味醇厚,鲜甜适口。

三、多酶法速酿稀甜酱

多酶法速酿稀甜酱中,以混合酶制剂中的多种酶来分解利用原料,省略了制曲的过程,简化了制酱工艺,缩短了生产周期。

(一)原料配方

小麦粉 50kg,8%~9% 盐水 42.5~45kg,α-淀粉酶麸曲 $(2~3)\times10^5U$,β-淀粉酶和中性蛋白酶麸曲 4~4.5kg,固体酵母 50g。

(二)工艺流程

小麦粉→调浆(加水、α-淀粉酶)→液化→液化液→糖化(加 β-淀粉酶及中性蛋白酶)→糖化液→酒精发酵(加酵母)→后熟→稀甜酱

(三)操作要点

1. 调浆

每 50kg 面粉用 8%~9% 的盐水 42.5~45kg。先将盐水注入锅中,开动搅拌器,徐徐倒入小麦粉,调成均匀糊状后,加入含 α-淀粉酶麸曲 $(2~3)\times10^5U$ 的麸皮。麸曲分 2 次加入,开始投入 50%,待品温升至 80℃,再加入 50%。

2. 液化

直接输入蒸汽,边搅拌边加热,分段酶解,在 60~70℃ 保持 15min,80~90℃ 保持 25min,要求液化液还原糖含量达到 13%。

3. 糖化

将液化液冷却至40℃,加入含β-淀粉酶及中性蛋白酶麸曲。麸曲用量为每50kg小麦粉用麸曲4~4.5kg,开始糖化。

糖化温度及时间:40~45℃,8d;45~52℃,3d;再逐步降至40~42℃,3d。

4. 酒精发酵

将糖化液降温至30~32℃,在50kg小麦粉中加入预先粉碎的固体酵母粉50g,搅匀,按上述温度维持7d即成。要求达到100g样液中含酒精200~300mg。

5. 后熟

酒精发酵完成后,将稀甜酱移至室外缸中,日晒夜露7~10d,每天打耙1次,以促进酯化作用,改善风味。成品呈黄褐色,具有酱香气和一定酯香,鲜、咸适宜。

四、多菌种酿制甜面酱

多菌种酿制甜面酱,以米曲霉、黑曲霉、根霉、甜酱酵母、鲁氏酵母等所产生的酶来分解淀粉原料,最终得到酱品。此工艺所制酱品由于多菌种的协调作用,使得酱品的风味、色泽等更为丰满、柔和。

(一)原料配方

1. 制酱原料配方

面粉100kg,盐36kg,细菌α-淀粉酶0.3kg,氯化钙0.25kg,碳酸钠、米曲霉、黑曲霉混合菌曲,根霉培菌糖化酒酿,甜酱酵母、鲁氏酵母、球拟酵母混合酵母菌液,乳酸菌液各适量。

2. 米曲霉、黑曲霉混合菌曲配方

豆饼12kg,3.042米曲霉菌种18g,3.324黑曲霉菌种18g。

3. 根霉糯米培菌酒酿配方

糯米或大米10kg,米根霉曲粉50g。

(二)工艺流程

面粉、澄清盐水、细菌α-淀粉酶→调浆→加热液化→降温→前期分解发酵(加米曲霉、黑曲霉混合菌曲,根霉培菌糖化酒酿)→补盐→降温→后期增香发酵(加混合酵母液、乳酸菌液)→增酯灭菌→成品

(三)操作要点

1. 制米曲霉、黑曲霉混合菌曲

豆饼用温水泡 1h,再与面粉拌匀,拌水量为 10.8kg。以 0.12MPa 气压蒸料 20min,冷却到 40℃ 以下接入 3.042 米曲霉菌种 18kg、3.324 黑曲霉菌种 18kg,按常规方法制曲。品温控制在 32～36℃,制曲时间为 30～34h。成曲菌丝健壮,密实,深入曲料内部稍有孢子,孢子呈微黄色。

2. 根霉糯米培菌酒酿的制作

(1)原料的浸泡及蒸煮:选择质量好的糯米或大米(要求无虫蛀,不霉烂变质),首先把大米加水浸泡淘洗,浸米的时间保持在 8～10h。浸米有助于粮食充分吸收水分,以利蒸煮糊化,并除去米中部分糠皮之类的杂质。将米淘洗干净,用水浇淋至滤出清水为止。而后倒入甑内耙平,盖好甑盖开汽蒸煮。待上汽后初蒸 10～15min,泼水翻拌复蒸 10min 出甑。蒸熟的饭粒,要求吸水均匀,不生、不烂、不夹生。

(2)淋饭:糯米蒸饭熟后,为了迅速使料温下降到 30℃ 左右,及时使米粒收缩,就必须用冷水泼浇。饭要求沥干,若水分过多,发酵时升温太快太高,容易发酸。

(3)培菌糖化:事先将发酵缸洗净,并用热水灭菌。然后把淋干的蒸饭倒入缸内,加入原料 0.5% 的米根霉曲粉,上下拌匀。米饭中心自面层至缸底,留一空洞,以供应根霉空气及散热,以利于培菌和糖化,并立即用草盖盖好。品温一般控制在 30～34℃ 为宜,不宜超过 37℃。在适宜的温度、湿度和空气条件下,饭粒应全面地被根霉菌丝所繁殖,根霉分泌出淀粉酶,使淀粉转化为还原糖。熟饭入缸 32h 左右,糖化基本完成,糖化好的酒酿饭层松软而有弹性,香气浓郁醇正、浆液甜性足,含还原糖 30% 以上,总酸不超过 0.5%。

3. 面粉液化

将 150% 澄清的盐水(浓度为 12%)加入面粉中,调浆加入一定量的碳酸钠,调整 pH 值为 6.2～6.4。再加入氯化钙和细菌 α-淀粉酶,搅拌升温至 85℃ 保温 20min,以碘检查液化程度。最后升温至 100℃ 灭菌,液化结束要求面浆糖分达到 10% 以上、盐分为 9% 左右。

4. 前期分解发酵

液化结束的面浆,降温至50℃左右,拌和磨细的米曲霉、黑曲霉混合菌曲和根霉糯米培菌酒酿,进行分解发酵,要求酱醪盐分在7%左右,品温保持在41~45℃,其主要是依靠曲霉分泌的蛋白酶、淀粉酶等酶系,在低盐酱醪中迅速发挥作用,将原料中的蛋白质分解成氨基酸。将淀粉液化水解成糊精和低聚糖,进一步水解成葡萄糖。为了使曲霉内的酶类尽快溶出,使其在酱醪中分布均匀,以利于更好的分解,每天需搅拌3次(每次3min)。5d后,醪温控制在48~50℃,这主要是为了提高甜面酱的色泽。第8天,糖分和氨基酸的生成基本完成。其理化要求为:糖分30%以上,氨基酸0.35%以上,pH值5.5左右。

5. 后期增香发酵

前期分解发酵结束,糖分、氨基酸的水解基本完成,补加细盐,使酱醪盐分在11%~12%,品温要求降至30~34℃。此时添加繁殖旺盛的混合酵母菌液5%,乳酸菌液5%,充分搅拌均匀,保持品温30~34℃。酵母菌、乳酸菌在具有氮源、碳源、pH值和温度适宜的酱醪中繁殖发酵。每天搅拌3次,每次3min,以利酱醪中乳酸菌、酵母菌更好地接触空气,促使其繁殖。

由于三种酵母和乳酸菌的协同作用,提高了甜面酱的酱香、酯香和醇香。为了使发酵程度适宜,以避免糖分消耗过多及醇的增长过大,发酵期为7d,糖分的消耗以3%~4%较好。

6. 高温增酯、灭菌

在后期增香发酵过程中,由于曲霉、酵母菌、乳酸菌发酵代谢,酱醪中含有多种有机酸与醇类,温度越高,生成酯的速度越快。为了既促进酱醪中酯香的尽快形成,又达到灭菌的目的,并减少酯香的高温损失,醪温控制在65℃左右,时间在4h为宜。成品呈红褐色,有光泽;具有酱香、酯香、醇香味;滋味鲜甜、柔和。

五、几种特色面酱的制作

(一)甜面酱(北京天源酱园)

1. 原料配方

面粉50kg,面肥15kg,食盐、水适量。

2. 工艺流程

面粉、水拌和蒸馒头→码架→加水泡酱→打耙→成品

3. 操作要点

(1)蒸馒头:在投产前的 2~3d,要准备好"面肥",即用面粉加温水调和成糊状,使其自然发酵,作为蒸馒头的酵母。每 50kg 面粉加"面肥"15kg,温水 10kg,用和面机搅拌成块状,取出后放在案板上,手工搓条,切成长和宽为 5cm、高为 7cm 的馒头。上蒸锅蒸熟。

(2)码架:出锅后,放在苇席上降温,并及时翻动,防止粘连。30min后,入曲室"码架",即把馒头码放在用木椽竹竿摆好的曲架上,码满一层馒头,再摆放木椽竹竿。每间曲室约码馒头20层,码满一间曲室,用清水自上而下浇灌,浇水量以每个馒头都能洒到水为准。浇水的目的是使馒头表皮都有一定湿度,以促使发酵。浇完水后,再码 3~4 层木椽,不铺竹竿,以便调剂温度用。然后用双层苇席将曲室封包,3~5d 后,曲室内温度上升,开包放气,放气 4~5d 仍将席边封严,并停止放气。2 周以后,馒头全部发酵,以生长白色菌毛为最好。此时,将其称为面黄子。

(3)泡酱:面黄子成熟后,经过粉碎,加入食盐和水,入缸泡酱。2~3d后开始倒缸,隔日倒缸一次,倒 3~4 次后,隔 2~3d 倒缸一次,直到馒头渗透无硬块为止,再开始陆续加水。

(4)加水:每隔 2~3d 加水一次,加 4~5 次即可,但要在夏至前将水加齐。

(5)打耙:每天打耙 3~4 次,每次打 10 耙左右。夏至以后,每天增加至 6 次,每次 20 耙。9月末甜面酱制成,前后历时半年之久。成品红褐色而有光泽,甜咸适宜,酱味浓郁,黏稠适度。

(二)蘑菇面酱

1. 原料配方

蘑菇下脚料(次菇、碎菇等)、水各30kg,面粉100kg,食盐 3.5kg,五香粉 200g,糖精、苯甲酸钠各 100g,柠檬酸 300g,水 30L,曲精适量。

2. 工艺流程

面粉、水拌和→成型→蒸熟→冷却→接种(曲精或曲种)→通风培养→面糕曲→入缸→自然发酵→制酱醅(加菇汁热盐水)→压实→酱醅保温发酵→搅

拌→成熟酱醅→磨细→过滤→调味(加五香粉、糖精、柠檬酸溶液)→加防腐
剂→搅匀→包装成品

3. 操作要点

(1)和面:用面粉100kg加水30kg均匀拌和,使其成为细长条形和蚕
豆大小的颗粒。然后放入蒸笼内蒸熟,其蒸熟标准为玉色,不黏牙,有甜
味。然后让其自然冷却至25℃时接种。

(2)制面糕曲:接种最好采用曲精(从种曲中分离出的孢子),食用时
感觉细腻无渣。接种后即刻入曲池或曲盘中培养,培养温度为38~42℃。
培养时要求米曲霉分泌活力强的糖化型淀粉酶,菌丝生长旺盛,而曲精孢
子不宜过多。制曲时,可通过缩短曲种发酵时间来控制曲精中的孢子数
目。培养成熟后,即为面糕曲。

(3)制蘑菇液:将蘑菇下脚料切碎,加水煮30min,用三层纱布过滤2
次,取其滤汁,同时加入定量的食盐,让其冷却沉淀后,再次过滤备用。

(4)制酱醅:把面糕曲送入发酵缸内,用棒将其耙平后自然升温,并从
面层缓慢注入14.5%的菇汁热盐水,用量为面糕的100%。同时将面层
压实,把缸口加盖进行保温发酵。发酵时品温维持在53~55℃(若温度
不高,应加温),并在2d后搅拌1次,以后1d搅拌1次,4~5d后已糖化,
8~10d即为成熟酱醅。

(5)制面酱:将成熟的酱醅用石磨或螺旋机磨细过筛,同时通入蒸汽
加热至65~70℃,加入事先用30L水溶解的五香粉、糖精、柠檬酸。最后
加入苯甲酸钠,搅拌均匀后,即为味道鲜美的蘑菇面酱。成品呈黄褐色或
红褐色,有光泽;具有蘑菇香味,味甜而鲜,咸淡适口。

(三)金针菇酱

1. 原料配方

(1)成曲制备的配方。生大豆:面粉:曲精 = 250:100:1。

(2)酱醅发酵的配方。金针菇:成曲:食盐:生姜 = 13:8:2.5:1。

(3)原酱调配炒制配方。

自制五香粉配方为八角:小茴香:花椒:桂皮:干姜 = 4:1.6:3.6:
8.6:1。

增香调味料配方为食用植物油:自制五香粉:白砂糖:食盐:炒芝麻:

辣椒粉：黄酒：味精：芝麻油＝180：5.2：42：60：68：52：16：1：86。

原酱调配炒制时的比例为原酱：增香调味料＝4：1。

2. 工艺流程

精选大豆→清洗、浸泡→蒸煮→拌和→摊凉→接种、加入面粉→恒温培养→成曲→醅料混合→装缸→恒温发酵→原酱→炒酱→装瓶→加盖→排气密封→杀菌→冷却→贴标→成品

3. 操作要点

(1)原料选择：面粉为标准级；种曲为 3.042 米曲霉曲精；金针菇柄长 8cm 以上，菌盖直径 1.2cm 左右，无开伞、无病虫害的菇体，弃菇柄基部。

(2)原辅料处理：金针菇发酵前要进行盐水漂洗、护色处理与烫漂杀菌，纯化酶的活性，防止褐变，同时把菇体细胞杀死，缩短腌渍与酱制时间，增加菇体韧性。具体做法如下：将选好的金针菇浸入 0.3%～0.5% 的低浓度盐水溶液中，漂洗干净，倒入含 0.04% 柠檬酸的沸水中，煮沸 2min 后再浸入 2% 的盐水溶液中待用。

(3)蒸煮：大豆应于常温下浸泡 10～12h，以达到软而不烂，用手搓挤豆粒感觉不到有硬心为宜。采用高压锅蒸煮 15min 左右。

(4)拌和与接种：用经过消毒的用具和工具进行。待拌和的料温降至 30～32℃ 时，按比例接种并充分拌和均匀，同时要控制好温度、湿度，防止污染。培养 1～2d，成曲呈嫩黄绿色即可。

(5)酱醅发酵：成曲加入盐水、金针菇和姜末后，再加入相当于醅料重量 9% 的食盐，在 40℃ 下恒温培养，每日翻拌一次，保证发酵均匀。于 10d 左右将含盐量补至 12%，45℃ 下继续发酵 6～7d 后即可进行炒制。

(6)炒酱：将发酵好的原酱与调味料准备好后，按加热植物油、白砂糖、辣椒粉，原酱、黄酒、五香粉、炒芝麻粉的顺序依次入锅，翻炒 20min 后加入味精。

(7)装瓶：所用的瓶及瓶盖要经过灭菌处理。装料不可太满，封口处加 10mL 芝麻油，扣上瓶盖，加热排气 10min，然后密封，并于 70～80℃ 常压水煮 30min。

(8)冷却、贴标：将上述经过杀菌的样品冷却、检验后，即可贴标、装箱作为成品。

第七节 水产类酱制品

一、鱼酱

(一)山东鱼酱

我国山东沿海地区,常用小青鱼等小型鱼类为原料制成鱼酱。加工季节约在四月间,成品鱼酱滋味鲜美,气味芳香,营养丰富。

1. 原料配方

小青鱼 250kg,食盐 62.5~87.5kg。

2. 操作要点

(1)原料处理:原料小青鱼的长度为 3~6cm,先放在缸中洗去鱼体表面所附着的泥沙、污物等。

(2)腌渍:加入食盐,用耙搅拌,原料与食盐用量比例须视气温的高低而增减,气温高时用 30%~35% 的食盐,气温低时用 25%~30% 的食盐。腌渍入大缸后,据鱼体大小注入适量的清水。一般鱼体长约 6cm 的,注入的水量为 30~35kg;鱼体小的为 20~25kg。腌满后上面再撒一层食盐。

(3)发酵:腌渍完毕后上覆缸盖,3d 后即开始发酵,日光暴晒。若逢连日阴雨,则须增加食盐 1%~2%。每日早晚须用木耙搅拌,半月后发酵成熟即可食用。250kg 鲜鱼可制鱼酱 270kg。

(4)吸油:鱼酱在成熟时顶面即有卤汁渗出,吸出称为头道鱼酱油,每缸可得 20~30kg。若再加入食盐水可继续吸出 10~15kg。

(二)糟辣鱼酱

糟辣鱼酱,又名永乐鱼酱,是黔东南苗族、侗族特有的一种调味品,是雷山县永乐镇当地的名产,具有酸、甜、辣、咸、香、鲜的特殊风味,可用于烹制炒、烧、炖、煮等多种菜肴及火锅。常见的菜肴如鱼酱干锅鸡、酱烧全鸭、鱼酱排骨汤等。制作鱼酱的原料是一种叫鱼扇子的鱼(用其他鱼味道不纯),这种鱼生活在小溪流中,大如笔杆,此鱼唯永乐河尤多,当地群众就地取材,用其制作鱼酱。

1. 原料配方

小鱼 10kg,酒度为 35% 的米酒 5kg,盐 2~3kg,鲜红辣椒 50kg,生姜

1kg,大蒜 1kg,花椒 500g,小茴香 100g。

2. 操作要点

(1)将捕获的小活鱼,用清水喂养 1d,使其排泄干净。捞出,沥干水分。

(2)小鱼 10kg、米酒 4kg、盐 2kg 拌匀,装入坛内腌渍 30d。

(3)鲜红辣椒 50kg 去蒂洗净,生姜、大蒜头各 1kg 洗净、晾干,匀剁为碎块,用盆盛装,放入盐 1kg、米酒 1kg、鲜花椒 500g、小茴香末 100g 拌匀。

(4)把腌渍好的鱼和汁倒入辣椒盆内搅拌均匀,再装入坛内,坛沿水密封,约两个月后取出,用搅拌机搅成茸,即成糟辣鱼酱。鱼与辣椒的用量,没有固定比例,可将辣椒增大至 100kg,相应增加其他配料。坛沿水要勤更换,保持清洁,防止污染。

糟辣鱼酱须置于通风干燥处保存,这样才可经久不坏、越陈越香。若存放 6 个月以上,可不用搅拌机搅制,因为此时多数小鱼在坛中已化成茸状,入锅 3 ~ 5min 即全部融化。

(三)泰国鱼酱

鱼酱是泰国的传统调味品,呈糊状,质地细腻、黏稠,滋味鲜美,是东南亚地区常用的烹调调味料之一。

1. 原料配方

鱼:盐 = 3:1(质量比)。

2. 操作要点

鱼酱在泰国被称为楠普拉(Nampla,Nam 是水,pla 是鱼),是以 Anchiyobu 鱼或 Indianmackerel 鱼(类似竹荚鱼)为原料,加盐腌渍后(盐量为原料量的 1/3),放入水泥发酵槽(室内、室外均可,尺寸为 2m × 15m × 2m,有盖),在常温下(30℃)发酵 1 年 2 个月,过滤,采用自动包装机灌装,得成品。包装容器可采用玻璃瓶、聚乙烯瓶及聚酯瓶。

生产鱼酱的关键是采用脂肪含量低的鱼,以便在发酵过程中,分离出来的脂肪被发酵槽上部的结晶食盐层吸收。鱼酱的品质用色泽、香味来判定。具有芳香味,色泽红而发亮者为优质品;暗黑、浑浊者为二级品;白色,浑浊者为不合格品。发酵周期至少要 1 年以上,否则成品色泽淡并有臭味,不能出厂。

二、虾酱

虾酱，又名虾糕，是以海虾为主要原料，经腌渍、发酵酶解，配以各种香辛料和其他辅料制成的酱。虾酱含有人体所需的多种成分，特别是钙和蛋白质最多。虾酱既可用作各种烹饪和火锅调味料，又可用其做出许多独特的美味小菜，如鸡蛋蒸虾酱、虾酱炖豆腐、辣椒蒸虾酱等。虾酱放入各种鲜菜内、肉内食用，味道很鲜美。吃汤面加入少许虾酱，则别具鲜味。

我国沿海产小虾地区均能生产虾酱，以河北唐山，山东惠民、羊角沟，浙江和广东出产最多，每年5～10月为生产加工时期。河北唐山、沧州加工的虾酱质量较高，一般做调味用。

(一)小型虾酱

1. 原料配方

小型虾100kg，食盐30～35kg，香辛料适量。

2. 操作要点

(1)原料处理：原料以小型虾类为主，常用的有小白虾、眼子虾、蚝子虾、糠虾等。选用新鲜及体质结实的虾，用网筛筛去小鱼及杂物，洗净沥干。

(2)腌渍发酵：加为虾重30%～35%的食盐，拌匀，浸渍入缸中。用盐量的大小可根据气温及原料的鲜度而确定。气温高、原料鲜度差，适当多加盐；反之则少加盐。经7d后，虾体发红，表明已初步发酵，即可压去卤汁。然后把虾体磨成细酱状，转盛入缸中。在阳光下任其自然发酵7d，此后每天搅拌2次，每次20min。用木棒上下搅匀、捣碎，然后压紧抹平，以使发酵均匀、充分。

(3)成熟：酱缸置于室外，借助日光加温促进成熟。缸口必须加盖，不使日光直接照射原料，防止发生过热变黑。同时应避免雨水尘沙的混入。连续发酵15～30d后，虾酱发酵完成，色泽微红，可以随时出售。若要长时间保存，必须置于10℃以下的环境中储藏。得率为70%～75%。

如捕捞后不能及时加工，需先加入25%～30%的食盐保存，这种半成品称为卤虾，运至加工厂进行加工时，将卤虾取出，沥去卤汁，并补加5%左右的食盐装缸发酵。

（4）增香：在加食盐时，同时加入小茴香、花椒、桂皮等香辛料，混合均匀，以提高制品的风味。

（5）包装：定量装瓶，加盖封口即成。成品存放于阴凉处。

（6）要制成虾酱砖，可将原料小虾去杂洗净后，加10%～15%的食盐，腌渍12h，压取卤汁；经粉碎，日晒1d后倒入缸中，加白酒0.2%和小茴香、花椒、橘皮、桂皮、甘草等混合香辛料0.5%，充分搅匀，压紧抹平表面，再洒酒一层，促进发酵。当表面逐渐形成一层厚1cm的硬膜时，晚上加盖。发酵成熟后，缸口打一小洞，使发酵渗出的虾卤流集洞中，取出即为浓厚的虾油成品。如不取出虾卤，时间久了又复渗回酱中。成熟后的虾酱首先除去表面硬膜，取出软酱，放入木制模匣中，制成长方砖形，去掉膜底，取出虾酱，风干12～24h，即可包装销售。

（7）保管：宜用缸盛装，亦可用木桶装。必须严密封口，防止雨淋和沾生水。存放阴凉通风处。开缸取货和零售后，都要及时封盖，防止苍蝇叮爬、污染、生蛆、生虫、发霉变质。若发现有翻泡现象尚未变质时，及时加少许白酒，密封保存。如已翻泡变质和有臭味者，不能作为食用。有些地区喜欢生食，更要注意防止污染。

3. 虾酱等级

一级品：颜色紫红，呈黏稠状，气味鲜香无腥味，酱质细，无杂鱼，盐度适中。

二级品：颜色紫红，酱软稀，鲜香气味差，无腥味，酱质较粗，有小杂鱼等混入，咸味重或发酵不足。

三级品：颜色暗红不鲜艳，酱稀粗糙，杂鱼杂物较多，口味咸。

（二）鲜虾酱

1. 原料配方

小海虾2.5kg，凉开水500g，精盐250g。

2. 操作要点

选秋季捕捞的小海虾2.5kg，洗净，然后用绞肉机反复绞3遍成细茸，纳入盆中，加入凉开水500g、精盐250g搅拌均匀，放入坛中，封严坛口，置通风处约45d，待其自然发酵后，便可启坛食用。发酵后的虾酱呈半流汁状，平时应每隔10d打开坛子搅拌1次，目的是使其发酵均匀。

虾酱是一种储藏发酵食品,在储藏期间,蛋白质会分解成氨基酸,使之具有独特的清香,滋味鲜美,品之回味无穷,令人生津,顿生食欲,很容易让人吃上瘾。而且小虾所含钙质分解后成为易于为人体吸收的钙,使脂肪转化为挥发性脂肪酸,因此,虾酱是优质蛋白质、钙和脂肪酸的丰富来源。

虾酱味道鲜美独特,但在腌渍发酵过程中,会产生亚硝酸盐,不宜大量食用,在吃虾酱时,可多吃些富含维生素C的新鲜蔬菜和水果,以便阻断亚硝胺在胃内的合成。另外,由于虾酱含盐量一般在30%左右,对需要限制食盐摄入量的患者而言,最好不要食用,如肾病、高血压、糖尿病、冠心病等患者。

三、蟹酱

蟹酱呈红黄色,滋味鲜美。和鱼露、虾酱一样,它也是加盐后发酵的调味品,但生产情况远不如虾酱普遍,产量也不大。每100kg鲜蟹可制成蟹酱120kg左右。

(一)蟹酱一

1. 原料配方

鲜蟹100kg,食盐25~30kg。

2. 操作要点

(1)原料处理:选择新鲜海蟹为原料,以9~11月的蟹为上等。捕捞后,及时加工处理。用清水洗净后,除去蟹壳和胃囊,沥去水分。

(2)捣碎:将去壳的蟹置于桶中,捣碎蟹体,越碎越好,以便加速发酵成熟。

(3)腌渍发酵:加入25~30kg的食盐,搅拌混合均匀,倒入发酵容器,压紧抹平表面,以防酱色变黑。经10~20d,腥味逐渐减少,则发酵成熟。

(4)储藏:蟹酱在腌渍发酵和储藏过程中,不能加盖与出晒,以免引起变色,失去其原有红黄色的色泽。

(5)包装:每300g定量瓶装,真空封口,真空度为50kPa。

(二)蟹酱二

1. 原料配方

梭子蟹70kg,盐24.5kg(伏天31.5kg)。

2. 操作要点

先将洗净的鲜蟹放入木桶中,用木棍将其充分搅碎,加盐 24.5kg(伏天加 31.5kg),一次倒入木桶均匀拌和,使下沉缸底的食盐分布均匀(否则制品容易变黑)。经搅拌 10d 以上即成为蟹酱。天热时如不能及时食用,要天天搅拌,至天转凉时为止,否则极易变质。在储藏过程中蟹酱不能加盐与出晒,以红黄色为佳。

(三)喃咪布(螃蟹酱)

1. 原料配方

活螃蟹 10kg。

2. 操作要点

取鲜活螃蟹(数量不限)洗净,去壳除内脏,舂细,装罐发酵 24h(本地盛夏气温条件下,室内温度为 27~30℃),盛入米筛内,用洁净冷开水冲洗过滤去粗渣,将滤液置锅内,先用大火熬煮,除水分,边熬边搅拌,待熬成浓汁即改用文火。至水分适度,用手可捏成团时即离火。冷却后制成厚约 2cm、长宽均 10cm 的方块状(或圆饼),放烈日下暴晒干燥,即可包装或装罐。置通风、阴凉、干燥处保存备用。经久质味不变。

食用时用上述成品 200g,加大蒜 50g、生姜汁 10g、青辣椒 35g、大香菜(当地野生草本香料,味似香菜,味很浓)少许。再加食盐、花椒粉、八角、五香粉适量,一起装入大碗内,兑冷开水捣烂、舂细,拌成糊状酱。用糯米饭、熟鲜竹笋、茄子及各种熟菜蘸食。成品色黑,虽外观不雅,且闻有臭味,但食味却芳香爽口。

四、贝肉酱

贝肉酱呈黏稠糊状,质地细腻,滋味鲜美适口。

(一)贝肉酱一

1. 原料配方

贝肉 85kg,面粉 15kg,酱油曲种适量,15.6% 盐水 100kg。

2. 操作要点

(1)原料处理:蛤肉、蚶肉等均可作为原料,充分脱沙洗净,然后绞碎。

(2)蒸煮:以 85% 贝肉和 15% 面粉拌和均匀,入蒸笼上蒸 1h 左右。

（3）接种：蒸后放冷至 40℃ 左右，撕成小块，加入预先用少量面粉调好的酱油曲种拌和均匀，装入盘内。放在温度变化不大的室内，使之生霉发酵。

（4）发酵：盘内物料每天上下倒换 1 次，使其发酵均匀。经 3~5d，蛤肉上全部生有白霉，并渗入内部。待其干燥，使温度由高温下降至室温时，即发酵完成。

（5）后熟：发酵半成品中加入 100kg 15.6% 的食盐水，置室温内或阳光下使之进一步分解。每天早晚各拌 1 次，至贝肉分解成糊状。

（二）贝肉酱二（贝肉辣酱）

1. 原料配方

贝肉酱 50kg，酱油 2~5kg，五香粉 250g，甘草粉 125g，辣椒粉 500g，姜粉 125g，胡椒粉 45g，苯甲酸钠适量。

2. 操作要点

将 50kg 贝肉酱加入酱油 2~5kg、五香粉 250g、甘草粉 125g、辣椒粉 500g、姜粉 125g、胡椒粉 45g、苯甲酸钠适量。调均匀后煮沸 20~25min，即为成品。

五、乌贼酱

（一）原料配方

乌贼 100kg，盐 10~20kg，曲（或糖）适量。

（二）工艺流程

乌贼→切开胴体→去内脏、眼、口→水洗→沥水→切碎→腌渍→搅拌熟化→包装→乌贼酱

（三）操作要点

1. 原料处理

将乌贼切开，不要碰破黑囊，去除吸盘的环状软骨，去内脏、眼和口。

2. 腌渍

腌渍时的用盐量因季节而宜，通常为乌贼重量的 10%~20%。加工淡盐味制品，必须在冷藏库内储藏。

添加约 6% 的肝脏或预先将肝脏盐藏，添加去除油脂后的上层清液，

促进消化。

3. 熟化

最初,每天搅拌 2～3 次,以加速熟化。成品中可加曲或糖,缓和盐味,改善风味。

六、蚝酱

(一)原料配方

牡蛎肉 100kg,红盐 15kg。

(二)操作要点

1. 绞碎加盐

取新鲜牡蛎肉,用绞碎机绞碎,加入原料质量分数 15% 的红盐(一种加有辣椒、柠檬酸、糖、味精等的混合盐)。

2. 擂溃发酵

将牡蛎进一步擂溃成浆状,移入发酵池。在 30℃ 下每天搅拌 1～2 次,发酵 2 周,成为茶绿色浆状液体。

3. 煮沸、过筛

加热煮沸,先用粗目滤网过滤,而后用 40 目滤网过滤,即得高级牡蛎原汁。

4. 浓缩

将牡蛎原汁真空浓缩即得糖度(Brix)为 32% 的鲜美蚝酱。

七、海胆酱

(一)酒精海胆酱

1. 原料配方

鲜活海胆生殖腺 10kg,精盐 1kg,95% 以上酒精 1kg。

2. 工艺流程

原料→去棘洗刷→开壳→挖取生殖腺→漂洗沥水→称重→加盐脱水→加酒精拌匀→密封发酵→成品

3. 操作要点

(1)原料要求:鲜活的紫海胆或马粪海胆采捕后应趁活加工。暂不加工的海胆可放在阴凉处,喷淋海水,以延长保活时间。当天加工不完的海胆,可置筐内在海水中暂养。离海较远的加工厂,可以放在 0℃ 的冷藏库中,能存活 2~3d。原料海胆的规格要求一般为:紫海胆的直径在 5cm 以上,马粪海胆的直径在 3cm 以上(指壳的直径,棘不计算在内)。

(2)原料处理:把海胆放在筐中,两手握住筐耳,前后搓转,待海胆外面的棘刺全部去掉后,用清水冲洗干净。

(3)开壳、取生殖腺:把去棘和洗刷后的海胆放在案板上,口部朝下。用两把尖刀同时插入背部中心,向左右分割,把海胆分成两半。开壳后用特制的小勺将生殖腺挖出。操作要小心,尽量保持橘瓣状生殖腺的原形,不沾染其他内脏及碎壳。取出的生殖腺,放入盛有海水的盖中轻轻漂去异物,然后置于沙网上沥水。

(4)加盐脱水:所用的精盐要提前进行炒制,除去苦味。盐在手中呈松散状为好。

经过漂洗沥水后的生殖腺,称重,置于倾斜的大盘上,然后加入为其 10%(质量分数)的精盐,腌渍沥水 30min 左右。加盐方法以少量多次为好,腌渍过程不要搅拌,以免破坏组织结构,不利于脱水。

(5)加酒精:把沥水后的生殖腺倒入容器中,加入其加盐脱水前 10%(质量分数)的食用酒精(体积分数 95% 以上),搅拌均匀。酒精起防腐和调味作用。

(6)密封发酵:将搅拌均匀的生殖腺装入密封的容器中,在 20℃ 左右的常温中存放,经半月左右的发酵即为成品。置于 0~5℃ 冷藏库中储藏。

成品为带有原料形的酱状,稠厚又呈凝固状;色泽有艳黄、淡黄、红黄、褐黄等,同品种内的色泽要一致,基本上没有其他颜色的海胆混入;具有明显的醇香味和海胆酱发酵的香味,无异味;含盐量 6%~9%,干燥失重在 63% 以下。

(二)腌渍海胆酱

腌渍海胆酱不加酒精,只加精盐,与酒精海胆酱相比,其含盐量较多,含水量较少,因而呈稠厚的固体状态。日本人称腌渍海胆酱为酱粒海胆。

1. 原料配方

鲜活海胆生殖腺 10kg,精盐 15~20kg,21.2% 盐水 20kg。

2. 工艺流程

原料→去棘洗涮→开壳→挖取生殖腺→漂洗沥水→称重→浓盐水浸泡→沥水→腌渍→称重→包装→成品

3. 操作要点

(1)原料要求:原料处理以及开壳取生殖腺等工艺,基本上与酒精海胆酱的加工相同。只是要求操作更仔细一些,尽可能使生殖腺保持更加完整的颗粒状。因此,在生产中可将破碎的加工为酒精海胆酱,但无论加工什么品种,都必须将颜色太深或溃变的低质品除掉。

(2)浓盐水浸泡:将经过漂洗沥水后的生殖腺装进衬有纱网的小塑料筐内,然后把小筐浸入21.2%的盐水中5min左右。

(3)腌渍:从盐水中取出生殖腺,沥干。在竹帘上铺以纱布,先在纱布上撒一层精盐,然后放上一层厚度均匀的生殖腺。每撒一层精盐,再铺一层生殖腺,如此重叠,最后一层均匀地撒上精盐。加盐量为盐水浸泡前的生殖腺质量分数的15%～20%。经8h左右的腌渍即得成品,为黏稠的固体状。

(4)包装:定量装入纸盒或其他容器中,若需长时间存放,需置于-10℃的冷藏库中。

成品呈海胆生殖腺的天然色泽,有淡黄、橙黄、红黄及褐黄等;允许因腌渍而使色泽略深,同批内的色泽基本上一致;形态呈较明显的块粒状,软硬适度;味感有本产品应有的香味,无异味;含盐量10%左右,干燥失重在54%以下。成品中不得混入海胆碎壳、残棘等杂质,允许有不明显的内脏膜。

第八节　辣椒酱

辣椒酱是最常见的辣酱,有一股清香味,能储存2～3年不变质。食用时用不黏油的专用工具挖取,以免变质。其生产工艺流程一般为:

选料→粉碎→拌料→烘晒→装瓶→成品

一、红辣椒酱

(一)原料配方

鲜红椒100kg,食盐15kg。

（二）工艺流程

选料→剪蒂→洗涤→切碎→腌渍→磨细→存放→成品

（三）操作要点

（1）选料：选成熟、新鲜、红色辣椒为原料，剔除腐烂、破熟的辣椒。

（2）剪蒂：用剪刀剪去红椒的蒂把。

（3）洗涤：剪蒂后的红椒倒入清水中，洗去附在红椒面上的泥沙等污物，捞起装入竹笼、沥干水分。

（4）切碎：沥干后的红椒倒入电动椒机剁碎，也可用菜刀切碎。

（5）腌渍：切细的红椒加盐腌渍，100kg 鲜红椒加 15kg 食盐。先将一层辣椒放在缸内，再撒一层食盐。每天搅拌 1 次，连续 10d，使盐全部溶化即成椒酪（椒块）。

若为了长期储存，避免经常搅动，可在腌渍后的椒块缸内，先放入一个篾筒，上面盖上竹帘，压上石块。从篾筒内抽出卤汁，再将原卤灌入缸边，需要时再起缸磨细。

（6）磨细：将椒酪放进电磨或手推磨磨细，即成辣椒酱。

（7）存放：磨细后的辣椒酱存放在阴凉处，每天或捞出销售时搅动一次，防止上层干、下层潲。取后即用纱布盖好，防止污染，以保持产品清洁。成品色泽呈红，质地细腻，干稀适宜，含盐量为 13% 左右。

二、地方风味辣椒酱

（一）江西南康辣椒酱

南康辣椒酱创始于明末清初，距今已有 300 多年的历史。到清代中叶，南康县三元斋酱园根据民间工艺，结合酱园条件加以总结提高，进行辣椒商品化生产。到清末，产品已销赣州、南安等地。后来，三元斋停业，由德福斋酱园继续生产此品，原名"顶呱呱德福斋辣椒酱"，具有酱香味浓、甜辣适口、色鲜而有光泽、爽口开胃、营养丰富、经久耐藏等特点，是一种大众化的富有独特风味的佐餐佳品。

1. 原料配方（成品 1000kg）

盐椒坯 440kg，大豆 90kg，糯米 240kg，大米 190kg，砂糖 140kg，食盐 180kg。

2. 工艺流程

红辣椒→清洗→切碎→腌渍→制曲(大豆糯米曲)→磨细→装罐→发酵→加糖→发酵→成品

3. 操作要点

(1)制盐椒坯。选择红亮肉厚的鲜红辣椒,洗净,去蒂、切碎。每100kg鲜椒加食盐20kg拌匀下缸,腌渍1~4d,每隔1~2d翻动1次,使其腌渍均匀。装满压紧,表面撒上一层薄薄的食盐加以密封。这样处理后,其辣椒坯不霉变、不腐烂,可供长年备用。

(2)制酱坯。

备料制曲:选择上等大豆90kg炒熟磨成细粉,再和糯米240kg、大米190kg混合磨成细粉。将混合粉加水揉匀,随即铺上木架,压紧平整切成条块(长×宽×厚=12cm×6cm×3cm),摆入蒸笼内蒸20h左右,使其熟透。取出待冷却,然后喷上一层薄薄的水,以增加其润湿度,随即送入霉房内木架上,再将门窗关闭,室内温度保持33~35℃,任其发酵。2~3d后,上面长满一层白色霉菌。再翻动1次,让其继续发酵,经13~15d,曲菌呈淡红色。此时制曲即告完毕。

发酵制酱:将已制曲的酱饼分别投入5个酱缸内,再加入浓度为10%的食盐溶液,使酱饼吸透盐水,任其在缸内暴晒。遇雨天加盖,天晴开盖晒制,每隔3~5d进行翻缸1次,直至晒成淡黄色即成熟。

(3)成品配制。将已晒好的酱饼5缸和盐椒坯440kg混合搅拌均匀,反复细磨2次,达到细腻、润滑的程度。再装入晒缸内,进行晒制。在晒制过程中,每天需翻动1~2次。待晒至半干时加入砂糖140kg(辣酱坯总量的30%)拌匀,再继续晒制,一直晒至用手捏成团即为成品。按以上原料可加工成品约为1000kg。晒至成品后,即可放入大缸内收藏。

南康辣椒酱以色泽红亮油润,酱香浓郁,甜辣味美,营养丰富,经久耐藏而著称。

(二)贵州辣椒酱

贵州辣椒酱是以新鲜、色泽鲜红、无虫害、无霉烂、肉质厚实、加工后所得产品皮肉不分离的红辣椒为原料,经科学加工制成的。

1. 原料配方

鲜辣椒 100kg，白酒 5kg，食盐 12kg，保鲜剂 50kg，白糖 8kg，生姜和大蒜各 2.5kg，味精 0.75kg。

2. 工艺流程

鲜辣椒→挑选→清洗→风干→粉碎→加调料→搅拌→密封→常温发酵→包装→成品

3. 操作要点

(1)原料挑选及清洗:该产品是用生料进行微生物发酵的产品,所用辣椒要求新鲜。对选择好的原料用清水进行清洗,同时设备也要清洗干净。

(2)风干、粉碎:将清洗后的原料风干,然后利用粉碎机进行粉碎。将大蒜、生姜清洗后,风干、绞碎备用。

(3)加调料、搅拌:将粉碎的辣椒、蒜泥、姜蓉倒入搅拌锅中,加入其他辅料搅拌均匀。

(4)常温发酵:将搅匀的辣椒糊装入坛子,密封好后进行常温发酵。发酵所用的坛子应先用清洗液洗涤干净,再进行消毒(可用体积分数75%的酒精)后才能使用,否则会因微生物引起产品腐烂,同时坛子要密封,否则发酵时会引起酸败。

(三)厦门辣椒酱

厦门辣椒酱色泽深红、鲜艳,具有辣、酸、甜味,略带微咸。

1. 原料配方(以每缸产量 185kg 计算)

咸辣椒坯 57.5kg,食仔清 25kg,白米醋 55kg,糖精 25g,红糖 52.5kg,柳酸(水杨酸)185g。

2. 工艺流程

辣椒坯→绞碎→和料(加红糖、白米醋、食仔清、糖精、柳酸)→搅拌→磨酱→成品

3. 操作要点

(1)绞碎:将腌渍过的辣椒坯捞放在绞碎机进行绞碎,倒入缸中备用。

(2)和料:按配方加入红糖、白米醋、食仔清、糖精、柳酸,搅拌均匀。

(3)磨酱:采用电磨机进行磨酱,不断搅动,使浓稀均匀。

（4）装瓶出售。

（四）浙江淳安辣椒酱

淳安辣椒酱是浙江省的一大名产,鲜辣味美,清香可口,制作简便,能长存久放。

1. 原料配方

鲜椒100kg,黄豆、米粉、食盐、生姜、大蒜、小茴香各适量。

2. 操作要点

（1）原料处理:将黄豆（大豆）煮熟,摊开晾凉,然后掺入炒熟的米粉。米粉用量以能将潮湿的熟豆拌至分散为颗粒而止。

（2）发酵:用塑料薄膜覆盖,发酵至豆的外表生长出金黄色的豆花为宜（有时也可能长灰色的）。

（3）晒制:把发酵好的豆豉晒至无水分为止。

（4）和料:将鲜椒洗净、晒瘪、切碎,和晒干的豆豉及30%的食盐掺在一起,反复搅拌,直至豆豉发潮润湿为止。为使辣椒酱味道更鲜美,可适当加入少许生姜、大蒜、小茴香等佐料。

（5）成品:置于坛内,密封坛口存放。存放3~8个月后,即为成品。

（五）山东辣椒酱

山东辣椒酱色泽鲜红,美观,滋味鲜香、辛辣、豆香味浓。

1. 原料配方

鲜红辣椒50kg,黄豆7.5kg,食盐10kg。

2. 操作要点

将鲜红辣椒去尾（不去种）,拣去杂质,放在石碾子上轧,随轧随加盐,不要加水,轧好装缸,等到第二年春天发酵,食用前将黄豆炒熟与其混在一起,搅拌均匀即可。

三、蒜蓉辣酱

（一）天津蒜蓉辣酱

1. 原料配方

辣椒酱50kg,食盐6kg,砂糖1kg,味精300g,醋精1kg,山梨酸钾50g,卡拉胶100g。

2. 工艺流程

鲜辣椒→去蒂→清洗→腌渍→磨酱→调配(加卡拉胶、食盐、醋精、砂糖、味精、山梨酸钾、水、蒜酱)→搅拌→均质→灌装→封口→成品

3. 操作要点

(1)辣椒酱制作:选择色红、味辣的辣椒品种,剔除虫霉变的辣椒,去蒂,然后清洗干净,沥去水分。按鲜辣椒46kg加食盐4kg的配比,一层辣椒一层食盐腌渍于缸中或池中。腌渍36h,将腌渍过的辣椒同未溶化的盐一起用钢磨磨成酱体。在磨制过程中,边磨边补加煮沸过的盐水5kg(该盐水的配法:水100kg,加食盐14kg、山梨酸钾500g、柠檬酸1.5kg,煮沸)磨成酱体后,放置半个月再用。

(2)蒜酱制作:采用当年大蒜,剔除虫害、霉变的蒜头,去蒂、皮,洗净沥干。腌渍后磨成酱。

(3)调配:按配方将卡拉胶、食盐、醋精等溶于水中,煮沸冷却备用。将辣椒酱、蒜酱和溶解冷却后的其他辅料一同混合,搅拌均匀。

(4)均质:将酱料经胶体磨均质,灌装。

(二)豆豉蒜蓉辣酱

1. 原料配方

辣椒100kg,蒜头40kg,豆豉15kg,食盐28kg,三花酒1.5kg。

2. 操作要点

蒜头去皮,辣椒去蒂和柄,与适量食盐、豆豉和三花酒混合,破碎后放在坛子或缸内。取食盐3kg铺在面上,再将三花酒1.5kg全部洒上。最后封口,一般用石灰密封坛(或缸)。存放1个月左右即得成品,具有蒜味及辣香。

四、五香辣椒酱

五香辣椒酱色泽鲜红,组织细腻,咸甜适宜,鲜辣可口,具有浓郁的五香、酱香混合风味。

(一)原料配方

红辣椒100kg,食盐15kg,甜面酱30kg,白砂糖680g,八角60g,小茴香60g,花椒60g,桂皮40g,陈皮30g,醋酸10g,凉开水300g。

（二）操作要点

将红辣椒100kg用清水洗净晾干，与五香料250g、食盐14kg，按比例一起粉碎入缸。把白砂糖680g、醋酸10g用300g凉开水溶解，与甜面酱拌和后一并倒入辣椒料缸内，搅拌混合均匀，用留下的1kg食盐覆盖在料面上，封缸口发酵，气温25℃左右，一般发酵10d即成。

五、草菇姜味辣酱

（一）原料配方

基本配料：草菇10kg、辣椒50kg、生姜25kg、大蒜5kg。下列辅料分别占上述基本配料的质量分数为：白糖1.2%、氯化钙0.05%、精盐13%、白酒1%、豆豉3%、亚硫酸钠0.1%、苯甲酸钠0.05%。

（二）工艺流程

各种原辅料处理→混合→装瓶（坛）→密封发酵→包装→成品

（三）操作要点

1. 原辅料处理

（1）草菇：将鲜草菇除杂后用5%的沸腾盐水煮8min左右，若用干品则需浸泡1~2h后用5%沸腾盐水煮至熟透。捞出、冷却，切成黄豆粒般大小的菇丁备用。

（2）辣椒：选用晴天采收的无病、无霉烂、不变质、自然成熟、色泽红艳的牛角椒，洗净晾干表面水分，然后剪去辣椒柄，剁成大米粒般大小备用。如果清洗前将辣椒柄剪去，清水会进入辣椒内部，使制成的产品香气减弱，而且味淡。

（3）生姜：选取新鲜、肥壮的黄心嫩姜，剔去碎、坏姜，洗净并晾干表面水分，剁成豆豉般大小备用。

（4）大蒜：把大蒜头分瓣，剥去外衣，洗干净后晾干表面水分，制成泥状备用。

2. 混合

将各种主料、辅料、添加剂按原料配方比例充分混合均匀。

3. 装坛、发酵

将上述混合好的各种原料置于坛中，压实、密封。将坛置于通风干燥阴凉处,让酱醅在坛中自然发酵,每天要检查坛子的密封情况,不可随意打开坛口,以免氧气进入。一般自然发酵8~12d,酱醅即成熟,可打开检查成品质量,经过检验合格即可进行包装,作为成品出售。

六、其他辣椒酱

(一)配方一

1. 原料配方

辣椒100kg,老姜1.5kg,食盐8.12kg,花椒粉508g。

2. 工艺流程

原料→浸泡→清洗→粉碎→拌和→排气→封口→杀菌→冷却→保温检查→成品

3. 操作要点

(1)原料处理:采用新鲜,成熟度好,无虫蛀、腐烂的辣椒,于5%的盐水中浸泡20min驱虫。然后以清水洗涤3~5次,洗净泥沙、杂质,择除蒂柄。

(2)粉碎:辣椒加入洗净去皮的老姜,用粮食粉碎机粉碎成细末酱状。粉碎时进料要缓。

(3)拌和:粉碎好的辣椒酱,加入8%的食盐、0.5%的花椒粉,拌和均匀,然后装罐。

(4)排气:装罐后,盖上盖子,经排气箱或用笼屉加热排气,排气时要求罐内温度达到65℃,立即进行封口。

(5)封口:罐头经排气封口时宜采用抽空封口,真空度达到53.3kPa。

(6)杀菌:采用沸水杀菌。7114和8113罐杀菌公式为5~15min/100℃冷却。玻璃瓶装罐杀菌公式为5~18min/100℃冷却。

(7)保温检查:杀菌后冷却到38℃左右的罐头,取出擦干水分,涂上防锈油,于25℃恒温处理5d后包装出售。恒温处理后,查出因封口、杀菌而造成的废次品。

(二)配方二

1. 原料配方

红辣椒50kg,芝麻1.5kg,酒酿5kg,白砂糖2kg,食盐15kg,大料粉、丁香粉、桂皮粉各50g。

2. 操作要点

先将红辣椒去柄、去籽,用清水洗干净,晒干表皮水分,用石磨磨细,装入坛内,加入炒过的部分食盐及熬透了的部分白砂糖,搅匀。放日光下暴晒,经常搅动。当辣酱晒出的第2天,按一定比例称出糯米,洗净蒸熟。然后拌入酒药发酵,天热时24h即可发酵成酒酿。同时把研碎的芝麻和其他调料与酒酿混入酱中,再放阳光下暴晒。当辣酱呈酱色时,装坛密封,10d后即可食用。

(三)配方三

1. 原料配方

鲜青椒30kg,干辣椒20kg,花生油、香油、精盐、一级酱油、芝麻各2.5kg,姜粉500g,黄豆粉5kg。

2. 操作要点

将两种辣椒斩碎,黄豆泡过蒸熟,灭酶后烘干,磨成粉;芝麻炒过研碎。在锅里放花生油少许加热,将辣椒炒2min。再放入已备好的各种调料复炒几分钟,装坛内密封。15d后即成。

(四)配方四

1. 原料配方

辣椒50kg,食盐6~6.5kg,白酒20g,花椒少许,五香末50g。

2. 操作要点

将新鲜红辣椒去梗洗净,切碎或用绞肉机绞碎,放入食盐、白酒、花椒、五香末。经充分调拌后,装入泡菜坛内,任其进行自然发酵,经1~2个月后,即可成为辣椒酱。辣椒酱内,可酌量加入蚕豆瓣酱,则辣椒酱味道更加鲜美。

(五)配方五

1. 原料配方

辣椒100kg,食盐5kg,酱油12kg,白酒12kg,花生仁5kg,芝麻3kg,味精0.2kg,蔗糖适量。

2. 操作要点

辣椒洗净,粉碎,按配方加入白酒、食盐、蔗糖、花生仁、芝麻、酱油、味精。搅拌混匀后,在缸内发酵10d(即秋天在阳光下晒),或直接装瓶发酵一个月,即可食用。

第九节 料 酒

一、概述

料酒又称调味酒,是专门用于烹饪调味的酒,它在我国的应用已有上千年的历史,日本、美国、欧洲的某些国家也有使用料酒的习惯。从理论上来说,啤酒、白酒、黄酒、葡萄酒、威士忌都可用作料酒。但人们经过长期的实践、品尝后发现,不同的料酒所烹饪出来的菜肴风味相距甚远。经过反复试验,人们发现以黄酒烹饪为最佳,而黄酒之中又以浙江省绍兴地区出产的绍兴黄酒为上等烹饪佳品,多数菜谱书中称其为绍酒。就全国而言,料酒应该是泛指黄酒。

由于地理环境的差异,国籍、习俗、口味、个人偏爱的不同,致使料酒在各个国家有不同的标准,特别是日本人对烹饪用酒非常讲究,如在日本有一种专门用于调味的酒叫"味淋",它有点类似绍兴酒中的"香雪酒",是采用糯米用米曲做糖化剂,添加高纯度酒精控制发酵度而酿制成的一种甜度较高的调味用酒。因这种酒中含糖量较高,达30g/100mL以上,且全部是葡萄糖,故用这种酒烹饪菜肴不用另加白糖,且风味比加糖还要好。而美国用的酒一般是在酒精水溶液中加点盐,酒精度约10°,这也许与美国人崇尚高效简洁的饮食生活方式有关。

料酒的种类繁多,以工艺不同可分为发酵性料酒和非发酵性料酒;以色泽可分为无色料酒和有色料酒;以糖分可分为高糖味淋类,中糖、低糖料酒及无糖料酒;以盐分可分为加盐料酒和不加盐料酒等,可适应各种烹调的需要。目前料酒主要是用糯米或小米酿造而成的,其成分主要有酒精、多种糖类、糊精、有机酸类、氨基酸、酯类、醛类、杂醇油及浸出物等,其酒精浓度低,含量在15%以下,而酯类含量高,富含亮氨酸、异亮氨酸、蛋氨酸、苯丙氨酸、苏氨酸等人体必需氨基酸。此外,还含有十多种微量元素、多种维生素和矿物质。料酒在烹饪中主要起祛腥、去膻、解腻、增香、添味等功效。

二、生产工艺

目前新型料酒主要是以陈酿糯、粳米黄酒为酒基,甜糟油、米醋为辅料,经过酿造,科学调配和陈酿而成,该产品不含化学添加剂。化验表明,其总酯、氨基酸态氮和浸出物含量都高于一般干型黄酒。产品呈棕红色,融酒香、植物清香为一体,香气浓郁协调、口味醇和、舒适回甜。用于烹调,可除腥解腻、开胃消食;用于腌渍和冷拌荤菜食品,既添风味,又有杀菌防腐作用。

料酒的生产工艺主要有粳米、糯米的酒基酿造,甜糟油的酿制,中途分缸取醪固态醋酸发酵和配制陈酿等工序。

(一)酒基酿造

酒基酿造是以粳米淋饭搭窝制酒母、糯米摊冷喂饭为制酒原料,并以传统酒药和生麦曲为糖化发酵剂的一种新型的半干型黄酒酿造工艺。具有出酒率高(达 275%),发酵周期短(60~65d)和产品香气醇和、爽适、鲜甜的风味特点。

1. 工艺流程

粳米→筛选→浸渍→冲洗沥干→初蒸→吃水→复蒸→淋水→米饭拌药→

入缸搭窝→保温培养→酒酿液→翻酿转缸放水→扩培酒母→糯米摊冷喂饭→

　　　　　　　　　　　　　　　　　　　　　　　　　　　　↑
　　　　　　　　　　　　　　　　　　　　　　　　　　　加生麦曲

开耙→移醪灌坛→堆坛养醅→压榨滤酒→澄清过滤→煎酒→封坛扎口→

堆坛→储存→成品

2. 操作要点

要求操作中头尾相顾、合理控制、精工细作。

注意控制温度:米饭吃水时,保持水温 45~50℃ ,入缸搭窝时饭温为 28~30℃ ,酒酿液温度为 32~34℃ ,开耙温度保持在 32~33℃ ,堆坛养醅时温度保持在 15℃ 以下,煎酒时温度为 84~85℃ 。

(二)甜糟油的酿制

料酒以甜糟油为部分配料。甜糟油的酿制是以精白糯米为原料,香辛料为辅料。酿制甜糟油采用糯米经酒药搭窝分解糖化转为酒酿汁,其主要成分是葡萄糖、麦芽糖、低聚糖、糊精、有机酸、氨基酸和维生素等,并在此基础上配入八角、花椒、桂皮、丁香和砂仁等 12 种名贵香料,通过独特加工酿造和 1 年多封坛储存,使各种成分互相配合、变化、融合和反应,形成了甜糟油香气浓郁、滋味丰富的独特风格。因此,将甜糟油作为香味辅助料和黄酒酒基相混合,能相辅相成、优势互补,能使单一的黄酒香味变成丰满协调的料酒香气和丰富圆润的独有风味。

1. 香辛料配方

花椒 3kg,桂皮 4.5kg,八角 3.8kg,陈皮 3.5kg,小茴香 2.5kg,丁香 2.0kg,甘草 2.8kg,山奈 2.5kg,砂仁 1.5kg,白果 2.5kg,豆蔻 1.5kg,薄荷 1.5kg。以 25kg/坛酒酿汁计,数量 100 坛。

2. 工艺流程

粳米→浸泡→冲洗→蒸煮→米饭摊凉→冲淋→入缸→拌酒药→糖化发酵→酒酿液→压榨取汁→灌坛→密封储存→成熟→装坛成品

　　　　　　　　　　　　　　↑

　　　　　　　　　香辛料、食盐

(三)中途分缸取醪固态醋酸发酵

在黄酒酒基酿造过程中抽出部分酒醪,调整酒度 6% ~ 7%(体积分数)、酸度 0.30% ~ 0.35%。然后将醪拌入麸皮和谷壳,接入醋酸菌液,进行保温醋酸发酵,约经 15d 即为成熟。及时加盐后熟,然后淋醋,陈酿和灭菌后得成品。由于食醋是一种含酸调味品,不仅含有机酸,而且有清酯香气和鲜味,其有增加食欲、帮助消化、防腐杀菌和保健养生等功效,所以将米醋按比例与黄酒、甜糟油互相混合、陈酿,经生化反应和酯化反应后,可以增加烹调作料酒特有的清香味和滋味。

1. 配料

酒醪 200kg,麸皮 25kg,谷壳 150kg,醋酸菌液 20kg,食盐 5kg,砂仁 1.5kg。

2. 工艺流程

酒醪→调整酒精度→加麸皮谷壳→接醋酸菌液→保温→固态发酵→醋酸→加盐→后熟→淋醋→澄清→杀菌→灌坛密封→陈酿→成品

(四)配制陈酿

将酒基、甜糟油和醋按适当比例混合,再密封、陈酿,使酒香、料香和醋香融合一体,进而相互产生复杂的化学反应,增加生香滋味。陈酿期一般为 3~6 个月,陈酿期越长,香气越浓,风味越丰富、协调和圆润。最后吸取上清液,过滤、灌瓶、杀菌和贴标,即得料酒成品。

第十节　味　精

味精也称味素,学名谷氨酸钠,其主要成分除谷氨酸外,还含有少量的食盐、糖、磷、铁等。味精的外观是白色柱状结晶和白色结晶性粉末,有一定的亮度,一般晶型规则,无明显的杂质和异物。味精一般是用小麦、大豆等含蛋白质较多的原料经水解法制得,或以淀粉为原料经发酵制得,也可用甜菜、蜂蜜通过化学合成制得。

目前我国市场上销售的味精有五种规格,在包装上都标明了谷氨酸钠的含量,一般有 99%、95%、90%、80%、70%。除 99% 以外,其余的分别加了 5%、10%、20%、30% 的食盐(加了食盐的味精容易吸潮,注意开口使用后一定要干燥保存)。谷氨酸钠必须在食盐的参与下,才能显示鲜味,单纯的味精不但无鲜味,还有一种特殊的腥味。味精的质量,主要取决于谷氨酸钠的含量和晶粒的洁白明亮程度。谷氨酸钠含量高,色泽又洁白的,其质量就好。但晶粒的大小并不是评价味精质量高低的标准,晶粒细小或粉状,溶解较快,适宜拌馅、拌凉菜。按目次来分:有 8~160 目的颗粒味精和粉体味精。味精主要是根据客户的需要进行生产,比如中国、美国、韩国等市场需求各不相同,针对不同的市场应生产不同类型的味精。

目前,味精是由粮食原料通过生物发酵生产出来的安全食品。对工业化生产出来的谷氨酸,其化学结构早在 1908 年日本东京大学池田菊苗通过试验已经证实,它的化学结构和动、植物中存在的是完全一致的,可以参与体内的新陈代谢。食用味精是安全的,而且其对健康有益。但是过多摄入味精对人体是不利的,如会引起血压增高等,特别是原发性高血压的发生与人们平时的饮食关系十分密切。

一、味精的生产工艺

（一）工艺流程（按产品的形成过程）

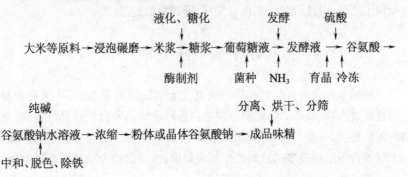

（二）操作要点

从1923年我国开始生产味精以来，至今已有90多年历史。随着科学技术的不断进步，味精生产技术也在不断变革，由创建之初的以面筋、豆粕为原料的水解法生产工艺改变为现在以糖质为原料的发酵法生产工艺。发酵法制造味精的生产技术进步较大，尤其近几年进展更快，无论菌种还是工艺方法及装备水平，都逐步缩小了与国际上的差距。目前我国味精的生产一般分为制糖（液化和糖化）、谷氨酸发酵、中和提取及谷氨酸钠精制等主要工序。

1. 液化和糖化

目前大多数味精厂都使用淀粉作为原材料，淀粉先要经过液化阶段，然后再与β-淀粉酶作用进入糖化阶段。首先利用α-淀粉酶将淀粉浆液化，降低淀粉黏度并将其水解成糊精和低聚糖，因为淀粉中蛋白质的含量低于原来的大米，所以经过液化的混合液可直接加入糖化酶进入糖化阶段，而不用像以大米为原材料那样液化后需经过板筐压滤机除去大量蛋白质沉淀。液化过程中除了加淀粉酶还要加氯化钙，整个液化时间约30min。一定温度下液化后的糊精及低聚糖在糖化罐内进一步水解为葡萄糖。淀粉浆液化后，通过冷却降温至60℃进入糖化罐，加入糖化酶进行糖化。糖化温度控制在60℃左右，pH值为4.5，糖化时间为18～32h。糖化结束后，将糖化罐加热至80～85℃，灭酶30min。过滤得葡萄糖液，经过压滤机后进行油水分离，再经过滤、连续消毒后进入发酵罐。

2. 谷氨酸发酵

消毒后的谷氨酸培养液在流量监控下进入谷氨酸发酵罐,经过罐内冷却蛇管将温度冷却至32℃,置入菌种,如氯化钾、硫酸锰、消泡剂及维生素等,通入消毒空气,经一段时间适应后,发酵过程即开始缓慢进行。谷氨酸发酵是一个复杂的微生物生长过程,谷氨酸菌摄取原料的营养,并通过体内特定的酶进行复杂的生化反应。培养液中的反应物透过细胞壁和细胞膜进入细胞体内,将反应物转化为谷氨酸产物。整个发酵过程一般要经历3个时期,即适应期、对数增长期和衰亡期。每个时期对培养液浓度、温度、pH值及供风量都有不同的要求。因此,在发酵过程中,必须为菌体的生长代谢提供适宜的生长环境。经过大约34h的培养,当产酸、残糖、光密度等指标均达到一定要求时,即可放罐。

3. 谷氨酸提取

谷氨酸发酵产物中除含有大量谷氨酸外,发酵液中还含有菌体及其他杂质,其含量因菌种和发酵工艺条件而不同。通常发酵液中谷氨酸铵盐含量为5%~8%,其他氨基酸总量不超过0.5%,残糖低于1%,铵盐约0.8%,无机离子的量也很少,湿菌体占2%以上,还含有一定数量的有机酸、色素及残存的消泡剂。所以进行谷氨酸的分离纯化,是利用谷氨酸与杂质间的物理、化学性质的差异,采用适当方法将其与杂质分开。国内味精厂主要采用等电点法、离子交换法、锌盐法等。

(1)等电点法:将发酵液加盐酸调pH值至谷氨酸的等电点,使谷氨酸沉淀析出,其收率可达60%~70%。采用低温冷冻等电点法,将液温降至5℃以下,收率可达78%(发酵液谷氨酸含量大于5.5%)。

①加酸调等电点:谷氨酸的等电点pH值约为3.2,将发酵完毕的发酵液放入等电池,待温度降至30℃加盐酸调pH值至4.0~4.5,观察晶核是否形成。如有晶核形成,停酸育晶1~2h,使晶核增大,然后缓慢将pH值调至3.0~3.2,继续搅拌20h。

②谷氨酸分离:停止搅拌,静置沉淀4h,放出上清液,除去谷氨酸沉淀层表面的菌体等。底部谷氨酸结晶取出送离心机分离,所得湿谷氨酸供进一步精制。

（2）离子交换法：先将发酵液稀释至一定浓度，用盐酸将发酵液调至一定 pH 值，采用阳离子交换树脂吸附谷氨酸，然后用洗脱剂将谷氨酸从树脂上洗脱下来，达到浓缩与提纯的目的。这一方法收率可达 85% ~ 90%。但其缺点是酸碱用量大，废水排放量也大。

（3）锌盐法：利用锌离子与谷氨酸生成难溶性的锌盐，将谷氨酸沉淀析出。在酸性环境中，谷氨酸锌被分解，在 pH 值为 2.4 时，谷氨酸溶解度最小，即成为谷氨酸结晶析出。

日本的谷氨酸提取工艺采用浓缩等电点法：将发酵液（含谷氨酸 8% ~ 10%）先分离菌体，再在 60℃ 以下减压浓缩，浓缩液含谷氨酸15% ~ 20%，然后加浓硫酸调 pH 值为 3.2，搅拌 20 ~ 30h，多罐串联，连续冷却结晶，连续分离出料，母液含谷氨酸 3% ~ 5%，可用作肥料。

4. 谷氨酸钠的精制

谷氨酸钠溶液经过活性炭脱色及离子交换柱除去 Ca^{2+}、Mg^{2+}、Fe^{2+} 离子，即可得到高纯度的谷氨酸钠溶液。将纯净的谷氨酸钠溶液导入结晶罐，进行减压蒸发，当波美度达到 29.5 时放入晶种，进入育晶阶段，根据结晶罐内溶液的饱和度和结晶情况实时控制谷氨酸钠溶液输入量及进水量。经过十几小时的蒸发结晶，当结晶形体达到一定要求、物料积累到 80% 高度时，将料液放至助晶槽，结晶长成后分离出味精，送去干燥和筛选。

二、特鲜味精

特鲜味精又称复合增鲜味精，味精与呈味核苷酸之间的鲜味可协同增效，于味精中加入少量鸟苷酸、肌苷酸可显著提高味精的鲜味，市场上已有特鲜味精、强烈味精等类商品供应。

（一）原料配比

谷氨酸一钠（MSG）：5′ - 鸟苷酸二钠（GMP）= 98.5 : 1.5，也可采用 MSG：（I + G）= 98 : 2 的比例。增加 GMP 可以提高产品的鲜度，但增鲜效率会随 GMP 的增加而下降。由试验可知，在 GMP 用量大于 2% 时，增鲜效率随 GMP 用量增大反而降低，因此采用 GMP 为 2% 左右的配比比较合理。

(二)工艺流程

MSG→预热┐
　　　　├→混合→烘干→分筛→包装→成品
I+G→溶解┘

(三)工艺操作

1. 原料选择

选用 MSG≥99%,且结晶色泽洁白,透光率≥95%,晶体整齐。GMP 选用含量≥95%的白色粉状体。

2. 原料处理

MSG 预热至 70℃,GMP 溶于 5 倍量热水中。

3. 混合

将 GMP 溶液倒入预热的 MSG 中,搅拌均匀。

4. 干燥筛选

将混合物在 60℃烘干,将粘连在一起的结晶粒分散成单粒,筛去碎粒,即得到晶体完整的特鲜味精。

5. 注意事项

(1)干燥温度高于 80℃时,会影响产品的亮度和白度,在 60℃时干燥可制得白度与亮度较好的产品,所以烘干温度采用 60℃为宜。

(2)GMP 添加量小于 2%时,白度及亮度均较好;大于 2%时,白度及亮度均下降。因此从产品的外观质量角度考虑,宜 GMP 采用小于 2%的配比为佳。

(3)本工艺制备粉末式特鲜味精多采用机械混合,不仅使用设备投资少、操作简便,而且产品的白度、光泽和晶体形状与原结晶味精基本上相同,GMP 以极薄的一层(约 159μm)覆盖于 MSG 表面,使用时可获得均匀的鲜度。

第四章　非发酵酱制品

第一节　芝麻酱

芝麻酱,又称麻酱,是人们非常喜爱的香味调味品之一,它是以芝麻为原料,经水润湿、脱壳、焙炒、研磨制成的酱品。其色泽为黄褐色,质地细腻,味美,具有芝麻固有的浓郁香气,不发霉,不生虫;一般用作拌面条、馒头、面包或凉拌菜等的调味品,也是做甜饼、甜包子等的馅心配料。芝麻酱营养丰富,香味醇厚、浓郁,含高蛋白和脂肪酸,营养价值很高,食用时可用凉开水稀释,保存时要注意防潮、防晒、防油脂酸败。

一、芝麻酱分类

根据产品选用的原料品种、配比、产品形状的不同,芝麻酱可分为以下几类。

1. 纯芝麻酱(简称芝麻酱)

纯芝麻酱是以纯芝麻为原料,经除杂、清洗、烘炒、研磨制成的黏稠糊状食用调味品。

2. 芝麻仁酱

芝麻仁酱是以纯芝麻仁为原料,经除杂、清洗、去皮、烘炒、研磨制成的糊状食用调味品。

3. 混合芝麻酱

混合芝麻酱是以芝麻、花生仁(葵花籽仁)为原料,芝麻成分不少于50%,按芝麻酱生产工艺制成的调味品。

4. 混合芝麻仁酱

混合芝麻仁酱是以芝麻仁、花生仁(葵花籽仁)为原料,芝麻仁成分不少于50%,按芝麻仁酱生产工艺制成的调味品。

5. 固状芝麻酱

固状芝麻酱是以纯芝麻酱或芝麻仁酱、混合芝麻酱、混合芝麻仁酱为基料,加入适量食用植物固体脂、添加剂等制成的凝固状食用调味品。

二、纯芝麻酱

(一)原味芝麻酱

1. 原料配方

芝麻。

2. 工艺流程

原料筛选→漂洗→焙炒→风净→磨坯→检验合格→装瓶→成品

3. 操作要点

(1)筛选、漂洗:将芝麻用簸箕去糠壳,除净杂物及不成熟的芝麻,漂洗要求洗净沙石和碎草末。

(2)焙炒:用火将其炒至嫩黄色,要求严格掌握火候,熟透而不焦煳。

(3)风净:要求降低温度、散尽烟尘。

(4)磨坯:稍凉后用小磨磨细即成芝麻酱。要求酱状细腻,消除污染,保证食品卫生。

芝麻酱本身除了芝麻的香味外,并没有什么味道,所以必须经过调味,才能用作调味的酱料。一般最常用的芝麻酱,就是做麻酱面的淋酱,它是芝麻酱经过简单调味制作而成的。

常规生产的芝麻酱在长期存放时易发生油与固体颗粒分离的现象,通过加入一定的乳化剂可避免此种现象。

(二)乳化芝麻酱

1. 原料配方

芝麻97kg,蔗糖酯、甘油酯各1.5kg。

2. 操作要点

(1)烘焙、磨酱:先将芝麻(包括去皮芝麻)烘焙、磨碎(60目以上的粗渣含量在15%以下),制成芝麻酱。

(2)混合:将1.5kg的蔗糖酯与1.5kg的甘油酯混合,在80℃的温度中与97kg的芝麻酱混合,使之分散、溶解。

(3)冷却:冷却至25℃以下。

(4)装瓶、放置:将芝麻酱装瓶,在30℃以下的温度中放置。乳化芝麻酱放置1个月后,分离出来的油的质量分数在1%以下。而普通芝麻酱放置1个月后,大部分芝麻酱固、液分离,油的分离比例为20%。

成品味美可口,具有芝麻清香。可长期存放,不会发生油与固体颗粒分离的现象,不会因固体颗粒沉淀而固化,可使芝麻固体颗粒在油中稳定分散,因此可储存于广口瓶等容器中,取用方便。

(三)甜味芝麻酱

1. 原料配方

芝麻3.2kg,水4.8kg,蜂蜜4kg,果葡糖浆8kg。

2. 操作要点

将芝麻用水淘洗干净,沥水后炒熟,加工成芝麻酱。在芝麻酱中加蜂蜜、果葡糖浆(含果葡糖44%、单糖类28%、蔗糖8%、水分20%,糖度为60%左右),保持品温在60~70℃,以1525r/min的转速搅拌10~30min即可。成品的甜度和芝麻味适宜,无油水析出现象。

(四)辣麻酱一

1. 原料配方

生芝麻500g,食盐90g,辣椒粉15g,食盐、清水适量。

2. 操作要点

先将芝麻炒至七成熟,然后磨碎。食油放入锅内熬热,将辣椒粉炸至微黄色后加入清水、食盐烧开。再将磨碎的芝麻放入,煮5min左右即成。成品呈红棕色,质细、味香辣。

(五)辣麻酱二

1. 原料配方

芝麻10kg,食盐1kg,五香粉300g,花椒、八角各100g,辣椒适量。

2. 操作要点

将辣椒、芝麻粉碎,与花椒、八角、五香粉及食盐一并入缸充分拌匀后储藏,随吃随取。成品色、香、鲜、辣俱佳。

三、芝麻仁酱

(一)咸芝麻(仁)酱

1. 原料配方

芝麻50kg,食盐4kg,八角、花椒粉、大小茴香、水各适量。

2. 工艺流程

干法筛选→淘洗→脱皮→烘炒→扬麻过筛→磨酱→成品

3. 操作要点

(1)主要加工工具:一口直径60～70cm的平底铁锅;一盘支架石磨,磨纹要细;磨下安置一口大铁锅,盛装由石磨流下来的酱液;木铲一把,用来翻炒芝麻。

(2)原料筛选:选择成熟度好的上等芝麻为原料。拣除混在芝麻中的土块、小石子、杂草梗等杂物,筛后要求芝麻含杂量在1%以下。

(3)淘洗:把处理好的芝麻晒干扬净,放入盛水的缸中,用木棍搅动淘洗,捞出漂在水面上的空皮、秕粒和杂质。淘洗芝麻时,一般以在水中浸泡10min左右为宜。浸泡时间不宜过长,以免芝麻中的脂肪酸浸泡损失,影响酱汁的质量。芝麻湿润后,要求含水量在25%左右。待芝麻吸足水分后,捞入密眼筛中沥干,然后摊在席上晾干。

(4)脱皮:将浸泡洗净的芝麻倒入锅内,炒至半干,放在席子上用木辊轻打,搓去皮,再用簸箕将皮簸出。注意不要把芝麻打烂,以脱掉皮为宜。亦可用脱皮机去皮,工效可提高数倍。

(5)烘炒:为增强芝麻酱的风味,烘炒芝麻前最好将4kg食盐化成盐水,再加入适量八角、花椒粉和小茴香等,然后均匀拌入脱皮芝麻中,堆放3～4h,让调料慢慢渗透。

将脱皮芝麻倒入已烧热的平底铁锅内烘炒,火候不宜过大,一般比磨制香油火力低2%,否则会破坏芝麻内的蛋白质和卵磷脂,降低成品的营养成分和香度。炒时先用中火,按30～60r/min的速度用木铲均匀搅动,同时要上下、内外不断翻搅。每锅(15kg)翻炒时间为30min左右,炒芝麻时间不宜过长,以免麻籽烧焦失油。炒到芝麻鼓起来后(约20min),改用文火炒制。不断翻炒到芝麻本身水分蒸发完,颜色发红,香味浓郁,手捻碎芝麻粒,其心呈棕红色为止。芝麻炒熟后,即往锅内泼冷水,使芝麻遇冷酥脆,泼水量为芝麻量的 3% 左右,再炒 1min。芝麻出烟后,温度在 190～205℃时,马上起锅,速度越快越好,并要扫净锅内芝麻。炒熟出锅的芝麻切忌用麻袋包装或覆盖闷捂,不然会吸水变疲,不好磨制,而且会使酱色变乌不清亮。

(6)扬麻过筛:炒熟的芝麻出锅后,要集中扬透扬净。温度以不烫手为宜,禁止窝烟。筛出麻糠灰杂,避免磨成的麻酱颜色发乌。

(7)磨酱:将炒酥的芝麻放入油磨中磨成稀糊状。磨酱时要在磨眼中插几根竹签,使酱汁下得细而均匀。磨汁磨得越细越好,细度控制在 150～180 目,通常是将磨的坯子置于手指甲上,用嘴轻轻吹开,以指甲上不见明显的小颗粒为好。要求成品色泽红亮,浓度似粥。成品可装入玻璃瓶或瓷缸中封好保存。一般每 100kg 上等好芝麻可磨制芝麻酱 80～85kg。

(二)甜芝麻(仁)酱

1. 原料配方

芝麻 50kg,白砂糖 10kg,蜂蜜 10kg,香草粉 20g。

2. 操作要点

将芝麻捣破皮,用文火炒熟,将皮杂用风力吹干净,备用。将白砂糖、香草粉与芝麻混合,一同上磨磨成酱品,再将蜂蜜掺进拌匀,即为成品。成品香甜可口,营养丰富。保管时要注意防潮、防晒、防哈喇(油脂酸败)。

(三)甜咸味芝麻(仁)酱

1. 原料配方

芝麻 50kg,白砂糖 5kg,食盐 6.5kg,蜂蜜 5kg,香草粉 20g。

2. 操作要点

将芝麻捣破皮,文火炒熟,用风力吹净皮杂,备用。将白砂糖、食盐、香草粉与芝麻混合,用磨磨成酱,再将蜂蜜拌入酱内,即为成品。

第二节　花生酱

花生不仅含有丰富的蛋白质、脂肪、矿物质和维生素等营养物质,还具有独特的香味及良好的口感。花生酱是花生果实经脱壳去衣,再经焙炒研磨制成的酱品。花生酱的色泽为黄褐色,质地细腻,味美,具有花生固有的浓郁香气,不发霉,不生虫。一般用作拌面条、馒头、面包或凉拌菜等的调味品,也是做甜饼、甜包子等的馅心配料。

花生酱包括花生原酱(不加入任何添加物的花生酱)、稳定型花生酱(加入稳定剂等辅料的花生酱)、风味花生酱。

一、花生酱

花生原酱生产通用工艺:

花生仁→筛选→焙炒→风净→磨酱→检验合格→装瓶→成品

花生原酱中加入各种调味辅料,可制成不同口味的花生酱,如咸味、甜味、辣味等。

(一)咸味花生酱

1. 原料配方

花生米 1kg,食盐 150g,冷开水适量。

2. 操作要点

(1)筛选:选用上等花生米,筛除各种杂质和霉烂果仁,备用。

(2)焙炒:把选好的花生米炒熟或用烘箱烤熟,然后压碎去皮。

(3)配料:把压碎去皮的花生米加食盐,再加冷开水适量,搅匀。

(4)磨酱:将经过以上工序的花生米加入圆盘石磨中磨成细浆,即成花生酱。放入洁净瓶中盖严,随吃随用。

(二)咸甜味花生酱

1. 原料配方

花生仁 50kg,食盐 6.5kg,蜂蜜 5kg,香草粉 20g。

2. 操作要点

将花生仁文火炒熟,脱去皮衣,再风干、簸净,备用。将食盐、香草粉与花生仁一同混合,用磨磨成酱,再与蜂蜜混合搅拌均匀,即为成品。成品味香、咸、甜,营养丰富。

(三)甜味花生酱一

1. 原料配方

生花生米 5kg,砂糖 1kg,清水适量。

2. 操作要点

（1）浸泡：将经挑选后的生花生米放入清水中，浸泡 4～8h。

（2）磨浆：加适量水，用磨浆机研磨。

（3）过滤：将上述浆液用过滤机或多层纱布过滤，边水洗边过滤，滤出浆汁。直到花生渣再挤不出浆汁为止。

（4）煮沸或炖熟：合并浆汁、混匀，加入砂糖进行煮沸或隔水炖熟，即为成品。成品呈乳白色酱体，味美，具花生清香。

（四）甜味花生酱二

1. 原料配方

花生仁 50kg，白砂糖 10kg，蜂蜜 10kg，香草粉 20g。

2. 操作要点

用文火将花生仁炒熟，脱去皮衣，风干、簸净，备用。将白砂糖、香草粉与花生仁一同磨成酱，将蜂蜜掺入酱内搅匀，即为成品。成品花生酱香甜可口，营养丰富。

二、稳定型花生酱

花生原酱放置几天后，酱中的油脂会从制品中析出，在酱的上部聚集出一层花生油，而酱的下部沉积为坚硬的块状。在原酱中加入稳定剂（也可加入其他调味辅料）的花生酱称为稳定型花生酱。稳定型花生酱又可分为幼滑型花生酱和颗粒型花生酱两类。其中，幼滑型花生酱是指花生原酱中加入极度氢化植物油、白砂糖、精盐等辅料的花生酱；颗粒型花生酱是指花生原酱中加入极度氢化植物油、白砂糖、精盐、花生颗粒等辅料的花生酱。

稳定型花生酱外观细腻，口融性好，膏状无油析出，适用于面包等食品的涂抹使用。产品不易氧化，不流油，便于携带。

（一）甜味稳定型花生酱

1. 原料配方

花生浆液 30kg，蔗糖（白砂糖）35kg，琼脂 250g。

2. 工艺流程

原料选择→热烫→冷却→脱膜→漂洗→打浆→微磨→调配→均质→真

空浓缩及杀菌→装罐→杀菌→冷却→成品

3. 操作要点

(1)原料选择:选用籽粒饱满、仁色乳白、风味正常的花生米,剔除其中的杂质和霉烂、虫蛀及未成熟的颗粒。

(2)热烫及冷却:将选好的花生米投入沸水中热烫 5min 左右,随后迅速捞起并放入冷水中迅速冷却,使花生米的红衣膜在骤冷中先膨胀后收缩起皱,以便于去膜。热烫时间不宜过长,以免花生仁与衣膜一起受热膨胀,不利于衣膜与花生仁的脱离。

(3)脱膜打浆:可用手轻轻揉去衣膜,并用流动清水漂洗干净。将漂洗后的花生仁用打浆机打成粗浆,再通过胶体磨磨成细腻浆液。

(4)调配:预先将蔗糖配成浓度为 70% 的浓糖液,用少量热水将琼脂溶胀均匀。然后将所有物料(花生浆液、蔗糖、琼脂)置于不锈钢配料桶中调和均匀。为了增加产品的稳定性,采用琼脂做增稠剂、稳定剂。

(5)均质:用 40MPa 的压力在均质机中对调配好的料液进行均质,使浆料中的颗粒更加细腻,有利于成品质量及风味的稳定。

(6)浓缩及杀菌:采用低温(60 ~ 70℃)、真空(0.08 ~ 0.09MPa),使浆液中可溶性固形物含量浓缩至 62% ~ 65%,关闭真空泵,解除真空,迅速将酱体加热至 95℃,维持 50s 杀菌,完成后立即进入装罐工序。

(7)装罐及杀菌:将四旋玻璃瓶及瓶盖预先用蒸汽或沸水杀菌,保持酱体温度 85℃以上装瓶,并稍留空隙。通过真空封罐机封盖密封。封罐后将其置于常压沸水中保持 10min 进行杀菌。完成后逐级水冷至 37℃左右,擦干瓶外水分,即为成品。

(二)风味稳定型花生酱

1. 基本配方

风味稳定型花生酱的配方,由花生、调味剂、稳定剂、抗氧化剂和防腐剂组成。

(1)甜味花生酱:花生原酱 90% ~ 92%,糖 3.5% ~ 5.5%,食盐 0.9% ~ 1.2%,稳定剂 2.7% ~ 3.5%,味精适量,维生素 A 80 ~ 100 国际单位/100g(1 国际单位 = 0.3μg)。

(2)海鲜味花生酱:花生原酱 90%,甜味剂 3.6%,海味盐 1%,味精

0.2%,干虾皮细粉1.8%,稳定剂3%,抗氧化剂适量。

(3)奶油花生酱:去皮花生仁100kg,单甘酯1.8kg,蔗糖5.5kg,葡萄糖2.5kg,人造奶油5kg,花生油5kg,精盐1.8kg,BHT(抗氧化剂)0.011kg,柠檬酸0.005kg。

2. 工艺流程

花生→剥壳→筛选→清洗→烘烤→脱皮→拣选→粗磨→混合配料→精磨→冷却→包装→熟化→成品

3. 操作要点

(1)筛选:剔去花生仁中的杂质和霉烂、虫蛀与未成熟的颗粒。

(2)清洗:花生易受到黄曲霉毒素的污染,快速淘洗可去毒80%以上。筛选和清洗都是为了有效地降低花生中黄曲霉素的含量,确保花生酱达到卫生指标。

(3)烘烤:烘烤是直接决定成品风味、口感和色泽的关键工序。烘烤温度为130~150℃,时间为20~30min,烘烤不足则香气淡薄;烘烤过头则会产生焦煳苦味。烤好的花生应立即降温,以防余热产生后熟现象,导致花生焦煳。

(4)脱皮与拣选:待花生温度降至45℃以下后脱皮,然后拣选出烘烤过度和未去净皮的花生仁。尽量去尽花生皮,残留量不得超过5%,否则会使酱料出现杂色斑点,使产品带苦涩味,影响观感及口感。

(5)精磨:将粗磨后的酱料与调味料、稳定剂等按比例配好、混匀,即可精磨。精磨的目的在于进一步磨细酱料,让各种物料充分混合,使稳定剂能够完全分散于酱料中,达到整个物系的均质。

由于研磨细度直接关系到花生酱的适口性及口融性,而花生细胞的大小多在40μm左右,故研磨细度必须低于此值,否则就会有粗糙感。研磨细度在7μm左右较合适,研磨过程中,酱体温度会升高。若采用一次研磨法,要使研磨细度达到7μm,则必然会使酱料因高温而产生油脂的热氧化与热聚合现象,或使花生本身含有的抗氧化物遭到破坏,造成产品颜色变深、品质下降。而采用二次研磨法,一般可将两次研磨的出口温度均控制在68℃以下,可避免上述现象,也可大大降低设备磨耗。另外,出口温度还取决于酱料在磨腔内停留的时间。二次研磨的出口温度在65℃以下,停留时间少于 3min。

(6)冷却:精磨后的酱料应立即进行冷却处理,这也是再一次均质处理。冷却工序对保证花生酱的质量是十分必要的。因为刚刚精磨后形成的乳化胶体物系是不稳定的,这时如不迅速排出物系的热量,就会因物质间的分子剧烈运动而破坏这种尚未完全稳定的、硬性的乳化网络状结构,重新离析出油脂来。

从理论上讲,物系冷却的速度越快,温度越低,成品的稳定性越好。在实际加工中,迅速冷却到 35℃ 以下即进行包装,然后再冷却到 25℃ 或更低。

(7)包装:零售的花生酱一般装在玻璃瓶内,有的也装在聚乙烯、聚丙乙烯或聚酯瓶内。大批量出售的花生酱常装在马口铁桶、不锈钢桶或鼓形钢桶内。

(8)熟化:为了让花生酱乳化胶体中的网络状结构完全稳固定型,包装好的产品应静置 48h 以上,这一过程称之为熟化。在熟化处理过程中,应尽量避免对产品的频繁搬动或振动,以免任何物理或机械的作用影响酱体的稳定性、坚硬度。

4. 稳定剂的选择

稳定型花生酱的生产除了需要掌握一定的生产关键技术外,还要选择恰当的稳定剂,克服酱体的油酱分离倾向。理想的稳定剂必须能赋予花生酱良好的口感、口融性、涂抹性和稳定性,能阻止油脂离析,能增加香味,具有快速凝固性。

单甘酯(C14～18)是一种安全无毒、生物降解性很好的食品乳化剂。在花生酱中,它所形成的针形网络状结晶,能很好地将油相与非油相物限制在其中,并与其形成稳定的均质物系,从而阻止了非油相物的聚集及油脂的离析。另一方面,单甘酯分子中具有未酯化的自由羟基,是一种非离子型表面活性乳化剂,既可作为油包水(w/o)型乳化剂,又可作为水包油(o/w)型乳化剂。其乳化与分散作用降低了两相之间的界面张力,从而缩小了两者的比重差,相对提高了两相间的兼容性。在花生酱中,单甘酯能使被乳化的水滴周围形成坚韧的膜,从而减小了酱体中水的活性,延长了产品的储存期,因此对防腐剂有间接的增效作用。

单甘酯熔点低(54℃±3℃),除赋予花生酱良好的口融性及快速凝固性外,还具有一般食品乳化剂所不能比拟的作用,即可使产品奶油化,使花生酱形成均一的奶油状膏体,并具有天然的奶油味。

(三)强化花生酱

1. 原料配方

花生 600kg,砂糖 6~8kg,精盐 0.5~1.5kg,维生素 A 80~100 国际单位/g,氢化花生油、乳化剂、没食子酸丙酯或正二氢愈创酸(NDGA)各适量。

2. 工艺流程

花生→选择分级→焙炒→去红衣→粗碎→配料→滚轧→包装→成品

3. 操作要点

(1)原料处理:选择花生时,应剔除霉变及虫蚀颗粒,在分级机中进行分级。再于 130~150℃ 的温度下焙炒至色泽微黄,香味浓郁为止。此时花生的含水量为 1%。

(2)配料:将焙炒后的花生置于去红衣剂中脱去花生红衣,然后在万能磨上粗碎成为松散的粗粉状,即可进行配料。一般花生酱的配料为砂糖 6~8kg、精盐 0.5~1.5kg,营养强化剂主要为维生素 A,其添加量为80~100 国际单位/g。另外,为了调节硬度和防止油脂的析出,可添加氢化花生油,或将花生本身的油脂压出,进行氢化后再混合,也可加入乳化剂。为了防止油脂的氧化和维生素的损失,可添加没食子酸丙酯或正二氢愈创酸等抗氧化剂。

(3)磨酱、成品:各种原料混合后,即在三滚筒上碾轧 2~3 次,使其成为酱状并达到一定的细度,然后密封包装。有些工艺在包装前再将花生酱保温搅拌一个时期,使油脂结晶后再行装罐,也有的工艺是直接在滚轧时保持一定的温度。

(四)低热量花生酱

每 100g 花生酱含有大约 2.5kJ 热量,其中脂肪热量约占总热量的72%,这使得花生酱作为蛋白质营养来源的魅力大受影响。通过减少脂肪的百分含量,可以起到减少热量的目的。但是如果将花生酱除去 50%以上的脂肪,所得到的产品会变得非常黏稠。若再进一步排除脂肪,就会使花生酱不成糊状,而变成了粉。花生酱的脂肪含量在 35% 以上是合适的,这相当于减少了14%的热量。低热量花生酱有益于减肥。

1. 原料配方

配方一:炒熟的花生62.0g,粉状聚葡萄糖CM 25g,糖粉5g,精盐1g,蛋白质的补充物5g,氢化植物油1.3g,其他营养补充剂0.7g。

配方二:花生49.7g,花生油3g,聚葡萄糖CM 40g,糖粉5g,精盐1g,稳定剂1.3g。

配方三(含两种膨化剂的低热量花生酱):炒熟花生62g,聚葡萄糖CM(膨化剂)20g,微晶纤维素(膨化剂)5g,糖粉5g,精盐1g,氢化植物油1.3g,蛋白质补充物5g,其他营养补充物0.7g。

配方四(浓缩的含25%热量花生酱):炒熟的花生(渣)42.3g,炒熟的花生(颗粒)20g,聚葡萄糖CM 25g,糖粉5g,精盐1g,蛋白质补充物5g,氢化植物油1g,其他营养补充物0.7g。其他营养补充物包括纤维素、矿物质、蛋白质、氨基酸。

2. 操作要点

(1)炒制、粗磨:将花生炒到需要的香味和颜色,然后粗磨,并保持干燥。

(2)添料:温度保持在66~92℃,以一定的速率添加干燥的配料。

(3)粉碎、除油:混合物旋转通过粉碎机,以减少颗粒,组成沉淀糊,并且除去多余的油,即得到产品。

(五)调味花生酱一

1. 原料配方

花生酱500g,分散剂333g。

分散剂配方:人造奶油类油脂192g,特制精糖粉140g,配制香草糖1.17g。香草糖为有香草香味的糖粒或糖粉,将香草豆放置于白糖或糖粉中一段时间,让香草味道为糖所吸收即成。通常在0.454kg的白糖中放置两颗香草豆荚,将糖罐密封数星期后即可。

2. 操作要点

(1)制作花生酱:挑选优质花生烘烤、烫去皮、磨碎,按常规方法制得花生酱。

(2)配料混匀:将花生酱和分散剂按比例混合,加热到60℃左右,充分搅动,使花生酱紧密地与分散剂混合。人造奶油类油脂起调味作用,先自然使其温度从60℃左右降为15℃左右,然后直接将含水分小于1%的调味花生酱包装起来即可。

成品涂抹和食用特性好,风味独特,其脂肪含量50%～55%,非脂肪固形物含量为45%～50%,含水量低于1%。

(六)调味花生酱二

1. 原料配方

粉碎烘焙全脂花生54.52kg,甘油棕榈酸内酯630g,粉碎烘焙脱脂花生37.0kg,单或双甘酯650g,蔗糖4.2kg,食盐1.2kg,葡萄糖2.0kg。

2. 操作要点

(1)配料:先将粉碎烘焙全脱花生与甘油棕榈酸内酯混合,然后添加蔗糖、葡萄糖及食盐。最后添加粉碎烘焙脱脂花生。

(2)混合:将上述原料在60℃的温度中充分混合,得到均匀的分散体。将混合物通过轧辊,送入搅拌器,用2.95r/s的剪切速度进行处理,此时混合物的温度为45℃。搅拌1min后,物料的黏度为67Pa·s(670P)。用这一速度继续搅拌30min。待黏度为1.84Pa·s(18.4P)时,停止搅拌。

(3)脱气包装:搅拌后进行脱气处理,冷却至25℃,将花生酱与氮气同时装瓶包装。成品具有良好的花生酱风味,热量比普通花生酱低22%左右。

三、风味花生酱

(一)芝麻花生酱

1. 原料配方

花生仁5kg,芝麻500g,食盐1.5kg,水10kg(也可加辣椒粉适量)。

2. 操作要点

方法一:先将花生仁洗净晾干,放入锅内炒熟,然后搓去外皮。芝麻炒熟后拌入花生内一起磨成细粉,拌入食盐,加入凉开水,撇去油质拌匀即成。

方法二:将花生仁放入水中浸泡3～4d后去皮,放入蒸锅内蒸熟后取出。待温度下降至30℃左右时,用磨碎机或石磨加工成糊状,撇去油质,再把花生糊拌匀即成。

成品呈浅黄色、质细、味咸香。

(二)多维麦胚花生酱

1. 原料配方

花生仁100kg,小麦胚芽、调味剂(蔗糖、食盐、辣椒等)各适量,稳定剂(氢化植物油、甘油酸酯)1~3kg,防腐剂(山梨酸)100g,抗氧化剂(BHA:BHT:增效剂=1:1:0.5),BHA 和 BHT 添加量为花生酱中油脂含量的0.02%。

2. 工艺流程

花生仁→去杂→烘烤→破碎去红衣→混合(加灭酶钝化小麦胚芽、稳定剂、调味剂、抗氧化剂、防腐剂)→第一次研磨→第二次研磨→冷却→装瓶→贴标签→成品

3. 操作要点

(1)小麦胚芽预处理。

提纯:首先分离除去小麦胚芽中较多的麸皮及异物,使其纯度达85%以上。

灭酶钝化:采用远红外辐射干燥灭酶钝化法,烘烤温度为160~180℃,使干燥的小麦胚芽水分含量在4%以下,以除去"生腥味",增加清香味。

(2)花生仁的预处理。

去杂:人工或机械挑选、去杂,除去未熟粒、虫蚀粒及泥土、石屑和外壳等杂物。

烘烤:用电烤炉在180~200℃烘烤15min左右,立刻冷却。

破碎去红衣:将冷却至45℃以下的花生米用轧辊破碎为2~3瓣。然后用风选法分离红衣和花生米,使红衣留存率小于2%。

(3)混合。将预处理的小麦胚芽、花生仁及其他原料按比例混合均匀。

(4)磨酱。采用胶体磨进行两次研磨,先粗磨、后细磨。使花生酱的出口温度降至70℃以下,以保证产品质量。

(5)装瓶。空瓶预先洗净杀菌、消毒,再进行灌装。

成品呈黄褐色或棕黄色的均匀浓稠酱体,具有花生和小麦胚芽复合的芳香味,无异臭、异味;营养丰富,富含多种维生素。

(三)脱脂麦胚花生酱

1. 原料配方

花生仁600g,脱脂麦胚200g,单甘酯12g,乙基麦芽酚0.02g,没食子酸丙酯0.098g,食盐8g,奶油40g,葡萄糖20g,蔗糖24g,花生油40g,脱脂淡奶粉40g。

2. 工艺流程

小麦胚芽→筛选→灭酶→超临界CO_2萃取→脱脂小麦胚芽→粉碎→称重

花生米→筛选→清理去杂→焙烤→复检→去红衣→粉碎→称重→混合配料→

磨酱→装瓶→贴标→冷却→熟化→成品

3. 操作要点

(1)灭酶:新鲜小麦胚芽中含有蛋白酶、脂肪酶、淀粉酶等多种酶及较高的水分,应及时处理以防变质,如采用远红外辐射干燥钝化法,烘烤温度为130~160℃,时间为20~25min,可使麦胚中的水分含量降至3%以下,并达到灭活的目的。烘烤温度过低,不易除净麦胚生腥味;烘烤温度过高,其风味及口感不佳,保存性能也变差。

(2)萃取:从小麦胚芽中提取小麦胚芽油,萃取后得脱脂小麦胚芽。

(3)筛选:花生米要求籽粒饱满,仁色乳白,风味正常。一定要剔出虫粒、未熟粒、霉变粒、瘪粒,以及花生外壳、石(铁)屑、土块等杂物。

(4)焙烤:焙烤温度180~200℃,时间20min左右。焙烤的关键是在允许的较高温度下,尽量缩短焙烤时间。焙烤后应立即进行强风冷却,迅速降温,阻止余热继续焙烤。要求焙烤后的花生呈棕黄色,香味浓郁,无焦煳味。

(5)去红衣:将冷却至45℃以下的花生米破碎为2~3瓣,然后用风选法分离花生仁和红衣。应尽可能去净花生红衣,因为花生红衣中含有单宁和色素,留存下来不仅会使产品出现杂色斑,还会使产品带苦涩味,影响产品的色泽、风味和口感。因此,花生红衣的留存率不应超过2%。

(6)磨酱:将粉碎后的脱脂小麦胚芽、花生仁和其他原料按比例配好混匀,即可进行磨酱工序。在研磨过程中,酱体温度会升高。若使用一次研磨法,产品的出口温度可达100℃以上,会使原料中的油脂因高温而产生热氧化和热聚现象,氨基酸成分损失过多,而且使花生、小麦胚芽本身所含有的抗氧化物破坏,造成产品颜色变深、品质下降。因此,应采用二次研磨法,即先粗磨,后细磨。这样可使产品出口温度降低在70℃以下,产品粒度进一步降低,各种物料充分混合,使稳定剂能够完全分散于酱料中,达到整个酱体的均质。

磨酱过程中,胶体磨细度直接关系到产品的适口性及口融性。磨得粗,产品质地相对硬度增加,口感不好;磨得太细,虽然产品质地细腻,但花生油大量从细胞中分离出来,使得产品流动性过大。一般胶体磨细度在 $10 \sim 14 \mu m$ 为佳。

(7)熟化:将包装好的产品静置48h以上,即熟化。

成品呈均匀浓稠状,黄棕色,组织细腻,无油析、沉降或结晶现象;具有浓郁小麦胚芽和花生的复合香味,无异味。

(四)胡萝卜低脂花生酱

本产品是采用大部分脱脂保留红衣的花生仁饼与胡萝卜为原料加工而成的,它可以综合两者的优点,并弥补两者的缺点,是一种营养丰富、风味独特、外表美观的新型健康食品。

1. 原料配方

脱脂花生仁饼5kg,胡萝卜15kg,琼脂75g,适量的乳化剂(主要由蔗糖酯、大豆卵磷脂和单甘酯组成,三者的比例为2:3:6)。

2. 工艺流程

花生仁饼→粉碎→浸泡→粗磨

胡萝卜→挑选→清洗→去头→去皮→切碎→预煮→打浆→混合→精磨→浓缩→加稳定剂→乳化剂→装罐→灭菌→冷却→成品

3. 操作要点

(1)胡萝卜选择及处理:选用成熟适度、皮薄肉厚,呈鲜红色的胡萝卜为原料。用刀切除胡萝卜青绿头部,置于5%~8%的碱液中,在95℃的温度下浸泡1~2min,捞出用冷水冲洗,除去残留碱液。将胡萝卜切成直径为1cm的块,加入约等于其重量的水中,煮沸10~15min(以煮透为度)。将预煮后的胡萝卜趁热送入打浆机中进行打浆。

(2)脱脂花生仁饼的处理:先用分级机将其粉碎成直径为1mm大小的颗粒,然后加入是其2倍重量的糖水(蔗糖浓度为65%),充分搅拌均匀,静置15~20min,将浸泡好的花生饼粉利用砂轮磨磨成糊状。

(3)混合、精磨:将上述经过处理的胡萝卜和花生进行混合,然后将混合后的花生胡萝卜糊加适量糖水,搅拌成流动浆状,再利用胶体磨进行研磨。

(4)浓缩:将精磨后的花生胡萝卜糊倒入夹层锅中进行浓缩,浓缩过程中要不断进行搅拌,添加预先溶解好的单甘酯、蔗糖酯、大豆卵磷脂和琼脂,继续浓缩到终点。

(5)装罐、封口:将浓缩好的产品趁热进行装罐,酱体温度在85℃以上进行封口。

(6)杀菌、冷却:装罐后的产品要立即进行杀菌,杀菌公式为:5min~10min~5min/100℃,杀菌结束后用冷水进行冷却。

(五)可可花生酱

本产品是以花生为原料,配以天然可可脂,采用二次研磨法制得的一种具有可可和花生特殊香味的稳定性良好的可可花生酱,既解决了普通花生酱存在的"析油"问题,又赋予花生酱以特殊风味。

1. 原料配方(质量分数)

去皮花生仁86%,白糖粉7%,可可脂4.5%,单甘酯0.5%,精盐1.5%,味精0.5%。

2. 工艺流程

可可脂、单甘酯、白糖粉、精盐、味精

花生果→剥壳→选料分级→烘烤→去皮→配料→粗磨→精磨→灌装→封盖→成品

3. 操作要点

(1)剥壳、选料分级:用花生剥壳机脱去花生果外壳后,挑出霉变、败坏的花生仁,选取合格的花生仁,再用振动筛将合格的花生筛分成大、中、小三个级别,以便分级烘烤。

（2）烘烤、脱皮：花生仁烤制的好坏直接影响产品的风味和滋味。用烤箱将分级后的花生仁分别进行烘烤，以免大的尚未熟，小的已煳，烘烤温度控制在150~155℃内，温度过低，烤不出浓厚的花生香味，又浪费时间和能耗；温度过高，会使花生仁表面焦煳。烤制时间一般以烤至花生仁表面由白变黄，再转为淡淡的棕黄色，且散发出浓浓的烤熟花生的香味而无焦煳味为宜。烤制时间过短，产品香味不足；时间过长，产品会有焦煳味。烤制完毕，待花生仁冷却后，用脱皮机脱去花生仁的红衣表皮。

（3）配料、粗磨：将原料按配方要求在配料桶中充分混合均匀，然后用花生磨进行研磨，将其粗制成花生酱。

（4）精磨、灌装封盖：将粗制花生酱再用胶体磨研磨，磨酱温度为60~65℃，研磨后及时进行灌装封盖，便得到可可花生酱成品。成品为浅棕黄色均匀一致的半固体，咸甜适中，具有可可和花生的特有香味，无异味，无异物。

（六）紫菜花生营养调味酱

这种调味酱是以紫菜和花生为主要原料制成的，具有海产食品特有的风味与营养价值，富含碘、钙和蛋白质。

1. 原料配方（质量分数）

紫菜全浆30%，花生原酱30%，芝麻原酱10%，食盐5%，稳定剂琼脂1%，其他调味料24%。

2. 工艺流程

排气→杀菌→冷却→检验→成品

3. 操作要点

（1）紫菜全浆的制备：选择厚薄均匀、颜色鲜亮有光泽、无杂质、无霉变的干紫菜，加清水浸泡清洗1.5~2h。高温（100℃）蒸煮90min使组织软化。

（2）花生原酱的制备：花生仁清洗、筛选后，在140~160℃烘烤30~40min，脱去种衣及胚芽，打浆。为使酱体有较好的适口性，粗制后的酱体要精制研磨细度至 25μm 左右。

(3)芝麻酱的制备:芝麻筛选后烘烤、打浆,研磨细度至 25μm 左右。

(4)按配方将原材料混合、调配、灭菌、包装。

(七)海带花生营养调味酱

1. 原料配方(质量分数)

海带浆 30%,花生原酱为 40%,食盐 5%,琼脂 1.5%,BHT 0.1‰~0.2‰,适量的其他调味料。

2. 工艺流程

干海带→浸泡→切碎→护绿→

漂洗→高温蒸煮→打浆 稳定剂、抗氧化剂、调味料

花生仁→清洗→烘烤→冷却→ →调配混合→装罐→杀菌→冷却→成品

脱红衣→粗磨→精磨→花生酱

3. 操作要点

(1)海带全浆的制备:选择符合国家一、二级标准的干海带,水分含量 20% 以下,无霉烂变质现象。清洗除去泥沙杂质,在尽可能短的时间内完成浸泡。试验证明,干海带充分吸水的最小极限用水量接近干海带的 4 倍,在常温下充分吸水涨发的时间为 3~3.5h。采用柠檬酸调 pH 值为 5.0,利用 200mg/L 氯化锌溶液煮沸 10min 进行护绿处理。温度 100℃下蒸煮 90min,软化海带组织,使制品口感润滑,呈味均匀。

将上述经过高温处理后的海带送入打浆机中进行打浆处理。打浆机筛孔的孔径为 0.6mm 左右,如果达不到要求,会使制品的口感较差。

(2)花生酱的制备:选用无霉变、无虫蛀的成熟花生仁颗粒。根据含水量的高低选择烘烤时间和温度,使花生仁的含水量降至 0.5% 左右。烘烤温度一般为 140~160℃,时间为 30~40min。烘烤过程中温度不宜过高,以防烤焦或引起油脂分解。一般烤成中间色,制成的酱味道较好。

脱去花生红衣和胚芽,以防酱体出现苦涩味。先进行粗磨,然后用胶体磨进行精磨,研磨的细度在 25μm 左右,以使酱体具有较好的适口性。

(3)调配、灌装、杀菌:将上述经过处理的各种原辅料按照配方的比例进行调配,充分混合均匀,然后进行装罐和杀菌,杀菌方式为:15min~20min~15min/121℃,杀菌结束后经过冷却,检验合格者即为成品。

（八）香蕉花生酱

1. 原料配方

花生仁 1kg，香蕉粉 120g，蔗糖 50g，单甘酯 20g，食盐 8g。

2. 工艺流程

```
                                    蔗糖、单甘酯、食盐
                                          ↓
花生仁→清洗→烘烤→脱红衣→粗磨→花生酱┐
                                      ├→调配混合→精磨→冷却→
                          香蕉粉┘

包装→熟化→成品
```

3. 操作要点

（1）花生原酱制备：筛选、去除花生仁中的杂质和霉烂、虫蛀与未成熟的颗粒，快速淘洗，在 130～150℃烘烤 20～30min，使含水量达到 11%～12% 为宜。待花生温度下降到 45℃ 以下后脱皮，用重力分选机或吸气机除去花生膜，注意调整好脱皮机磨片之间的距离，以花生仁能被挤压成两瓣而不被磨碎为度，然后拣选出烘烤过度和未去净皮的花生仁。要求红衣残留量不得超过 2%。用钢磨或石磨对脱皮的花生仁进行粗磨。

（2）调配混合：将花生仁 1kg、香蕉粉 120g、单甘酯 20g、蔗糖 50g、食盐 8g 混合配料。

（3）精磨：使用胶体磨，利用二次研磨法，研磨细度在 7μm 左右，两次研磨的出口温度均控制在 68℃ 以上。

（4）冷却、包装、熟化：制成的花生酱，应立即排除研磨所产生的热，待温度降到 45℃ 以下时装入容器，装入容器内的适宜温度为 29.4～43.3℃。装好后的成品酱，应少搬动，熟化处理 48h 以上。包装时通常采用真空包装（用牙膏式软包装最好）。

（九）花生蒜蓉酱

把经脱臭处理的大蒜加到花生酱中，可加工成风味独特的花生蒜蓉酱，不仅能消除和缓解蒜臭味，而且可使花生酱具有大蒜的保健功能。

1. 原料配方

花生仁 45kg，大蒜 15kg，食盐 8kg，白砂糖 4kg，淀粉糖浆 2kg，五香粉 1kg，辣椒粉 3kg，复合稳定剂 1kg，柠檬酸 300g，味精 300g，山梨酸钾 50g，抗氧化剂 2g，水 20kg。

2. 工艺流程

花生仁→烘烤→脱种衣→粗磨→精磨→花生粉→混合调配（加稳定剂、食盐、白砂糖、淀粉糖浆、五香粉、辣椒粉、抗氧化剂、水）搅匀→加热杀菌→调配（加大蒜、味精、山梨酸钾）→搅匀→灌装→封口→冷却→成品

3. 操作要点

(1)原料预处理。

大蒜：选择成熟、无虫蛀、无霉粒等的原料蒜，去蒂。以 2.5% 食盐水浸泡 1h，用脱皮机去皮。脱皮后的大蒜用流动水冲洗，去掉蒜皮及杂质、挑拣出带皮和带斑点的蒜瓣，然后进行漂烫。漂烫液中加入食盐 2.5%，用柠檬酸调 pH 值为 4.5，水与蒜瓣的比例为 2:1，控制水温 85~95℃，漂烫 3min，立即用流动水冷却，冷透后沥干水分。

花生仁：花生仁去杂后，在 140~160℃烘烤箱中烘烤 30~40min，用轧辊破碎成 2~3 瓣，风选去种衣和胚芽，去除烤焦的花生仁及其他杂质。

辣椒粉：将 1 份花生油加热至 160~180℃，然后倒入 3 份辣椒粉，拌匀，使炸出辣椒味并具有良好的色泽。

稳定剂：稳定剂与水的比例为 1:15，先把水煮沸，待冷却至 60~70℃时，加入复合稳定剂，搅拌均匀即可。

(2)磨浆。将处理好的蒜瓣破碎成粒度为 20 目的蒜浆，然后用胶体磨精磨。使物料粒度达到 120 目。花生仁先在胶体磨中粗磨，使粒度达到 40 目，然后再进行精磨，使粒度达到 120 目以上。胶体磨浆料的出口温度控制在 70℃以下。

(3)混合调配、杀菌。在调配缸中加入花生酱、稳定剂、食盐、白砂糖、淀粉糖浆、五香粉、辣椒、抗氧化剂、水等，搅拌均匀，送入夹层锅中。边搅拌边加热到 90~95℃，保持 10min 后，然后立刻加入大蒜、味精、山梨酸钾，搅拌均匀即可。

(4)灌装、封口、冷却。灌装前应将瓶和盖在 120℃下杀菌 20min。瓶的温度 60℃左右、酱体温度在 85℃时，进行热灌装。真空封盖后，平放 3~5min，进行分段冷却，冷却至 37℃时，检验合格即为成品。

成品呈浅棕红色，均匀一致，既具有花生的香味，又有浓郁的蒜香味和辣味，口感咸甜，无蒜臭味和其他异味，其组织细腻均匀，无气泡、无杂质、黏

稠适度;总固形物≥4.5%,食盐(以 NaCl 计)为 8% ~12%,pH 值为 4.0。

第三节　番茄酱

番茄酱是以番茄(西红柿)为原料,添加或不添加食盐、糖和食品添加剂制成的酱类,添加辅料的品种可称为番茄沙司。番茄酱呈鲜红色酱体,具番茄的特有风味,是一种富有特色的调味品,一般不直接入口。番茄酱常用作鱼、肉等食物的烹饪佐料,是增色、添酸、助鲜、赋香的调味佳品。番茄酱是形成港粤菜风味特色的重要调味品之一。

番茄调味酱是以浓缩番茄酱、食用改良淀粉为主要原料,允许添加食用盐、食醋、食用着色剂等为辅料,经调配、杀菌、灌装而成的复合调味品。

一、原味番茄酱

以番茄为原料,经清洗、打浆、去皮去籽,浓缩后不加任何调味料,装罐、密封、杀菌制成的番茄酱,按其可溶性固形物含量分为低浓度番茄酱罐头和高浓度番茄酱罐头两类。低浓度番茄酱罐头,可溶性固形物含量为大于或等于24%、小于28%;高浓度番茄酱罐头,可溶性固形物含量大于28%。

(一)工艺流程

原料验收→清洗→修整→破碎→加热→打浆→真空浓缩→预热→装罐→密封→杀菌及冷却→揩罐→成品

(二)操作要点

1. 原料验收

番茄原料采收一定要全红,符合规格要求,采收后的番茄按其色泽、成熟度、裂果等进行分级、分别装箱。

2. 清洗

把符合生产要求的番茄倒入浮洗机内进行清洗,去除番茄表面的污物。

3. 修整

剔除不符合质量要求的番茄,去除番茄表面有深色斑点或青绿色果蒂部分,以保证番茄原料的质量。

4. 破碎

螺旋输送机将精选后的番茄均匀地送入破碎机进行破碎和脱籽。

5. 加热（热处理）

通过管式加热器在85℃左右加热果肉汁液,以便及时破坏果胶酯,提高番茄酱黏稠度。

6. 打浆

经热处理后果肉汁液及时输入三道不同孔径、转速的打浆机进行打浆。第一道孔径为1mm(转速为820r/min);第二道孔径为0.8mm(转速为1000r/min);第三道孔径为0.6~0.4mm(转速为1000r/min)。

7. 真空浓缩

应用真空浓缩锅进行浓缩,浓缩前应对设备仪表进行全面检查,并对浓缩锅及附属管道进行清洗和消毒,然后进行浓缩。采用双效真空浓缩锅经过三个蒸发室,使番茄酱浓度达到要求为止。

8. 预热

浓缩后的番茄酱,经检查符合成品标准规定即可通过管式加热器快速预热,要求酱温加热至95℃后及时装罐。

9. 装罐密封

番茄酱装罐后要及时密封,密封时,封罐机真空度为26.7~40.0kPa。

10. 杀菌及冷却

已密封的罐头应尽快进行杀菌,间隔时间不超过30min。灭菌公式:5min~25min~0min/100℃。沸水灭菌后的罐头应及时冷却至40℃以下。

11. 揩罐

冷却后应及时将罐头揩干,堆装。

番茄酱为红色或橙红色,同一罐中酱体色泽一致(允许内容物表面有轻微褐色)。具有番茄酱应有的滋味与气味,无异味,酱体细腻,黏稠适度。

二、甜味番茄酱

(一)甜味番茄酱一

1. 原料配方

番茄浆100kg,砂糖30kg,柠檬酸1~2kg。

2. 操作要点

（1）原料处理：选用皮薄肉厚，汁液少的番茄品种，以充分成熟为宜，将番茄在水中冲洗干净，并除去种子、皮和果蒂部分，用刀切成 0.5cm 的小块。

（2）打浆：把已切碎的番茄碎块送入打浆机中打浆，要求浆体均匀细腻，这时果浆呈浅粉红色。

（3）调配：把番茄浆 100kg 倒入搅拌式夹层锅中，加入 30kg 的砂糖、1～2kg 的柠檬酸，边搅拌边加热浓缩，浓缩至总固形物为 75% 以上时，果酱呈现鲜红透明、浓稠的膏体状，口感酸甜适度。

（二）甜味番茄酱二

1. 原料配方

番茄肉 100kg，白糖 60kg，柠檬酸 400g，明胶 1kg，水适量。

2. 操作要点

将无损伤的番茄洗净，去皮，用磨粉机磨成糊状，将其与柠檬酸和水一起倒入锅内，搅拌混匀，置于旺火上煮约 5min；加入白糖，用力搅拌，待白糖溶化后改用小火煮 10min。将明胶放入少量水中，加热使其充分溶化。将明胶溶液倒入果酱内，搅拌均匀，再煮大约 10min 后出锅。当温度降至 70℃ 时及时装罐密封，间隔时间不要超过 30min，罐温不低于 40℃。采用蒸汽常压杀菌，在 100℃ 下杀菌 5～15min。成品色泽橙红，香甜微酸。

三、风味番茄酱

（一）台湾番茄酱

台湾番茄酱属西式调味料，是利用当地丰富的农作物鲜番茄或经加工的番茄泥为原料，另配以各种香辛料、调味料经加工调配而成的，深受台湾民众的喜爱。其主要用于宾馆、饭店、家宴装饰涂刷西式料理和中式点心菜肴之用。

1. 原料配方

番茄：适量。

材料 A：食盐 3.1kg，砂糖 15kg，醋 5kg。

材料 B：洋葱 5.2kg，蒜 0.5kg，月桂叶 0.1kg，麝香草 0.1kg，鼠尾

草 0.1kg。

材料 C:白胡椒粉 0.08kg,辣椒粉 0.06kg,丁香 0.08kg,桂皮 0.15kg,姜粉 0.08kg。

2. 操作要点

(1)原料的要求。加工用番茄品种应产量丰富,收获期较长;果面平滑、蒂部凹少;色泽鲜红,皮薄肉厚,籽少;果汁浓厚,含量高;果实成熟度均匀,且茄红素含量高,蒂部附近不残留有绿色。

番茄加工品除需保持果实的风味外,还应具备特有的鲜红色。番茄的主要色素,一为呈红色的茄红素,二为呈黄橙色的叶红素,还有叶黄素及叶绿素等。随着成熟度的增加,叶绿素渐减而黄色及红色增加,加工用料以出现普遍红色为宜。番茄成熟期间,气温在 18~23℃时为生成茄红素的最适温度,若低于 16℃或高于 30℃,则茄红素将不能生成,而黄色较显著。未成熟者在 20~21℃储藏数日则现红色,在 30℃则现黄色,在 37℃则黄色易变深,且易腐败。

番茄中叶绿素加热则变褐,故加工的番茄含有较多叶绿素者,制品有变褐倾向。

(2)制作番茄泥。

① 冷制法:先将完全成熟的果实洗净、去蒂,并用热水烫过,以便果肉与果皮分离。经破碎机打碎后,通过过滤机网孔(0.3~0.5mm)除去果皮及种子粒等。对半熟的果实,亦可将未熟部分除去,一并应用,用其制成番茄泥或番茄糊。

② 热制法:番茄先经蒸煮,然后再打碎过滤者,称为热制法。先经加热,果实中的果胶质与胶质能较多溶于果汁中,增加其黏度,并赋予光泽。果胶分解酶、维生素 C 氧化酶及其他活性粗酶失活,可防止浓缩液中果肉与果汁分离以及维生素 C 的损耗,清除番茄产生的臭味。

(3)番茄酱的调制。以番茄泥为原料,可将材料 A 直接加入番茄泥中,但醋需最后加入。材料 B 中洋葱、蒜剥去外皮经破碎机打碎,其他用刀切碎,将这 5 种材料混合,加是其重量 2 倍的水煮制。材料 C 均是粉状,可加少量水和匀后,加入材料 B 中,两者共煮沸约 30min,装袋榨汁。在实际操作时,可先将番茄泥注入不锈钢夹层锅中煮沸,加入砂糖及食盐使其完全溶解,再加入材料 B 及材料 C 榨汁,此时因添加水分而变稀,可再予浓缩,最后加醋拌匀后,在85℃以上装瓶。

若采用鲜番茄果实为原料,可将蒜和洋葱切碎,于浓缩时加入煮之,至达到浓度时共同经过精制机,送入调味锅中,加入前处理的香辛料榨汁煮制。

(4)包装灭菌。以上方法所得制品,均以相对密度达 1.12 ~ 1.15 为宜。将其在85℃以上装瓶后,再以 90℃予以杀菌,装瓶(180mL 杀菌15min,360mL 杀菌20min)。

成品相对密度约为 1.12,其主要理化指标(质量分数)为:固形物25%,水分75%,总酸(以醋酸计 g/dL)1.2 ~ 1.7,盐分 3.5% ~ 4.0%,糖分 16.0% ~ 22.0%。

(二)肉味番茄酱

1. 原料配方(质量分数)

番茄 54.1%,辣椒(干)0.5%,水 29.9%,食盐 0.7%,牛肉(或鸡肉)13.5%,增稠剂 0.5%,生姜(鲜)0.8%。

2. 工艺流程

番茄→精选→烫漂→捣碎

牛肉(鸡肉)→漂洗→煨汤→捞取切丁→烹煮→加增稠剂→包装→灭菌→

检验→成品

3. 操作要点

(1)番茄处理:选择新鲜、饱满、成熟的番茄放入沸水中烫漂2min,去皮、去蒂,用捣碎机捣碎后过筛,使浆料质地粗细一致,备用。

(2)牛肉(鸡肉)处理:纯精牛肉(鸡肉)置于温水中漂洗数分钟,洗尽血浆,去除血腥味,与食盐、水、辣椒、生姜等原料放入高压锅中煨汤,至牛肉咀嚼易烂为止。将牛肉捞取切丁,其他原料用滤布滤出。

(3)配料烹煮:将牛(鸡)肉汤、牛(鸡)肉丁放入夹层锅中浓缩至半时,加入一部分番茄浆料一起烹煮。余下的浆料与增稠剂在捣碎机或搅拌机中混合均匀,再倒入夹层锅中搅拌均匀,烹煮至沸腾即可离锅。

(4)包装:可用蒸煮袋或玻璃瓶包装,灌装后封口或加盖,之后在90℃水浴中灭菌 25 ~ 30min。玻璃瓶应分级降温,经过检验合格即为成品。

成品色泽为红褐色或棕褐色,内含牛(鸡)肉末,稠度适中;具有酸、咸、辣、鲜味,没有其他不良气味。其中,可溶性固形物≥33%,氯化钠为1%左右,酸度(以醋酸计)为0.8%~1.2%。

(三)多维番茄酱

1. 原料配方

番茄300g,胡萝卜(或南瓜)100g,CMC 8g,柠檬酸2g。

2. 工艺流程

　　　主料→挑选→去杂→破果
　　　　　　　　　　　　　↓
辅料→清洗→去杂→切片→混合→打浆→装罐→杀菌→冷却→包装→成品

3. 操作要点

(1)原料采收:从田间采收回来的番茄应尽量缩短存放时间,早日投入生产。暂时无法加工的原料应用硬纸篓、筐盛放,防止受压,在0~5℃的温度下储存,储存期不得超过10d。

(2)挑选、清洗去杂:除去有病害及腐烂的果实,利用流动水充分洗去泥沙,去除柄和杂物等。

(3)破果与切片:利用机械将清洗过的番茄切成块状,胡萝卜(或南瓜)切成厚度不超过5mm的片状(南瓜应去籽),以便打浆。

(4)混合打浆:将切碎的原料与配方中的添加剂按照配方比例混合后,送入打浆机中打碎成果酱,通过直径为0.6mm的不锈钢滤网过滤。

(5)装罐与杀菌:将原料加热,在不低于80℃的温度下进行装罐,浸入水浴中升温至85~95℃,排除罐内的气体,密封,保持0.5~1h,然后冷却到40℃以下。

(6)包装:检查冷却至室温的罐头,以剔除破损产品,粘贴标签装箱,产品应保存于低温干燥处。经过包装的产品即为成品。

(四)蒜蓉番茄酱

1. 原料配方(质量分数)

大蒜浆45%,番茄浆38%,食盐3.5%,蔗糖5%,CMC-Na 0.3%,β-环状糊精2.3%,明胶1.6%,柠檬酸0.1%,调味液(花椒:茴香:生姜:水=3:3:6:88)4.2%。

2. 工艺流程

大蒜→去皮、切蒂→酸烫钝化酶→打浆→脱臭

番茄→热烫去皮→打浆→熬制→冷却→混合→灌装→脱气→压盖→杀菌→

成品

3. 操作要点

蒜浆采用脱臭剂的配比为 β – 环状糊精：明胶：柠檬酸 = 13：9：0.75，脱臭剂与蒜汁(浆)的配比为 1：25，在 65℃条件下加热 12min；按一定比例把经过打浆的番茄浆倒入锅内，加热浓缩，并不断搅拌，以防黏锅；浓缩 30min 后加入蒜浆、按比例配制的脱臭剂、蔗糖、食盐等搅拌均匀，继续加热浓缩，至黏度适中时起锅。浓缩时间不宜过长或过短，过长会使酱体色泽发暗，影响蒜香味存留；过短则酱体太稀，静置后易出现分层现象。加入蒜浆后番茄酱的浓缩时间为 15min 左右，不能超过 20min。

(五)浓香番茄酱

1. 原料配方

番茄 2kg，白砂糖 400g，白醋 150mL，食盐 50g，五香粉 15g，洋葱末、大蒜末各适量，胡椒粉少许。

2. 操作要点

挑选无腐烂、无病虫害的成熟的番茄洗净，然后放入蒸锅里蒸熟，取出剥去皮，捏碎，再用干净的纱布滤除籽，留下肉酱；在白醋中放入五香粉，浸泡 2h 后，加入白砂糖、食盐，使其完全溶解，混合均匀后，倒入番茄肉酱里面，再将少许洋葱末、大蒜末、胡椒粉与番茄肉酱混合拌匀，并放入锅内用温火煮熬，边煮边搅拌，熬至浓稠糊状，趁热装入清洁干净且干燥的玻璃瓶里，加盖密封。放低温干燥处储存。

(六)西式番茄酱

1. 原料配方

新鲜番茄 2000g，橄榄油、大蒜末、洋葱丁各适量，月桂叶、兰姆酒、水、糖、盐、胡椒粉各少许。

2. 操作要点

新鲜番茄洗净，放入砂锅中煮，煮好后去皮、去籽，放入搅拌机中打

碎;锅中放入橄榄油烧热,加入大蒜末、洋葱丁炒至洋葱变软,再放入打碎的番茄浓浆;拌炒后,放入月桂叶、兰姆酒、水、糖、盐、胡椒粉调味;用中火煮至汤汁变稠后,取出月桂叶,即成番茄酱。

四、番茄沙司

番茄沙司是在番茄泥中加入砂糖、食盐、醋、香辛料以及其他调味料制成的。原料中番茄的质量和配料中醋、香辛料的选择、配比等都是决定番茄沙司质量的重要因素。番茄沙司中所用的调味料宜于佐食油腻食物。

(一)原料配方

配方一:番茄泥10L,30%的醋精0.1L,砂糖0.5kg,食盐0.1kg,洋葱0.1kg,大蒜5g,丁香4g,肉桂3g,肉豆蔻衣1g,辣椒1g,天然调味液20g。

配方二:番茄泥45L,醋6L,冰醋酸0.5kg,砂糖6kg,食盐1kg,洋葱1kg,红辣椒50g,肉桂50g,多香果40g,丁香35g,肉豆蔻衣10g,大蒜10g。

配方三:番茄酱或泥(12%)50kg,砂糖7.5kg,食盐1kg,冰醋酸500g,洋葱1kg,丁香50g,桂皮70g,生姜粉10g,红辣椒粉10g,大蒜末10g,五香子15g,玉果粉5g,美司粉5g,煮调味料用水3.5kg左右。

配方四:番茄酱(浓度14%)380L,精盐12kg,白砂糖57kg,碎洋葱12kg,蒸馏果醋(10%醋酸)45L,肉桂500g,肉豆蔻50g,丁香粉300g,辣椒粉30g,胡椒粉500g。

配方五:番茄酱(含干物质5.5%)380L,精盐3.6kg,白砂糖22kg,蒸馏果醋10L,洋葱碎末1kg,大蒜碎末200g,肉桂50g,丁香40g,肉豆蔻40g,辣椒粉60g,胡椒粉500g。

配方六:番茄酱(含干物质7%~8%)300L,白砂糖45kg,精盐5kg,饴糖20kg,醋精(30%)3L,肉桂粉150g,肉豆蔻25g,胡椒粉100g,丁香100g,辣椒粉30g。

(二)工艺流程

各种香辛料→配比→熬煮→过滤→调味液

番茄酱、盐、糖→搅拌→熬煮→打浆→搅拌→杀菌→浓缩→装罐→冷却→

成品

(三)操作要点

1. 预处理

将洋葱外衣去掉,切去根须,洗后切成细丝;蒜头去掉外衣,并用斩拌机斩成细末。其他香辛料能洗的要洗净,然后尽可能粉碎或敲碎。

2. 熬煮

向夹层锅中加入适量的水、醋或冰醋酸,再加入各种香辛料,加热煮沸后,加盖闷2h,然后用纱布过滤,渣子应加适量水再煮一遍,过滤取汁,作为下次煮调味料的用水。

3. 打浆

将所有配料(除调味液)加入搅拌锅中,加热搅拌,待糖、盐溶化后打浆,通过0.6~0.8mm的筛孔过滤。

4. 包装

打浆后加入调味液,搅拌煮沸后趁热灌装封口,先以50℃左右热水淋洒降温,再分段冷却至30~40℃,要防止瓶口浸水。

调味液最好现用现煮,若需多煮分次使用,应把配方中的糖、盐一同加入调味液中,这样可提高调味液的渗透压,达到抑制微生物的作用。调味液必须储存于陶缸或不锈钢瓶中,空瓶要用清水洗净,倒置于带孔容器中,于116℃消毒15min备用;瓶盖用沸水消毒,沥干备用。若使用塑料聚酯瓶,应采用消毒液浸泡消毒;必须在无菌条件下灌装封口。

第四节　其他非发酵酱类

一、蒜酱

(一)大蒜酱

1. 原料配方

蒜泥100kg,汤汁100kg,花生油8.8kg。

汤汁配方:精盐6kg,白砂糖4kg,磷酸盐170g,抗坏血酸380g,柠檬酸400g,加水至100kg。

2. 工艺流程

原料选择→原料去皮、清洗→绞碎→预煮→配液→装罐→真空封罐→杀

菌、冷却→检验→贴标

3. 操作要点

(1)原料选择:选择储存良好、不发芽、无霉变、无病虫害和机械伤,易于分瓣和切根去蒂的蒜头。

(2)去皮、清洗:蒜头分瓣后放入90℃水中浸烫30s,取出后手工去皮,要求去皮干净,然后清洗备用。

(3)绞碎:将清水洗净的蒜瓣放入绞碎机中绞碎成蒜泥备用(蒜泥碎块长、宽均为3mm)。

(4)预煮:将绞碎的蒜泥迅速放入不锈钢筛子,于温度为90~95℃的水中预煮20~30s,蒜泥温度最终达到90℃左右为宜,但不得有焦煳味。

(5)配液:按配方将精盐、白砂糖、磷酸盐、抗坏血酸、柠檬酸加到水中溶解。

(6)装罐:瓶、盖使用前消毒,应控制装罐,在净重454g的瓶中,蒜泥装入量≥45%~55%,汤汁装满为止(每罐中花生油装入量为20g)。

(7)真空封罐:采用真空封罐机封罐,真空度为40~45kPa。

(8)杀菌、冷却:采用杀菌公式:5min~15min/90℃,杀菌后分段冷却至常温。

(9)检验、贴标:合格者为成品。

(二)面包蒜酱

1. 原料配方(质量分数)

大蒜(去皮)20kg,人造黄油52kg,起酥油15kg,大蒜油1.5kg,β - 环糊精1kg,高果糖浆8.5kg,盐2kg,β - 胡萝卜素0.05kg。

2. 工艺流程

<pre>
          黄油、果糖浆、盐及β-环糊精   氢化起酥油、β-胡萝卜素
                  ↓   ↓
大蒜 → 浸泡 → 去皮 → 打浆 → 配料 → 保温(70~75℃,40~45min) → 搅拌 → 均质 →
消毒浓缩(80~85℃,30min) → 装瓶封口 → 冷却
                           ↑
                  盖、瓶清洗,烘干
</pre>

3. 操作要点

大蒜浸泡、去皮后打浆,按配方加入人造黄油、果糖浆、盐及 β - 环糊

精,搅拌均匀,加热至 70 ~ 75℃,保温 40 ~ 45min;然后加入氢化起酥油 (乳化剂)及 β - 胡萝卜素,搅拌,均质;加热浓缩 30min,趁热(80 ~ 85℃) 装瓶、封口;冷却至常温。

面包蒜酱可涂抹在面包或其他食品表面,直接食用或加热后食用均 可。若加热,则有明显的蒜味。该产品表面光滑,均匀一致;色泽为略带 粉红的奶油色,甜咸适度,口感细而不腻,不黏牙,入口即熔;常温下为固 态,涂抹性能好,无颗粒。

(三)山楂蒜蓉酱

1. 原料配方

大蒜 50kg,山楂 30kg,食盐 5kg,β - 环糊精 0.15kg,蜂蜜 4%(占成品 酱比例),焦糖适量。

2. 工艺流程

$$大蒜 \rightarrow 去皮、切蒂 \rightarrow 微波加热(脱臭) \rightarrow 打浆$$

山楂 → 清洗 → 加热软化 → 打浆 → 熬制 → 冷却 → 混合 → 灌装 → 脱气 → 杀菌 → 冷却 → 成品

3. 操作要点

(1)脱臭:取新鲜大蒜置于自来水和 pH 值为 4.0 的柠檬酸溶液中浸 泡 2.5h,然后将大蒜放入微波炉中(850W)处理 2 ~ 3min,迅速取出冷却。

(2)打浆:取清洁干净的山楂果与水按 2∶1 混合,加热沸腾 20 ~ 25min 软化,除去果柄、果皮和种子,然后用孔径 0.7 ~ 1.5mm 的竹筛进行 打浆。将微波加热脱臭后的大蒜加入多功能食品加工机,同时加入蜂蜜 和 β - 环糊精溶液,然后将大蒜打至细小的颗粒状。

(3)熬制:打浆后的山楂浆与焦糖溶液、食盐一起进行熬制至酱红褐 色,冷却后与蒜泥混匀。

(4)装瓶杀菌:蒜蓉酱装瓶后,在常压、100℃下杀菌 15min。

成品呈褐红色,细小颗粒状,均匀一致;蒜香味浓郁,辣味适中,咸甜适宜。

(四)牛蒡蒜蓉酱

1. 原料配方

以每锅 100kg 计:牛蒡浆 69.7kg,大蒜浆 12.3kg,精盐 10kg,酱油 5kg,

白砂糖 3kg,生姜 3kg,花椒 0.2kg,小茴香 0.1kg,味精 0.2kg,精炼植物油 1.5kg。

2. 操作要点

(1)牛蒡预处理:选择新鲜、老嫩适当、肉质坚实而致密的原料;剔除根部开裂、分叉、糠心,外表损伤严重或因病虫害形成严重缺陷的原料;用带毛刷的清洗机高压喷淋,洗净表面的泥沙等污染物;先用不锈钢刀切去头尾,然后刨皮,刨皮要干净,彻底,不能留毛眼,同时修去斑疤等缺陷;用旋刀式切片机切片,切片厚度不超过 2mm,切片后应及时漂烫,以免暴露在空气中引起褐变(若不能及时加工,应把牛蒡切片投入护色液中护色。护色液配方为:异抗坏血酸钠 0.05%,柠檬酸 0.1%,精盐 0.2%)。然后在烫漂液(精盐 10%、柠檬酸 0.15%)中烫漂 2~3min,温度 90~95℃,以烫透、呈半透明状为准,而后迅速冷却。烫漂的目的是钝化氧化酶、软化组织,便于打浆。烫后的牛蒡切片应及时打浆,避免积压,打浆时加入约15% 清水,使浆液呈黏稠状、均匀、流散。

(2)大蒜预处理:选用成熟、清洁、干燥、头大瓣、肉洁白,无病虫害、无机械破损的大蒜。用冷水洗净,剥开蒜瓣,在 38~40℃ 的温水中浸泡 1h左右,搓去皮衣,淘洗干净,去除带斑、伤疤、干瘪、病污的杂瓣蒜,要求去皮干净,蒜瓣一色。将蒜瓣置于 10% 的盐水中,沸水烫漂 3~5min。其目的是钝化蒜酶,抑制大蒜产生臭味,软化组织,使破碎更方便。灭酶后的蒜瓣加入 30% 的水打浆,打浆粒度不必太细,浆体呈徐徐流散状。

(3)生姜处理:手工去皮或化学去皮,漂洗干净,用不锈钢刀切成薄片,再用组织捣碎机打碎备用。

(4)花椒、小茴香处理:花椒、小茴香烘炒出香味,再磨成粉,过 60 目网筛,备用。

(5)调配:按配方称取牛蒡浆、蒜蓉浆及各种辅料倒入调配桶中,不停地搅拌,使之混合均匀。

(6)磨浆:将配制好的半成品浆通过胶体磨,充分磨浆。

(7)灭菌:将磨好的酱倒入夹层锅中加热至 85℃,灭菌 25min,趁热灌装于预先经清洗、消毒的玻璃罐中。装瓶量:370 瓶型,净重 330g;314 瓶型,净重 280g。

(8)封罐:真空旋盖机封罐。成品真空度应控制在 0.02～0.05MPa。擦干瓶子,贴商标即为成品。成品为鲜亮的红棕色,酱体黏稠适当,呈半流体状,牛蒡、大蒜香味协调,风味醇正,不含杂质。

二、冬瓜酱

冬瓜酱酱体晶莹透明,呈胶黏状,能徐徐流动,为淡绿色。

(一)冬瓜酱一

1. 原料配方

冬瓜肉 10kg,砂糖 13.8kg,蜂蜜 1.25kg,琼脂 110g,柠檬酸 72g。

2. 工艺流程

选料→预处理→软化→浓缩→装瓶→密封→杀菌→冷却→检验→成品

3. 操作要点

(1)原料要求:选用生长良好、充分成熟、无病虫害、瓜肉肥厚的冬瓜为生产原料。作为辅料的砂糖、柠檬酸、蜂蜜等均应符合食用卫生标准。

(2)清洗、去皮、去籽瓤:在流动的水中将冬瓜外表皮上的泥土、白霜洗净,然后用去皮刀刮去冬瓜的皮(以去净青皮为度)。去完皮后用水清洗 1 次,然后用刀将瓜纵向切成两半,用半弧刮刀刮去籽瓤(指瓜肉上的海绵状物质)。去皮、去瓤时不宜多伤瓜肉。

(3)绞碎、软化:处理好的冬瓜肉切成小块,投入绞扳孔径为 9～11mm 的绞碎机中绞碎。

配制浓度为 65%～70% 的糖液,过滤。取一部分配好的糖液,加入绞碎的冬瓜肉中,冬瓜肉与糖液的体积比为 1∶(1～1.3)。加热使其软化,时间约 20min。

(4)浓缩:在剩余的糖液中按配方加入蜂蜜,与软化的冬瓜肉泥混合,加热浓缩,不断搅拌,直至可溶性固形物浓度达 65% 左右。然后按配方将琼脂加入重量是其 15 倍的水中,加热溶化,趁热用绒布过滤,将琼脂溶液倒入浓缩过的冬瓜肉泥中,继续加热浓缩,不断搅拌,至可溶性固形物浓度达 68% 左右为止。

(5)装瓶:将柠檬酸加入少量水制成溶液,加入浓缩后的冬瓜肉泥中,搅拌均匀,加热至沸,趁热装入经清洗消毒的果酱瓶中。装瓶时酱体温度不得低于85℃,装量要足,每次成品要及时装完,不可拖延太长时间。

(6)密封、杀菌:装好瓶后,迅速加盖拧紧,达到密封要求,并在沸水中杀菌10~15min。如果瓶温太低,应分段提高瓶温,然后再放入沸水中。

(7)冷却:杀菌完毕在80℃→60℃→40℃热水中分段冷却,不可将煮沸过的瓶子直接放入冷水中,以免爆裂。

(8)检验:制好的罐头放入(25±2)℃的保温室中保温5~7d,进行检验,剔除不合格品,合格品包装入库即成。

(二)冬瓜酱二

1. 原料配方

冬瓜肉100kg,砂糖70~80kg,柠檬酸适量。

2. 操作要点

选用新鲜、肉质紧密肥厚、成熟度较高的冬瓜为原料;将冬瓜表面泥沙洗净,刨去瓜皮,切为4块,除去瓜瓤和籽,再切成4cm×1cm×1cm的瓜条;将瓜条倒入沸水中烫煮5~10min,至冬瓜透明为止,取出用冷清水冲洗1~2次;将烫煮后的瓜条倒入夹层锅中,加入浓度为75%的糖浆,瓜肉与砂糖重量比为1:(0.7~0.8);再加入适量的柠檬酸调节pH值至3.2左右;当可溶性固形物含量达60%~75%时,即可出锅。瓶、盖用前消毒,趁热装瓶(酱体温度>85℃)、密封。采用杀菌公式5min~20min/100℃,杀菌后,分段淋水冷却至室温,检验合格者贴标即为成品。

三、南瓜酱

(一)低糖南瓜果酱

1. 原料配方

成熟老南瓜100kg,蛋白糖、柠檬酸、CMC-Na、桂花增香剂各适量。

2. 工艺流程

选瓜→清洗→切块→去籽→破碎→预煮→打浆→调配→浓缩→装罐→密封→杀菌→冷却→检验→成品

3. 操作要点

(1)选瓜:选取色泽金黄、成熟的老南瓜,要求无病害、无污染。一般在常温下可储藏 3~6 个月,由于南瓜硕大,搬运要轻拿轻放,以免碰伤压伤。

(2)清洗:用水清洗瓜皮尘垢,再用水淋洗干净。

(3)切块、破碎:用不锈钢刀将南瓜切成 4 块,掏洗南瓜籽,再清洗干净;将瓜瓣放入破碎机中,破碎成直径为 1.5cm 大小的瓜丁。

(4)预煮:破碎后的物料经刮板升运机送入预煮机,在 30~60s 内原料升温到 80℃,使其酶类钝化失去活性,以保证原料在加工过程中不变色,也可保证果胶物质的含量,防止南瓜酱析水。同时预煮还可排除原料组织内的空气,提高成品的真空度。

(5)打浆:预煮后的瓜丁输入打浆机,高速打浆使瓜丁迅速成为浆液状,再通过筛网分离,使浆液细度达到小于 0.4mm。

(6)调配:打浆后的原料经泵输送到调配罐中,按配方加入 FF-100 甜味蛋白糖、桂花增香剂、CMC-Na(0.3%)等调味辅料,再加入柠檬酸,配调 pH 值为 2~3。搅拌均匀后,会赋予主料丰富的口感。

(7)浓缩:调配好的瓜泥泵入真空浓缩罐内,蒸汽压力控制在 0.1MPa 左右,料温约 60℃,罐内真空约 80kPa,浓缩 3~6min,可溶性固形物约为 7% 时,迅速出锅。

(8)装罐:玻璃罐洗净后连同盖子一同送入消毒柜中,经 90~100℃ 蒸汽消毒 20min,取出后沥干备用。装罐时要求热灌装温度大于 60℃,少留顶隙,迅速封好盖子,严防南瓜酱黏在罐口及罐外壁。

(9)杀菌、冷却:密封后立即将南瓜酱送入消毒柜杀菌,杀菌公式为 20min/95~100℃;杀菌后用水淋式冷却装置,将罐温降至 40℃ 左右,然后自然降温,此时应试一试盖子是否松动,若有松动,应拧紧。

(10)入库:擦干净罐处的水分,贴标,打印日期,包装后送入库房。库房应清洁、干燥、通风。

成品色泽淡黄、透明,具有南瓜酱应有的滋味和气味,可溶性固形物为 57%。

(二)低糖型三瓜酱

1. 原料配方

南瓜浆 60kg,冬瓜浆 35kg,苦瓜浆 5kg,白砂糖 40kg,柠檬酸 0.3~

0.35kg,增稠剂 0.5kg。

2. 工艺流程

苦瓜、冬瓜、南瓜→清洗、去皮、去瓤和籽→切成小块→热烫→打浆→混合→微磨→调配→均质→真空浓缩→杀菌→灌装→杀菌→冷却→成品

3. 操作要点

(1)前处理:分别将南瓜、冬瓜、苦瓜用清水洗净,然后去皮(苦瓜不需要去皮)、去瓤和籽,用刀切成小块,然后分别放入 90～95℃ 的热水中烫漂 2～3min,然后进入打浆工序。

(2)打浆及微磨:分别将经过前处理的南瓜、冬瓜、苦瓜小块用打浆机打成粗浆,按配方中的比例将 3 种瓜的粗浆混合,再通过胶体磨磨成细腻的浆液。

(3)调配:按照配方将白砂糖(留下适量白砂糖与增稠剂调和)加入混合瓜浆中,充分搅拌,使物料完全溶解。

(4)均质:对调配好的瓜浆以 40MPa 的压力在均质机中均质,使瓜肉纤维组织更加细腻,以利于成品质量的提高和风味的稳定。

(5)浓缩及杀菌:为保持产品营养成分及风味,采用低温(60～70℃)真空(0.08～0.09MPa),浓缩至浆液中可溶性固形物含量达到 40%～45%。

为了便于水分蒸发和减少白砂糖转化为还原糖的量,在浓缩接近终点时加入增稠剂和柠檬酸,预先将余下的白砂糖与增稠剂以 3：1 的质量比混合,用少量 50～60℃ 的温水溶解调匀,柠檬酸预先用少量温水溶解,当浆液浓缩至可溶性固形物含量为 40% 左右时,将上述物料加入。继续浓缩至可溶性固形物含量达到要求(68%～75%),关闭真空泵,解除真空。迅速将酱体加热到 95℃ 进行杀菌,完成后立即进入灌装工序。

(6)灌装及杀菌:预先将四旋玻璃瓶及瓶盖用蒸汽或沸水杀菌,保持酱体温度在 85℃ 以上进行装瓶,并稍留顶隙,通过真空封罐机进行密封,真空度应为 29～30kPa。随后将其置于常压沸水中杀菌 10min,完成后逐级冷却至 37℃ 左右,擦干瓶外水分,即得成品。

四、韭菜花酱

(一)原料配方

韭菜花、3%的鲜辣椒、味精适量。

(二)操作要点

1. 原料选择

挑选大朵半开或大朵、鲜嫩、无硬籽的韭菜花。将韭菜花择洗干净,尽量甩去表面水分。

2. 韭菜花的腌制

(1)方法一:配料为韭菜花2kg,盐400g,花椒3g,水2kg。

找一大小适宜的干净坛,再将2kg水、150g盐兑成盐水烧开晾凉,然后每铺一层韭菜花洒一层盐水,撒一层干盐,直至装完。当天翻倒1次,24h后再倒出,连续揉搓2遍,第3天再连续揉搓2遍,直至泡沫中有白点,颜色发黄。将花椒捣成面,拌入揉搓好的韭菜花中,7d后即为成品韭菜花。成品色泽墨绿,咸香。

(2)方法二:配料为韭菜花5kg,盐150g,鲜姜150g,苹果1个。

将韭菜花择洗干净,加盐腌半天,待用。将鲜姜、苹果洗净,切碎。把腌过的韭菜花、碎姜、苹果压成浆,盛在干净坛里,盖好坛口,置干燥阴凉处,7d后即为成品韭菜花。

3. 韭菜花酱的制作

把腌好的韭菜花加入3%的鲜辣椒和少许味精,经绞肉饥绞碎或粉碎机粉碎,即可制成韭菜花酱,将其进行软包装,即为成品。

五、洋葱酱

洋葱具有较高的食用价值和药用价值。洋葱酱作为调味品,可直接改善肉类、鱼类的异臭味,并可加到汤、点心、蔬菜沙拉中,深受人们的喜爱。

1. 原料配方

洋葱、柠檬酸适量。

2. 工艺流程

鲜洋葱→去皮、切根盘→冲洗→切片、丝→破碎→调酸加热→打浆→酶解→胶磨→打浆→胶磨→加热→浓缩→加热→装罐→封口→杀菌、冷却→商

业无菌检验→成品

3. 操作要点

(1)原料验收:选用辛辣味足的鲜白洋葱,其可溶性固形物达8%以上,无杂色、霉变。

(2)去皮、切根盘:用摩擦法脱皮,用蔬菜多功能机切根盘,应无残留纤维化老皮及根须。

(3)切片、丝:切成厚度为0.3~0.5cm的圆片或丝。

(4)破碎:将破碎筛网孔径调整为0.8cm,破碎过程用0.2%~0.25%的柠檬酸液护色。

(5)调酸加热:用0.25%~0.3%柠檬酸液调洋葱浆pH值至4.4~4.6,在85~90℃加热洋葱浆8~10min。

(6)打浆:采用双道打浆机打浆,头道筛孔为0.8mm,二道筛孔为0.6mm。

(7)酶解:把洋葱浆可溶性固形物调整为6%~8%,酶添加量为0.15%~0.2%,酶解温度为40~45℃,pH值为4左右,时间为15~20min,浆料酶解后可溶性固形物一般为6.5%~7.5%。

(8)胶磨:胶磨间隙为头道20μm,二道10μm。

(9)浓缩:浓缩温度为65~68℃,真空度为0.077~0.080MPa,浓缩至可溶性固形物为16%~18%。

(10)加热:温度90~95℃,时间6~8s。

(11)装罐、封口:用马口铁罐(198g),顶隙为6~8mm,酱温为85~88℃。缩短物料在各工序停留的时间,可防止洋葱酱发生褐变。

(12)杀菌、冷却:杀菌公式5min~25min~5min/85℃,冷却至45℃左右。

(13)检验:30℃保温7d,并按罐头进行商业无菌检验。

成品酱体均匀细腻,无水析,色浅黄,洋葱味浓郁,酸甜适口,无可见纤维、杂质;可溶性固形物为16%~38%,总糖≤15%,pH值为3.8~4.2,黏度(Bostwick)为6~9cm/30s。

第五章　香辛料调味品

香辛料是指具有天然味道或气味等味觉属性、可用作食用调料或调味品的植物特定部位,能够使食品呈现香、辛、麻、辣、苦、甜等特征气味。美国香辛料协会认为,"凡是主要用来做食物调味用的植物,均可称为香辛料"。

香辛料主要来自各种自然生长的植物,具有浓烈的芳香味、辛辣味。人们使用的香辛料多为该植物的种子、根、茎(鳞茎或球茎)、叶片、花蕾、皮、果实、全株或其提取物等植物性产品或混合物。

以各种香辛料为主要原料,添加或不添加辅料制成的成品即为香辛料调味品。香辛料可赋予食品一定的香型,改善食品风味,从而提高食品质量与价值,香辛料的运用对菜肴的质量起着重要的作用,它不仅能使人们在感官上享受到真正的乐趣,而且还直接影响食物的消化吸收。利用多种香辛料的配合,还可以开创出新的特色食品,许多香辛料还具有遮蔽腥膻、抑菌防腐、防止氧化及药理等作用。因此,不论中餐还是西餐,不管是居家烹调还是酒楼盛宴,香辛料都是人们更好地享受生活的重要食品配料。

一、香辛料种类

世界各地有使用报道的香辛料超过百种。按香辛料所属植物科目进行分类属植物学范畴,见表5-1。

表5-1　香辛料的植物分类

双子叶植物(科)	植 物 名 称
唇形科	薄荷、牛至、甘牛至、罗勒、风轮菜、留兰香、百里香、鼠尾草、迷迭香、紫苏、藿香
茄科	红辣椒、甜椒

双子叶植物(科)	植 物 名 称
胡麻科	芝麻
菊科	龙蒿、木香、母菊、菊苣
胡椒科	黑胡椒、白胡椒、荜拔
肉豆蔻科	肉豆蔻、肉豆蔻衣
樟科	肉桂、月桂叶、黄樟
木兰科	八角、小茴香、五味子
十字花科	芥菜子(芥子)、辣根
豆科	葫卢巴
芸香科	花椒
桃金娘科	丁香、多香果
伞形花科	欧芹、芹菜、枯茗、小茴香、葛缕子、香菜、莳萝、白芷
桑科	酒花
单子叶植物(科)	植物名称
百合科	大蒜、洋葱、韭菜、细香葱
鸢尾科	番红花
姜科	豆蔻、草豆蔻、草果、小豆蔻、姜、姜黄
兰科	香荚兰

香辛料的原始使用方法是不进行任何加工,直接添加在食品中,除此以外,也常将其加工成粉状制品使用。目前市场上还有片状形式的香辛料,如姜片、大蒜片等。这几种香辛料都要求对香辛料进行干制处理。常用的香辛料有以下几种。

(一)姜

姜是中国最常用的香辛料之一,又称生姜、白姜。生姜外观性状呈不规则块状,略扁,具指状分支,表面黄褐色或灰棕色,有环节,分支顶端有茎痕或芽;香特异,味辛辣。生姜根据姜的外皮色分为白姜、黄姜、红爪姜、紫姜、绿姜(又名水姜)等。片姜(白姜)外皮色白而光滑,肉黄色,辣味强,有香气,水分少,耐储藏。黄姜皮色淡黄,肉质致密且呈蜡黄色,芽不带红,辣味强,品质佳。红瓜姜皮为淡黄色,芽为淡红色,肉呈蜡黄色,纤维少,辣味强,品质佳。

姜含有精油、辣味化合物、脂肪油、树脂、淀粉、戊聚糖、蛋白质、纤维素、蜡、有色物质和微量矿物质等。姜能融合其他香辛料的香味,具有其他香辛料所不具备的新鲜感,在加热过程中显出独特的辛辣味,新鲜或干姜粉几乎可给所有肉类调味,是必不可少的辅料,可用于制作各种调味料,如咖喱粉、辣椒粉、酱、酱油等。

(二)葱

葱是百合科多年生草本植物,不但是可口的蔬菜和香辛调味料,而且有很好的保健作用,其全身(叶、茎、花、实、根及葱汁等)都可入药。葱作为一种常见的香辛料,生食时具有独特的辣味和刺激性,但辣味较平和,不强烈。把葱在烹调油中炸制,能散发出特殊的葱香风味物质,其主要成分是二正丙基二硫化物和甲基正丙基二硫化物,它们能刺激胃液的分泌,增进食欲。葱可增强复合调味汁整体的风味和香气,还具有遮蔽鱼、肉腥味的作用。

(三)大蒜

大蒜又名葫蒜,为百合科植物大蒜的鳞茎,多年生草本植物。大蒜的品种很多,按照鳞茎外皮的色泽可分为紫皮蒜与白皮蒜两种。紫皮蒜的蒜瓣少而大,辛辣味浓;白皮蒜有大瓣和小瓣两种,辛辣味较淡。大蒜富含维生素、氨基酸、蛋白质、大蒜素和碳水化合物,具有较高的药用价值和营养价值。完整的大蒜是没有气味的,只有在食用、切割、挤压或破坏其组织时才有气味。

大蒜可调制多种复合味,去邪味,并能矫正滋味,增加香气,它与其他香辛料混合有增香效果。大蒜用于牛肉、羊肉和水产品烹制中,具有突出的去腥解腻功能;大蒜制成蒜泥,在制作汤类、佐料汁、特色菜肴和沙司中亦是不可少的调料。将大蒜分别与葱、姜、酒、酱油、食盐、味精和香油等调料混合烹制,能形成多种类型的复合美味,如香辣味、鱼香味、蒜香味、鲜美味等,可极大地开拓及丰富烹饪味型。

(四)花椒

花椒的主要辣味成分花椒素,也是酰胺类化合物,还伴有少量的异硫氰酸烯丙酯。花椒果、枝、叶、杆均有香味,果皮味香辣,除直接用作调味品外,还可制成咖喱粉、五香粉。花椒所含营养成分很高,每100g可食部分中含蛋白质25.7g、脂肪7.1g、糖类35.1g、粗纤维8g、钙536mg、磷292mg、铁4.2mg,还含有芳香油,含量可达4%~9%。

花椒是调制其他复合调味料的常用原料,具有防止油脂酸败氧化、增添醇香、去腥增鲜的作用。用花椒榨油,出油率达25%以上,具有浓厚的香味,是极好的食疗用油。

花椒吸湿性强,应存放在干燥、通风的地方,不可受潮。花椒受潮后会产生白膜和变味,这种花椒是不能食用的。花椒以麻辣为特征,在粉碎时花椒会迅速分解而损失其麻辣味,所以花椒要以整粒存储,用时即时粉碎。

(五)八角

八角,属木兰科,又名唛角、八角茴香。其干燥成熟果实含有芳香油5%~8%、脂肪油约22%以及蛋白质、树脂等,为我国的特产香辛料和中药。八角由种子和籽荚组成,种子的风味和香气的丰满程度要比籽荚差,与小茴香相比,除了香气较粗糙,缺少些非常细腻的酒样香气外,其他均与小茴香类似,有强烈的甜辛香,也有口感愉悦的甜的小茴香芳香味。

八角主要用于调配作料,如五香粉的主要作料之一;肉食品的作料(如牛肉、猪肉和家禽);蛋和豆制品的作料;腌制品作料;汤料等。

(六)桂皮

桂皮是一类热带常绿植物已剥离的树皮(即桂树的树皮干燥物),有时也称肉桂、川桂、玉桂等。共有四种树能提供桂皮的原料,它们均属樟科植物,分别是兹兰尼樟、肉桂、洛伦索樟和缅甸樟,主要产于斯里兰卡、马达加斯加、印度、中国和印度尼西亚。

桂皮归于甜口调味类,有强烈的肉桂醛香气和微甜辛辣味,略苦。桂皮对原料中的不良气味有一定的脱臭、抑臭作用,桂皮是肉类烹调中不可缺少的调料,炖肉、烧鱼放点桂皮,其味芳香,味美适口。

(七)豆蔻

豆蔻又名圆豆蔻、波蔻。豆蔻的香气特异、芬芳,有甜的辛辣气,有些许樟脑般的清凉气息。豆蔻的主要成分为 α - 龙脑、α - 樟脑及挥发油等。豆蔻可用于的食品有：肉制品、肉制品调味料、奶制品、蔬菜类调味品、饮料调味品、腌制品调味料、咖喱粉、面食品风味料和汤料等。

常用的香辛料还有山柰、小茴香、丁香、莳萝籽、草果等，具体可参照有关介绍香辛料的书籍，这里不再一一介绍。

二、原状香辛料的干制保藏

原状香辛料是按食用形式来区分的，即除直接干燥操作外，不经其他任何处理，直接用于烹饪的香辛料。原状香辛料使用方便，在高温加工时，能慢慢释放出风味物质；味感醇正；易于称重和加工等。但香辛料受原料产地、种植地点、收割时间等影响较大，其风味质量和强度常有不同，因此经常需要调整香辛料的用量；香辛料中风味成分的含量一般很小，有许多无用的部位，使用原状香辛料所占体积、质量大，在运输和储藏过程中易受玷污；原状香辛料上都带有数量不少的细菌；易霉变和变质等。

香辛料的干燥没有固定的模式可循，要根据其自身的特点区别对待。有些香辛料要在较高的温度下或阳光下才能干燥好，而有些则不能让阳光直晒。目前香辛料的干燥方式有自然干燥和人工干燥两种。自然干燥分为晒干和风干，人工干燥一般采用热风干燥，而更多的香辛料是采用自然干燥。选择何种干燥方法，要视当地的气候条件而定，通常采用 25 ~ 30℃下自然阴干，以防止精油损失，也有的采用红外线照射法干燥香辛料植物。

原料在储存过程中，酶的作用对于食用香辛料植物的加工利用也是极为重要的一环，如香荚兰豆、鸢尾草、芥菜子、胡椒、苦杏仁等，通过发酵或植物组织内部酶的作用会使香味成分增加，同时可以改进香气；而对于各种荚果原料，要在采摘后尽快在热水或蒸汽中进行短时间的热处理，再立即用冷水冷却，其作用是保持特定的颜色，如八角在热水中浸泡 3 ~ 5min，晒干后可保持八角特有的黄红色。原料进行粉碎也是重要的一环，无论是直接利用食用香辛料植物，还是进一步蒸馏或浸提，粉碎都可加快其干燥过程，也可以充分利用其组织中的各种有效成分。

三、片状香辛料的干制生产

与原状香辛料相比,片状香辛料更加安全、卫生,方便使用,而且调味效果较好。片状香辛料的生产工艺简单,对设备的要求也不高,目前市场上生产的片状香辛料多数用于出口。

(一)脱水大蒜片的加工

脱水大蒜片主要产于江苏、上海、山东、安徽等地,每年 7 ~ 9 月为主要生产季节。产品用于调料、汤料及佐膳食用。

1. 工艺流程

新鲜原料→选择→分瓣、剥皮→切片→漂洗→甩干→摊筛→烘干→风选过筛→拣选→检验→装箱

2. 操作要点

(1)原料要求及预处理:鲜蒜原料进厂储存时应轻堆轻放,不得受重压,同时应堆放在通风阴凉处,底层垫有夹板,不得雨淋,并定期检查温度、湿度,以免发热、抽芽、变质、霉烂;加工时选择成熟、新鲜、清洁、干燥、肉质洁白的蒜头,要求外皮完整,无机械损伤、斑疤,剔除过小的蒜头,必须剔除发热、霉烂、变质及虫蛀的蒜头及蒜瓣,并先行加工未干或雨淋过的原料,将蒜头分瓣、剥皮、切净蒜蒂。

(2)切片:蒜瓣切片前应在清水中洗去泥杂,然后带水放在切片机中切成 2mm 左右的薄片,厚度不超过 2.5mm,生产前期片形可略厚,后期可略低于 2mm。刀片机的刀片角度要夹准,刀盘转动要平稳,电动机转速一般为 80 ~ 100r/min,刀片必须锋利,2 ~ 3h 磨 1 次,这样才能使切出的蒜片光滑且厚薄均匀。片形过厚,烘干后蒜片易发黄;片形过薄,色虽白,但易碎,成品碎屑多,且辛辣味不足。

(3)漂洗:将切片的蒜片装入竹箩中,每箩 10 ~ 12.5kg,放在清水池或缸中用流动的水冲洗掉蒜衣和蒜片表面的黏液,并用木棍将箩筐内的蒜片上下翻动,一般冲洗 3 ~ 4 次。漂洗程度要适中,如漂洗不清,成品较黄;漂洗过度,香辣浓度降低,且成品片形毛糙。

(4)甩干:将蒜片放入离心机内甩水约 2min,将蒜片表面水分甩掉,既可缩短烘烤时间,又可提高成品色泽。

(5)摊筛:竹筛上蒜片要摊得均匀,既不要留空白处,也不得过厚,过厚易发黄不宜烘干。

(6)烘干:准确掌握烘道温度,一般控制在 65 ~ 70℃,烘温不宜过高,过高蒜片色泽易发黄发焦。烘烤时间 5 ~ 6h,因与天气变化和排湿量大小有密切关系,故必须灵活掌握。蒜片出烘道水分含量一般掌握在4% ~ 4.5%(质量分数,以下未加说明均为质量分数),考虑到拣选、装箱吸收水分的因素,出烘道后需经水分拣选合格,才可送拣选间拣选。

(7)风选过筛:烘干的蒜片,用风扇去除鳞衣杂质,用振动筛筛下蒜屑、碎粒,然后将成品送入拣选间拣选。

(8)拣选:拣选间必须宽畅,最好安置在楼层,室内清洁卫生,空气流通,光线明亮,墙壁刷白,并要装有纱门纱窗,以便防蛾防虫。拣选及装箱时必须穿戴功能工作服、工作鞋、工作帽,拣选前必须洗手,并经过消毒(3% 来苏水溶液)。用具必须经过消毒,保持干燥、清洁。拣选时要严格对照成品出口质量标准,剔除蒜衣和一切杂质,拣选后的蒜片应再次测定水分,水分含量掌握在 5.5%左右。拣选中要做好分等分级工作,避免以次充好。

(9)检验:检验时应对照脱水蒜片成品出口标准严格进行,检验项目主要包括:色泽、片形大小、粒屑所占比例、水分含量、杂质,其他如深黄片、空心片、斑疤、中心泛红及变色片所占的比例、香辣味(浓、淡)等。检验员须严格按照检验的操作规程进行,详细做好检验记录和质量不合格的处理意见等。

(10)装箱:经严格拣选和检验后,符合出口标准的各等级蒜片要立即进行装箱,若暴露在空气中时间过长,易吸潮变软。

(二)脱水(黄、红、白)洋葱片的加工

脱水洋葱片主要产于江苏、上海、浙江、福建、新疆(白葱)等地。生产时间主要是 6 ~ 8 月,10 ~ 11 月。脱水洋葱片可直接食用,也可作为汤料、调料、罐头食品的配料。

1. 工艺流程

新鲜黄(红、白)葱原料→选择→剥皮(去葱梢、蒂、鳞衣老青皮)→切分、切片
                                                                          ↓
包装←检验←拣选←烘干←摊筛←离心机甩干←漂洗

2. 操作要点

(1)原料的质量及进厂要求:在收购和运输过程中,应轻装轻卸,避免机械损伤,储存于干燥通风处,以免发热受潮后发生霉变、腐烂、抽芽,影响成品加工质量。

黄洋葱、红洋葱、白洋葱原料在收购运输进厂时,一定要分开,不得混杂。黄洋葱原料品种选用盆子葱或高茎葱,红洋葱原料品种选用扁形盆子葱。洋葱原料应充分成熟(外层已老熟),新鲜,气味辛辣,身干无泥、无须,剔除过小的洋葱;无霉烂、虫蛀、抽芽或严重机械损伤。

黄洋葱肉色呈白色或淡黄色,红洋葱肉色呈淡紫红色,白洋葱肉色呈白色。

(2)选择:加工前须对原料进行选择,黄、红、白洋葱原料要严格分开,生产黄洋葱剔除红(白)洋葱,生产红葱要剔除黄(白)洋葱。

(3)剥皮:将经拣选后的黄(红、白)洋葱,去葱蒂、葱梢,去鳞衣、老青皮,一直剥到均一鲜嫩的白色或淡黄色肉为止(一般剥去 2~3 层),并削除有损伤部分。为保证原料新鲜,在加工切片前应随用随剥,剥后不能放置过久,一般不超过 4h,并浸泡在清水中储存。

(4)切分:在切分之前用清水冲洗 1 次,洗除外表污泥。大个洋葱应切分"四半",中等洋葱应切分为"两半",小洋葱不切分。

(5)切片:将切分后的洋葱放在切片机中切成 3.5mm 厚的类似月牙形的葱片(早期水分较多切 4mm,中期切 3.5mm,后期水分较少,切 3mm)。切片机刀片大约 4h 磨 1 次,不磨刀切出的洋葱易碎。

(6)漂洗:切片后应放在流动水中漂洗 3 次。用竹箩放入约小半箩葱片,放入流动清水缸中漂洗,用棍棒或手上下翻动,连续经过 3 缸流动清水,漂洗去葱片表层可溶性物质(黏质、糖分等),然后放入 0.2% 的苏打或柠檬酸溶液中浸渍 2min 护色,但一般情况下,不需要苏打或柠檬酸溶液护色。

(7)离心机甩干:将漂洗好的洋葱放入离心机中甩干,甩水时间为 30s 左右(电动机转动 30s 后,立即切断电源让离心机自动旋转,再过 30s 刹车),然后取出摊筛。甩水时间要严格掌握,要适度,若时间过长,条形不挺直,会影响成品质量。

(8)摊筛:摊筛要均匀,不能摊得过厚,否则不易烘干,会影响色泽;也不要留空白。

(9)烘干:烘道温度一般掌握在65℃左右为宜,时间一般为6~8h,视排风能力而定,烘出水分掌握在4%~4.5%。烘温不能太高,时间不能过久,否则易发生色变、发黄现象,烘后稍冷却即装入容器中封闭,并拣除未烘干部分。

(10)拣选:拣选间必须保持清洁卫生,空气流通,光线充足。洋葱片成品特别易生虫,为防止虫子、飞蛾在成品上产卵,拣选间必须装有纱门纱窗,拣选前双手必须洗净并消毒,同时必须穿戴工作服、工作帽、工作鞋,严格按照成品质量要求进行拣选,筛去碎屑,拣除黄皮、青皮、葱衣、变色片、花斑片和其他杂质。因葱片容易吸潮,拣选时动作必须迅速,拣选并经水分检验合格后才能装箱。拣选时应做好分等分级工作。

(11)检验:要对照黄(红、白)洋葱出口质量标准进行检验,检验项目主要包括:色泽,水分,杂质,片形(长短、粒、屑所占比例),其他(老皮、青筋片、深黄片、褐片等所占比例)。检验员要严格按操作规程逐项进行,严格进行质量把关,分等分级等。

(12)包装:因洋葱极易吸潮,经检验合格的洋葱,要立即进行装箱。

正品包装:内用佛то리斯袋装,抽气真空封装(或用双层聚乙烯塑料袋,分别扎口,外套铝箔纸袋,胶带封口),外用纸箱(双瓦楞对口盖),箱内上下底部各称一块单瓦称板。纸箱胶带封口。外打两道塑带腰箍。每箱净重20kg。

唛号:刷左上角,工厂代号,黄(红、白)洋葱代号,批次,箱数等。

3. 黄葱片成品质量标准

(1)正品:色泽淡白或淡黄,无深黄片、青筋皮、焦褐片、老皮、红葱片及其他变色片,总体色泽一致;片形呈月牙形,条形平挺,长短、粗细均匀一致,装箱时无碎屑,发运点仓库验收时,碎屑不超过1%(筛孔6mm),水分不超过6%,无杂质(如头发、泥石子、竹丝等),具有天然黄洋葱的清香味。

(2)副品:色泽稍黄,深黄片不超过10%,青筋皮和老皮不超过5%,不得混入红葱片及其他变色片,片形长短、粗细基本一致,发运点仓库验收时碎屑不超过 3%,水分不超过 6%,无杂质,具有一般的黄洋葱香味。

红葱片成品质量标准基本同上。

(三)脱水生姜片的加工

脱水生姜片主要产区:江苏、上海、山东、安徽、福建、广东、四川、江西等地。用途:食用佐膳,做汤料、调料用,具有健胃、防治伤风感冒、胃寒呕吐、解毒等作用。

1. 工艺流程

鲜原料→选择→分瓣、去皮、漂洗→切片→甩干→摊筛→烘干→拣选→检验→包装

2. 操作要点

(1)鲜原料进厂及质量要求:新鲜原料在运输和储存过程中,要防止机械损伤,轻装轻卸,不得受重压、踩踏,不得受冻雨淋。原料运到工厂在储存时,要堆放在凉棚内,用姜叶覆盖其上,若用草包从远地装运而来,则要每包依次堆好,不让其吹干、干结,否则,加工时不易脱去姜皮。

要选择个大、成熟、新鲜、外表光洁完整,无斑疤、无机械损伤的生姜,剔除过小的生姜;要求无瘟姜(即芯子是黑色的姜),无受冻、霉烂、发热、变质、虫蛀。在加工姜片之前,必须剔除不合格及机械损伤严重的姜。

(2)分瓣、去皮、漂洗:对经过挑选合格的原料,进行人工分瓣,先洗去污泥,然后放入圆筒形的去皮机中去皮,或用人工刮净姜皮,最后放入清水中进行漂洗。

(3)切片:切片厚度要适中,为 5~6mm。切片机刀片必须保持锋利,否则切片烘干后的片形毛糙,严重影响成品质量,故刀片必须使用铁制刀,连续工作 2h 磨刀 1 次。若无切片机,也可使用人工切片、人工刨片,刀片同样要保持锋利。切片后用水冲洗 1 次。

(4)甩干:切片冲洗后,将姜片放入离心机中甩水半分钟,机子启动到停止不超过半分钟,若甩水过干,易使姜片筋络暴出,成品毛糙,且会影响色泽。也有部分生产厂家不甩水,让其自然沥干。

(5)摊筛:甩干后的姜片,摊筛必须均匀,不得太厚,然后放入烘道烘干。

（6）烘干：烘道内温度掌握在 60～65℃，烘烤时间为 8～9h，温度不宜过高，否则色泽易变深黄，烘后水分掌握在 6%～7%。

（7）拣选：烘后的生姜片在拣选前要进行水分测定，合格后方能挑拣，否则要进行复烘。严格按照成品质量标准拣选，筛去碎屑，剔除过厚未干片、带皮片、焦褐片和其他变色片，去除一切杂质。

（8）检验：对照姜片的出口标准按照不同等级严格进行色泽、片形、含水量、杂质及其他方面的检验与定级。

（9）包装：同脱水大蒜片。

3. 姜片正品质量要求

色泽金黄或淡黄，不得有冻姜片、焦褐片、泛红片及其他变色片；片形大小基本均匀，表面光滑，姜皮去净，厚度为 2～2.5mm，装箱时无碎屑，发运点仓库验收时碎屑不得超过 1%，碎片不超过 10%（1cm×1.5cm 或 1.2cm×1.2cm 以下称为碎片），无杂质，水分不超过 8%；具有浓郁的生姜天然辛香辣味。

第一节　香辛料调味粉

香辛料调味粉（粉状香辛料）是以一种或多种香辛料经研磨加工而成的粉末状制品。它是香辛料的一种传统制品，加工简单，对设备要求不高，在市场上占据相当大的比重。与整个香辛料相比，粉状香辛料的风味更均匀，也更容易操作，符合传统的饮食习惯。但它与原料香辛料一样也有受产地影响、风味含量低、带菌多等缺陷，另外粉状香辛料还具有易受潮、结块和变质，易于掺杂，在几天或几周内会失去部分挥发性成分等不足之处。

粉状香辛料的加工分为粗粉碎加工型和提取香辛成分喷雾干燥型。粗粉碎加工型是我国最古老的加工方法。它是将香辛料精选、干燥后，进行粉碎，过筛即可。其植物原料利用率高，香辛成分损失少，加工成本低；但粉末不够细，加工过程易氧化，易受微生物污染，特别是对于那些加工后直接食用的粉末调味品，需进行辐射杀菌。另外，可根据各种香辛料的呈味特点及主要有效成分，对香辛料采取溶剂萃取、水溶性抽提等不同提取方法，在提取出有效成分后进行分离、选择性提取，然后喷雾干燥；也可采用吸附剂与香辛料精油混合,然后采用其他方法干燥。

我国常用的粉状香辛料的制造工艺流程如下:

原料→去杂→洗涤→干燥→粉碎→筛分→粉状香辛粉

原料的选择决定着产品的质量,尤其是香辛料,产地不同,产品香气成分含量就不同,因此,进货产地要稳定,同时要选用新鲜、干燥、有良好固有香气和无霉变的原料;筛选除去香辛料在干燥、储藏、运输过程中带来的杂质,如灰尘、草屑、土块等;洗涤后经过低温干燥,先经粗磨,再经细磨;将粉碎后的原料过筛至50～80目。

一、脱水大蒜粉

大蒜头经加工成蒜粉、蒜米、蒜茸后,即成为制作鸡味、牛肉味、猪肉味、海鲜味、虾子味等调味料中不可缺少的主要香辛料。

(一)原料

选用脱水大蒜片筛下的碎屑和拣下的次品,严格拣尽杂质,并复烘到水分4%左右。

(二)工艺流程

原料→除尽杂质→复烘→粉碎→检验→包装

(三)操作要点

1. 原料处理

对于次品,必须尽量选择色泽较白的,并拣尽焦褐片、斑疤片、焦斑粒及红片等变色片。碎屑色泽也必须呈白色,这样打出的粉也为白色;严格拣除副品、次品及碎屑中的竹片、头发、泥、石子等杂质。

2. 复烘

在粉碎前,水分必须复烘(重新干燥)到4%左右。

3. 粉碎

在粉碎机中进行。因粉极易吸潮,为控制水分吸收,粉碎一般安排在秋季10月份以后进行,并按不同的细度要求加工成不同的规格。各种细度的规格食用方法不同,要严格按不同规格生产,不能混级。

粉细度主要分为100目、120目两个规格。

4. 检验

水分必须控制在6%以内,无杂质。

5. 包装

粉极易吸潮,加工和包装时动作要迅速。箱内两袋装,每袋内用双层聚乙烯袋,外套铝箔纸袋装。外用纸箱(双瓦楞对口盖)胶带封口,箱外打两道腰箍。

各种不同规格的大蒜粉产品,细度要符合标准规格,不能混级,无杂质,无结块,无霉变,水分不超过6%。色泽白的做正品,色泽稍黄或黄的做副品。

二、脱水(黄、红、白)洋葱粉的加工

洋葱在我国分布很广,南北各地均有栽培。洋葱对东西方烹调都适合,西方国家中用的较多的是美国和法国。洋葱具有增鲜、去腥、加香等作用,多用于各种调味汁、柱候酱、蚝油汁、海鲜酱汁、新烧汁、玫瑰酱汁、熄料汁、葱香汁、串烧汁、陈皮汁等。脱水洋葱粉用于大多数西式菜中的汤料、卤汁、番茄酱、肉类作料(如各式香肠、巴比烤肉、炸鸡、熏肉等)、蛋类菜肴作料、腌制品作料、各种调味料(酱、酱油)等。

(一)工艺流程

原料→除尽杂质→复烘→粉碎→检验→包装

(二)操作要点

1. 选择原料

采用脱水黄(红、白)洋葱片经拣选下的次品和碎屑作为原料,从原料中拣除焦褐片、斑疤片、焦斑粒以及其他杂质。

2. 复烘

在粉碎前,水分必须复烘到4%左右。

3. 粉碎

因粒粉易吸潮,粉碎加工季节一般应安排在气候干燥的秋季(10月以后),以控制水分吸收。粉细度有不同规格,但主要是100目、120目两个规格,要严格按不同规格生产,不能混级。

4. 检验

水分必须控制在6%以下,无杂质。

5. 包装

外用纸箱,箱内两袋装,每袋粉各重10kg,每袋内用双层聚乙烯袋,外用铝箔纸袋装。每箱净重20kg。

洋葱粉极易吸潮,加工和包装时动作要迅速。成品色泽淡黄或淡白(淡红或白)、无杂质,水分不超过6%。

三、辣椒粉

辣椒在世界各地都有种植,是我国重要的调味品之一,川、湘、鄂、赣等菜系都离不开辣椒。除中国外,喜爱辣椒的色泽和辣味的国家和地区有墨西哥、印度、意大利和美国南部等。辣椒粉的加工工艺简单,一般采摘立秋之后的红辣椒,放在自然条件下干燥至含水量≤6%,去蒂。然后用粉碎机粉碎,粉碎机筛网可设为40目或60目等,将干红辣椒皮粗碎,可以增强制品的色彩;将种子粉碎,可增强制品的辛辣味和芳香;将粉碎后的辣椒粉密封包装即为成品。成品为大红色,粉末均匀,细致;应避免吸湿。

若想降低辣椒粉的辣味,可加入山椒与陈皮同时磨碎使用,其他原料也可直接使用。此制品的辛辣味多为中等辛辣程度,辣椒粉的配比为50% ~60%。

辣椒粉的各加工环节一般污染较严重,有的辣椒粉菌落总数达2×10^4 个/g。对辣椒粉的直接干烤,方法虽简单,但灭菌率不是很高,故宜用湿灭菌法。湿灭菌法的优点在于辣椒粉的含水量增加使菌体蛋白的含水量增加,易为热力所凝固,而加速细菌的死亡。在辣椒粉制成成品前,根据生产条件,应采取适当的方法灭菌来降低成品中的细菌含量,以延长辣椒粉的保存时间。

四、胡椒粉

胡椒原产于印度西南海岸西高止山脉的热带雨林。现已遍及亚、非、拉近20个国家和地区。商品胡椒分为白胡椒和黑胡椒两种,白胡椒是成熟的果实脱去果皮的种子,色灰白,在果实变红时采收,用水浸渍数日,擦去果肉,晒干,为白胡椒;黑胡椒是未成熟而晒干的果实,果皮皱而黑,在秋末或次春果实呈暗绿色时就采收,晒干,为黑胡椒。

胡椒是当今世界食用香辛科中消耗最多、最为人们喜爱的一种香辛调味料,在食品工业中广为使用。胡椒粉,以干胡椒为原料,直接用万能粉碎机(小型的或大型的,视产量而定)粉碎(也可研磨成粉末),可得到能通过 60 目或 80 目筛(通过更换筛网实现)的胡椒粉,粉碎应在干燥的环境中进行,以防产品吸湿。粉碎后的胡椒粉放置冷却 1~3h,经人工或机械包装即为成品。

胡椒粉多用于蛋类、沙拉、肉类、汤类(如胡辣汤)的调味汁和蔬菜,以及饺子馅、面条及肉制品中,也常用作配制粉状复合调味料的原料。胡椒粉的辛香气味易挥发,因此,保存时间不宜太长。

五、八角粉

八角是中国和东南亚地区常用的香辛料,印度以西地区就很少在烹调中用八角,东亚的日本除外。八角主要用于调配作料,是一种天然调味香料,为使用方便、耐储藏,可制成八角粉来满足市场的需求。八角可用自然干制或烘干、盐炒、炒炭等方法加工。自然干制的八角用粉碎机粉碎,过 80 目筛,包装成产品。它可用来加工五香面、调味粉、五香果仁、瓜子、五香豆腐干、茶鸡蛋及用作肉类加工的主要香辛料。

六、脱水香葱

香葱在世界各国都有广泛应用,它的香气能使嗅觉神经兴奋,刺激血液循环,增加消化液的分泌,增加食欲。细香葱的味道比一般食用的葱温和,味道也没有那么刺激,可用于沙拉调味料、汤料和腌制品调味料等。

选择新鲜青绿香葱,切去头部,去除枯尖或干枯霉烂的叶子;将香葱放在流动的含氯水中清洗干净,剔除不合要求的香葱;切成长 5mm 左右的葱段,置于流动含氯水(含 25~30mg/L)中 2~3min,放在篮中控干,然后在不锈钢蒸汽烘干箱中 85℃ 左右烘干,每次烘干时间约 90min。人工挑选 2 次,异物探测器进行验杂,用双层塑料袋包装,再外套纸箱。

检验要点:色泽应呈均匀一致的翠绿色,葱段呈管状有弹性,允许有

0.2%的葱白,含水量一般为5%,不得混有杂质,消毒液残留量及干品的有关微生物数量应符合进口国要求。

七、孜然粉

世界范围内种植孜然的主要地区有印度、伊朗、土耳其、埃及、中国和俄罗斯等,基本上分布在从北非到中西亚的干旱少雨地区。目前孜然在我国只产于新疆。新疆孜然为伊朗型,品质介乎印度型和土耳其型之间。

干孜然经粉碎机粉碎,过60目筛制成孜然粉。孜然粉可用于烧烤各种具有新疆风味的食品调味料,如炸、烤羊肉串,撒在羊肉上,也可用于煸炒羊肉、牛肉,还可制作各种小吃,风味独特,芳香宜人,祛腥除膻。同时也常用作粉状复合调味料的配料。

八、花椒粉

花椒主要在中国、日本、朝鲜使用,花椒的用途可居诸香料之首,它具有强烈的芳香气,生花椒味麻且辣,炒熟后香味溢出,因此是很好的调味佐料。

选择大红袍花椒或青稞麻椒,果皮经粉碎制成花椒粉。花椒粉常用作粉状复合调味料的配料,能与其他原料配制成调味品,如五香粉、花椒盐、葱椒盐等。它适用于制作白肉、麻辣豆腐等各种炒菜,也可用于制作肉食品、腊味品、腌制食品等。

九、咖喱粉

咖喱(Carry)起源于古印度,该词源于泰米尔族,意即香辣料制成的调味品。咖喱粉以姜黄、白胡椒、小茴香、八角、花椒、芫荽(香菜)子、桂皮、姜片、辣根、芹菜子等20多种香辛料混合研磨成粉状、味香辣、色鲜黄、各种风味统一的西式混合香料。此调味料主要用于制备咖喱牛肉干、咖喱肉片、咖喱鸡等肉制品。

目前,世界各地销售的咖喱粉的配方、工艺均有较大差异且秘而不宣,各生产厂家均视为机密。仅日本就有数家企业生产不同配方的咖喱粉,且都有自己的固定顾客群。虽然诸家咖喱粉配方、工艺不一,但就其香辛料构成来看有 10～20 种,并可分为赋香原料、赋辛辣原料和赋色原料三类。

咖喱粉用于烹调,可赋色添香,去异增辛,促进食欲。可用于多种烹调技法,如炒、熘、烧、烩、炖、煮、蒸等;适用于多种原料,如牛肉、羊肉、猪肉、鸡肉、鸭肉、鹅肉、鱼肉、炸肉、大豆、菜花、萝卜、米饭(日本咖喱饭)等;可直接放入菜肴,也可制成咖喱汁浇淋于菜肴上,或与葱花、植物油熬成咖喱油使用。添加量一般在 0.15%～4%,或根据个人喜好及咖喱粉的辣度酌量增添。

(一)原料配方

配方一(强辣):姜黄 30%,芫荽子 10%,枯茗 8%,白胡椒 5%,黑胡椒 5%,洋葱 5%,陈皮 5%,胡卢巴 3%,肉豆蔻 3%,肉桂 3%,甘草 3%,小豆蔻 3%,辣椒 3%,月桂叶 2%,小茴香 2%,丁香 2%,姜 2%,葛缕子 2%,八角 1%,大蒜 1%,多香果 1%,百里香 1%。

配方二(微辣):姜黄 26%,芫荽子 35%,枯茗 5.2%,胡卢巴 1.7%,肉豆蔻 1.7%,月桂 1.7%,小豆蔻 5.2%,辣椒 1.4%,丁香 4.4%,芥菜子 8.7%,白胡椒 9%。

配方三(微辣):姜黄 40.5%,芫荽子 16%,枯茗 6.5%,白胡椒 5%,黑胡椒 4.6%,小豆蔻 6.5%,辣椒 0.8%,月桂叶 3.2%,姜 2.4%,多香果 1.6%,芥菜子 11.3%,芹菜子 1.6%。

配方四(微辣):姜黄 45.7%,芫荽子 22.8%,枯茗 5.7%,白胡椒 3.4%,黑胡椒 3.4%,芥末 6.8%,小豆蔻 5.7%,辣椒 0.6%,月桂叶 1.2%,丁香 3.4%,姜 1.3%。

配方五(中辣):姜黄 20%,芫荽子 37%,枯茗 8%,胡卢巴 4%,肉豆蔻 2%,多香果 4%,肉桂 4%,小豆蔻 5%,辣椒 4%,小茴香 2%,丁香 2%,姜 4%,芥菜子 4%。

配方六(强辣):姜黄 30%,芫荽子 22%,白胡椒 5%,胡卢巴 4%,小豆蔻 12%,辣椒 6%,小茴香 2%,丁香 2%,姜 7%,八角 10%。

配方七(强辣):姜黄 20%,芫荽子 26%,黑胡椒 5%,胡卢巴 10%,小豆蔻 12%,辣椒 6%,小茴香 10%,丁香 2%,姜 7%,八角 2%。

配方八(中辣):姜黄 30%,芫荽子 27%,白胡椒 4%,胡卢巴 10%,肉桂

2%,小豆蔻5%,辣椒4%,小茴香2%,丁香2%,姜4%,八角8%,多香果2%。

配方九(微辣):姜黄32%,芫荽子24%,白胡椒5%,小豆蔻12%,辣椒1%,胡卢巴10%,小茴香10%,丁香4%,八角2%。

配方十(印度型):姜黄32%,芫荽子24%,枯茗10%,白胡椒5%,胡卢巴10%,小豆蔻12%,辣椒1%,小茴香2%,丁香4%。

配方十一(印度型,辛辣,明色):姜黄30%,芫荽子22%,枯茗10%,白胡椒5%,胡卢巴4%,小豆蔻12%,辣椒6%,小茴香2%,丁香2%,姜7%。

配方十二(印度型,辛辣,晴色):姜黄20%,芫荽子26%,枯茗10%,黑胡椒5%,胡卢巴10%,小豆蔻12%,辣椒6%,小茴香2%,丁香2%,姜7%。

配方十三(高级,辛辣适中,明色):姜黄30%,芫荽子27%,枯茗8%,白胡椒4%,胡卢巴4%,肉豆蔻干皮2%,肉桂4%,小豆蔻5%,辣椒4%,小茴香2%,丁香2%,姜4%,多香果4%。

配方十四(高级,辛辣适中,晴色):姜黄20%,芫荽子37%,枯茗8%,黑胡椒4%,胡卢巴4%,肉豆蔻干皮2%,肉桂4%,小豆蔻5%,辣椒4%,小茴香2%,丁香2%,姜4%,多香果4%。

配方十五(中级,辛辣,晴色):姜黄32%,芫荽子32%,枯茗10%,白胡椒10%,胡卢巴10%,辣椒2%,小茴香4%。

配方十六(中级,适中,明色):姜黄20%,芫荽子36%,枯茗10%,黑胡椒5%,胡卢巴10%,辣椒5%,姜5%,芥子(黄)5%,多香果4%。

配方十七(低级,适中,明色):姜黄28%,芫荽子36%,枯茗10%,白胡椒5%,胡卢巴10%,辣椒2%,姜2%,芥子(黄)3%,多香果4%。

(二)工艺流程

各种原料→分别烘干→粉碎→调配→搅拌→混合→过筛→储存熟化→

搅拌→过筛→分装→产品

(三)操作要点

1. 预处理

配方中的每种原料都应适当烘干,以控制水分,并便于粉碎。

咖喱粉中能混合15~40种香辛料粉末,混合比例不固定。人们对其配方研究、调查归纳的结果发现:一般赋香原料占 40%,赋辛辣原料占 20%,赋色原料占 30%,另有 10% 的变化,由厂家自选,以便突出各自的特色。实际上,不断变换混合比例,可制出独具风格的各种咖喱粉。香气原料包括肉豆蔻及其衣、芫荽、枯茗、小茴香、豆蔻、众香子、月桂叶、多香果、丁香等;辛辣原料包括胡椒、辣椒、生姜、芥末等;呈色原料包括姜黄、郁金、陈皮、藏红花、红辣椒等。其中姜黄、胡椒、香菜、姜、番红花为主要原料,尤其是姜黄更不可少。咖喱粉因其配方不一,又可分为强辣型、中辣型、微辣型,各型中又分高级、中级、低级三个档次,颜色金黄至深色不一,其香浓郁。根据这些特点,可自行调整配方。

2. 粉碎

将各种原料分别进行粉碎,对油性较大的原料可进行磨碎,有些原料通过炒制可增加香味,粉碎后可炒一下,然后过 60 目或 80 目筛。

3. 混合

按配方称取各种原料放入搅拌混合机中,搅拌的同时洒入液体调味料。由于各种原料密度不相同,量多少不同,不易混合均匀,应采用等量稀释法逐步混合,然后加入其等量的、量大的原料共同混合,重复到原料加完;质轻的原料不易均匀,可将液体调味料与质轻的原料先混合,再投入到大量原料中去。

4. 烘干、熟化

混合好的咖喱粉放在密封容器中,在 100℃ 以下的温度焙干以防储藏过程中变质,焙干后冷却,放入熟化罐中,熟化大约 6 个月,使之产生浓郁的芳香,使风味柔和、均匀。

5. 包装

包装前再将咖喱粉搅拌混合过筛,对于含液体调味料较多的产品,还应进行再烘干,然后包装即为产品。应使用防潮、防氧化密闭金属罐或玻璃瓶进行包装。为了尽量避免氧化,也可进行充氮包装。成品呈黄褐色粉末,无结块现象,辛辣柔和带甜,水分 <6%。

十、五香粉

五香粉也称五香面,是将 5 种或 5 种以上香辛料干品粉碎后,按一定比例混合而成的复合香辛料。其配方在不同地区有所差异,但其主要调香原料有八角、桂皮、小茴香、砂仁、豆蔻、丁香、山柰、花椒、白芷、陈皮、草果、姜、高良姜、草果等,或取其部分,或取其全部调配而成。五香粉主要用于食品烹调和加工,可用于蒸鸡、鸭、鱼肉,制作香肠、灌肠、腊肠、火腿、调制馅类和腌制各种五香酱菜及各种风味食品。

(一)原料配方

配方一:八角10.5%,桂皮10.5%,小茴香31.6%,丁香5.3%,甘草31.6%,五加皮10.5%。

配方二:桂皮10%,小茴香40%,丁香10%,甘草30%,花椒10%。

配方三:八角31.3%,桂皮15.6%,小茴香15.6%,花椒31.3%,五加皮6.2%。

配方四:八角55%,桂皮8%,甘草5%,山柰10%,砂仁4%,白胡椒3%,干姜15%。

配方五:桂皮9.7%,小茴香38.6%,丁香9.6%,甘草28.9%,花椒9.6%,山柰3.6%。

配方六:八角20%,桂皮43%,小茴香8%,花椒18%,陈皮6%,干姜5%。

配方七:桂皮12%,丁香22%,山柰44%,砂仁11%,豆蔻11%。

配方八:八角16%,桂皮16%,小茴香10%,丁香5%,甘草5%,花椒10%,山柰4%,砂仁4%,白胡椒6%,陈皮5%,豆蔻8%,干姜2%,芫荽子5%,高良姜2%,白芷2%。

配方九:八角20%,桂皮10%,小茴香8%,丁香4%,甘草2%,花椒5%,山柰3%,砂仁6%,白胡椒4%,陈皮5%,豆蔻10%,干姜5%,芫荽子4%,高良姜4%,白芷5%,五加皮5%。

配方十:八角20%,桂皮43%,小茴香8%,花椒18%,陈皮6%,干姜5%。

配方十一:八角25%,桂皮25%,小茴香25%,花椒25%。

配方十二:八角9.5%,桂皮9.5%,花椒9.5%,砂仁19.0%,陈皮28.6%,白豆蔻9.5%,草果14.4%(除豆蔻、砂仁外,均炒后磨粉混合)。

配方十三:八角54.2%,桂皮7.3%,甘草7.3%,山柰10.4%,白胡椒3.1%,干姜17.7%。

配方十四(香辣粉):辣椒89%,花椒0.5%,茴香2%,姜4%,肉桂0.5%,葱4%。

配方十五(麻辣粉):辣椒60%,花椒20%,茴香5%,姜5%,肉桂5%,葱5%。

配方十六(鲜辣粉):辣椒78%,花椒0.5%,茴香0.3%,姜5%,肉桂0.2%,葱2%,蒜4%,干虾10%。

(二)工艺流程

香辛料原料→粉碎→过筛→混合→计量包装→成品

(三)操作要点

各种原料必须事先检验,无霉变,符合该原料的卫生标准。将各种香辛料原料分别用粉碎机粉碎,过60目筛网;按配方准确称量投料,混合均匀;50g/袋,采用塑料袋包装;用封口机封口,谨防吸湿,若发现产品水分超过标准,必须干燥后再分袋,若原料本身含水量超标,也可先将原料烘干后再粉碎,产品的水分含量要控制在5%以下。成品呈均匀一致的棕色粉末,香味醇正,无结块现象,无杂质。生产时也可将原料先按配方称量准确后混合,再进行粉碎、过筛、分装;但不论是按哪一种工艺生产,都必须准确称量、复核,使产品风味一致。若产品卫生指标不合格,应采用微波杀菌干燥后再包装。

五香粉入肴调味,可赋香增味,除腥解异,增进食欲。其中多种香辛料共同发挥作用,使菜品香味和谐而浓郁,可用于烧、卤、蒸、拌、炸、酱、腌等多种烹调技法,并可用于馅心调制;多用于牛、羊、猪、鸡、鸭、鹅、鱼等动物性原料中,也用于萝卜、土豆、白菜、芥菜等蔬菜,添加量一般在0.02%~3%。

在五香粉的基础上,又研制出了香辣粉、麻辣粉和鲜辣粉等产品(配方十四~十六),这些都具有芳香丰满的中国调料特征,在菜肴的烹调中被广泛使用。

十一、十三香

十三香为中国传统肉制品混合调味料,是指以13种或13种以上香辛料,按一定比例调配而成的粉状复合香辛料。过去多见于民间,今亦有市售,其配方、口味有较大差异。其香辛料构成有八角、丁香、花椒、云木香、陈皮、肉豆蔻、砂仁、小茴香、高良姜、肉桂、山柰、小豆蔻、姜等。十三香风味较五香粉更浓郁,调香效果更明显。

(一)原料配方

配方一:八角15%,丁香5%,花椒5%,云木香4%,陈皮4%,肉豆蔻7%,砂仁8%,小茴香10%,高良姜6%,肉桂12%,山柰7%,草豆蔻8%,姜9%。

配方二:八角20%,丁香4%,花椒3%,云木香5%,陈皮4%,肉豆蔻8%,砂仁7%,小茴香12%,高良姜5%,肉桂10%,山柰8%,姜8%,草果6%。

配方三:八角25%,丁香3%,花椒8%,云木香4%,陈皮2%,肉豆蔻5%,砂仁6%,小茴香8%,高良姜7%,肉桂9%,山柰6%,姜10%,草果7%。

配方四:八角30%,丁香5%,花椒4%,云木香3%,肉豆蔻3%,砂仁5%,小茴香10%,高良姜4%,肉桂12%,山柰7%,草豆蔻5%,姜8%,草果4%。

配方五:八角50%,丁香3%,花椒7%,云木香2%,陈皮2%,肉豆蔻3%,砂仁4%,小茴香9%,高良姜4%,肉桂8%,山柰2%,草豆蔻2%,姜4%。

配方六:八角40%,丁香7%,花椒12%,云木香1%,陈皮3%,肉豆蔻2%,砂仁5%,小茴香7%,高良姜3%,肉桂8%,山柰3%,草豆蔻3%,姜3%,草果3%。

配方七:八角35%,丁香8%,花椒10%,云木香4%,陈皮2%,肉豆蔻4%,砂仁8%,小茴香10%,高良姜5%,肉桂9%,山柰2%,草豆蔻2%,姜1%。

配方八:八角10%,丁香4%,花椒11%,云木香3%,陈皮4%,肉豆蔻5%,砂仁6%,小茴香30%,高良姜4%,肉桂10%,山柰3%,草豆蔻4%,姜6%。

配方九:八角17%,丁香6%,花椒15%,云木香5%,陈皮2%,肉豆蔻3%,砂仁3%,小茴香15%,高良姜5%,肉桂12%,山柰4%,草豆蔻

10%，姜3%。

配方十：八角25.5%，丁香1.5%，花椒2.5%，云木香1%，陈皮23.4%，肉豆蔻5.1%，砂仁1%，小茴香9.1%，高良姜2.5%，肉桂5.1%，山奈3.6%，草豆蔻2%，姜10.2%，草果1%，甘草3%，豆蔻1%，白芷2.5%。

配方十一：八角4.9%，丁香1.6%，花椒4.9%，云木香6.6%，陈皮19.7%，肉豆蔻8.2%，砂仁1.6%，小茴香4.9%，高良姜3.9%，肉桂19.7%，山奈4.9%，姜13.1%，甘草1.7%，豆蔻2.6%，白芷1.7%。

配方十二：八角10.6%，丁香3.7%，花椒5.3%，陈皮6.4%，肉豆蔻7.9%，小茴香18.5%，高良姜7.9%，肉桂13.2%，山奈7.9%，草豆蔻2.7%，甘草7.9%，豆蔻2.7%，白芷5.3%。

（二）工艺流程

香辛料→粉碎→过筛→混合→计量包装→成品

（三）操作要点

各种原料必须事先检验，无霉变，符合该原料的卫生标准。按配方准确称量投料，混合均匀；50g/袋，采用塑料袋包装；用封口机封口，防止吸湿。成品为浅黄色粉末，具有浓郁的十三香风味。生产时也可将原料先按配方称量准确后混合，再进行粉碎、过筛、分装；但不论是按哪一种工艺生产，都必须准确称量、复核，使产品风味一致。若发现产品水分超过标准，必须干燥后再分袋；若原料本身含水量超标，也可先将原料烘干后再粉碎。产品的水分含量要控制在5%以下。每种原料粉碎后应分别存放，以免混放在一起时发生串味现象。

十三香入肴调味，可增香添味，祛除异味，促进食欲。使用十三香/炖肉料（配方十～配方十二）对原料肉进行腌制时，用量为0.5%左右；炖制时可根据各地口味调整添加量，使用粉状料时，在出锅前半小时再加（不粉碎时应早加），其用途、用法与五香粉基本相同。

十二、七味辣椒粉

七味辣椒粉是一种日本风味的独特混合香辛料，由七种辛香料混合而成。它能增进食欲，助消化，是家庭辣味调味的佳品。

(一)原料配方

配方一:辣椒 50%,大蒜粉 12%,芝麻 12%,陈皮 11%,花椒 5%,大麻仁 5%,紫菜丝 5%。

配方二:辣椒 55%,芝麻 5%,陈皮 15%,花椒 15%,大麻仁 4%,油菜籽 3%,芥子 3%。

配方三:辣椒 50%,芝麻 6%,陈皮 15%,花椒 15%,大麻仁 4%,紫菜丝 2%,油菜籽 3%,芥菜子 3%,紫苏子 2%。

(二)操作要点

1. 原料

选择色泽鲜红、无霉变的优质辣椒,其他原料必须符合卫生标准。

2. 粉碎

干燥的红辣椒皮与籽分开,辣椒皮粗粉碎,不可粉碎过细,成碎块即可,以增强制品的色彩。辣椒籽粉碎过 40 目筛,陈皮与辣椒粉碎过 60 目筛。

3. 混合、包装

将粉碎后的原料与芝麻、大麻仁、芥子、油菜籽按配方准确称量,混合均匀,用粉料包装机装袋。成品一般采用彩色食品塑料袋分量密封包装。有条件的采用真空铝箔袋包装更好,规格一般以 25～50g/袋,100～200 袋/箱为宜。七味辣椒的成品粉料易吸潮变质,配制成品粉料要根据当班实际包装数量而配制,若包装不完,要采取有效的防潮措施,进行密封保存。为了保证包装袋的封口严密,除包装袋装成品粉料时要清洁干爽外,还要避免包装袋的封口沾上成品粉料。

成品呈红色颗粒状,有辛辣味和芳香味,无结块现象,含水量不可超过 6%。

另外,在整个加工制作过程中,要树立无菌观念,严格遵守食品卫生法操作规程进行操作。包装的严密直接关系到产品的质量,封口时要封得严密牢靠。

七味辣椒粉多数应用于日本料理中的腌菜、面类、火锅、猪肉汤、烤肉串等。

十三、香肠专用复合香辛料

香肠专用复合香辛料配方:胡椒粉 28.0%,肉豆蔻粉 12.0%,生姜粉 8.3%,肉桂粉 5.0%,丁香粉 2.0%,月桂粉 2.0%,甘牛至粉 1.5%,洋葱粉 40.2%,大蒜粉 1%。

十四、香辛料选用原则

(一)选用香辛料的要点

(1)以芳香为主时,选用八角、肉桂、茴香、香菜、小豆蔻、丁香、多香果、莳萝、肉豆蔻、芹菜、紫苏叶、罗勒、芥子等香辛料为佳。

(2)当要增进食欲时,选用辣味香辛料如姜、辣椒、胡椒、芥菜子、辣根、花椒等为主。

(3)要矫味、脱臭时,必须选用大蒜、月桂、葱类、紫苏叶、玫瑰、甘牛至、麝香草等香辛料。

(4)需要给食物着色时,选用姜黄、红辣椒、藏红花等香辛料。

(5)功能相同的香辛料,可相互替代使用,但主香成分是具有显著特殊性的一些香辛料,如肉桂、小豆蔻、紫苏叶、芥菜子、芹菜、麝香草等,就不能用其他品种调换。

(二)使用香辛料的注意事项

(1)香辛料在香气、口味上各有特色,使用时要注意比例。

(2)葱类、大蒜、姜、胡椒等有消除肉类特殊腥臭味,增加肉香风味的作用。大蒜和葱类并用,效果最好,且以葱味略盖过蒜味为佳。

(3)肉豆蔻、小豆蔻、多香果等使用范围很广,但用量过大有涩味和苦味产生。月桂叶、肉桂等也可产生苦味。

(4)月桂叶、紫苏叶、丁香、芥子、麝香草、莳萝等适量使用,可提高制品整体风味效果,而用量过大会有药味。

(5)多种香辛料混合使用时,特别是混合香辛料产品,要进行熟化工艺,以使各种风味融合、协调。

(6)香辛料混合使用也会产生协同、消杀作用。实践证明两种以上混合使用,效果更好,但紫苏叶一般表现为消杀作用,与其他香辛料混用时要谨慎。

(7)香辛料的杀菌问题很重要,现已有经辐照杀菌的粉末香辛料产品销售,也可煮沸杀菌。对于共同使用的一些可酶解的食品成分或调味料,要高温灭酶。

第二节　香辛料调味油

香辛料调味油是从香辛料中萃取其呈味成分混入植物油中的制品,如辣椒油、芥末油等。香辛料精油一般生产成本高、售价贵,难以直接进入家庭消费,而且纯精油浓度太高,对于家庭烹调使用量也难于控制,因此一般根据香辛料精油风味的浓烈度,用精炼植物油稀释成 0.5% ~ 2.0% 的风味型调味油,以供家庭使用。而且可用多种香辛料精油科学组合成风味各异的风味型调味油。

香辛料调味油兼有油脂、调味品功能,营养丰富,风味独特,使用方便。和水溶性的调味汁相比较,它是以油脂作为风味成分的载体,其风味成分具有一定的脂溶性。根据研究,人的味觉受体分布在脂质膜上,风味成分要有一定的脂溶性才能进入味受体。因此风味成分通过油脂的运载作用更容易进入味受体,产生味觉信息。另外风味成分以油脂为载体更易进入肉类组织,使食品的风味无论从食品的本身还是人的味觉都得到了加强。

香辛料调味油的生产加工方法,一般来说有两种。一种是直接生产法,将调味原料与食用植物油一起熬制,用植物油将其调味原料的营养成分和香味浸渍出来,直接制成某种风味调味油。另一种是勾兑法,将选定的调味料采用水蒸气蒸馏法或溶剂萃取法、CO_2 超临界萃取法,将含有的精油萃取出来,然后按一定的比例与食用植物油勾兑制成某种风味的调味油。这两种方法都有各自的优缺点,前者工艺简单,操作方便,投资少,见效快;缺点是资源浪费较大,产品质量不易控制。后者能较为完全地将调味品中的有效成分提取干净,精油提取率高,产品质量好;缺点是投资较大,操作难度大。因此在生产调味油的过程中,可根据实际情况选择一种适宜的方法。

香辛料调味油常用的生产工艺流程如下:

```
      原料┐
          ├→混合→加温→浸提→冷却→过滤→调色→成品
植物油或色拉油┘
```

（1）原料选择：香辛料调味油所用原料主要为香辛料与食用植物油。食用植物油应选用精炼色拉油，按原料不同分为大豆色拉油、菜籽色拉油等，均可使用。

（2）原料预处理：已经干燥的香辛料可直接进行浸提，对于新鲜的原料要经过一定前处理。鲜葱（蒜）加 2% 的食盐水溶液，绞磨后静置 4～8h。老姜加 3% 的食盐水溶液，绞磨后备用。植物油要经过 250℃ 处理 5s 脱臭后，作为浸提用油。

（3）浸提：浸提方法采用逆向复式浸提，即原料的流向与溶剂油的流向相反。对于辣椒、花椒等，通过一定温度作用下产生香味的香辛料，宜采用高温浸提，浸提油温 100～120℃，原料与油的质量比为 2∶1，1h 浸提 1 次，重复 2～3 次。

对于含有烯、醛类芳香物质，高温易破坏其香味的香辛料，宜采用室温浸提。浸提油温 25～300℃，原料与油的质量比 1∶1，12h 浸提 1 次，重复 5～6 次。

（4）冷却、过滤：将溶有香辛精油的油溶液，冷却至 40～50℃。滤去油溶液中不溶性杂质，进一步冷却至室温。对于室温浸提的香辛料油，直接过滤即可。

（5）调配：用 Forder 比色法测出浸提油的生味成分含量，再用浸提油兑成基础调味油，将不同原料浸提出的基础调味油，用不同配比配成各种复合调味油。

一、辣椒风味调味油

辣椒油是以干辣椒为原料，放入植物油中加热而成，可作为调味料直接食用，也可作为原料加工各种调味料。

（一）原料配方

干辣椒 30g，植物油 100g，辣椒红少量。

(二)工艺流程

植物油 → 熬炼 → 冷却 ┐
⎵ → 浸提 → 加热 → 冷却 → 过滤 → 调色 → 成品
干辣椒 → 洗涤 → 切块 ┘

(三)操作要点

1. 原料预处理

选用含水量在 12% 以下的红色干辣椒,要求辛辣味强,无杂质,无霉变;去除杂质后,用清水洗净、晾干,切成小碎块。

2. 浸提

将新鲜植物油加入锅中,旺火使油沸腾熬炼,使不良气味挥发后,停火冷却至室温。注意所用植物油不得选用芝麻香油,将碎辣椒放入冷却油中,不断搅拌,浸渍半小时左右;然后缓缓加热至沸点,熬炸至辣椒微显黄褐色,立即停火。

3. 过滤

停火后,立即捞出辣椒块,使辣椒油冷却至室温;用棉布过滤,过滤后的辣椒油可静置一段时间,进行澄清处理;加少许辣椒红调色,即为成品。

成品呈鲜红或橙红色,澄清透亮,有辣油香,无哈喇味。辣椒油可广泛用于烹制辣味菜肴、拌制凉菜。

二、芥末风味调味油

芥末风味调味油(芥末油)分黑芥末油和白芥末油两种。由十字花科植物黑芥或白芥的种子经水蒸气蒸馏或溶剂萃取得芥末油。在蒸馏或萃取前均须水解榨饼,以使黑芥子硫苷酸钾或白芥子硫苷水解,释放出挥发油。芥末油具有强烈的刺激味,主成分为异硫氰酸烯丙酯(90% 以上),用于调味料和调味汁等食品调料,以独特的刺激性气味和辛辣香味而受到人们的欢迎,具有解腻爽口、增进食欲的作用。

(一)原料配方

植物油 99%,芥末精油 0.1% ~ 1%,白醋适量。

(二)工艺流程

芥菜子 → 浸泡 → 粉碎 → 调酸 → 水解 → 蒸馏 → 分离 → 芥末 → 精油 → 调

配→灌装→贴标→成品

（三）操作要点

1. 原料

选择子粒饱满、颗粒大、颜色深黄的芥菜子为原料。

2. 浸泡

将芥菜子称重，加入是其重量6~8倍、37℃左右的温水，浸泡25~35h。

3. 粉碎

浸泡后的芥菜子放入磨碎机中磨碎，磨得越细越好，得到芥末糊。

4. 调酸

用白醋调整芥末糊的 pH 值为6左右。

5. 水解

将调整好 pH 值的芥末糊放入水解容器，置恒温水浴锅中，在80℃左右保温水解2~2.5h。水解应在密闭容器中进行，以避免辛辣物质挥发逸失，影响产品质量。

6. 蒸馏

将水解后的芥末糊放入蒸馏装置中，采用水蒸气蒸馏法，将辛辣物质蒸出。蒸馏时尽量使辛辣物质全部蒸出，减少损失。

7. 分离、调配

蒸馏后的馏出液为油水混合物，用油水分离机将其分离，得到芥末精油。将芥末精油与植物油按配方比例混合搅拌均匀，即为芥末油。

8. 包装

将芥末油灌装于预先经清洗、消毒、干燥的玻璃瓶内，贴标、密封，即为成品。芥末油应为浅黄色油状液体，具有极强的刺激辛辣味及催泪性。芥末油应放在阴凉避光处，避免与水接触，否则易发生化学反应，影响产品质量。

芥末油是食用调和油中最特殊、最有风味的一种，属纯天然食品，适用于各式菜点佐餐调味，特别是日式饭菜、海鲜、火锅等调味，更是必不可少。

三、大蒜风味调味油

大蒜油是大蒜中的特殊物质，是透明琥珀色的液体，它是大蒜中抽取而得的最重要的物质,此精油含很重要的活性硫化物,对一般性身体健康及心脏血管的健康很有帮助。大蒜风味调味油的制作过程是先以菜籽毛油为油源,毛油经通常的油脂精炼方法,进行脱胶、脱酸、脱色、脱臭,得到菜籽高级食用油,再采用熬制法以菜籽高级食用油制取大蒜风味调味油。

(一)原料配方

大蒜200g,菜籽30g。

(二)工艺流程

菜籽食用油

大蒜→脱皮→清洗→离心→干燥→破碎→浸提→搅拌加热→冷却→

调质→分离→成品

(三)操作要点

1. 原料预处理

选择蒜味浓郁的独头蒜籽或其他品质较好、味浓、成熟度俱佳的大蒜籽。蒜籽用稀碱液浸泡处理,至稍用力即脱皮;然后送入脱皮机内将蒜皮去净;光蒜籽用温水反复清洗,然后用离心分离机甩干表面水分,稍摊凉或烘干至蒜籽表面无水分。

2. 破碎

将晾干的光蒜籽送入齿条式破碎机中进行破碎。为便于破碎操作,可边送入大蒜籽,边混入一些食油,以防止破碎机堵塞并减少蒜味挥发。

3. 浸提

将破碎后的蒜籽混合物置入盘管式加热浸提锅中,同时按比例加入食用植物油,充分拌匀;加入的油与蒜籽的比例一般为20∶3(油的数量包含了破碎蒜籽时加入的食油量),边搅拌,边间接加热至混合体温度达95℃左右,保持温度至水分基本蒸发完,再加热至145℃左右,保持8min;然后通入冷却水将混合物冷却至70℃,将油混合物打入调质罐,保温12h;再将物料冷却至常温后送入分离机分离除去固体物,收集液体油即是大蒜风味调味油。

成品具有浓郁的蒜香味,口感良好,无异味,为浅黄色至黄色澄清透明油状液体,允许有微量析出物(振荡即消失),无外来杂质。大蒜风味调味油可作为调味品直接供家庭和餐饮行业使用,也可作为食品添加剂,用于方便食品、速冻食品、膨化食品、焙烤食品及海鲜制品等。

四、花椒风味调味油

花椒风味调味油风味醇正,保持了花椒原有香、麻味,具有花椒本身的药理保健作用,食用方便、用途多样。

(一)原料配方

花椒∶菜籽油 = 1∶10。

(二)工艺流程

食用菜籽油
↓
花椒→除杂→清洗→干燥→破碎→浸提→搅拌加热→冷却→调质→分离→成品

(三)操作要点

1. 预处理

选用成熟的花椒,除去花椒籽及灰尘等其他杂质,若有必要用水淘洗,则洗后应甩去表面水分并干燥。

2. 破碎

将花椒以粉碎机破碎至能通过 20～30 目筛的颗粒状。

3. 浸提

将精制好的植物油(如菜籽油)加入提制罐中,用大火加热至 110～130℃,熬油直至无油泡,此时将花椒末浸入热油中,密闭保持一段时间,让花椒风味尽可能多地溶于油中;将混合料降温至约 70℃,送入调质锅中保温调质 12h;用分离机将油中的花椒末分离除去,即得到花椒风味调味油。若油中含有水分,则应加热除尽水分,最后冷却至常温,才可成为成品油。

成品为浅黄色至棕黄色澄清透明油状液体,允许有微量析出物;具有花椒特有的香味和麻味,口感良好,无异味。花椒风味调味油主要用于需要突出麻辣风味的各类咸味食品中,如中、西式火腿,肉串、肉丸、海鲜制品,以及速冻、膨化、调味食品,也适用于餐饮酒店制作美味佳肴。

五、姜味调味油

(一)原料配方

菜籽色拉油100kg,鲜老姜45kg,精食盐3kg。

(二)工艺流程

菜籽色拉油

生姜→清洗→切丝→干燥→搅拌加热→冷却→压滤→分离→成品

(三)操作要点

将鲜老姜洗净,用切菜机切成姜丝,摊晾晒至半干(或在烘房于60℃以下烘至半干);菜籽色拉油加热至130℃,缓慢加入姜丝、食盐,在110～120℃持续搅拌加热40～50min,待姜丝基本脱水、酥而不焦煳时为止;连油带渣放出夹层锅,降温至60℃;吸取上面的姜味油压滤,即得具有姜香味、姜辣味的黄色至橙黄色透明的姜味调味油;剩下的姜丝装入布袋,趁热用螺旋压榨机压榨出油。

姜味调味油主要用于低温肉制品、方便食品、焙烤食品等,也可直接用作家庭调料或用于速冻食品、膨化食品及海鲜制品。

六、八角油

八角油是选用优质天然八角提取而制成的,具有特殊的香气和甜味。它用途广泛,使用方便,是家庭、餐馆最普遍使用的香料调味油。

(一)工艺流程

干八角果实→粉碎→过筛→水蒸气蒸馏→八角油

(二)操作要点

1. 粉碎

将干燥的八角用粉碎机粉碎,过30目筛网。

2. 蒸馏

将粉碎后的八角加入到蒸馏锅中,直接用蒸汽加热,即将锅炉产生的高压饱和或过热蒸汽通过导管通入蒸馏锅内,使压力达到3.4×10^7Pa左右,这样精油与水蒸气一起被蒸馏出来,通过冷凝器到油水分离器,而将精油分离出来,然后灌装即可。其出油率为10%～12%。

3. 注意事项

(1)水蒸气蒸馏速度快,加热至沸腾时间短,蒸馏持续时间短,香气成分在蒸馏中变化少,酯类成分水解机会小,这样可保证油的质量。

(2)在蒸馏中如果油水分离器距方储油管中的油层不再显示明显增加时,蒸馏即告终止。

(3)若采用鲜八角果实蒸馏油,其出油率为1.78%~5%。蒸馏前需将八角果实绞碎。

(4)八角油不宜久存,否则其小茴香脑含量会降低,对烯丙基苯甲醚含量会增高,油的理化性质也会发生变化,但油中加入0.01%的丁基巯基甲苯,便可使其稳定。

(5)八角油宜包装在玻璃或白铁皮制的容器内,存放于温度为5~25℃、空气相对湿度不超过70%的避光库房内。

七、复合香辛调味油

(一)配方一

复合香辛调味油具有多种香辛料的风味和营养成分,集油脂和调味于一体,独到而方便。风味原料选用数种香辛料,油脂采用醇正、无色、无味的大豆色拉油或菜籽色拉油,以油脂浸提的方法制成。

1. 原料配方

以1000kg原料油脂为例,小茴香10~16kg,肉桂3~5kg,甘草5~8kg,花椒1~3kg,丁香1~3kg,肉豆蔻1~2kg,白芷1~2kg。

2. 工艺流程

色拉油
↓
各原料→除杂→清洗→干燥→破碎→浸提→搅拌加热→冷却→调质→分离→成品

3. 操作要点

(1)风味原料的准备:选用优质原料,去除霉变和伤烂部分。先将各香料做适宜的筛选除杂、干燥处理。如果采用鲜料,则应洗净并除去表面水分,用粉碎机对小茴香、肉桂、花椒等硬质料进行破碎,至粉碎粒度为0.1~0.2mm,能通过40目筛孔。

(2)浸提:先将色拉油打入提制锅中,加热升温到风味浸提温度后放入小茴香、花椒、肉桂等。若加入新鲜风味,应等前面的料浸提一定时间后再加入浸提10min,全过程温度不应超过90℃。浸提完毕将混合物冷却降温至70℃左右,送入调质锅保温调质12h,接着用板框过滤机将固体物过滤除去(滤出的固体物可用压榨机压榨处理,使油脂全部榨出并回收),得到提制粗油。当风味料含有鲜料时,粗油需在50℃左右、真空度在96kPa以上,搅拌干燥10h,至水分含量符合安全要求为止。

成品调味油具有天然香料与油脂的正常气味,无异味;水分含量≤0.2%,杂质含量≤0.2%,成品油脂含量为35%~40%,亚油酸含量在30%以上,可作为调味品直接供家庭和餐饮行业使用。

(二)配方二

1. 原料配方

以1000g大豆色拉油做油脂载体,香辛料的最佳配方为:八角15g,肉桂8g,甘草6g,小茴香3g,花椒3g,肉豆蔻2g,白芷1g,山奈2g,丁香1g,葱40g,生姜15g。

2. 工艺流程

葱→洗净切碎→水蒸气蒸馏

各种香辛料→筛选、除尘、干燥→粉碎→浸提→加热搅拌→冷却→过滤→真空脱水→分装→成品

3. 操作要点

(1)香辛料的处理:所用的香辛料先筛选除尘,然后干燥粉碎过40目筛。生姜去皮、去掉伤烂部分,葱去掉根须及枯叶,经水洗,分别切碎并在恒温干燥箱中稍干燥后备用。

(2)浸提:采用油浸法,先将油置于浸提锅中,加热到浸提温度,再放入香辛料(除葱之外),不断搅拌,在温度为90℃时浸提60min。

(3)过滤:减压抽滤得半成品。

(4)水蒸气蒸馏:取一定量的葱,用水蒸气加热后收集蒸馏物。

(5)真空脱水:为了不使风味成分损失,延长产品货架寿命及保持产品外观澄清透明,可采用低温50℃左右,真空度93.32kPa(700mmHg)以

上,脱水 10～20h。

(6)分装:可采用玻璃瓶或符合国家标准要求的 PET/铝箔(Al)/聚丙烯(PP)复合膜进行灌装,每袋/瓶装 150mL±5mL。

八、川味调味油

川味调味油是烹饪过程中常用的辣味调味油,它的制作工艺简单,成品油香辣可口,十分受欢迎。

(一)原料配方

按 100kg 基础色拉油计,各原料用量如下。

配方一:辣椒 5kg,花椒 1kg,八角 0.5kg,小茴香 0.2kg,桂皮 0.2kg,姜粉 0.4kg,鲜大蒜 6kg,鲜老姜 1kg,香葱 5kg,食盐 3kg,酱油 2kg。

配方二:辣椒 2kg,花椒 4kg,八角 0.5kg,小茴香 0.2kg,桂皮 0.2kg,姜粉 0.4kg,鲜大蒜 2kg,鲜老姜 4kg,香葱 3kg,食盐 3kg,酱油 1kg,豆豉 1kg。

配方三:辣椒 5kg,花椒 15kg,食盐 1kg,酱油 1kg,豆豉 2kg,芝麻 5kg,五香粉 1kg。

(二)工艺流程

色拉油

原料→粉碎→混合→润湿→搅拌加热→浸提→冷却→压滤→分离→成品

(三)操作要点

1. 预处理

辣椒干:用直径 4mm 的筛片粉碎机粗碎。

大蒜:用切菜机切成蒜片。

姜:切成姜丝,晾晒至半干(或在烘房于 60℃以下烘至半干)。

香葱:洗净、晾干,切寸段备用。

其他香辛料:混合,细碎成 80 目,与食盐混匀,用酱油加适量水润湿 4h。

2. 浸提

将色拉油加热至 130℃,放入香葱油炸片刻,再缓慢加入姜丝、蒜片,在恒温 110～120℃下断续搅拌约 10min,至蒜片、葱白微黄时加入润湿的香辛料混合物,继续恒温浸提约30min,待油水泡变小、稀少,蒜片、姜丝脱水发黄、酥而不焦煳时,连油带渣放出夹层锅。等油温降至60℃,吸取上面油泵入压滤机压滤,装箱密封即可。剩下的香辛料油炸残渣,可细磨后用于生产川味麻辣酱。

成品川味调味油色泽浅黄,具有天然香料与油脂的正常气味,无异味,既可用于炒菜、烧菜,又可用于餐桌调味,麻辣风味浓郁,使用方便。

九、香辣调味油

制作香辣调味油的理念来自于厨师烹制川菜的一般手法,体现了传统烹饪技艺理念与现代工业手段相结合的特点。香辣调味油的生产均采用天然原料,无任何化学合成成分,不添加任何防腐剂,具有麻、辣、香等特点,香气扑鼻,诱人食欲,适用于天然调味品。

(一)香辣调味油一

1. 原料配方

按100kg基础植物油计。

配方一:辣椒干18～20kg,花椒0.5kg,八角1kg,姜0.8kg,食盐3kg,酱油5kg,芝麻4kg。

配方二:辣椒8～10kg,咖喱粉1kg,食盐2kg,酱油1kg,豆豉3kg,芝麻2.5kg,五香粉1.5kg。

2. 工艺流程

同川味调味油。

3. 操作要点

(1)预处理:辣椒干用直径为4mm的筛片粉碎机粗碎;八角、花椒、姜混合粉碎成80目,混合后加食盐、酱油和适量水充分润湿,以手捏成团而指间不滴水为度,放置3～4h。

(2)浸提:将色拉油用带电动搅拌器的蒸汽夹层锅加热至130℃,在搅拌中(转速45r/min)缓慢加入润湿的配料及炒香破碎的芝麻面,油温控制在110～120℃之间,恒温提取约30min,当油面水泡变小、稀少且辣油红润、辣味足时,则连油带渣放出夹层锅。待油温降至60℃,吸取上面的香辣油,泵入板框压滤机压滤,装瓶密封,即得色泽深红、晶莹剔透、色香味俱佳的香辣油。剩下的辣椒渣是生产辣椒酱的极好原料。香辣油收率一般为85%~90%。

川味调味油可用于火锅、拌菜、小食品加工、肉食加工、膨化食品加工、馍片加工、调料加工;在餐饮中可用作麻辣调料。

(二)香辣调味油二

1. 原料配方

辣椒50kg,食用油100kg,姜10kg,葱10kg,豆豉10kg,白糖2kg,食盐5kg,味精2kg。

2. 工艺流程

新鲜辣椒→洗净→烘干→捣碎→过筛→食用油加热→加辣椒粉→加入香料→熬制→冷却→沉淀→分离→香辣油

3. 操作要点

(1)原料:选取辣味重、成熟度好、无霉烂的新鲜辣椒用水洗净,去掉辣椒柄,送入仓式烘干机内进行干燥,干燥时应采用低温大风量、分段干燥的方法进行。

(2)熬制:食用植物油可选用普通二级菜籽油,在铁锅内将其加热到无小泡,油温大约为70℃,加入辣椒粉,继续加热至油温达到110~120℃,便停止加热。

(3)分离:将辣油冷却至室温,用不锈钢细筛将固形物过滤掉,并转入缸中沉淀,取其清液,即为方便实用的香辣调味油产品。

十、香辣烹调油

在烹制鸡、鸭、鱼、肉菜肴时,为了增进菜肴风味和消除原料中的腥膻气味,往往在烹调时添加生鲜的大蒜、葱及小茴香、花椒类香辣调味品,特别是中式菜肴烹调十分重视这种调味技术。如果将各种香辣调味品按一定的配比添加于食用油中,使香辣味有效成分溶于食油,制成香辣烹调油,在烹制菜肴时加入,就可以制得各种美味可口的菜肴。

(一)原料配方

生菜油 1L,小茴香 10~30g,花椒 5~15g,葱 40~80g,大蒜 30~60g,姜 10~50g,食盐、酱油、水各适量。

(二)工艺流程

同川味调味油。

(三)操作要点

各原料粉碎成 80 目,混合后加食盐、酱油和适量水充分润湿,以手捏成团而指间不滴水为度,放置 3~4h。将生菜油用带电动搅拌器的蒸汽夹层锅加热至 130℃,在搅拌中(转速 45r/min)缓慢加入润湿的配料,油温控制在 110~120℃之间,恒温提取约 30min,当油面水泡变小、稀少且辣油红润、辣味足时,则连油带渣放出夹层锅。待油温降至 60℃,吸取上面的香辣油,泵入板框压滤机压滤,装瓶密封,即得香辣烹调油。成品呈黄褐色至褐色液体,协调的麻辣香气,无异味。其应用同香辣调味油。

十一、肉香味调味油

肉香味调味油是一种具有肉香味,且保存了生姜和鲜葱中原有的活性成分的调味油。肉香味调味油能使生姜、鲜葱原有的风味成分和生理活性物质最大限度溶入植物油并不被热破坏。

(一)肉香味调味油一

1. 原料配方

以每 100kg 色拉油计,八角粉 l.5kg,肉桂粉 0.8kg,甘草粉 0.6kg、小茴香粉 0.33kg,花椒粉 0.3kg,肉豆蔻 0.2kg,白芷 0.1kg,砂姜粉 0.2kg,丁香粉 0.1kg,鲜葱 4kg,鲜姜 1.5kg。

2. 工艺流程

同川味调味油。

3. 操作要点

将鲜葱、鲜姜清洗,切碎投入到加热至 120~125℃的色拉油中,炸至微黄。然后加入其他香辛料粉,在 120~125℃恒温下加热 10~20min,冷却至 60℃以下,离心过滤,分装,得到色泽橙黄、具有浓郁炸鸡风味的肉香味调味油。它既可作为炸鸡调味油,也可广泛用于烧烤、佐餐、凉拌、方便面等作为调味油使用。

(二)肉香味调味油二

1. 原料配方

色拉油 100kg,辣椒粉 10kg,大蒜 10kg,生姜 10kg,肉味香精 1kg。

2. 工艺流程

色拉油加热→加入辣椒粉→加入姜、蒜→熬制→冷却→过滤→油层→

肉香味调味油

（香精加入过滤步骤）

3. 操作要点

(1)原料:选取优质干辣椒粉,新鲜的大蒜和生姜。

(2)熬制:当温度为 80℃左右时,加入干辣椒粉等,搅拌加热到 120℃左右停止。

(3)过滤:冷却后,用 8 层纱布过滤。

第三节　香辛料调味汁

香辛料调味汁是以香辛料为主要原料,提取其中的呈味成分,制成的液体制品。香辛料调味汁的种类很多,但共同的特点是:增鲜,能使淡而无味的原料获得鲜美的滋味;去膻腥、除油腻味,通过香辛料调味汁可以去除肉类等原料中的膻腥和油腻味;增色,香辛料调味汁加入后可使菜肴外观色泽更加诱人美丽;补充营养,香辛调味汁中含有大量的氨基酸、维生素、钙、磷和铁等营养物质,而且大部分处于水溶性的游离状态、易于被人体吸收;快速入味,较易渗入原料中,方便省时。香辛料调味汁能改变和确定菜肴的滋味,消费者可以根据自己的习惯使用不同的调味汁,达到满意的效果。

一、辣椒汁

辣椒汁是以辣椒为主要原料生产制作的蔬菜类辛香调味汁,主要由鲜辣椒、白砂糖、食盐、大蒜和水等调配而成。

辣椒是传统调料之一,有增进食欲、促进消化液分泌的功效,同时具有杀菌作用。其传统主要是以原果形式作为菜肴的调料,不仅方式单一,且使用不便。通过加工制作成辣椒汁后,不仅能保持原有的营养品质,增加了储藏时间,且口味酸、辣、鲜、香俱全,风味独特,质地细腻,可直接佐餐、沾蘸或涂抹食用,方便卫生。辣椒汁含有较高的辣椒素类、维生素 C 和类胡萝卜素等物质,除有增加食欲、助消化外,更重要的是具有促进血液循环,防腐杀菌,增强机体抗病能力,驱热发汗,防治风寒、关节炎和腹泻等疾病的功能。辣椒汁中含有的优质天然色素可以调节菜肴食物的色泽,其含有的挥发性芳香化合物,可使辣椒汁调味后的食物香味更加浓郁。辣椒汁不仅是中国菜的调味佳品,也是西方烹制中不可缺少的调味料。

（一）原料配方

辣椒咸坯 50kg,苹果 10kg,洋葱 1.5kg,生姜 2kg,大蒜 0.2kg,白糖 2.5kg,味精 0.2kg,冰醋酸 0.15L,柠檬酸 0.4kg,增稠剂 0.2 ~ 0.5kg,香蕉香精 5kg,山梨酸钾 0.1kg,肉桂 50g,肉豆蔻 25g,胡椒粉、丁香各 100g。

（二）工艺流程

鲜辣椒→洗涤→盐渍→咸坯→粉碎过滤

苹果→洗涤去皮→预煮→打浆→混合→调味→细磨→煮→熟化→成品

洋葱、大蒜、生姜→去皮→切丝→煮→打浆

（三）操作要点

1. 辣椒咸坯的制作

选用色泽红艳、肉质肥厚的鲜辣椒,最好选用既甜又辣的灯笼辣椒。将辣椒洗净,沥干水分,摘去蒂把,用人工或机械把辣椒破碎成 1cm 左右的小块。每 100kg 辣椒用食盐 20 ~ 25kg 腌渍,并加入 0.05kg 明矾。1 ~ 3d 每天倒缸 1 次,4 ~ 6d 每天打耙 1 次,6d 即成。用时将辣椒盐坯磨成糊。鲜辣椒可以大批腌成咸坯,以便以后陆续加工用。

2. 其他原料处理

苹果洗净,去皮,挖去果心,放入 2% 食盐水中。然后放进沸水中煮软,连同水一同倒入打浆机打浆。洋葱、大蒜、生姜去掉外皮,切成丝,煮制,捣碎成糊状。

各种香辛料加水煮成汁备用。

3. 混合

先将辣椒与苹果糊充分混合搅拌,再加入各种调味料、调味汁及溶化好的增稠剂,最后加入香精及防腐剂。

将配好的料经胶体磨使其微细化,成为均匀半流体,放入密封罐中,储存一段时间,使各种原料进一步混合熟化。

成品为红黄色,鲜艳夺目,半流体,不分层,均匀一致;鲜甜,酸咸适口,略有辛辣味;具有混合的芳香气味;成品的含盐量可通过辣椒咸坯的加盐量和配方中辣椒糊的含盐量来控制,一般成品含盐6%～10%。鲜姜不易破碎,可与其他香辛料同煮取汁。辣椒汁既可用于炒菜、烧菜,又可用于餐桌调味,麻辣风味浓郁,使用方便。

二、芥末汁

芥末汁主要以干芥末粉为原料,再配以其他调味料,辛辣解腻,为调味佳品。

(一)原料配方

干芥末粉500g,醋精20g,精盐25g,白砂糖50g,白胡椒粉5g,生菜油50g,开水500g。

(二)工艺流程

干芥末粉→过筛→调成酱→保温→调味→冷藏→成品

(三)操作要点

干芥末量少时擦成粉即可,量大时可用绞肉机绞;将芥末粉用箩筛过,放入瓦罐内,冲入开水,用力搅拌,搅匀成酱(稠度要大);用筷子在酱上扎几个孔,上面再浇上开水,水量没过芥末即可;将瓦罐放在35～40℃的地方,盖上盖,经过4～6h,去除芥末的苦味,再倒去浮面的水。

将醋精、精盐、白砂糖、生菜油、白胡椒粉一同放入芥末中,调味搅匀,加盖,即可放入5℃左右冰箱(或冰柜)中冷藏。

成品色泽为黄润,辛辣解腻,可配各种沙司作料;宜置于冰箱内保藏。芥末汁是调制冷菜的半成品,有的品种也可以佐餐热菜。

三、姜汁

(一)生姜调味汁之一

生姜调味汁的生产,是以新鲜生姜为原料,经过破碎、榨汁、分离等工序生产的原汁,再加入辅料,经过均质、杀菌等工序精制而成。由于生姜经破碎后,榨汁机以很高的压力把生姜组织结构破坏,生姜中的有效成分随汁液而被榨取出来,所以生姜调味汁最大限度地保留了鲜生姜的有效成分和风味,从而为消费者提供了安全、卫生、方便的优质生姜制品。

1. 原料配方

生姜、复合稳定剂、异抗坏血酸、食盐、柠檬酸、增香剂等各适量。

2. 工艺流程

姜渣──→复榨──→渣

原料──→预处理──→破碎──→压榨──→离心分离──→过滤──→调配──→预热──→均质──→杀菌──→冷却──→灌装密封──→检验──→包装

3. 操作要点

(1)把符合要求的生姜挑选整理、清洗、除去杂质,用温度为90~98℃、0.3%的柠檬酸溶液热烫10~15s后,用净水冲洗干净。热烫的主要作用是对生姜表面杀菌,时间不宜过长;否则,生姜中淀粉糊化,不利于过滤,并影响产品储藏过程中的非生物稳定性。

(2)将材料破碎至直径为2~4mm的颗粒后,在压榨机中榨汁;在姜渣中加少量净水后复榨,使姜汁尽快进行分离、过滤,除去其中固体颗粒(如淀粉颗粒)。注意生姜含纤维素较多(0.7%),采用螺旋压榨机榨汁时,容易发生破筛现象。

(3)按生姜调味汁配方加入食盐、柠檬酸、复合稳定剂等辅料后混合均匀;然后加入柠檬酸和食盐,将pH值调至4.5~4.8,这样可以抑制褐变,改善产品品质,抑制微生物生长繁殖;加入复合稳定剂可以使产品均匀一致,减少分层现象。通过实验比较,使用复合稳定剂比使用单一稳定剂的效果好得多。

(4)尽管经过离心分离及过滤,姜汁中仍含有固体微粒,通过均质可以使其破碎,并均匀地分散于姜汁中,以减少分层与沉淀现象,提高产品的感观质量。均质温度为 55 ~ 65℃,压力为14 ~ 18MPa。

(5)生姜中的有些成分虽然具有一定防腐作用,但长时间存放还远不能阻止微生物的生长繁殖。因此,必须对生姜调味汁进行杀菌,以保证产品在保质期内不产生腐败变质现象,杀菌温度与杀菌时间不仅影响杀菌效果,而且还影响产品风味和色泽。一般采用超高温瞬时杀菌(130℃,3 ~ 5s),杀菌效果好,且生姜调味汁中风味物质及营养物质损失少。出料温度应控制在 55 ~ 60℃,以便进行热包装。

成品色泽为淡黄或暗黄色,质地均匀,具有浓郁的生姜香味和生姜特有的辛辣味;存放时间较长时,允许有微量沉淀生成。生姜汁广泛应用于各类炒菜、小菜以及食品加工工程中,有去腥解膻的作用。

4. 注意事项

(1)该产品容易出现质量稳定性问题。这与稳定剂的选用、分离过滤的效果、均质压力和温度、杀菌温度及时间等因素有关。

(2)在产品生产过程中,一定要保持生产环境的卫生。为此,设备使用前后一定要清洗消毒(用 80 ~ 90℃,3% NaOH 溶液消毒),以保证产品卫生。

(二)生姜调味汁之二

生姜作为调味料,多采用原姜或粗姜粉,而在烹饪过程中呈姜香味的姜油物质基本上挥发了,留下的仅仅是姜辣素,因此,市场上需要加工出快捷、简便又能保持原姜风味的调味品。由于生姜中含大量淀粉、纤维素,使加工处理困难,而且产品质量稳定性差,外观及口感都很难达到高品质的要求。而利用姜油树脂为原汁生产调味品,可使生产过程简化,产品杂质少,姜味浓郁,品质优良。

1. 原料配方

食盐 13kg,味精 0.5kg,砂糖 2kg,姜油树脂 0.1 ~ 0.2kg,吐温 80 乳化剂 0.15kg,水 84kg,增稠剂 0.1 ~ 0.5kg。

2. 工艺流程

原料→溶化→煮沸→过滤→乳化剂和姜油树脂混合→加热→均质→灌装→封口→杀菌→成品

3. 操作要点

（1）煮沸：按配方加入食盐、砂糖、味精和水混合溶解后，加热煮沸 2min。

（2）过滤：用 80~100 目滤布过滤，除去杂质和沉淀物。

（3）混合：将姜油树脂及乳化剂加入到过滤液中，混合均匀，待温度降到 65℃时，均质。

（4）均质：可用胶体磨进行均质，或用均质机在 25~30MPa 的压力下均质。

（5）杀菌：将成品在沸水中杀菌 10min。

四、西式泡菜汁

西式泡菜汁风味独特，能解酒、解腻，将用沸水焯过的蔬菜浸泡在此汁中 15~25h，便可食用。与传统泡菜相比，西式泡菜泡的时间短，制作简单，食用方便，兼有酸、甜、辛辣味，爽口开胃，诱人食欲，深受广大消费者欢迎。

（一）原料配方

干辣椒 5kg，丁香 3kg，香叶 1kg，胡椒粒 1kg，糖 300kg，盐 12kg，食用醋 50kg。

（二）工艺流程

干辣椒、香叶 → 切碎 → 加水煮沸 ┐
　　　　　　　　　　　　　　　├ 文火煮沸 → 过滤 → 加入糖、盐 → 溶解
丁香、胡椒粒 → 捣碎 ┘　　　　　　　　　　　　　　　　　　　　↓
　　　　　　　　　　　　　　灌装 ← 加入醋 ← 冷却

（三）操作要点

1. 原料煮沸

将干辣椒、香叶切碎，加入适量水煮沸，煮 15min 左右，再将丁香、胡椒粒捣碎与干辣椒一起煮沸，文火煮 30min 左右。

2. 滤液调味

将煮后的香辛料汁过滤，将糖、盐加入滤液中溶解，再将滤渣加入适量水煮沸，过滤，将两次滤液混合。

3. 冷却、灌装

将滤液冷却至室温，加入食用醋，拌匀，灌装。

4. 注意事项

（1）干辣椒要切碎，不可整煮；丁香、胡椒粒要捣碎，否则香味不易全部浸出。

（2）滤汁要冷却至室温后再加入醋，以防温度过高醋酸挥发。

第四节　油辣椒与香辛料调味酱

一、油辣椒

油辣椒是香辣浓郁，可供佐餐和调味的熟制食用油和辣椒的混合体。产品中可添加或不添加辅料。

（一）工艺流程

精炼植物油

干辣椒→摘把挑选→称量→浸泡→沥干→破碎→熬制→冷却→装罐（袋）→

各种调味料及香辛料

真空封罐（袋）→检验→成品

（二）操作要点

1. 辣椒浸泡

为了充分保证油辣椒产品的感官品质，须将去把后的辣椒在40℃温水中浸泡30min左右，便于后续破碎处理。

2. 熬制

先将精炼植物油、破碎后的辣椒混合后，采用三段温度控制方法进行熬制。在熬制过程中，顺序加入各种调味料、香辛料等。在此工序，熬制温度的控制、各种辅料的加入顺序和时间掌握至关重要。若为防止上火，此阶段也可加入一定量的清火料（1.3%），在120℃左右熬制20min。

3. 装罐（袋）、真空密封

将熬制成的油辣椒半成品适当冷却，趁热装罐（袋）和真空密封，要求罐（袋）内真空度达0.04MPa。

二、香辛料调味酱

一般的复合型香辛料因原料的形态不同,很难完美地显示各种特有的风味。而香辛料调味酱通过特殊工艺处理能够全面改善这种缺陷,使各种风味搭配协调完美,和粉状香辛料对比,香辛料调味酱添加量少,香气浓郁、口感醇正、效果极佳。由于香辛料调味酱经过加工之后干净卫生,且细菌控制在一定范围内(其本身就有一种天然防腐作用),因此不会像粉状香辛料,因带有各种细菌而影响产品的货架期。

(一)芥末酱

芥末酱是以芥末子粒或芥菜类块茎为原料制成的酱,具有刺鼻辛辣味。芥末酱是一种乳化型辛辣调味品,具有辛辣解腻、使菜肴味浓爽口等作用。

芥末酱是海鲜的调味佳品,同时还是佐食马肉的调味料。芥末酱分青芥辣、绿芥辣、芥末膏(酱)等几种。青芥辣属于高档产品,用纯辣根(部分水辣根)原料生产;绿芥辣属中档产品,用洋辣根加细芥粉生产;芥末酱为低档产品,可用纯芥粉或纯芥粉加少量洋辣根生产。

1. 原料

芥末酱的主要原料是辣根和芥子,从化学角度分析,芥末粉和辣根粉的主要辣味成分都相似,可笼统说是异硫氰酸酯。芥末在其分子结构中含有烯丙基,而辣根含有甲硫基,其辣味刺激性比芥末更强。

(1)辣根:别名马萝卜、西洋山葵、西洋山嵛菜、山葵萝卜。鲜辣根的水分含量为75%,香辛料用其新鲜的地下茎和根,切片磨糊后使用,还可加工成粉状。辣根具有芥菜一样火辣的新鲜气味,味觉也为尖刻灼烧般的辛辣风味。辣根的主要香气成分与芥菜相似,为由黑芥子苷水解而产生的烯丙基芥子油、异芥苷、异氰酸烯丙酯、异氰酸苯乙酯、异氰酸丙酯、异氰酸酚酯、异氰酸丁酯和二硫化烯丙基等。辣根具有增香防腐作用,炼制后其味还可变浓,加醋后可以保持辛辣味。辣根是日本人最喜爱的香辛料之一,在西式饮食中也有很多应用。辣根是制造辣酱油、咖喱粉和鲜酱油的原料之一,是制作食品罐头不可缺少的一种香辛料,常与芥菜配合带给海鲜、冷菜、沙拉等火辣的风味,也常用作肉类食物的调味品和保存剂。磨成糊状的辣根可与乳酪或蛋白等调制成辣根酱。

(2)芥末:由芥菜子粉碎而成,芥菜子为十字花科芸薹属植物的种子,包括黑芥子、黄芥子、白芥子和褐芥子。在生产芥末酱时,选择子大、色浅黄的做原料,水解后生成的异硫氰酸烯丙酯的含量最高。

2. 原料配方

基本配方:芥末粉 30% ~ 40% ,水 45% ~ 47% ,精盐 3.5% ~ 7% ,白醋 1.4 ~ 7.8% ,白酒 1.5% ,植物油 3.5% ,白糖 2.0% ,味精 0.6% ,其他调味品 4% ~ 7% 。

参考配方一:芥末 30% ,水 45% ,精盐 3.1% ,白醋 7.8% ,白酒 1.5% ,植物油 3.5% ,葡萄糖 2.1% ,其他调味品 7% 。

参考配方二:芥末 12.5kg,水 25kg,精盐 1.5kg,白醋 4kg,白酒 1kg,植物油 2kg,葡萄糖 1kg,砂糖 1.5kg,抗坏血酸 0.1kg,柠檬酸 0.2kg,胡椒 0.6kg,CMC 0.4kg,多聚磷酸钠 0.2kg。

3. 工艺流程

醋、酒、盐、糖、食品添加剂

芥末粉→水洗→活化→磨碎→发制→调配→均质→装袋→封口→成品

辅助剂（CMC等）

4. 操作要点

(1)原料选择:选品质好的浅黄色大粒芥子。

(2)水洗:原料最好先经风选后,再用逆流水冲洗,去杂效果好,又可节约用水。

(3)活化:芥子在活化池中利用 37℃ 的水进行活化 30h,使分布在芥子细胞体中的芥子酶激活,使种皮中的硫代葡萄糖苷在水解时充分水解,生成具有辛辣风味的异硫氰酸烯丙酯。

(4)磨碎:用胶体磨加冰屑的方法进行磨料,磨料温度控制在 10℃ 左右,细度为 60 目较合适。

(5)发制:芥末在 37℃ 的水温条件下发制 2h 左右。有的工艺是在直接封口后再发制。也可以将芥末糊用白醋将 pH 值调至 5 ~ 6,放入夹层锅中,盖上盖密封,开启蒸汽,使锅内糊状物升温至 80℃ 左右,在此温度下保温 2 ~ 3h。

（6）调配：调配的原辅料及食品添加剂的添加次序应以科学配伍、口味、口感来考虑。为减少异硫氰酸烯丙酯的挥发，调配水温控制在40℃以下。加入顺序对产品质量有很大影响，如多聚磷酸钠和CMC必须在各种辅料与芥末浆混合好后，最后加入，才能起到增稠、稳定、改变风味等功效。

（7）均质：调配后的料浆在均质机中进行高压均质，使各种配料在一起混合均匀。

（8）装料：均质后的成品及时装入食用聚乙烯复合软管中，封口包装即成。或将调配均质好的芥末酱装入清洗干净的玻璃瓶内，经70～80℃灭菌30min，冷却后即为成品。

成品芥末酱呈黄色，体态均匀、黏稠，具有强烈的刺激性辛辣味，无苦味及其他异味。芥末酱可应用于生鱼片、日式寿司、冷面、水饺、海鲜、火锅、凉拌菜等的调味。

5. 注意事项

发制过程是非常重要的工序，在此期间芥子苷在芥子酶的作用下，水解出异硫氰酸丙烯酯等辛辣物质。这是评价芥末酱质量优劣的关键。发制过程应在密闭状态下进行，以防辛辣物质挥发。

（二）其他香辛料调味酱

其他香辛料调味酱的加工方法可参见第四章及第六章相关章节的介绍。

第六章　复合调味料

复合调味料是用两种或两种以上的调味品配制,经特殊加工而成的调味料,它是一类针对性很强的专用型调味料,广泛用于中、西餐烹饪中,从其在调制菜肴方面的应用看,比只用单一调味品更具优势,且无论是味型、颜色、香味均胜一筹。食品工业生产出的复合调味料,则是按照工艺流程,严格定量加工而成的,其色、香、味等理化指标均是一定的。

复合调味料的分类有多种方法。按用途不同可分为佐餐型、烹饪型及强化风味型复合调味料;按所用原料不同可分为肉类、禽蛋类、水产类、果蔬类、粮油类、香辛料类及其他复合调味料;按风味可分为中国传统风味、方便食品用风味、日式风味、西式风味、东南亚风味、伊斯兰风味及世界各国特色风味复合调味料;按口味分为麻辣型、鲜味型和杂合型复合调味料(杂合型复合调味料是根据消费者的不同口味和原料配比生产出的调味品)。在国家标准《调味品分类》(GB/T 20903—2007)中基本以体态将其分为四类,包括固态、液态、酱状和火锅调味料。

第一节　固态复合调味料的生产

固态复合调味料是以两种或两种以上的调味品为主要原料,添加或不添加辅料,加工而成的呈固态的复合调味料。根据加工成品的形态可分为粉状、颗粒状和块状复合调味料。

复合调味料所用辅料,一般均可在配制成品时直接使用;有一些动物性和植物性原料,在进入成品配制车间前需先进行预处理,如精选、破碎、提取、精制、浓缩、干燥。原料的预处理采用哪种方法较为合适,需根据原料种类、产品的风味要求、生产装备和技术条件而做出选择,但应以能再现原物质复杂微妙的风味特征为首选。如利用原料本身则需做切片、干燥、粉碎等处理;如利用原料的抽提液则需做精制、浓缩等处理;如利用原料的水解液则采取化学或生化水解法。化学水解法是利用酸水解原料中的蛋白质,使之生成肽和氨基酸。生化水解法是利用食品自身所含的酶或额外添加的酶,使蛋白质酶解而生成肽和氨基酸。在较多复合调味料中,一个产品常需同时用到经上述几种原料处理方式预处理过的调味原料。

一、固态复合调味料种类

(一)粉状复合调味料

粉状复合调味料在食品中的应用非常广泛,如用在速食方便面中的调味料、膨化食品中的调味粉、各种粉状香辛料和速食汤料等。

粉状复合调味料可用粉末简单混合,也可用提取得到的产物进行熬制混合,经浓缩后喷雾干燥,所得产品呈现出的口感醇厚复杂,可有效地改善和调整食品的品质与风味,且其产品与简单混合的产品相比,卫生、安全。采用简单混合方法加工粉状复合调味料不易混匀,所以在加工时要严格按混合原则进行,即混合的均匀度与各物质的相对密度、比例、粉碎度、颗粒大小和形状以及混合时间等因素有关。

配方中的各原料,如果比例是等量的或相差不多的,则容易混匀;若比例相差较大时,则应采用"等量稀释法"进行逐步混合。具体方法为:首先加入色深的、质重的、量少的物质,其次加入等量的、量大的原料混合,再逐渐加入等量的、量大的共同混合,直到加完混匀为止,最后过筛,检验达到均匀为止。

一般混合时间越长,越易达到均匀的效果。在实际生产中,多采用搅拌混合兼过筛混合的一体设备。而所需的混合时间取决于混合原料量的多少及所使用的机械。

(二)颗粒状复合调味料

颗粒状复合调味料的加工方法与粉状复合调味料类似。原辅材料选用和预处理参照粉状复合调味料。其一般生产工艺流程为:

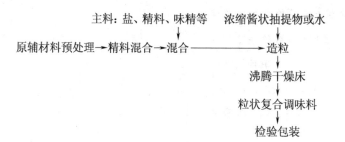

颗粒状复合调味料的生产工艺路线与粉末状的不同之处是在原辅料经过初步混合后,要加入一定量的水或浓缩处理好的酱状抽提物调配成乳状液(物料含水量应为13%左右),混合(5~10min)均匀后通过二次干燥成型。

乳状液杀菌采用瞬时灭菌,即在15s内加热乳液到148℃,然后立即冷却,装入消过毒的贮罐内,可采用三效真空浓缩装置浓缩消毒后的乳液。再用喷雾干燥法使产品水分含量降至6%。采用此方法生产的颗粒调味料速溶性好,但设备成本较高。

颗粒状复合调味料也可采用较为简易的方法生产。将混合后的原辅料加水调成乳液,杀菌后加入淀粉或大豆蛋白等作为填充物,调节至合适的含水量,经造粒机造粒,于真空干燥箱中脱水至6%~7%。此方法设备投资少,运行费用低,但产品的速溶性不是很理想。

另外,还有一种颗粒状复合调味料,即各种脱水菜、肉的混合料包。

(三)块状复合调味料

块状复合调味料通常选用新鲜的鸡肉、牛肉、海鲜经高温高压提取、浓缩、生物酶解、美拉德反应等现代食品加工技术精制而成。块状复合调味料是国外风味型复合汤料中的一种形式,重点消费地区为欧洲、中东、非洲等地区,而在我国尚处于起步阶段。块状复合调味料相对粉状复合调味料来说,具有携带、使用更为方便,真实感更强等优点。

块状复合调味料风味的好坏,很大程度上取决于所选用的原辅材料品质及其用量,选择适合不同风味的原辅材料和确定最佳用量基本包括三方面的工作,即原辅材料选择,调味原理的灵活运用和掌握,以及不同风格风味的确定、试制、调制和生产。

1. 块状复合调味料的工艺流程

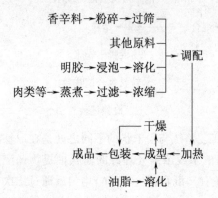

2. 操作要点

块状调味料常用的基本调味原料有香辛料、各种肉类、水产品、蔬菜、甜味剂、咸味剂和鲜味剂等。各种原料介绍具体可参见第二章。

(1)液体原料的热混:将肉汁等液体原料放入锅中,然后加入蛋白质水解物、酵母浸膏和其他液体或酱状原料,加热融化混合。

(2)明胶溶胶制备:将明胶用适量温水浸泡一段时间,使其吸水润涨,再用间接热源加热搅拌溶化,制成明胶水溶液。

(3)混料:在保温的条件下,将明胶水溶液加入到肉汁等液体原料中搅拌均匀,再加入白糖、粉末蔬菜等原料,混合均匀后停止加热。

(4)调味:将香辛料、食盐、味精、I+G、香精等加入混合均匀。

(5)成型、干燥、包装:原料全部混合均匀后即可送入标准成型模具内压制成型,为立方形或锭状,通常一块重量为4g,可冲制180mL汤。根据产品原料和质量特点选择适当的干燥工艺,将其干燥至水分含量45%左右。每块或每锭为小包装,用保湿材料做包装物,然后再用盒或袋包装。

二、鸡精的生产

鸡精调味料是以味精、食用盐、鸡肉/鸡骨的粉末或其浓缩抽提物、呈味核苷酸二钠及其他辅料为原料,添加或不添加香辛料和/或食用香料等增香剂,经混合干燥加工而成,具有鸡肉的鲜味和香味的复合调味料。

近年来,鸡精在调味品市场发展速度很快,作为新一代增鲜调味品以其诱人的香气和独特的风味迅速占领了调味品市场,受到广大消费者的喜爱。鸡精从外观上可分为粉末鸡精和颗粒鸡精,下面着重介绍一下颗粒鸡精的生产。

(一)鸡精调味料

1. 颗粒鸡精配方

碘盐粉剂 30kg,白胡椒粉 0.2kg,白砂糖粉 10kg,春发鸡肉精油(8523)0.5kg,味精粉 20kg,I + G 1kg,8413 型春发鸡肉膏状香精 2kg,热反应鸡粉(8706)2kg,淀粉 5kg,麦芽糊精 9.3kg,天然鸡肉粉 12kg,蛋黄粉 10kg。

2. 工艺流程

部分原料→粉碎→过筛
　　　　　　　　↓
原料处理→灭菌→称量→混合→造粒→烘干→包装→成品

3. 操作要点

(1)先将配方中的白胡椒粉、碘盐、白砂糖、味精用粉碎机分别粉碎为 60 目的粉末,备用。

(2)将味精粉、I + G、白胡椒粉、淀粉、麦芽糊精、蛋黄粉、鸡肉粉、碘盐粉、白砂糖粉投入混合机,拌和 15min,至物料混合均匀即可,再投入鸡肉精油拌和 30min;立即投入造粒机,选用 15 目的造粒筛网造粒,造好的颗粒马上投入烘房烘干,烘房温度控制在 70℃,烘干 4h;烘干时采用地面送风设备,使烘房内的水蒸气迅速排出、湿度降低,烘干后推出烘房,立刻密封包装,以免吸潮。

(3)鸡精的包装以用内衬铝箔的塑料袋或密闭条件良好的镀锌桶包装较好,这两种包装能有效阻隔环境中的水分和空气的透入,有效保证成品在保质期内的质量。

成品水分≤6%,盐含量 <35%。

4. 注意事项

鸡精的鲜味饱满、浓厚且持久,具有炖煮鸡的风味,这些特点迎合了我国大众的饮食口味。为了使鸡精产品具有良好的风味,可加入春发鸡肉精油 8523 提供炖煮鸡的特征香气;加入春发鸡肉膏状香精和热反应鸡粉,来弥补和强化鸡精的口味。春发鸡肉精油8523是以天然鸡脂肪为原料,加入氨基酸和还原糖进行美拉德反应而制备的具有浓郁的鸡肉特征香气的香精产品;春发鸡肉膏状香精8413和热反应鸡粉8706是以鸡肉为原料,采用酶解技术和美拉德反应制备的具有鸡肉特征口味的香精。它们在鸡精中用量虽少,但却对鸡精的整体风味起着关键的作用,既可补充鸡精中原有风味的不足,又能稳定和辅助鸡精中固有的风味。

(二)西式鸡精

1. 原料配方

鸡肉汁10kg,鸡油3kg,植物油6kg,食盐42kg,砂糖13kg,乳糖1kg,明胶粉1kg,味精10kg,核苷酸0.1kg,酵母粉6kg,氨基酸粉末5.2kg,鸡味粉末香精0.1kg,洋葱粉末1kg,胡萝卜粉0.5kg,大蒜粉0.2kg,胡椒粉0.8kg,香辛料混合物0.1kg。

2. 生产工艺流程

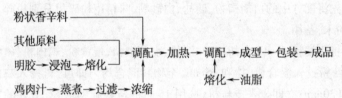

3. 操作要点

(1)将鸡肉汁放入锅中,然后加入蛋白质水解物,酵母或氨基酸,加热混合。

(2)将明胶用适量水浸泡一段时间,加热熔化后,边搅拌,边加入到鸡肉汁锅中,再加入砂糖、蔬菜粉末,混合均匀后停止加热。

(3)加入预先加热熔化好的动植物油脂、香辛料、食盐、鸡味粉末香精及其他原料,混合均匀。

(4)混合均匀后,使其成型为立方形或锭状,低温干燥后包装;每块重4g,可冲制180mL汤。

成品为柔软块型,沸水一冲即化开;水分≤14%,盐40%~45%,总糖8%~12%。

4. 注意事项

（1）肉类物质、蛋白质水解物和酵母水解提取物等加工较复杂,请参考有关内容。

（2）脱水蔬菜可直接购买,然后粉碎成蔬菜末。

（三）其他鸡精配方

低档配方:食盐 52g,砂糖 18g,味精 22g,I + G 1g,姜粉 1g,大蒜粉 0.5g,白胡椒粉 0.4g,小茴香粉 0.3g,鸡骨素粉 2g,热反应鸡肉香精粉 0.5g,油溶性鸡肉香精 0.1g,植物水解蛋白 2g,麦芽糊精 5g,淀粉 5g,抗结剂 1g。

中档配方:食盐 40g,砂糖 42g,味精 20g,I + G 1g,姜粉 0.8g,大蒜粉 0.4g,白胡椒粉 0.4g,小茴香粉 0.2g,香叶粉 0.01g,丁香粉 0.005g,鸡骨素粉 3g,热反应鸡肉香精粉 1g,油溶性鸡肉香精 0.2g,植物水解蛋白 2g,鸡肉水解蛋白 1g,蛋黄粉 5g,酵母精粉 2g,麦芽糊精 7g,淀粉 5g,鸡油 1g,抗结剂 1g。

高档配方:食盐 30g,砂糖 10g,味精 18g,I + G 1g,姜粉 0.6g,大蒜粉 0.4g,白胡椒粉 0.4g,小茴香粉 0.2g,鸡骨素粉 5g,热反应鸡肉香精粉 2.5g,油溶性鸡肉香精 0.2g,植物水解蛋白 2g,鸡肉水解蛋白 2g,蛋黄粉 10g,酵母精粉 2.5g,麦芽糊精 9g,淀粉 5g,鸡油 2g,抗结剂 1.5g。

三、鸡粉复合调味料

鸡粉复合调味料是以食盐、味精、鸡肉/鸡骨的粉末或其浓缩抽提物、呈味核苷酸二钠及其他辅料为原料,添加或不添加香辛料和/或食用香料等增香剂经混合加工而成,具有鸡肉的浓郁香味和鲜美滋味的复合调味料。这种调味料风味突出,味道鲜美诱人,品种花样繁多、各有特色,是目前国内外市场普遍受欢迎的复合调味料之一。下面列举数种配方以供参考。

配方一:食盐 24.0%,味精 9.0%,砂糖 15.0%,鸡肉粉 10.0%,鸡肉香精(粉末化)3.5%,酵母精粉 4.0%,水解蛋白粉 3.0%,胡椒粉 1.0%,洋葱粉 0.6%,生姜粉 0.4%,咖喱粉 1.0%,麦芽糊精 20.0%,鸡油 8.0%,抗结剂 0.5%。

配方二:食盐 21%,味精 6%,砂糖 4%,鸡肉粉 13.5%,鸡肉香精(粉末化)5%,酵母精粉 2.5%,胡椒粉 1%,洋葱粉 7%,生姜粉 2%,麦芽糊精 32%,鸡油 6%。

配方三:食盐 20%,味精 10%,砂糖 3.5%,鸡肉粉 18%,鸡肉香精(粉末化)4.5%,酵母精粉 2%,水解蛋白粉 2%,胡椒粉 0.9%,洋葱粉 0.6%,脱脂奶粉 20%,麦芽糊精 8%,鸡油 10%,抗结剂 0.5%。

配方四:食盐 40%,味精 12%,砂糖 10%,鸡肉粉 16%,鸡肉香精(粉末化)2.5%,水解蛋白粉 2%,胡椒粉 3%,洋葱粉 5%,生姜粉 2%,咖喱粉 3%,鸡油 4%,抗结剂 0.5%。

主要质量指标:成品鸡肉粉具有明显的鸡肉鲜香味,呈均匀的粉末状,无外来杂质和结块现象;水分含量≤5%;用 90℃开水冲泡 2min 溶解,并有肉末沉淀。

四、牛肉粉调味料

牛肉粉调味料是以牛肉的粉末或其浓缩抽提物、味精、食盐及其他辅料为原料,添加或不添加香辛料和/或食用香料等增香剂,经加工而成的具有牛肉鲜味和香味的复合调味料。

(一)牛肉粉调味料系列配方

配方一:食盐 34.7%,味精 10.3%,砂糖 6%,I+G 0.3%,牛肉粉 15.7%,牛肉香精(粉末化)1.5%,HVP 粉 2.5%,牛油 2.5%,八角粉 1%,生姜粉 1.9%,胡椒粉 2.5%,芹菜粉 1.9%,咖喱粉 3.2%,生粉 15%。

配方二:食盐 28.2%,味精 15%,砂糖 12%,I+G 0.5%,牛肉粉 5%,牛肉香精(粉末化)5%,HVP 粉 3.5%,琥珀酸钠 0.3%,牛油 3%,八角粉 1%,生姜粉 3.5%,花椒粉 1%,胡椒粉 0.5%,咖喱粉 1.5%,生粉 20%。

配方三:食盐 11%,味精 5%,砂糖 7%,I+G 0.2%,牛肉粉 27%,牛肉香精(粉末化)1%,HVP 粉 3%,琥珀酸钠 0.5%,牛油 2%,八角粉 2%,花椒粉 1.5%,洋葱粉 3.5%,番茄粉 8.5%,咖喱粉 5%,生粉 22.8%。

配方四:食盐 9%,味精 2%,砂糖 10%,牛肉粉 23%,牛肉香精(粉末化)2%,HVP 粉 5%,牛油 1.5%,八角粉 1%,生姜粉 1.5%,花椒粉 3.5%,洋葱粉 18%,咖喱粉 2%,生粉 21.5%。

(二)烤牛肉风味固体调味料

1. 原料配比

"烤牛肉"风味浸出物(粉末状)14%,味精4.25%,氨基酸类调味料2%,核酸类调味料0.4%,琥珀酸二钠0.05%,洋葱粉0.6%,大蒜粉0.2%,黑胡椒粉0.1%,芹菜粉0.15%,咖喱粉0.02%,焦糖粉末0.15%,柠檬酸0.2%,糊精50%,乳糖10%,谷朊粉10%,水7.88%。

2. 工艺操作过程

将上述原料混合均匀放入加压锅内,以0.1MPa蒸15min,排汽出锅后粉碎,即成烤牛肉风味固体调味料。

(三)西式牛肉汤精

1. 原料配方

牛肉汁10kg,牛油5kg,氢化植物油4kg,明胶粉1kg,砂糖10kg,食盐45kg,味精8kg,肌苷酸和鸟苷酸0.5kg,氨基酸粉10kg,粉末牛肉香料0.1kg,洋葱粉末2.5kg,胡萝卜粉末0.8kg,大蒜粉末0.5kg,洋苏叶0.04kg,百里香0.04kg,胡椒粉0.08kg。

2. 生产方法

参照西式鸡精生产方法。

五、排骨粉调味料

排骨粉调味料是以猪排骨或猪肉的浓缩抽提物、味精、食盐、食糖和面粉为主要原料,添加香辛料、呈味核苷酸二钠等其他辅料,经混合干燥加工而成的具有排骨鲜味和香味的复合调味料。

(一)猪肉粉调味料系列配方

配方一:食盐32.6%,味精10%,幼砂糖7.6%,I+G 1%,酵母精粉3%,猪肉粉末14.3%,猪肉香精(粉末化)3%~5%,洋葱粉2.1%,白胡椒粉2.4%,咖喱粉3.1%,生姜粉1.9%,变性淀粉17%~19%。

配方二:味精12%,幼砂糖14%,I+G 5%,酵母精粉0.5%,猪肉粉末2%,猪肉香精(粉末化)31%,水解蛋白粉3%~5%,白胡椒粉1.5%,胡萝卜粉1.5%,咖喱粉10%,甘蓝粉1.5%,变性淀粉4%,食盐15%~17%。

配方三:味精 28%,幼砂糖 15%,I+G 13%,酵母精粉 1.5%,猪肉粉末 2%,猪肉香精(粉末化)5%,水解蛋白粉 5% ~7%,洋葱粉 2%,白胡椒粉 3%,胡萝卜粉 1%,咖喱粉 3.5%,生姜粉 0.5%,五香粉 1%,甘蓝粉 0.5%,食盐 17% ~19%。

(二)烧猪肉风味固体调味料

1. 原料配比

瘦猪肉(鲜)21.8%,猪肉(鲜)10%,猪肉汁粉 0.5%,牛肉(鲜)12.5%,水解蛋白粉 5.7%,全蛋 6.1%,面包粉 6.1%,特鲜味精 1.5%,白胡椒粉 9.1%,切片洋葱(鲜)12.5%,食盐 1.5%,水 12.7%。

2. 工艺操作过程

先将猪肉熬油,然后将切片洋葱用猪油炒熟,最后将上述物料混合烧熟粉碎,即成烧猪肉风味固体调味料。

六、海鲜粉调味料

海鲜粉调味料是以海产鱼、虾、贝类的粉末或其浓缩抽提物、味精、食盐及其他辅料为原料,添加或不添加香辛料和/或食用香料等增香剂,经加工而成的具有海鲜香味和鲜美滋味的复合调味料。尤其是鳇鱼、扇贝类、鱿鱼类等海产品的提取物或粉末加工而成的复合调味料各具特色,广为消费者喜爱,在日本、欧美等国家和地区非常受欢迎。

(一)虾味粉状复合调味料

对虾资源不足,又是重要出口食品,作为出口的对虾按商品规格均应去掉虾头。对虾头含有丰富蛋白质和较多油脂,滋味十分鲜美,尤其适于制作对虾复合调味料。

将鲜或冰鲜虾头洗净剥去胸甲,置于 160℃植物油中炸 2min 左右捞起冷却;磨碎成浆状,加入 0.5% 味精、0.5% 白砂糖、0.5% 胡椒粉、16% 食盐及防腐剂等,混匀,便成棕红色的复合调味料。

虾头除甲壳后磨碎,加入 ASI. 398 蛋白酶 0.2% ~ 0.4%,于 40℃、pH 值为 7 时水解 3h;然后加入 15% 食盐、苯甲酸钠与少量抗氧化剂(BHT),在 30℃恒温条件下消化 10d;再煮沸 10min,趁热用 18 目筛过滤,便成对虾复合调味料。该方法中蛋白质经过酶解,滋味变得更加鲜美。

将以上两类处理好的虾味提取物浓缩、干燥（喷雾干燥或真空干燥）、粉碎即得到虾味粉，虾味粉可广泛用作海鲜味复合调味料的主体风味剂。下面为虾味粉应用的两个配方。

虾味复合汤料配方一：虾味浸膏 7.5%，特鲜味精 8%，预糊化淀粉40%，胡椒粉 0.5%，砂糖 10%，食盐 34%。

虾味复合汤料配方二：鲜虾粉 11.7%，虾子香精 1.37%，胡椒粉2.12%，生姜粉 1.86%，香葱粉 1.46%，大蒜粉 1.88%，葱片 1.12%，榨菜粉 2.58%，味精 10.3%，食糖 7.51%，食盐 58.1%。

(二)其他海鲜风味调味料参考配方

海鲜复合汤料配方：虾仁粉 6%，尤鱼粉 2%，柴鱼粉 2%，酵母抽提物2%，水解蛋白 1.5%，I + G 0.6%，琥珀酸钠 0.4%，海鲜香精 0.8%，鱼味香精 0.2%，蒜粉 3.5%，海带粉 3%，胡椒粉 2.5%，生姜粉 2%，生粉19.5%，味精 17%，幼砂糖 13%，食盐 24%。

鲣精鱼粉清汤配方：8 号鲣精粉 5%，牛肉粉 5%，洋葱粉 3%，混合香辛料 5.5%，水解蛋白 4%，砂糖 12.5%，味精 15%，牛肉香油 5%，食盐 45%。

西式鱼汤配方一：食盐 22%，味精 5%，葡萄糖 9%，扇贝精 9%，鱼类抽提物 19%，鲣鱼粉 6%，洋葱提取物 6%，番茄粉 14%，香辛料 1%，玉米粉 8%，色拉油 1%。

西式鱼汤配方二：食盐 34%，砂糖 20%，乳糖 11%，木鱼粉末、木松鱼10%，HAP 水解动物蛋白 3%，柠檬酸钠 1.5%，5′ – 核糖核苷酸钠 1%，谷氨酸单钠 17%，丁二酸钠 0.5%，赋型剂（淀粉等）2%。

日式方便酱汤配方一：鲣节精粉 7.3%，红酱粉 40.4%，白酱粉18.4%，呈味核甘酸 0.1%，海带提取物 5.2%，扇贝粉 22%，味精 2.9%，砂糖 3.7%。

日式方便酱汤配方二：黄酱粉 60%，白酱粉 10%，I + G 0.2%，木鱼汁粉 10%，蛤蜊粉 3%，海带汁粉 5%，姜粉 0.4%，蒜粉 0.2%，味精 5%，砂糖粉 5%，食盐 1.2%。

七、汤料粉

通过多年的生产和消费实践，即食食品的汤料品质得到了明显提高，品种也在不断增长,形成了适合于不同地区人们消费口味的汤料系列产品。汤料的质量取决于科学合理的配方和原辅材料的质量,特别是汤料中适量的香精香料,对突出产品天然风味起着关键作用。

(一)日式方便面汤料

日本的汤料所用原料主要有粉末酱油,粉末酱,肉、禽、鱼、贝类的提取物,动植物蛋白质,酵母的水解物和蔬菜、海带、蘑菇等多种成分,配合香辛料、核苷酸类增鲜剂精制而成。产品味道和香气随不同的原料配比而变化。

1. 原料配方

配方一(日式鸡肉味方便面汤料):热反应鸡味香精粉 2.5%,调味鸡骨素粉 2%,HVP 粉 3%,I+G 0.2%,粉末油脂 5.2%,大蒜粉 1%,胡椒粉 0.5%,胡萝卜粉 0.5%,苹果酸 0.3%,味精 15%,砂糖 9%,食盐 60%,抗结剂 0.8%。

配方二:鸡汁粉 8%,HVP 粉 5%,I+G 0.2%,粉末油脂 6%,香葱粉 3%,大蒜粉 1%,胡椒粉 0.5%,胡萝卜粉 0.5%,苹果酸 0.3%,味精 15%,砂糖粉 7% 葡萄糖 3.5%,食盐 50%。

配方三:肉汁粉 4%,肉味香精粉 1%,HVP 粉 2%,酵母粉 1%,I+G 0.2%,琥珀酸钠 0.1%,酱油粉 20%,洋葱粉 7.5%,胡椒粉 0.5%,大蒜粉 0.3%,生姜粉 0.2%,辣椒粉 0.1%,咖喱粉 0.1%,粉末香油 1%,味精 10%,葡萄糖 10%,砂糖粉 2%,食盐 40%。

配方四(日式海鲜味方便面汤料):海鲜粉 5%,肉汁粉 4%,肉味香精粉 1%,HVP 粉 2%,I+G 0.2%,琥珀酸钠 0.1%,酵母粉 1.2%,酱油粉 3%,洋葱粉 7.5%,大蒜粉 0.3%,胡椒粉 0.5%,生姜粉 0.2%,辣椒粉 0.1%,咖喱粉 0.1%,粉末香油 2%,味精 10%,葡萄糖 7%,砂糖 5%,食盐 50%,抗结剂 0.8%。

配方五(日式粉末清汤料):食盐 50kg,味精 5kg,I+G 0.5kg,麦精粉 5kg,淡味酱油粉末 13kg,海带汁粉 10kg,木鱼汁粉 13kg,松菌香料粉末 4kg。

配方六(日式粉末鸡肉清汤料):食盐 55kg,砂糖 12kg,味精 12kg,I+G 0.1kg,鸡油粉 8kg,鸡汁粉 10kg,鸡味香精粉 0.2kg,氨基酸粉 0.4kg,胡萝卜粉 0.2kg,洋葱粉 1kg,大蒜粉 0.2kg,胡椒粉 0.8kg,混合辛香料粉 0.1kg。

2. 工艺流程

粉状原料→混合→筛分→混合→包装→成品

提取物→吸附→干燥→粉碎→筛分

赋型剂

3. 操作要点

(1)先将提取的香料或蛋白水解浓缩液等加入变性淀粉和胶类物质进行包埋、吸附,然后干燥、粉碎成粉末。水分含量较高的原料在混合前也应进行烘干处理。

(2)粉状原料直接进行混合。各种原料的颗粒细度应相近,采用"等量稀释法"逐步混合,先加入量少、质重的原料,再加入等量、量大的原料,分次加入混合。原料混合时间越长,越易达到均匀,所需的混合时间由混合原料量的多少及使用设备来决定。密度较轻的粉末油脂,应先与密度大的原料进行研磨混合,然后再与其他原料混合。

成品粉末均匀一致,无结块;水分<6%。

(二)其他汤料配方

1. 鲜鸡肉味方便面汤料

配方一:粉末鸡肉香精2.4%,水解蛋白粉3.5%,大蒜粉3%,生姜粉2%,胡椒粉1.5%,味精13.4%,I+G 0.2%,幼砂糖19.5%,食盐54.5%。

配方二:粉末鸡肉香精 2.4%,胡椒粉 1.5%,味精 14%,鸡肉膏0.3%,生姜粉2%,砂糖10.5%,水解蛋白粉3.5%,小茴香0.3%,食盐62.5%,I+G 0.2%,大蒜粉2%,抗结剂0.8%。

方便面汤料还要配通用的葱粉和香菜粉等。

2. 鸡蛋味方便面汤料配方

食盐53.2%,砂糖11.98%,虾米粉13.3%,味精6.65%,白胡椒粉0.16%,鸟苷酸0.08%,葱干1.33%,香油13.3%。

3. 麻辣牛肉味方便面汤料

配方一:牛肉粉 3%,牛肉香精粉 2.4%,水解蛋白粉 3%,I+G

0.1%,花椒粉5.5%,辣椒粉3%,八角粉1.5%,生姜粉0.5%,胡椒粉0.5%,味精10.5%,幼砂糖12%,食盐58%。

配方二:牛肉粉2%,牛肉香精粉2.4%,水解蛋白粉3%,I+G 0.1%,花椒粉5.5%,辣椒粉3.2%,八角粉1%,桂皮粉0.8%,胡椒粉0.7%,味精10.5%,砂糖8%,食盐62%,抗结剂0.8%。

4. 三鲜辣味方便面汤料

配方一:虾味粉1.3%,烤肉粉1.5%,海鲜味粉1.3%,HVP2.5%,I+G 0.1%,酵母精粉1%,辣椒粉5.6%,复合香辛料4%,味精11.2%,幼砂糖9%,食盐62.5%。

配方二:牛肉精粉2%,鸡肉精粉1.5%,虾味精粉1.5%,酵母精粉1%,I+G 0.1%,HVP1.5%,蒜粉2.5%,香葱段2.2%,辣椒粉4.2%,姜粉0.5%,胡椒粉0.5%,五香粉0.5%,味精12%,幼砂糖10%,食盐60%。

5. 三鲜味方便面汤料

虾皮粉3%,虾味香精粉1.5%,鸡肉精粉1%,I+G 0.1%,HVP粉2.2%,酵母精粉1%,蒜粉1.2%,姜粉1%,胡椒粉0.8%,辣椒粉0.5%,小茴香粉0.3%,麦芽糊精2%,葱香鸡油0.6%,味精16%,砂糖10%,食盐58%,抗结剂0.8%。

6. 红烧牛肉味方便面汤料

配方一:红烧牛肉精粉3%,HVP粉3%,酵母精粉1%,I+G 0.1%,大蒜粉3.5%,香葱段3%,胡椒粉1.9%,八角粉0.6%,辣椒粉5.8%,味精12.8%,幼砂糖10.3%,食盐55%。

配方二:热反应牛肉香精粉3%,酵母精粉1%,HVP粉3%,I+G 0.1%,酱油粉2.5%,焦糖色0.8%,辣椒粉3%,花椒粉2.5%,蒜粉1.8%,胡椒粉1%,八角粉0.6%,桂皮粉0.5%,味精13%,砂糖6%,食盐60.4%,抗结剂0.8%。

7. 红烧排骨方便面汤料

配方一:排骨酱香料2.5%,HVP粉1.5%,酵母精粉1%,I+G 0.1%,焦糖粉2%,大蒜粉2.5%,辣椒粉2.2%,大茴粉0.5%,五香粉1%,味精8.5%,幼砂糖15.7%,食盐62.5%。

配方二:热反应排骨香料2.5%,HVP粉1.5%,酵母精粉1%,I+G 0.1%,酱油粉1.1%,焦糖色1%,辣椒粉2.2%,花椒粉2%,八角粉0.5%,桂皮粉0.5%,味精11.5%,砂糖12.8%,食盐62.5%,抗结剂0.8%。

8. 五香炖肉方便面汤料

食盐62.5%,味精15.7%,砂糖8.8%,I+G 0.1%,猪肉水解蛋白3.5%,HVP粉2.5%,猪骨素1%,酵母浸膏粉0.5%,胡椒粉1.5%,小茴香粉0.5%,辣椒粉0.3%,桂皮粉0.1%,洋葱油0.2%,葱香油脂2%,抗结剂0.8%。

9. 猪肉味方便面汤料配方

食盐48%,味精14%,白砂糖9%,I+G 0.3%,洋葱粉2%,蒜粉4%,干贝素0.3%,酵母味粉4%,肉香粉15.4%,猪肉粉3%。

10. 葱油方便面汤料

配方一:葱油6.8%,香葱段2.2%,HVP粉1.5%,I+G 0.1%,胡椒粉1.5%,味精13.7%,砂糖粉13.7%,食盐60.5%。

配方二:食盐61.67%,味精14.01%,鸟苷酸1.61%,砂糖粉14.01%,白胡椒粉0.28%,葱干1.4%,葱油7.01%,抗氧化剂(BHA、BHT、柠檬酸)0.01%。

11. 香菇风味方便面汤料

配方一:香菇粉8.5%,洋葱粉3%,I+G 0.1%,香葱段2.4%,大蒜粉0.5%,味精12%,幼砂糖10%,麻油8%,食盐55.5%。

配方二:香菇粉8.5%,HVP粉1.5%,I+G 0.1%,酱油粉1%,洋葱粉2.5%,胡椒粉0.8%,大蒜粉0.5%,味精14%,麻油0.5%,砂糖8.8%,食盐61%,抗结剂0.8%。

12. 大众化方便面汤料配方

食盐30%~50%,糖约10%,味精约10%,香辛料粉3%~5%,肉味成分5%~10%,填充剂10%~20%,色素约0.5%。

八、通用和其他专用粉状复合调味料配方

(一)风味型特鲜味精

复合特鲜味精的作用主要是减少味精用量、提高鲜度和鲜味质量(略

带肉味），但仍缺乏天然食品特有的鲜美风味。而风味型特鲜味精可提供动物食品的风味，如鸡肉味、牛肉味等。

1. 牛肉味精

牛肉浸膏粉 4.40%，水解植物蛋白粉 44%，酵母膏粉 4.40%，大蒜粉 7.20%，芹菜粉 1.30%，辣椒粉 0.66%，焦糖粉 1.44%，谷氨酸钠 0.15%，5′-肌苷酸钠 05%，食糖 13.1%，牛脂 3.3%，食盐 20%。

2. 鸡味味精

鸡蛋蛋白粉 3.8%，5′-鸟苷酸钠 0.15%，5′-肌苷酸钠 0.15%，特鲜酱油 3.2%，水解蛋白 2%，谷氨酸钠 10%，洋葱粉 6.6%，胡椒粉 1.2%，丁香粉 1.2%，生姜粉 0.8%，鲜辣粉 1.2%，大蒜粉 0.1%，玉米淀粉 8.6%，食盐 61%。

(二)风味小食品复合调味料

风味小食品(如炸薯片、炸虾条、炸面包圈、米点心等)主要以粮食为原料，米、面本身口味平淡，但制成的多种小食品却味美可口，有较强的诱惑力，其主要原因是添加各种专用的小食品调味剂引起的，配料中有通常使用的食盐、味精、砂糖，还酌情添加了乳制品、香精、有机酸(苹果酸、柠檬酸、乳酸、酒石酸等)、增稠剂(乳糖、糊精等)及一种类似砂糖、热量低的圆润甜味剂(如阿斯巴甜，简称 ASP)。以下各例可配制成粉末或颗粒状调味料，用于相应的小食品，不会有吸湿反应，商品价值较高。

1. 米点心专用复合调味料

虾素 3%，ASP 0.43%，乳糖 83.57%，苹果酸 2%，味精 1%，烘盐 10%。

2. 面包圈专用复合调味料

ASP 0.5%，乳糖 98.25%，味精 0.25%，食盐 1%。

3. 炸杏仁米用复合调味料

牛肉粉 35%，腊肉香精 1%，熏肉粉 1.5%，白胡椒粉 15%，大蒜粉 2.5%，洋葱粉 3.91%，ASP0.09%，味精 18%，食盐 23%。

(三)炸鸡粉复合调味料

食盐 10%，味精 9.9%，I+G 0.1%，葡萄糖 10%，水解蛋白粉 10%，花椒粉 1.8%，八角粉 6.5%，小茴香粉 1.1%，肉桂粉 6.5%，白芷粉 1.8%，肉豆蔻粉 1.1%，砂姜粉 1.5%，草果粉 1.1%，砂仁粉 0.5%，丁香粉 1.1% ,陈皮粉 0.5% ,姜黄粉 1.5% ,变性淀粉 35% 。

九、其他固态复合调味料

（一）酱粉

酱粉可用各种酱（如黄酱、面酱、蚕豆酱）为原料,添加增稠剂、保型剂、调味料等,经喷雾干燥而成。

1. 原料配方（质量分数）

酱 80% ,糖 6% ,β - 环糊精 1% ~ 2% ,麦精粉 10% ,羧甲基淀粉钠 1% ~ 2% ,水适量。

2. 工艺流程

3. 操作要点

将 β - 环糊精用适量水溶化后加入酱中,边搅拌边加入,搅拌 0.5h 使反应充分;然后将溶化好的羧甲基淀粉钠等增稠剂（加入量约为总固形物的 30% ,并加入适量的水）和糖液加入酱中,搅拌均匀,用胶体磨微细化,若酱体黏稠度大,流动性差,可降低酱的配比,适量增加低黏度增稠剂的含量,如麦精粉,并控制好加水量;通过泵将酱料送入喷雾干燥塔,要求塔的进风温度为 135 ~ 140℃ ,出口温度为 80 ~ 85℃ 。成品水分 < 5% ,盐 < 28% ,总糖 ≤20% 。

各种调味酱如蒜蓉辣酱、酸辣酱等也可利用该工艺与方法加工成酱粉。

（二）粉末酱油

粉末酱油（酱油粉）是粉末状的固体酱油,是以酱油直接喷雾干燥而成,风味与原有酱油无明显差别。它主要用于粉状调味料中,如汤料、汤精。方便面所需的汤料量非常多,因此该产品很有发展前景。

1. 原料配方

高浓度酱油（无盐固形物含量 > 20% ）60% ~ 70% ,β - 环糊精

0.5%~10%,糊精 5%,变性淀粉 8%~20%,桃胶 0.5%~1.5%,饴糖5%~10%。

2. 工艺流程

β-环状糊精　桃胶

酱油→搅拌→微胶囊化→胶体磨→配料→均质→喷雾干燥

3. 操作要点

(1)选料:酱油选用酱香味浓、颜色深的,无盐固形物含量越高越好,最好 >30%。

(2)加热溶解 β-环状糊精:将 β-环状糊精均匀溶解在酱油里,静置一段时间,目的是使酱油风味封闭;加热溶解 β-环状糊精,并高速搅拌,再慢速搅拌冷却,需几小时或 1d。

(3)微胶囊化:若酱油中固形物含量较低,需要进行真空浓缩;于酱油中加入溶化好的桃胶、糊精,搅拌均匀,静置 2h,然后通过胶体磨进行微胶囊化。

(4)均质、干燥:将所有原料加入配料罐,溶解,搅拌均匀,加热至80℃左右,稍冷却,进行均质后,喷雾干燥。进风温度为 145~160℃,出风温度为 75~80℃。

成品水分 <4%,盐含量 35%~45%,氮 2%~4%,碳水化合物20%~30%,还原糖 6%~9%,无盐固形物≥40%。

(三)蔬菜粉精

根据生产工艺(参见第二章第一节,植物原材料的预处理技术),蔬菜粉精可分菜粉、菜汁粉和蔬菜提取物粉三类。蔬菜粉精可与其他调味料混合,经过流动层造粒或挤出造粒,制成颗粒状,作为方便食品、风味小食品的调味料。

1. 海带复合汤料

(1)原料配方。

鸡汁海带汤料:鸡肉香精(粉末)1.5%,鸡肉粉 3%,海带汁粉 5%,海带粉 4%,生姜粉 0.5%,胡椒粉 0.3%,洋葱粉 3%,蒜粉 1.5%,食盐42%,味精 15.5%,I+G 0.2%,酵母精 1.5%,甘氨酸 2%,砂糖粉 20%。

番茄海带汤料:番茄粉5%,海带粉4%,洋葱粉2%,蒜粉1%,生姜粉0.4%,鸡蛋粉3%,酸味料3%,食盐34%,味精13%,I+G 0.1%,酵母精粉2.5%,水解蛋白粉3%,砂糖粉23%,变性淀粉6%。

鲜辣海带汤料:虾仁粉2%,柴鱼粉1%,海带粉5%,洋葱汁粉2%,辣椒粉5%,胡椒粉1%,生姜粉1%,麦芽糊精4.8%,食盐50%,味精15%,I+G 0.2%,酵母精粉1%,水解蛋白粉2%,砂糖粉10%。

(2)操作要点。海带是沿海水中生长的藻类,具有良好的调味作用。海带经精选,清洗除沙,用0.2%正磷酸盐水溶液于50℃浸泡8h(除砷),浸后取出,切割成型,用0.2%碳酸钠溶液常温下浸泡15min,使海带中的褐藻酸钙转化为褐藻酸钠,以提高海带的复水性与吸水率;加醋酸调节pH值至4.8,蒸煮20min,80℃烘干,粉碎,即得海带精粉,再配以各种辅料即可制成海带复合汤料。

海带除煮汁供调味用外,还可将煮汁制成浓缩品,其主要过程为:洗净、切碎,于水中缓慢加热,至煮沸时取出海带,煮汁即为提取液,内含有无机质和呈味成分。为了提高溶出物质的含量等,可将提取液浓缩制成浓缩物。海带煮汁用超滤法进行粗滤,去其多糖液,过滤液经浓缩则为海带汁浓缩液;浓缩液经活性炭脱色,可制得海带汁清液;清液进行喷雾干燥即得海带无机质粉末,在其中加入各种调味辅料即可制成多种形式的海带复合汤料。

2. 番茄复合汤料

番茄营养成分丰富,具有诱人的风味,可加工成各式番茄酱、番茄沙司和多种番茄复合调味料。由于新鲜的番茄不耐储藏,收获季节性强,用番茄做汤料原料,易于存放,可以弥补淡季番茄供应不足。

(1)海绵状番茄复合汤料。

① 原料配方(以1000kg计)。

配方一:浓缩番茄浆(固形物28%)476kg,马铃薯淀粉175kg,柠檬酸4kg,水345kg。

配方二:番茄浆(固形物6%)821kg,马铃薯淀粉175kg,柠檬酸4kg。

② 主要生产过程。在带有搅拌装置的容器中,依次加入水、柠檬酸、番茄浆和淀粉,搅拌均匀,然后用泵将物料输送到有加热装置的储

缸中,加热到 80~90℃,淀粉糊化后,把所得物料放入容量约 15kg 的有薄膜或箔的盘中,盘中物料厚度约 3cm,将薄膜覆盖在物料上。把此盘移入冷冻箱中,使表面温度冷却到 0℃,然后把盘移入冻结装置中,冻结12h,其温度冷冻到约 -15℃(空气温度为 -25~-18℃);把深冷冻结的生成物从盘中取出,用破碎机破碎成片状碎块,再把它放入预先冷却的切断机中,保持在 0℃ 以下研细为 2~4mm 的颗粒,使生成物始终保持在冻结状态;然后,把冻结研细的海绵状物在空气温度为 70℃ 的通风干燥箱中热风干燥,至水分含量约为 3% 为止,即得海绵状番茄复合汤料。在干燥箱中的生成物厚度为 3~6cm,干燥过程中产品的温度低于 40℃。

(2)番茄复合汤料。

① 原料配方。

配方一:番茄粉 100g,葱粉 15g,花椒粉 10g,酱油粉 5g,糊精 80g,香料油 2g,味精 50g,砂糖 20g,食盐 300g。

配方二:番茄粉 100g,葱粉 10g,胡椒粉 20g,酱油粉 10g,糊精 80g,香料油 20g,味精 50g,砂糖 20g,食盐 200g。

配方三:番茄粉 100g,葱粉 10g,花椒粉 10g,酱油粉 10g,糊精 100g,香料油 20g,味精 50g,砂糖 70g,食盐 150g。

配方四(复合番茄酱粉):冻干番茄粉 20%,一般番茄粉 32%,海绵状番茄粉 13%,蒜粉 1.5%,胡椒粉 0.5%,酵母精 1%,柠檬酸 2%,食盐15%,味精 5%,砂糖 10%。

配方五(肉汁番茄汤料):一般番茄粉 10%,冻干番茄粉 5%,肉汁粉5%,洋葱粉 5%,蒜粉 1.5%,酸味料 1.5%,麦芽糊精 9%,咖喱粉 0.5%,味精 10%,酵母精 2.5%,砂糖 15%,食盐 35%。

② 工艺流程。

```
                花椒、葱、姜→花生油萃取┐
番茄→水洗→切片→烘干→粉碎过筛→番茄粉├→调配混合→灭菌→包装→成品
                其他原料┘
```

③ 操作要点。

番茄粉加工:选用八成熟的新鲜、完整、良好的番茄,当天进料,当天加工。用流水将番茄在清洗池中清洗干净,沥干水分;将番茄用切片机切成 2~3mm 的薄片,放于架盘上,在真空干燥箱中烘干,温度控制在 60~70℃,直至番茄片水分含量 <8%,取出,常温下冷却;冷却后的番茄片用粉碎机粉碎,过 60 目筛,即得番茄粉。

香料油制备:花生油加热至 180℃ 萃取花椒、姜、葱,然后冷却过滤。

调配混合:将花椒、味精、砂糖粉碎,过 60 目筛,按配方中各原料的定量准确称量,在混合机中搅拌均匀。

灭菌:混合粉放于蒸汽双层锅内,在蒸汽压力为 49kPa 时,加热灭菌 10min,其间不断搅拌,出锅晾凉。

分装:粉料冷却后,要及时用粉料包装机分装;每包汤料用 90℃ 沸水冲溶即可。

成品为淡红色粉末、多种细小结晶混合物,味美适口。

3. 洋葱复合调味料

取洋葱 100kg,剥去外皮,可得净葱肉约 95kg,将葱肉切成长 5mm 条形,投入 14kg 加热至 130℃ 的奶油(或人造奶油、麻油、椰子油)中,以转速为 4r/min 的搅拌器搅拌 30~50min,使洋葱分解酶失活;加热后,洋葱呈透明状,仍保持有洋葱特有风味,但容量减缩到 1/3;在 10min 内降温至 80~90℃,于 60℃ 下用磨碎机磨碎乳化,可得淡黄色膏状洋葱调味料,得量为 50kg;装瓶后冷藏保存,可浓缩干燥成洋葱粉末。

洋葱粉具有洋葱特有的风味和有效成分,有增加芳香、提高食物的天然味感、防腐灭菌等功效,常用于面包、鱼、肉等各种食品的调味。下面列举几种用洋葱粉调制的复合汤料配方,供参考。

肉香洋葱汤料:猪肉粉 5%,洋葱粉 15%,味精 7%,I+G 0.2%,食盐 45%,砂糖 15%,复合香辛料 4.8%,麦芽糊精 8%。

海鲜洋葱汤料:洋葱粉 10%,海鲜粉 3%,味精 12%,琥珀酸钠 2%,食盐 48%,砂糖 15%,复合香辛料 6%,麦芽糊精 4%。

4. 口蘑汤料

口蘑汤料,是方便汤料的一个品种,加工简便,香味浓厚,炒菜、做汤、拌面皆佳。它含有大量的鸟苷酸,所以具有味精的鲜味,是居家旅游的佐餐佳品。

（1）原料配方。

配方一：口蘑粉 10g，味精 15g，白胡椒 5g，糊精 10g，酱油粉 5g，砂糖 10g，食盐 45g。

配方二：口蘑粉 10g，味精 80g，白胡椒 10g，砂糖 100g，精盐 300g。

配方三：口蘑粉 10g，味精 50g，白胡椒 10g，葱粉 15g，姜粉 15g，砂糖 50g，食盐 200g。

（2）工艺流程。

```
口蘑 → 清洗 → 晒干 → 粉碎
                          ├→ 配料 → 包装 → 成品
其他原料 ──────────────
```

（3）操作要点。

① 原料粉碎：选用肥大、肉厚的口蘑，用清水洗净、晒干，或在 60℃ 恒温下烘干。碾成粉末，过 100 目筛。把胡椒、砂糖等原料用粉碎机粉碎，过 60 目筛。

② 配料包装：按配方将各原料准确称量，混合，搅拌均匀，用粉料包装机装袋。

成品粉末呈酱色，无结块现象，香味醇正，无杂质，水分≤5%，冲汤后溶解快，味道鲜美、柔和，无变味现象。

5. 其他蔬菜类复合汤料

如菇类、甜玉米、甘蓝粉、紫菜等，经预处理加工成粉末或提取物粉末后，可直接用于配制各式汤料。下面列举几个配方供参考。

健康食品玉米汤料：玉米粉末 2 号 9.5%，玉米粉末 NM-2 22.1%，洋葱汁粉 100 号 1%，脱脂乳粉 13.1%，糊精 10.5%，清汤混料 19.8%，氨基酸 1%，葡萄糖 9.2%，食盐 3.6%，增黏剂 10.2%。

白汤拉面汤料：洋葱汁粉 100 号 2%，甘蓝粉 4%，白菜提取物粉 2%，HAP 粉 5%，猪肉提取物粉 45%，鲜味调味料 6%，香辛混料 1.5%，砂糖 4.5%，食盐 30%。

紫菜复合汤料：紫菜粉 22.0%，琥珀酸 0.5%，蒜粉 5.5%，砂糖粉 17%，胡椒粉 0.9%，预糊化淀粉 17.6%，特鲜味精 4.5%，食盐 32%。

香菇复合汤料：香菇粉精 15%，酵母精 2%，辣椒粉 3%，味精 8.9%，五香粉 1%，砂糖粉 10%，生姜粉 1%，麦芽糊精 13.5%，胡椒粉 0.5%，食盐 45% ,I + G 0.1% 。

(四)牛肉、鸡肉汤块的生产

1. 原辅料配方

牛肉汤块配方:食盐 49.9% ,味精 8% ,砂糖粉 10% ,HVP 粉 10% ,浓缩牛肉汁 10% ,牛油 5.0% ,植物油 4% ,明胶粉 1% ,I + G 0.5% ,粉末牛肉香精 0.1% ,胡萝卜粉 0.80% ,大蒜粉 0.54% ,胡椒粉 08% ,洋苏叶粉 0.04% ,百里香粉 0.04% 。

鸡肉汤块配方:食盐 45% ,味精 15% ,砂糖粉 14% ,酵母精粉 6% ,浓缩鸡肉汁 10% ,HVP 粉 5.2% ,鸡油 3% ,植物油 6% ,明胶粉 1% ,I + G 0.1% ,粉末鸡肉香精 0.1% ,乳糖粉 1% ,胡萝卜粉 0.5% ,大蒜粉 0.2% ,胡椒粉 0.7% ,五香粉 0.1% ,咖喱粉 0.1% ,洋葱粉 2% 。

2. 工艺流程

参见本节块状复合调味料的工艺流程。

3. 操作要点

(1)液体原料的加热混合:将牛肉汁或鸡肉汁等放入锅内,然后加入蛋白质水解物、酵母或氨基酸,加热混合。

(2)明胶等的混合:将明胶用适量水浸泡一段时间,加热溶化后,边搅拌边加入到牛肉汁或鸡肉汁锅内,再加入砂糖粉、粉末蔬菜,混合均匀后停止加热。

(3)香辛料的混合:将香辛料、食盐、粉末香精等混合均匀。

(4)成型、包装:原料混合均匀后即可进行成型(立方形或锭形),经低温干燥,便可包装;一块重 4g,可冲制汤 180mL。

(五)官庄香辣块的生产

官庄香辣块是由辣椒、白芝麻、黄豆等原料加工而成的中档调味料。

1. 原料配方

辣椒 50% ~60% ,黄豆 15% ,芝麻 15% ,优质酱油 5% ~ 10% ,食盐 5% ~10% 。

2. 工艺流程

参见本节块状复合调味料的工艺流程。

3. 操作要点

（1）原辅材料挑选及预处理。

辣椒：根据含水量不超过 16%、杂质不超过 1%、不成熟椒不超过 1%、黄白椒不超过 3%、破损椒不超过 7% 的要求，精心挑选，去除杂质和不合乎标准的劣椒；首先将符合标准的辣椒送入粉碎机，进行粗加工，粉碎机的箩底筛孔大小为 6～8mm，然后送入小钢磨进行磨粉，磨出的辣椒要求色泽正常，粗细均匀（50～60 目），不带杂质，含水量不超过 14%。

白芝麻和黄豆：除去混在白芝麻和黄豆中的沙粒和小石子等杂质，拣出霉烂和虫蛀的芝麻及黄豆，取出夹带在原料中的黑豆和黑芝麻，以保证色泽纯正。

（2）熟制：炒熟黄豆。注意掌握火候，保证黄豆的颜色为黄棕色，不变黑，炒出香味，可磨成 50～60 目的黄豆粉。

炒白芝麻时，将白芝麻炒至浅黄色有香味时为止，切忌炒过火变黑；然后碾成碎末。

（3）调制：将配比好的三种主要原料送至搅拌机，混合均匀，然后加入精制食盐、胡椒等调料，并用优质酱油调制成香辣椒湿料。

（4）成型：将调制好的香辣椒湿料称好重量，送入标准成型模具内，然后用压力机压制成 45mm×20mm 的香辣块。

（5）烘烤：将压制成型的香辣块送入隧道远红外烘烤炉烘烤，注意调节烤炉炉温和香辣块在烤炉中的运行速度，确保香辣块的色泽鲜艳，烘烤后的香辣块每块重约 25g。

（6）包装：经过烘烤的香辣块先用透明玻璃纸封装，然后按 250g 和 500g 两种规格分别装入特制的包装盒，入库保存。

官庄香辣块不仅保留了代县辣椒的特色，而且具有色泽鲜艳、香味扑鼻、辣味浓厚等特色，是宾馆、饭店和家庭烹调菜肴的优质调味料。

第二节　半固态复合调味料的生产

半固态复合调味料是以两种或两种以上的调味品为主要原料，添加或不添加辅料加工而成的，呈半固态的复合调味料。根据所加增稠剂量及黏稠度的不同,呈酱状或膏状,加工呈酱状的称为复合调味酱。

一、风味酱

风味酱是以肉类、鱼类、贝类、果蔬、植物油、香辛调味料、食品添加剂和其他辅料配合制成的具有某种风味的调味酱。不同风味的调味酱在生产工艺上有所不同,特别是在辅料预处理工序和灭菌工序。盐含量较高的调制酱,采用灌装前加热调配、趁热灌装封口的杀菌方式;而盐含量较低且营养丰富的调制酱,则一定要在灌装封口后再杀菌。

(一)风味酱通用生产工艺

原辅料预处理→加热调配→调入香料→均一化处理→检验→灌装→封口→灭菌→冷却→成品

(二)操作要点

1. 常用原辅料及其处理方法

(1)芝麻:除去杂质,放入清水中清洗后捞入筐内控去浮水,用微火进行焙炒,要求香气充足,不得有焦苦味。

(2)花生仁:除去杂质后,用微火进行焙炒后去掉红衣,要求香气充足,无焦苦味。

(3)花椒:选用川花椒,用微火焙炒到熟,要求无焦煳味,然后用小钢磨破碎成粉即可。

(4)肉类及其制品:包括猪肉、牛肉、鸡肉、兔肉、咸肉、香肠及火腿等,应选择新鲜且质量优良的肉制品。新鲜肉应洗净,若用干肉,则浸水发涨后洗净,然后蒸熟,再分成大小约1cm的肉丁,最后加工成五香肉类;若用香肠,应将香肠洗净蒸熟,再切成薄片;若用火腿,应将火腿洗净,先切成大块蒸熟,然后去皮去骨,最后切成大小约1cm的肉丁。

(5)虾米:将小虾用水淘洗,去掉皮骨及碎屑,再洒入少量水,让它吸水后变软备用。如果用大虾,则先切成小段,然后再渐渐洒水使组织变软备用。

2. 配料

豆瓣酱磨碎后(有些产品直接用豆瓣酱)加入面酱、芝麻、花生、肉类、水产品、花椒粉、辣椒糊等及其他调味料,可以配制出各种不同的品种。可根据各地消费者的习惯及喜爱来决定配制酱的风味特色。比如,喜欢甜的可以多加些甜面酱及白糖;喜欢鲜味的可以多加些鲜味剂或味精;喜欢辣味浓的可多加辣椒糊;想要麻辣的可多加些花椒粉及辣椒糊等。但必须注意,当一个品种的配方确定以后,应严格掌握用料,不可任意改变。否则不能保证产品质量的稳定和一致。

3. 成品加工

各种花色酱在配制过程中,都是从加热开始的,首先将油、佐料及不同辅料分层次地加入夹层锅内进行煸炒,这样可以通过加热使原辅料中所存在的微生物和酶停止作用,以防止产品再发酵或发霉变质;煸炒灭菌温度为85℃以上,维持10~20min,同时添加防腐剂苯甲酸钠0.1%或山梨酸钾0.01%。

花色酱中有肉类和水产品,不易分装均匀,因此装瓶时应先将肉类和水产品定量分装于瓶内,再将煸炒好的酱入瓶拌匀。

4. 包装

成品酱一般采用玻璃瓶包装,玻璃瓶容量一般为250~350g。目前也有很多生产厂家采用塑料盒包装,以便于流水线生产。

玻璃瓶在清水中洗净,达到内外清洁透明,倒置于箩筐中沥干,在蒸汽灭菌箱内以直接蒸汽灭菌后,才可把经过热灭菌的酱品降温后装入瓶中,装瓶时酱品温度不得低于70℃,装瓶至瓶颈部,每瓶面层加入香油6.5g,然后加盖旋紧;盖内垫一层蜡纸板或盖内注塑,以免香油渗出;最后粘贴商标,经装箱或扎包后即可出厂。

瓶装辣酱面层封口用的香油应加入0.1%的苯甲酸钠作为防腐剂。苯甲酸钠能溶于香油中,但要加热至80~85℃,以达到防止发霉变质的目的。

二、猪肉风味酱

(一)猪肉酱

1. 原料配方

猪肉2.5kg,豆酱2kg,葱白850g,蒜头800g,红糖500g,鱼汁500g,红糟50g,香菇150g,食用油1kg。

2. 操作要点

(1)切丁:猪肉最好选前后腿部位,切成小肉丁,即小四方块形状;葱白、蒜头切成四方形块状,大小和猪肉一致;香菇切成条状。

(2)配料:将肉丁、葱丁、蒜丁三者一起过油,连同鱼汁、香菇、豆酱、红糟、红糖一并放入锅内,用中火煮沸。边搅边煮,煮沸 10min 后出锅即成。成品香味四溢,不腻,便于存放。

(二)咖喱肉酱

1. 原料配方

猪蹄肉 8kg,猪油 1kg,豆酱 25kg,五香粉 400g,干葱头 1kg,酱油 10kg,清水 15kg,咖喱粉 500g,辣椒酱 1kg,红糖粉 15kg,味精 500g。

2. 操作要点

(1)原料处理:将猪蹄肉洗净,切成小丁,同时把干葱头切细,待用。

(2)配料:把猪油放入锅中烧沸,放入干葱头炒香,再加入咖喱粉,炒后放入肉丁,加清水烧沸。然后放入酱油、豆酱、五香粉、辣椒酱;搅拌均匀,煮沸 30min,最后再加入红糖粉搅匀。烧煮时要不断地翻动,防止糊锅。

(3)煎煮:煎煮时,若汁过浓,可添加开水调和继续煮沸。起锅时,加味精调匀,取出放在干净缸中,冷却后即可食用或出售。成品滋味鲜美,咖喱味浓。

(三)鲜味杂酱

1. 原料配方

猪肉丁(腿肉、夹花肉、剔骨肉、肥膘之比为 4∶11∶3∶5)100kg,豆瓣酱 70kg,青葱(未油炸)20kg,精盐 7kg,蒜头(未油炸)2kg,味精 0.5kg,白砂糖 20kg,胡椒粉 1kg,酱油 3kg,老姜 10kg。

2. 工艺流程

原料处理→制酱→装罐→杀菌→冷却→贴标→成品

3. 操作要点

(1)原料处理:将猪肉洗净沥干水分后切成 0.6~0.8cm 的肉丁(也可用绞肉机进行加工);青葱切去黄叶,清洗沥干后打碎,在 140℃ 油温中油炸 3~5min,炸至浅黄色捞出沥干油,脱水率为 50%~55%;蒜头去外膜,用清水洗净沥干,打碎后于 140℃ 油炸 1.5~2min,脱水率为 40%~45%;豆瓣酱去杂质后绞细备用;酱油用纱布过滤备用;白砂糖用粉碎机粉碎成60~80目糖粉备用。

（2）制酱：将猪肉丁放入干净的铁锅中加热，并不断翻动，使猪肉丁在高温下产生微弱的焦香味，立即加入豆瓣酱、青葱、蒜头、味精、老姜、酱油、精盐、白砂糖进行搅拌，然后再加入胡椒粉。加入糖粉后继续加热至锅内肉酱的色泽变为暗红色为止。

（3）装罐、杀菌：将上述杂酱冷却至70℃左右，装入指定的容器内，并进行密封杀菌，杀菌公式为10min~20min~10min/110℃，然后冷却至40℃左右。

（4）贴标：将经过杀菌冷却后的罐装杂酱的罐头外表擦拭干净，并贴上标签即为成品。

三、牛肉风味酱

（一）牛肉香辣酱

牛肉香辣酱为深褐色，有光泽，具有牛肉和其他原料的复合香味。该酱味鲜、香辣、味感醇厚，口感细腻，回味无穷；营养丰富，含有蛋白质、糖类及脂类，是开胃、调理食欲、解腻助消化的佐餐佳品。

1. 原料配方

植物油12kg，食盐1.5kg，熟牛肉15~20kg，增鲜剂0.01kg，辣椒1kg，黄酱13kg，芝麻1kg，面酱5kg，糊精15kg，芝麻酱7kg，味精0.15kg，分子蒸馏单硬脂酸甘油酯0.5kg，植物水解蛋白粉1kg，辣椒红色素0.5kg，葱0.25kg，蒜和姜各0.4kg，保鲜剂0.05kg。

2. 工艺流程

牛肉→炖熟→称量→绞碎

炝锅→入料→熬制→配料→出锅→灌装→封口→杀菌→贴标→成品

3. 操作要点

（1）炖牛肉：将香辛料捣碎，用纱布包好，与牛肉等其他调味料一起煮沸，要求每100kg鲜牛肉加水300kg，煮至六七成熟后，加入4kg食盐，小火炖2h即可。香辛料配比如下：葱5kg（切段），姜2kg（切丝），肉豆蔻200g，丁香200g，香叶200g，小豆蔻200g，花椒200g，八角400g，桂皮400g，小茴香200g,砂仁200g。

（2）炒酱:将油入锅烧热后,加入葱和姜,出味后加入辣椒,然后将黄酱、面酱、芝麻酱和糊精加入,进行熬制。

（3）配料:分别将辅料用少量水溶化,在熬制后期加入,保鲜剂、单硬脂酸甘油酯(单甘酯)、食盐、味精可直接加入,同时加入绞碎的牛肉和部分牛肉汤。快出锅时加入蒜泥、芝麻和辣椒红色素。应注意的是,保鲜剂应用温水化开后,在开锅前加入,一定要混合均匀,否则达不到防霉的作用,另外也可加入少量抗氧化剂,使产品货架期更长。

（4）灌装:将瓶子洗净后,控干,利用80~100℃的温度将瓶烘干,然后进行灌装,酱体温度在85℃以上时趁热灌装,可不必进行杀菌,低于80℃灌装,应在水中煮沸杀菌40min。

（二）复合型麻辣牛肉酱

1. 原料配方

配方一:牛肉10kg,鲜辣椒20kg,花生2kg,芝麻2kg,鲜生姜2kg,食盐4kg,冰糖2kg,甜面酱10kg,味精1kg,花椒粉1kg,白酒1kg,色拉油12kg,苯甲酸钠33.5g。

配方二:牛肉10kg,鲜辣椒10kg,花生1kg,芝麻1kg,核桃仁1kg,瓜子仁1kg,鲜生姜2kg,食盐3.4kg,大豆粉2kg,麸皮2kg,冰糖1.7kg,甜面酱10kg,味精0.8kg,花椒粉0.8kg,白酒0.8kg,色拉油10kg,苯甲酸钠28.75g。

2. 工艺流程

辅料处理
↓
色拉油→加热(加入牛肉丁)→翻炒至牛肉熟→中火→搅拌→混合均匀→

煮酱→翻搅→灌装→杀菌→检验→成品

3. 操作要点

（1）原辅料选择处理。

芝麻:选用成熟、饱满、白色、干燥清爽、皮薄多油的当年新芝麻,用微火炒至香气充足,注意不要炒焦,以防失去特有的香味。

花生:选用成熟、饱满的优质花生米,加入辅料炒制成五香花生米（或直接购买市售五香花生米),去皮,用刀斩碎(1/4~1/6粒)或用料理机轻微粉碎,不宜过碎,否则吃的时候尝不到完全的花生香味,且无咀嚼的快感。

瓜子:瓜子炒熟,去壳留仁。

核桃仁:要求干净、无虫、干燥、无变质;用烘箱或文火炒出香味,去皮,炒的时候一定要掌握方法,防止核桃仁皮焦化,影响产品外观,然后用刀切碎(和花生要求相同)。

大豆粉:将干黄豆用粉碎机粉碎后所得。

牛肉:选用经过卫生检验合格的牛前肩或后臀肉,去除脂肪、筋腱、淋巴、淤血后洗净,将其切成 $1cm^3$ 的小丁。

辣椒:选用无虫、无霉变的优质鲜红椒,用料理机打酱或用刀切碎;无鲜辣椒季节可采用干辣椒粉(5:1)。

花椒:花椒焙干,打成粉末。

生姜:去皮、洗净、剁碎或用干姜粉。

(2)加热、加料。将上述各种原辅料准备好,然后点火烧油,将色拉油倒入夹层锅内,油烧至六成熟时,把牛肉倒入锅内翻炒,待牛肉变色炒熟后,将剩余原辅料按一定的顺序加入锅内,首先加入辣椒,以充分吸油,产生辣椒特有的香气,且产生亮红的颜色,随后加入大豆粉、甜面酱、麸皮,然后将花生、瓜子、核桃仁、芝麻及各种调味料依次加入锅内,白酒、味精、冰糖(用水稍溶化)最后加入。

(3)煮酱。在煮酱过程中每加入一种料,都应不断翻拌,使各种原辅料充分混合均匀,防止煳锅底,料加完后,用小火在不断搅动中再煮制25~30min。

(4)灌装。煮好的酱应趁热装入预先灭菌的四旋瓶内,用灌装机时,应注意尽量不要让料粘在瓶口,以防污染,装量应控制在250g±5g为宜,装完后应立即旋紧瓶盖。

(5)杀菌。杀菌分两种情况。若灌装时肉酱本身温度在95℃以上,瓶中心温度不低于85℃,可以认为是自身灭菌;若瓶中心温度较低,应在密封后置于沸水池内杀菌15min,灭菌后瓶子应尽快冷却至45℃以下。

(6)检验。杀菌后,应检查是否存在有裂缝的瓶子,瓶盖是否封严(不得有油渗出),检验合格后贴标、包装入库即为成品。

(三)牛肉辣酱

1. 原料配方

牛肉末 10kg,豆瓣辣酱 30kg,干辣酱 15kg,面酱 18kg,芝麻酱 6kg,二级酱油 10kg,白糖 3kg,香油或熟花生油 5kg,大蒜泥 2kg,胡椒粉 50g,生姜泥 1kg,味精少量,苯甲酸钠 100g。

2. 操作要点

生牛肉煮熟后,切块,再磨碎成肉泥,与味精、香油、苯甲酸钠等其他配料拌匀;在锅内加热 80℃,灭菌 10min,即可装瓶。成品滋味鲜香,美味可口,含酸量低,无油腻感,适合北方人口味。

(四)牛肉炸酱料

1. 原料配方

牛肉 25kg,牛油 6kg,棕榈油 5kg,砂糖 12kg,味精 8kg,番茄酱 20kg,甜面酱 30kg,水 20kg,精盐 2.5kg,酱油 6kg,料酒 0.8kg,葱 1.0kg,姜 1.5kg,蒜 2kg,花椒粉 0.3kg,胡椒粉 0.3kg,辣椒粉 0.3kg,八角粉 0.3kg,肉蔻 0.05kg,山楂片 0.1kg,砂仁 0.05kg,桂皮粉 2.1kg,丁香 0.02kg,山梨酸钾 0.03kg,辣椒红素适量。

2. 操作要点

(1)预处理:将葱、蒜剥皮、清洗,葱切成约 10cm 长的葱段;蒜要用刀垛成蒜蓉;姜清洗干净后切成薄片状与砂仁、肉蔻、山楂片一起用纱布包住,捆扎结实后制成调料包。胡椒、花椒、八角、桂皮、丁香最好以粉状加入,这样可以增加成品汤料的风味。适量的香辛料可去除牛肉特有的不良风味,但不宜过多。

(2)油炸:甜面酱在 180℃ 左右的高温下用精炼棕榈油进行油炸。油炸时,除了加强搅拌外,棕榈油的添加量一定要大,以防粘连锅底而焦煳。炸好的面酱经静置后,可除去上面游离的多余棕榈油,以避免油脂含量过高;色泽由原来的红褐色变成棕褐色,由半流体变成膏体。

(3)制馅:由于酱体包装机的出料口约 1.0cm,将新鲜牛肉用绞肉机制成肉馅时,肉粒直径为 0.4cm 左右较佳。肉粒太大会引起堵塞,但也不宜制成肉糜。肉粒的存在一方面可提供咀嚼感,另一方面也使人感到"货真价实"。在购买牛肉时最好选用中肋部分,做到肥瘦搭配,当然也可添加适量牛油,因为适量的牛油存在可增加成品的牛肉风味,或由棕榈油代替。

(4)炖煮:将牛肉馅放入不锈钢锅中加入冷水,搅拌使牛肉颗粒均匀分散在水中,再加热升温。以防蛋白质因受热变性凝固,牛肉馅中的牛肉颗粒收缩粘连而形成大的团块,这时无论怎样搅拌也很难形成大小均一的牛肉团块;沸腾后要撇去表面的血污,去除异味;然后加入已准备好的葱段、酱油、料酒;按配方加入花椒粉、八角粉、辣椒粉、胡椒粉、丁香粉和调料包;投料完毕后,以微沸状态炖煮2.5~3h,逐渐溶出风味物质。如果有牛排骨加入汤中与牛肉一起炖煮,风味会更好。

(5)过滤:将葱段和调料包从锅中捞起,用笊篱或滤眼较大的滤布进行过滤,把牛肉颗粒分离出来。

(6)油炸:为了提高产品的保藏性和食用安全性,将煮熟的牛肉颗粒在油温为140~150℃的精炼棕榈油中油炸70~80s,进行脱水和杀菌。

(7)混合与浓缩杀菌:向滤液即汤中按配方加入蒜蓉、味精、精制食盐、番茄酱、炸制好的面酱、砂糖和山梨酸钾,同时加入经油炸的牛肉颗粒;边搅拌边以中火加热,经过1~1.5h浓缩杀菌,酱体已相当黏稠,停止加热。酱体表面的油中可添加适量油溶性的辣椒红素,使油脂呈橙红色,这样成品酱体在加水复原时,水面上漂浮一些艳丽的油花,可引起人的食欲。

(8)冷却与包装:将酱体冷却至室温或稍高,即可用酱体自动包装机进行分装,每袋重约15g。包装后要经过耐压试验,检查封口是否良好,然后才能装箱。

成品呈棕褐色,含有适量橙红的油脂,用手摸可感觉到牛肉粒的存在;加水复原时,液面上漂浮着一些美观的橙红色油花,具有牛肉炸酱特有的综合香气,口感丰富,风味独特,可食到牛肉颗粒。

(五)辣椒牛肉酱

1. 原料配方

辣椒64kg,牛肉丁11kg,食盐2.2kg(根据原料中含盐量增减),熟花生油 2kg,熟芝麻仁 1kg,熟核桃仁 0.5kg,熟花生仁 1kg(碎粒),桂圆肉 0.2kg(切碎),味精 100g,白砂糖 2kg,酱油 2kg,黄酒 1kg,甜面酱 5kg,麦芽糊精 2kg,卡拉胶粉 1kg,水 5kg 左右。

2. 工艺流程

牛肉

辣椒→挑选→清洗→盐渍→绞碎→调配→熬制→装瓶→排气→封盖→杀菌→

冷却→成品

3. 操作要点

(1)原辅料要求:应采用自然长红的、辣味浓郁的新鲜辣椒,新鲜牛肉(最好成熟处理)、食盐、白砂糖、味精、酱油、花生油、黄酒、甜面酱等符合国标要求。

(2)辣椒酱的制作:将辣椒去除辣椒柄和不合格部位,在流动水中清洗干净,捞出控水,放进大缸中(或不锈钢池中),每 100kg 辣椒中加食盐 5kg,搅拌均匀后,上面用洁净的石头轻压,使辣椒全部浸于卤中,并每 2d 上下翻动 1 次,保持均匀。腌渍辣椒时间为 8d,取出辣椒经孔径 1mm 的电动绞肉机绞成碎粒。

(3)牛肉丁的制作:牛肉洗净,剔除牛肉中的骨(包括软骨)、板筋、淋巴等不合格部位,切成 5cm 见方、长 15cm 左右的长条。

腌渍配方:牛肉 100kg、食用亚硝酸钠 2g、食用盐 3kg。先将亚硝酸钠、食用盐拌和均匀,加到牛肉中、搅拌均匀,在 0~4℃ 库温里腌渍,每天翻动 1 次,腌 48h 出库;牛肉放进水中煮沸 12min,捞出冷却,切成 6mm 见方小块备用。

(4)调配方法:先将白砂糖、食用盐放入夹层锅中,加热溶解,调至规定质量,经 120 目滤布过滤。滤液中加进辣椒酱等全部原辅料,搅拌均匀,边加热边搅拌,保持微沸 10min 出锅。

(5)装瓶:清洗干净瓶、盖,经 85℃ 以上水中消毒,控干水分,趁热灌装,每瓶装酱量为 120g。

(6)排气、封盖:排气是辣椒牛肉酱的关键工段之一。排气的目的是阻止需氧菌及霉菌的生长,避免或减轻食品色、香、味的变化,减少维生素和其他营养素的损失,加强四旋瓶盖和容器的密封性,阻止或减轻因加热杀菌时空气膨胀而使容器破损,减轻或避免杀菌时出现瓶盖凸角和跳盖等现象。装瓶后,经95℃以上排气箱加热排气,将瓶内顶隙间、装瓶时带入的和原料组织细胞内的空气尽可能从瓶内排除。当瓶内中心温度达到85℃以上时,用人工旋紧瓶盖或用真空旋盖机封盖。

(7)杀菌、冷却:封盖后及时杀菌,杀菌锅内水温升温到110℃,保持恒温恒压30min。杀菌结束停止进蒸汽,关闭所有的阀门,让压缩空气进入杀菌锅内,使锅内压力提高到0.12MPa,开始冷却。压缩空气和冷却水同时不断地进入锅内,用压缩空气补充锅内压力,保持恒压,待锅内水即将充满时,将溢水阀打开,调整压力,随着冷却情况逐步相应降低锅内压力,瓶温降低到45℃左右出锅,擦净瓶外污物,于37℃保温5d,经检验、包装出厂。

成品呈淡红色或红褐色,辣味适中,香味醇正,无异味;食盐含量3.5%~5%,总酸(以醋酸计)≤1%;可作为调味品直接供家庭和餐饮行业使用。

四、羊肉风味酱

(一)方便羊肉酱

1. 原料配方

按产品1kg配料计,羊肉600g,番茄酱100g,植物油30g,食盐16g,酱油20g,白糖20g,味精7.5g,花椒2g,胡椒3g,辣椒6g,孜然7.5g,八角4.5g,小茴香3g,姜粉2.5g,豆瓣酱25g,水153g,花生、芝麻适量。

2. 工艺流程

羊肉→剔骨→精选→切分、绞碎→烹调、熟化→灌装→杀菌→冷却→检验→贴标→装箱→入库→成品

3. 操作要点

(1)精选羊肉:选用商检合格、无病、新鲜、肉质细嫩、骚味小的原料,剔净羊骨,切除淋巴组织和皮筋,刮净肉皮表面污物。

(2)切分、绞碎(斩肉):将精选的羊肉切成细条,用绞肉机或斩拌机将羊肉绞成3~5mm的碎肉。

（3）烹调、熟化:将锅内倒入少量植物油加热至开始起烟时(200℃左右),再将羊肉倒入锅内,不停翻炒,炒至锅内羊肉中的大部分水分蒸发完时,将各种调味料按不同风味类型产品的配比顺序投入锅内,翻炒至锅内羊肉中的水分完全蒸发时,加入所配的蔬菜(番茄酱也可用,胡萝卜或洋葱),再加入适量的水,先用旺火将肉酱烧开5min左右,然后用文火熬煮到羊肉完全软熟;在起锅前加入炒花生、炒芝麻和味精,煮至终点出锅。

（4）灌装:羊肉酱出锅后趁热立即灌装,以尽可能减少微生物污染。灌装时不宜灌得太满,距离瓶口应留0.5cm左右的顶隙,以防二次杀菌时热胀顶开瓶盖。灌装完毕,旋紧瓶盖,瓶倒置1~2min。袋装羊肉酱的包装材料应选用安全无毒、耐高温、真空度高的蒸煮袋,灌装之后用真空封口机将袋口封严封实。

（5）杀菌:灌装后趁热杀菌。根据试验所用的包装材料,采用湿热杀菌法(沸水灭菌)对羊肉酱进行后杀菌,先将杀菌锅中的水升温到50~60℃,把刚灌装后的产品放入杀菌锅内,加热至锅内水沸(100℃)时计算杀菌时间,根据不同包装材料的规格和内容物容量来确定杀菌时间。120mL瓶装酱杀菌25min,260mL瓶装酱杀菌40min。17cm×11.8cm、21cm×15.8cm、32cm×17.8cm蒸煮袋杀菌时间分别为20min、30min、40min。

（6）冷却:羊肉酱经杀菌后,将其从杀菌锅中捞出。瓶装酱在室温条件下自然冷却到37℃,袋装酱可用凉水快速冷却到室温。

（7）检验:经冷却后的羊肉酱在常温(20~30℃)下保存3d,进行感官检验,挑出胀盖、胀袋或有异味的产品。

（8）贴标、装箱、入库:经检验合格的产品,将瓶、袋擦干净后,贴上产品标签,装箱入库。产品库的温度应稳定在20~25℃。

成品酱体黏稠适中,久存不泌汁、不分层;呈暗红色、具羊肉的鲜香味,口嚼柔软细腻,无异味。

(二)羊肉酱料

1. 原料配方

羊肉100kg,色拉油20kg,棕榈油20kg,羊油10kg,香油2kg,鲜葱3.2kg,鲜姜1.6kg,辣椒面1kg,胡椒面0.5kg,白砂糖2.5kg,食盐2.5kg,八角0.16kg,羊骨汤60kg,酱油25kg,味精0.5kg,山梨酸钾0.05kg,D-异

抗坏血酸钠0.05kg,卡拉胶0.24kg,成品酱合计150~160kg。

2. 工艺流程

```
          羊肉馅、葱末      骨汤、酱油、八角、盐
                ↓              ↓
植物油→烧热→炒干失水→蒸煮浓缩→肉酱→冷却→包装→成品
          ↑              ↑
     姜末、葱末、糖、酒    添加剂、香油等
```

3. 操作要点

(1)原料预处理:羊肉、羊骨、羊脂、鲜葱、鲜姜分选清洗干净,羊肉、羊脂用刀切成条放入绞肉机中绞成馅;羊棒骨斩断,羊腔骨斩成约8cm×8cm小块;鲜葱、鲜姜送入斩拌机中斩成葱末和姜末。

(2)浓缩羊骨汤的制备:将羊骨、水加入蒸煮锅中,先大火煮开撇去浮沫、血块,加入花椒、葱段、姜片等香辛料,改文火蒸煮浓缩,3~4h后羊骨出锅,过滤后得浓缩羊骨汤。

(3)炼制羊油:将羊油脂绞碎加入蒸煮锅,大火烧热出油后改文火,不断翻炒,加入配料炼制。羊脂末和配料不得黏结在锅壁上,当油渣为浅黄色或金黄色时,羊油出锅用40目筛过滤。

(4)酱状汤料的制作:取肉重1/10的植物油,置于锅中,烧热后,放入绞碎的羊肉馅、葱末煸炒,控制好火候,炒至羊肉馅失掉水分变干;加葱末、姜末、料酒、糖翻炒;加足羊骨汤、八角、酱油、食盐、大火煮沸10min,然后用文火煮制1h,肉烂成肉酱,将八角拣出弃去。另取肉重3/10的植物油,烧热,加葱末、姜末炒香,加入肉酱中;再取肉重1/10的羊油,烧热,加辣椒末,炒香,加入肉酱中。煮制结束前10min,依次加入胡椒面、味精、香油等翻搅均匀,将酱体迅速冷却至室温后进行包装。

在制作羊肉酱过程中,能否获得风味醇正,香而不膻的酱料,羊肉脱膻是关键的一步。采用花椒、鲜葱、八角、鲜姜等调味料烹调,既调味又脱膻,一举两得。其中花椒和鲜葱是脱膻的主要香辛料,制备浓缩羊骨汤时花椒加入量为0.3%,鲜葱加入量为2%;炼制羊油时花椒加入量为0.5%,鲜葱加入量为5%;制作酱料时鲜葱加入量为3.5%脱膻效果最好。

五、各式辣肉酱

辣肉酱产品花色品种繁多,滋味香辣,鲜美可口。

(一)原料配方

配方一:肉制品 10kg,磨细豆瓣辣酱 30kg,面酱 25kg,辣椒酱 12kg,芝麻酱 5kg,鲜酱油 10kg,砂糖 3kg,麻油 5kg,五香粉 100g,味精 100g。

配方二:大豆酱 100kg,辣椒酱 20kg,猪肉或牛肉 7kg,砂糖 1.6kg,香油 9kg,黄酒 2.6kg,五香粉 1.2kg,味精 800g,苯甲酸 100g,山梨酸 100g,辣椒粉 2.4kg,水 30kg。

配方三:鸡肉 13kg,磨细豆瓣辣酱 15kg,面酱 25kg,辣椒酱 7kg,芝麻酱 10kg,鲜酱油 20kg,砂糖 5kg,麻油 5kg,五香粉 100g,味精 100g。

配方四:大豆酱 100kg,辣椒酱 20kg,鸡肉 8.7kg,砂糖 8kg,香油 9kg,黄酒 2.6kg,五香粉 1.2kg,味精 800g,苯甲酸 100g,山梨酸 100g,辣椒粉 2.4kg,水 30kg。

配方五:肉制品 13kg,磨细豆瓣辣酱 15kg,面酱 30kg,辣椒酱 12kg,芝麻酱 7kg,鲜酱油 15kg,砂糖 3kg,麻油 5kg,五香粉 100g,味精 100g。

配方六:大豆酱 100kg,甜面酱 200kg,辣椒酱 83.5kg,香肠或火腿 72kg,砂糖 20kg,香油 37kg,黄酒 11kg,五香粉 5kg,味精 4kg,苯甲酸 100g,山梨酸 100g,胡椒粉 10kg,水 180kg。

配方一、配方二中肉类选用牛肉干、猪肉、兔肉可分别制成牛肉辣酱、猪肉辣酱、兔肉辣酱;配方三、配方四肉类选用鸡肉制成鸡肉辣椒;配方五、配方六中肉制品分别选用香肠或火腿可制成香肠辣酱、火腿辣酱。

(二)操作要点

1. 肉类的处理

鲜肉:选取新鲜、优质的动物肉,如猪肉、牛肉、鸡肉、兔肉等,将其洗净、蒸熟后再切成 $1cm^3$ 的肉丁,备用。

香肠:洗净、蒸熟,切片后备用。

火腿或咸肉:洗净后切成大块并蒸熟,再去除皮、骨;然后切成 $1cm^3$ 左右的肉丁,备用。

2. 调配

将配方中的物料按比例混匀,煮沸后,加入 0.1% 苯甲酸,装瓶并以麻油封面。

3. 灭菌

加盖后为利于保存,可于 80℃,保温 10min 灭菌。因肉类不易分装均匀,可先将肉类按规定量装瓶后,再加酱拌匀;接着加封面香油,加盖、灭菌,即成。

六、鹅肥肝酱

鹅肥肝号称世界三大美味之一,属于高级营养品,是当今世界利润最高的禽产品之一。鹅肥肝是以特定的饲料和特定的工艺技术对鹅进行喂饲而生成的脂肪肝。这种脂肪肝可比原肝的重量提高十倍以上,脂肪含量达到肝重量的一半以上,其中对人体有益的不饱和脂肪酸占 65% ~ 68%;还富含卵磷脂,含量高达 4.5% ~ 7%;脱氧核糖核酸和核糖核酸达 9% ~ 13.5%。

(一)鹅肥肝酱一

1. 原料配方

等外肥肝 88kg,葵花油 4kg,洋葱 4kg,鲜姜 0.5kg,曲酒 0.5kg,精盐 1.5kg,白糖 0.5kg,味素 0.1kg,五香粉 0.2kg,香油 0.1kg,胡椒粉 0.05kg,维生素 E 0.05kg,酪蛋白 0.5kg。

2. 工艺流程

鹅肥肝解冻→冲血→水煮→配料→打浆→高温杀菌→无菌包装→成品水煮→冷却→检验→贴标

3. 操作要点

(1)解冻:将冻鹅肥肝整齐地摆放于解冻架上,放入预冷间,预冷间保持 0 ~ 4℃,任其缓慢解冻,不宜高温快速解冻,以防止水分和脂肪的流失。解冻时间要保持 20h 以上,使肥肝完全融化,恢复到鲜肝状态。

解冻后,要检查鹅肥肝是否完全解冻,其方法是用手分别拿捏鹅肥肝的中心和四周部位,如果手感松软,无坚硬处,则表明已经完全解冻,如果各部分组织有坚硬处,则表明解冻不充分,需要继续解冻,直到完全解冻。

(2)冲血:先去掉鹅肥肝的外包装,将其放入清洗池里,水温 0 ~ 4℃,人工洗净表面的血迹和其他附着物,一般采取少量多次的方法。因为水温较低,动作要迅速,尽量缩短操作时间,以免冻伤操作人员的手。

（3）掰肝：掰肝就是要把整个肥肝掰碎，在掰的过程中要去掉肥肝碎块里夹杂的血筋、油脂、大血块。一定要去除干净，以避免影响鹅肥肝酱的色泽和品质。

（4）配料：打浆前，为了提高肥肝酱的风味和增加稳定性，按配方在肥肝中加入一些辅料。

（5）打浆：把原料和辅料粉碎成均匀的浆液，打浆使用的设备是肉食品专用打浆机。打浆前要用2℃的清水对打浆机进行清洗降温，防止打浆机内部温度过高造成脂肪流失；打浆机清洗完成以后，就可以向打浆机内添加原料了，原料要填得适量，不要填得过满，以避免在打浆过程中，由于原料过满而溢出；原料填好后，开动打浆机，在打浆过程中，要把配好的辅料按比例均匀撒在原料上，打浆时间大约持续40min，原料和辅料已经被粉碎成均匀的稠糊状，这时，打浆就完成了。

（6）高温杀菌：因为肥肝中可能带有肉毒梭状芽孢杆菌等耐热菌，所以鹅肝酱必须在115～118℃条件下灭菌30～40min。

（7）包装：杀菌后的肥肝酱，应在无菌条件下趁热装罐、封口。空罐应严格消毒。包装后的罐头放在35℃条件下保温7d，剔除变质的胀罐、漏罐和变形罐，然后才为合格产品；也可装罐后，高压杀菌，包装入库。灌装所使用的包装应符合食品包装安全卫生标准。

（8）水煮：包装完的成品还要送去水煮车间进行水煮。鹅肥肝在加工过程中，由于酶的活性提高和微生物的污染，在以后的存放过程中极易变质。因此，灌装完的产品要经过高温蒸煮，高温蒸煮有利于抑制酶的活性和微生物的繁殖。具体方法为：把灌装好的肥肝酱放入四周布满漏孔的水煮箱内，用提升机把水煮箱放入水煮池内进行高温蒸煮，水温为85～95℃，水煮时间大约为2h。

（9）冷却：在水煮工艺中，高温会使鹅肥肝中的脂肪融化，直接影响鹅肝酱的品质，因此经过水煮的肥肝酱应立即放入冷却池进行冷却。冷却池水温为0～4℃，冷却时间为30～40min。冷却后，还要把产品放置于预冷间12h以上，预冷间温度为0～4℃。

预冷完成后就可以进行产品抽样质检。肥肝酱开罐后表面有一层1mm厚的白色油脂层，油层下的肝酱呈灰黄色，质地细腻柔软，品尝时味道鲜美,咸淡适中,香味浓郁。其营养成分为:水分 49.64%。干物质 50.36%,其中粗脂肪 77.91%,粗蛋白 10.81%,无氮浸出物 7.45%,粗灰分 3.33%,钙 0.37%,磷 0.13%。

产品抽样质检完成以后,要进行称重、贴标。成品要及时放入零下50℃的冷库进行存放。

(二)鹅肥肝酱二

1. 原料配方

鹅肥肝 500~700kg,食盐 15~20kg,食糖 10~14kg,蜂蜜 4~8kg,奶粉 6~10kg,胡椒粉 4~8kg,异 Vc 钠 0.6~1.0kg,亚硝酸钠 0.01~0.02kg,柠檬酸 0.8~1.2kg,蛋液 28~35kg,三聚磷酸钠 0.1~0.15kg,鲜味剂 7~11kg。

2. 操作要点

(1)解冻清洗:将冷冻鹅肥肝解冻直至中心全部融化,或者直接取新鲜鹅肥肝,清洗后切成块。

(2)配料:将鹅肥肝块放入搅拌机内,按质量比加入食盐、亚硝酸钠、三聚磷酸钠、D-异抗坏血酸钠,低速搅拌 3~8min,再按配方加入其余原料,高速搅拌 3~8min 后,再低速搅拌 3~11min,反转搅拌 0.5~2min,搅拌过程温度控制在 28~32℃。

(3)包装、灭菌:将搅拌后的鹅肥肝进行灌装,非密封性地盖上瓶盖后,将其送入高压杀菌锅中进行蒸煮,蒸煮温度控制在 119~123℃,在蒸煮过程中,开动往复式振动开关,使装有鹅肥肝的包装瓶在振动与摇晃中进行蒸煮,蒸煮 33~37min 后关闭高压蒸汽,当温度降至 100℃以下后,取出。剔除爆瓶、溢瓶,旋紧瓶盖后,将包装瓶置于 13~16℃的冷却室进行冷却。

(三)鹅肥肝酱三

1. 原料配方

熟鹅肥肝 30%~70%,熟黄豆瓣酱 15%~45%,熟营养添加物 5%~25%。

2. 操作要点

(1)鹅肥肝加工:将新鲜鹅肥肝去筋、皮、杂物后,放入水中漂洗干净,捞出后加入适量椒盐、黄酒、葱姜汁、香叶汁,腌制 1~24h;将腌制的鹅肥肝冲洗后放入沸水(100℃)中煮 1~5min,取出晾干,制成肝泥或肝块,加入奶油或牛奶、熟鹅油,拌匀后放入烤箱,在 110~140℃中烤 20~60min,或将煮熟的鹅肥肝切成块,放入 100~115℃蒸汽中蒸 10~25min,蒸煮至熟,晾干后浸没于奶油或牛奶中,备用。其中肝泥或肝块与奶油或牛奶、熟鹅油的质量比为 10:(0.5~2):(0.5~2)。

(2)蒸煮黄豆瓣酱:将黄豆瓣酱泥放入高压锅中蒸煮 10~15min,蒸煮温度 101~105℃。

(3)配料:取部分蒸煮过的黄豆瓣酱泥放入滑过油的锅中,在 105~115℃下单熬 3~6min。小火,加入备用的肝泥或肝块,在 80~110℃下拌熬 1~5min。

为了丰富鹅肥肝酱的营养成分,起锅前,加入蟹黄油或其他营养添加物(如虾酱、鱼子酱、燕窝、虾籽、松露中的至少任意一种),制成不同品种的鹅肥肝酱,若加蟹黄油,制成蟹黄鹅肥肝酱;加入虾籽,制成虾籽鹅肥肝酱;若再加入相关的调味品,又可制成不同口味的系列鹅肥肝酱,如甜味虾籽鹅肥肝酱、辣味蟹黄鹅肥肝酱等。将各种调味辅料在 100~105℃下混合拌匀,起锅后放入洁净器皿中,自然冷却至 20~40℃,称量、分装,即得成品。

七、骨糊酱

(一)牛骨糊营养酱

1. 原料配方(质量分数)

牛骨糊 20%,宜宾芽菜 23%,甜面酱 20.5%,郫县豆瓣 18%,食盐 4%,食用油 3%,熟芝麻仁 0.5%,熟核桃仁 0.5%,熟花生仁 0.5%,白砂糖 0.3%,酱油 1%,大蒜 2%,黄原胶 0.2%,姜粉 0.5%,山柰 0.5%,八角 0.5%,水 5%。

2. 工艺流程

芽菜碎粒及其他辅料
↓
原料牛骨→清洗→冷冻→粗碎→细碎→粗磨→细磨→牛骨糊→调配→熬制→包装→计量→封盖(口)→杀菌→冷却→检验→成品

3. 操作要点

(1)原辅料处理:郫县豆瓣应打细后在油锅中炒香,宜宾芽菜利用清水洗净后切成 2~3mm 长的碎粒。

(2)牛骨糊制备:选用新鲜健康的牛骨,带肉率以骨料质量计不超过 5%,否则会影响骨糊机的寿命。将选好的牛骨利用清水洗净后,利用骨糊机进行破碎,要求最终通过细磨达到小于 100 目的颗粒。

(3)调配、熬制:将上述经过处理的各种原辅料按照配方比例添加到夹层锅中,然后再在夹层锅中加入 5% 的水煮沸(文火)15min 左右,待酱香味浓时停止加热。应注意的是,在熬制过程中不要加过多水,否则熬制时间过长,香辛味散发较多,影响产品香味。熬制时需经常翻动,以防锅底部烧焦。

(4)包装、杀菌:将熬制好的酱趁热按成品要求进行包装(装瓶或装袋),然后进行高温杀菌。杀菌公式为:15min ~ 50min ~ 15min/115℃,杀菌后用反压水进行冷却。

(5)恒温保藏:将冷却后的产品在 37℃ 的恒温下保藏 7d 不胀袋,即可作为成品。

(二)胡萝卜骨酱

1. 原料配方(质量分数)

胡萝卜酱 10%,鲜骨糊 30%,淀粉 6%,蔗糖 10%,食盐 0.1%,其余为水。

2. 工艺流程

鲜骨→清洗→预煮→高压蒸煮→冷却→绞碎→乳化→鲜骨糊

胡萝卜→去皮→清洗→切碎→软化→打浆→乳化→蔬菜酱→调配→灌装→

杀菌→冷却→成品

3. 操作要点

(1)鲜骨糊制备:骨头在 100℃ 预煮 15min,以除去其残血及浮油的异味。将骨头和水按 2:1 的比例放入高压锅中进行蒸煮,压力为 0.13 ~ 0.15MPa,时间为 2.5h,同时加入适量的料酒。高压蒸煮后的骨汤置于冷藏冰箱(0~5℃)中迅速冷却,并除去表层浮油,以避免较多的固体油脂使制品太腻;利用绞肉机将经过上述处理的骨头进行初步粉碎,使其能通过35目筛;粉碎好的骨头和除去浮油的骨汤混合,加入0.3%的单甘酯,加热至30℃,用乳化机乳化20min,颗粒平均粒径为110μm,以获得细腻的口感。加入乳化剂是为了使骨酱中的固体油脂分散均匀,并赋予制品良好的状态。

（2）胡萝卜糊的制备:选取表面光滑、无病虫害的红色胡萝卜为原料,用刀切去两端,放入1%~2%的NaOH溶液中,在95~100℃的温度下处理1~2min,以去掉胡萝卜的表皮。在切片机中切成2~3mm的薄片,浸入盛有0.01%柠檬酸和0.15%维生素C的夹层锅中,于95℃蒸煮2min,使组织软化;然后按胡萝卜:水=1:1(质量比)混合后送入打浆机中,经过打浆使胡萝卜的粒度达到500μm左右。

（3）配料、成品:按照配方的比例在胡萝卜酱中加入鲜骨糊、蔗糖、食盐、淀粉等辅料,利用高压剪切分散乳化机处理15~20min,使粒度达到40~45μm;然后进行定量灌装,灌装后立即进行杀菌,杀菌公式为:5min~15min~10min/121℃;杀菌结束后经过冷却、检验合格者即为成品。

（三）多味鲜骨酱

1. 原料配方(质量分数)

香花辣椒酱15%,鲜骨泥酱15%,甜面酱25%,花生仁10%,牛肉丁10%,水和香辛料等适量。

2. 工艺流程

花生仁、牛肉、葱蒜姜泥、香辛料过油、甜面酱或豆瓣酱┐

香花辣椒→腌制→破碎→香花辣椒酱┤→混合→煮酱

南阳新鲜黄牛骨→鲜黄牛骨泥→精制→富钙骨酱→混合→蒸煮┘

成品←灌装←冷却←灭菌←调味

3. 操作要点

（1）原辅料处理。

鲜骨泥酱:将新鲜黄牛骨用专门的成套设备破碎、粗磨、细磨成鲜骨泥,再以食盐、香辛料等精心调味后熟化制酱,即制成不同风味的鲜骨泥酱。

香花辣椒酱:将新鲜香花辣椒去蒂去柄、洗涤、沥干后入缸腌制(以15%的食盐分层进行腌制)。6个月后开封启用,临用时用打浆机制成辣椒酱。

花生仁:用恒温电烤箱烤至有香味后取出、冷却、去红衣、破碎(每颗花生仁破碎为10~16粒大小)即可。

芝麻:白芝麻筛选除杂后,利用电烤箱烤出香味,冷却后备用。

牛肉丁:新鲜牛肉,去除脂肪与筋膜,洗除污血,切成约1kg的小块,加食盐及香辛料腌制10h以上;沥干盐卤后切丁(约5mm见方),再用花生油炸至表皮发硬,沥油后备用。

(2)混合、煮酱。将上述处理好的各种原辅料按照配方要求进行称量,做好记录并依次存放;然后按照工艺要求依次将各种原辅料投入夹层锅中,开启搅拌机和蒸汽开关,5~10min(随季节而异)后酱料沸腾,维持此温度搅拌加热20min,关闭蒸汽停止加热,添加味精等并继续搅拌5~10min,停止搅拌,趁热出锅,送灌装车间。

(3)灌装。出锅酱料按产品规格定量(200g)灌装入四旋瓶内,酱料表面可加入15g调味油(花生油等事先用香辛料调味处理)封口,加盖后用真空封盖机进行封盖。

(4)杀菌。封盖后按生产批次转入杀菌锅内,常压蒸汽杀菌15min,出锅冷却。杀菌冷却后及时擦瓶,抽检合格后贴标入库,即为成品。

八、水产品风味酱

(一)水产类辣酱

1.原料配方

配方一:海产品10kg,磨细豆瓣辣酱33kg,辣椒酱15kg,面酱20kg,芝麻酱5kg,鲜酱油10kg,砂糖2kg,麻油5kg,五香粉100g,味精50g,苯甲酸钠适量。

配方二(淡菜辣酱):淡菜5kg,磨细豆瓣辣酱29kg,辣椒酱15kg,面酱22kg,芝麻酱10kg,鲜酱油20kg,砂糖3kg,麻油5kg,五香粉100g,味精50g,苯甲酸钠适量。

配方三(海味辣酱):虾米 2kg,蟹干 2kg,淡菜 2kg,鱿鱼 2kg,蚌肉 2kg,磨细豆瓣辣酱 33kg,辣椒酱 15kg,面酱 20kg,芝麻酱 5kg,鲜酱油 16kg,砂糖 2kg,磨油 5kg,五香粉 100g,味精 50g,苯甲酸钠适量。

配方一中的水产品分别为虾米、鱿鱼、螟脯(墨鱼干),可分别制成虾米辣酱、鱿鱼辣酱、螟脯辣酱。

2. 操作要点

(1)原料预处理。

虾类:先将小虾米用水淘洗,去除皮壳及碎屑,再慢慢洒入少量清水,使虾米吸水变软。若使用大虾米,应先切成小段,再慢慢洒水使组织软化。

淡菜:用清水浸泡至中心涨开时,用剪刀刮去肚下的毛及杂质,再将淡菜剪成三四块,然后用水冲洗干净,沥干水分,加压蒸熟(表压 70kPa,维持 1h),然后加鲜酱油浸泡过夜,备用。

鱿鱼及螟脯:鱿鱼先切除头颈部分,再取出肚下的海螵蛸;螟脯则先取出肚下的海螵蛸、眼珠及嘴旁的软骨等杂质后,再切除头颈部分,然后用刀将鱿鱼及螟脯切成大小为 2cm×0.8cm(长×宽)的长块;加水冲洗干净,并浸泡 5h,再在 70kPa 压力下蒸 45min;最后加鲜酱油浸泡 4h,备用。

蟹干:先放在清水中浸泡 3~4h 后沥干,加 2% 纯碱,再加水至刚淹没蟹干,继续浸泡 3~4h;沥干水分,换清水冲洗后,再浸泡 4~5h,直至蟹肉已带玉白色,取出沥干;在 70kPa 压力下蒸 1h;最后加鲜酱油浸泡过夜、备用。

蚌肉:用清水浸泡,待肉稍软时,挖去肚内物,并剪成小块,冲洗干净;再加水浸泡至发软,取出沥干,在 70kPa 下蒸 1h,用鲜酱油浸泡过夜,备用。

(2)配制。将配方中的水产品,按规定量先行分装于玻璃瓶中,然后按配方将其他原料混匀;煮沸后,加入 0.1% 苯甲酸钠,分装于瓶内,与水产品混匀,并加封面麻油,加盖;可在 80℃ 的温度下,保持 10min 杀菌;经检验合格后即为成品。此方法可以防止混合后分装时出现分装不均现象。成品鲜辣香甜,海鲜味浓。

(二)海鲜牡蛎香辣酱

传统的香辣酱有明显地方特色,工业化程度很低,且适应面较窄。要把传统的香辣酱进行大众化、工业化和规模化,必须对配方进行调整,使香辣酱适合大众口味。海鲜牡蛎香辣酱就是在传统香辣酱的基础上对配方进行调整,同时添加了由牡蛎制得的海鲜汁,利用牡蛎肉中的糖原、无机盐、牛磺酸及维生素等成分丰富其营养价值和保健功能。

1. 原料配方

油辣椒30%,大蒜10%,生姜10%,浓缩海鲜汁10%,砂糖9%,陈醋6%,芝麻10%,食盐14%,其余为味精、黄酒、10% NaOH 溶液、枯草杆菌中性蛋白酶等。

2. 工艺流程

其他各种原料

牡蛎→保鲜处理→磨浆→保温酶解→过滤浓缩→浓缩海鲜汁→调配→

装瓶→杀菌→成品

3. 操作要点

(1)原料预处理:新鲜的牡蛎肉放入清洗槽中,搅拌,洗除附着于肉上的泥沙、贝壳碎屑黏液,捞起沥干,沥干后的贝壳肉用0.3%的甘氨酸溶液(溶液与贝肉为1:1)浸渍30min捞起沥干;再用5%的盐水浸渍30min,使肉质收缩的同时去掉部分腥味成分。

(2)磨浆:将贝肉放入绞肉机或钢磨中磨成糊状。为增加酶与肉的接触面积,有利于酶解,磨得越细越好。磨好后的肉糊加重量为其2倍的水,并用10%的 NaOH 溶液调整 pH 值至7.0~7.5。

(3)保温酶解:将调整好 pH 值的肉糊泵入保温水解罐中,加入0.1%枯草杆菌中性蛋白酶(占肉重),搅拌均匀,升温至50~55℃,水解1~1.5h;用醋酸调整 pH 值至5.5左右,加热煮沸10min左右以使酶蛋白变性并去掉部分腥味。

(4)过滤浓缩:将水解液用120目的筛网过滤,然后泵入真空浓缩锅中浓缩至氨基态氮为1g/100mL左右,即得浓缩海鲜汁。

(5)油辣椒的制备:花生油在夹层锅中加热到80~85℃,然后慢慢倒入盛有辣椒粉的不锈钢桶中,边倒边搅拌,直到桶里的辣椒粉全部被油浸润为止。

（6）芝麻粉的制备：将芝麻放入夹层锅中慢火炒熟,粉碎成末即可。

（7）调配：将各种配料按配方和工艺流程的要求加入配料罐中,然后不断搅拌至混合均匀为止。

（8）装瓶、杀菌：将调配好的海鲜香辣酱泵入膏状定量灌装机中灌装,然后送入卧式杀菌锅中于120℃下杀菌10min。

（9）包装：杀菌后进行冷却至40℃,然后贴上商标、套上收缩薄膜,经热收缩机包装后入库。本品可作为调味品直接供家庭和餐饮行业使用,以突出海鲜风味。

4. 注意事项

（1）牡蛎的酶解：酶解前的加水量不可过多或过少,过多不仅会影响酶解的速度、延长酶解时间,而且不利于后续的浓缩;过少则由于反应液过稠,会降低酶解的效果。

（2）口味大众化的关键措施：通过减少油辣椒的配比、调整糖酸比及添加牡蛎水解浓缩汁等措施,使香辣酱适合大众口味。

（三）海带酱

1. 原料配方

配方一：海带浆250g,花生油7.5%(占海带浆重,余同),食盐1.5%,味精0.5%,酱油2.5%,米醋0.05%,料酒0.5%,绵白糖0.5%,CMC - Na 0.6%,海藻酸钠0.2%,维生素C 0.01%。

配方二(咖喱味海带酱)：在配方一中添加咖喱粉0.6%。

配方三(香辣味海带酱)：配方一中添加花椒0.05%,辣椒0.2%。

配方四(五香味海带酱)：配方一中添加五香粉0.4%。

2. 工艺流程

干海带 → 挑选 → 浸泡清洗 → 切丝 → 海带脱腥 → 护色 → 漂洗 → 高压蒸煮 → 打浆 → 炒制 → 调味 → 装瓶 → 排气 → 密封 → 杀菌 → 冷却 → 成品

3. 操作要点

（1）海带预处理：选择深褐色且肥厚的无霉烂干海带,用流水快速洗净泥沙,放入一定量水中浸泡3h,至海带充分吸水膨胀,取出切丝待用。

（2）脱腥处理：将海带丝放入质量分数为1%的柠檬酸溶液中浸泡1min,再放入沸水中热烫60s。

(3)护色:调节柠檬酸 pH 值为 5.0,脱腥后的海带丝在 250mg/L 的 $ZnCl_2$ 溶液中煮沸 10min,进行护色处理。

(4)高压蒸煮:将漂洗后的海带丝在压力为 0.08MPa、温度为 115℃的夹层锅中隔水高压蒸煮 10min,以达到软化和部分脱腥的目的。

(5)打浆:将软化好的海带丝和 1.5 倍(占海带丝重)的水一起放入打浆机中打浆 2~3min,即得海带原浆。

(6)稳定剂的准备:将选择的海带酱稳定剂 CMC – Na 和海藻酸钠加入一定量水,待充分浸涨后,置于温度 65℃的水浴锅中搅拌,使其完全溶解,备用。

(7)炒制:在锅中加入少量花生油,待油温至 120~130℃时,倒入海带浆,并不断翻炒,之后加入浸涨溶解的稳定剂;待海带酱炒熟后,加入食盐、酱油、白糖、味精、花椒、辣椒、五香粉、咖喱粉等调味料,继续翻炒 1min左右,最后加入适量抗氧化剂即可出锅。

(8)装瓶、密封、杀菌:将制作好的海带酱装瓶,并置于 95℃水浴锅中,待瓶中心温度达 80℃时,排气 10~15min,即可封口,对封口后的海带酱进行 40min/115℃灭菌,冷却至室温即可。

原味海带酱呈棕褐色,保持了海带原有的滋味和香味,而且有淡淡酱香味;咖喱味海带酱呈金黄色,有浓郁咖喱味;香辣味海带酱呈红色,麻辣鲜香可口;五香味海带酱呈灰绿色,五香味浓郁。

(四)海带营养辣酱

1. 原料配方

海带 15kg,辣椒酱 4.8kg,生姜酱 3kg,面酱 9kg,白糖 2.4kg,味精480g,芝麻 1kg,赖氨酸 60g,生油 1kg,防腐剂适量。

2. 操作要点

(1)洗净、切丝:把海带用清水洗去泥沙后,切成细丝或细片。

(2)漂烫:在沸水中漂烫 1min。

(3)磨酱:冷却后,用胶体磨将海带丝磨成酱状。

(4)拌料蒸煮:在夹层锅内放入生油,加热后将海带酱、辣椒酱、生姜酱、面酱、白糖、味精、赖氨酸加入锅内,搅拌均匀后蒸煮 15min,拌入炒熟的芝麻、防腐剂。

（5）包装：冷却包装，即为成品。

成品色泽褐红，鲜辣香甜，味美可口。

（五）绿藻酱

绿藻分布较广，国内沿海均可采到，其藻体鲜嫩，风味独特。干绿藻蛋白质约为9.0%，脂肪约1.0%，糖类（主要为淀粉）约56.1%，纤维素约3.1%，灰分约19.5%，其余为水分。

1. 原料配方

绿藻10kg，香菇粉0.5kg，酱油0.3kg，甜蜜素0.2kg，味精0.2kg，食用明胶（预先化开）2kg，CMC-Na 1kg。

2. 工艺流程

绿藻采集→分拣→清洗→消毒→碎化→熟化→配料→装瓶→排气→杀菌→冷却→贴标→塑封→成品

3. 操作要点

（1）原料要求：绿藻沿海各地均有，但不宜在建有核电站、油田及其他工业污染严重的海区采集，主要在无污染大潮后的滩涂和沙滩上拾取置于网箱中，网箱可用尼龙绳编织，可在海滩上轻便滑行。

（2）原料预处理：拣除叶边发白、褐变和腐烂的绿藻，先用0.5%的NaOH溶液浸泡10min，洗去表层黏性异物，再用淡水洗净；用臭氧水浸泡5min可杀灭大部细菌。臭氧水可用臭氧水发生器生产。

（3）碎化、熟化：将清洗、消毒后的绿藻沥干，置于快速切碎机内，1min内打成藻酱。绿藻一般切细至0.2cm即可，太细后续操作不便，熟化时易粘锅底。

（4）配料：将消毒碎化的绿藻置于夹层锅内煮沸，稍冷后按配方加入香菇粉、酱油、甜蜜素、味精、食用明胶（预先化开）和CMC-Na，混匀后乘热装瓶。

（5）杀菌、包装：装瓶后移入排气箱热排气，当瓶内中心温度为80℃时取出旋盖，也可用真空排气机，抽真空旋盖一次完成，将其移入杀菌锅内，杀菌公式为：15s～30s～15s/110℃。杀菌后的酱瓶迅速置于80℃、60℃、40℃水中分段冷却，然后贴商标，加热水缩薄膜塑封套，而后装箱。

九、食用菌调味酱

(一)蛋黄猴头菇酱

1. 原料配方(质量分数)

鲜猴头菇 12.6%,蛋黄粉 5.0%,调味料 12.0%,调香料 7.0%,CMC - Na 1.9%,品质改良剂 1.5%,水 60%。

2. 生产工艺流程

原辅料选择及处理→混合研磨→灭菌→灌装→冷却→成品

3. 操作要点

(1)原料选择及清洗:选择无病虫害、无腐烂变质的猴头菇,在清水中清洗干净。

(2)猴头菇护色处理:新鲜猴头菇洗净后用 0.2% 的柠檬酸溶液浸泡 10min,再用 0.2% 的柠檬酸溶液煮沸 5min,然后利用 2% 的盐水漂洗干净。

(3)猴头菇硬化处理:产品要求子实体悬浮于酱组织中,需将护色处理后的猴头菇子实体剪下,进行硬化处理,才能达到预期的效果。目前使用较广的硬化液主要是 0.15% ~ 0.2% 的 $CaCl_2$ 溶液。

(4)辅料调制:剪下子实体后的菌柄和菇脚用捣碎机捣碎,CMC - Na 加适量清水膨润 6h 以上备用。其余辅料按要求调制后备用。

(5)混合研磨:将原辅料依次加入胶体磨中进行碾磨,同时加入绞碎的猴头菇菌柄和菇脚,混合碾磨至呈乳酱,最后加入 CMC - Na 和猴头菇子实体混合均匀即可。

(6)灭菌:混合后的猴头菇酱送入夹层锅,搅拌加热至 80 ~ 85℃ 后保温 10min 灭菌。

(7)灌装:灭菌后的产品立即趁热灌装入 100 ~ 250g 不同规格的玻璃瓶中,真空旋盖密封。经过冷却后再逐一检验后塑封,即为成品。

(二)风味蘑菇酱

1. 原料配方

大豆酱 230g,蒜 10g,鲜蘑菇 20g,葱 5g,植物油 30g,味精 3g,白糖 5g。

2. 生产工艺流程

鲜蘑菇、蒜、葱→预处理→磨碎

大豆酱、植物油→炒制→煮沸→搅匀→装瓶→封盖→杀菌→包装→冷却→成品

3. 操作要点

(1)原料要求:大豆酱酱体红褐色,味道鲜美醇厚,无其他异味;鲜蘑菇新鲜(野生鲜蘑菇更佳),无腐败、无霉烂;蒜新鲜,无霉烂;味精符合GB/T 8967—2007标准;植物油无杂物,无异味。

(2)鲜蘑菇处理:将鲜蘑菇去除根部杂质,利用清水洗净后晾晒,放入开水中焯一下,然后用粗磨磨成小块。晾晒不可太干,以不易破碎为好。

(3)风味蘑菇酱的加工:植物油加热至200℃左右,加入大豆酱煸炒,待炒出浓郁的酱香味时加入磨好的鲜蘑菇块;大豆酱的炒制是制作加工的关键,酱炒得轻,香味不够丰满;炒得重,会使酱变焦、味苦,影响成品的颜色和滋味;将炒制的大豆酱蒸沸并加入味精,然后冷却至80℃左右,搅拌均匀即可进行装瓶和封口,这样既能抑制细菌生长,又能为下一步杀菌做准备;采用四旋玻璃瓶灌装,净重200g,灌装后添加适量的芝麻油做面油,再用真空蒸汽灌装机进行封口;将灌装好的酱放入真空封罐机中进行杀菌,要求品温控制在90℃,时间为15min。产品杀菌后经过冷却即为成品。

(三)草菇蒜蓉调味酱

草菇又名美味草菇、兰花菇、杆菇、麻菇等,是原产于热带、亚热带地区的重要食用菌。草菇营养价值较高,富含可产生鲜味的氨基酸如谷氨酸、鹅膏氨酸,滋味鲜美,是制作调味酱的良好原料;而且,草菇中含有一种异构蛋白,经常食用可增强机体免疫力;草菇中的含氮浸出物和嘌呤碱可以抑制癌细胞生长,具有一定的防癌抗癌作用。

在草菇作为鲜品销售或用来生产罐头时,尽管大量草菇营养价值并未降低,但却因为开伞、破头等外形破坏成为等外品或者不能利用。为了提高草菇的综合加工利用效率,降低生产成本,可以开伞、破头等外形残损的草菇为主要原料,以大蒜为配料,研制营养和风味俱佳的草菇蒜茸调味酱。

1. 原料配方

草菇 9kg,大蒜 1kg,食盐 80g,复合稳定剂 2g,蔗糖 10g,柠檬酸 2.5g,生姜粉 2.5g,酱油 20g,增稠剂适量。

2. 工艺流程

草菇→清洗→热烫→打浆　　　　复合稳定剂和增稠剂

　　　　　　　各配料→调配→微磨→均质→浓缩→灌装→杀菌→冷却→

大蒜→清洗→热烫→打浆

成品

3. 操作要点

(1)前处理:将草菇洗净,置于 90～95℃ 热水中烫漂 2～3min,灭活酶和软化组织,完成后立即进入打浆工序,得到草菇原浆;将大蒜洗净,置于温水中浸泡 1h,搓去皮衣,捞出蒜瓣,淘洗干净,随后置于沸水中烫漂 3～5min,灭活酶和软化组织,完成后立即进入打浆工序,得到大蒜原浆。

(2)调配、微磨及均质:按照原料配比,将草菇原浆、大蒜原浆以及其他辅料调配均匀,并通过胶体磨磨成细腻浆液,进一步用 35～40MPa 的压力在均质机中进行均质,使草菇、大蒜纤维组织更加细腻,有利于成品质量及风味的稳定。

(3)浓缩及杀菌:采用 60～70℃、0.08～0.09MPa 低温真空浓缩,并添加 0.25% 的复合稳定剂抑制褐变,以浓缩后浆液中可溶性固形物含量达到 40%～45% 为宜。为了便于水分蒸发和减少复合稳定剂损失,增稠剂和复合稳定剂在浓缩接近终点时方可加入,继续浓缩至可溶性固形物含量达到要求时,关闭真空泵,解除真空,迅速升温到 95℃,进行杀菌,完成后立即进入灌装工序。

(4)灌装及杀菌:预先将四旋玻璃瓶及盖用蒸汽或沸水杀菌,保持酱体温度在 85℃ 以上装瓶,并稍留顶隙,通过真空封罐机封罐密封,真空度应为 29～30kPa。随后置于常压沸水中保持 10min 进行杀菌,完成后逐级冷却至 37℃,擦干瓶外水分,即得到成品。成品呈深棕黄色,均匀酱状;口感细腻、滋味鲜美、咸味适中,具有浓郁的草菇风味,大蒜风味协调;可作为调味品直接供家庭和餐饮行业使用。

(四)香菇大蒜调味酱

1. 原料配方(质量分数)

配方一:香菇 46%,大蒜 10%,蜂蜜 6%,食糖 4%,姜 0.6%,食盐 1.6%,柠檬酸 0.8%,CMC 0.18%,水 30%左右,食用色素适量。

配方二:香菇 48%,大蒜 8%,蜂蜜 8%,食糖 2%,姜 0.5%,食盐 1.5%,柠檬酸 0.8% ~ 1.0%,CMC 0.2%,水 31%左右,食用色素适量。

配方三:香菇:大蒜 = 4:1,砂糖 15%、食盐 5%,稳定剂(羧甲基纤维素钠: 明胶 = 1:2)2%,五香粉、辣椒粉、味精等适量。

2. 工艺流程

大蒜→去皮→清洗→预煮┐　蜂蜜、食糖、柠檬酸、CMC、色素

香菇→清洗→预煮──→破碎→混合调配→磨细→装罐→密封→杀菌→

姜→清洗→去皮┘

冷却→检验→成品

3. 操作要点

(1)原料预处理。

香菇:选择新鲜香菇,清水洗净,将2%食盐水加热到95℃,在其中放入香菇,预煮 2 ~ 3min,备用。

大蒜:选择新鲜大蒜,除去霉烂、虫烂、空瘪的蒜粒,切除根蒂、根须、去皮,清水洗净,按配方用量取大部分蒜放入95℃以上热水中预煮 2 ~ 3min,备用。

姜:选择新鲜、肥嫩、纤维细、无黑斑、不瘟不烂的鲜姜作为加工原料,剔除姜管、根须,置于容器内,洗净泥沙,刮去姜皮,备用。

(2)破碎。按配方将全部的香菇、大蒜、姜放入果蔬破碎机破碎,以各种成分混匀打成浆状为好。

(3)混合调配。按配方先将 CMC 提前 4h 用温水浸泡溶化,再将溶化的食糖、食盐与柠檬酸和蜂蜜、适量色素、上述蒜酱同时加入打浆机中,注意要边加边搅拌,混合均匀。

(4)胶体磨处理。把调配好的浆液加入胶体磨内反复研磨 3 ~ 4 次,要求粒度以 10 ~ 15μm 为好。

(5)装罐、密封、杀菌、冷却。采用定量灌装机灌装,然后用真空封罐机封罐。一般封罐后100℃高温杀菌15～20min即可,最后用冷却水分段冷却。经检验、贴标即为成品。

(五)海带黑木耳营养酱

1. 原料配方

主要原料:海带:黑木耳 = 1:1。

甜酸型风味辅料配方:原料:辣椒粉:盐:糖:醋 = 200:0.5:3.5:20:20,芝麻、姜汁、色拉油各适量。

麻辣型风味辅料配方:原料:辣椒酱:辣椒粉:花椒粉:盐 = 200:20:3:0.75:2,芝麻、姜汁、色拉油各适量。

2. 工艺流程

```
黑木耳→选择→浸泡→清洗→磨浆                消毒←清洗←空瓶
                              ↓                          ↓
海带→选择→清洗→软化→磨浆→配料→风味调和→装瓶→杀菌→成品
```

3. 操作要点

(1)原料选择:选择优质、深褐色且肥厚的干海带及野生优质黑木耳。

(2)浸泡清洗:将海带浸入清水中5min,洗掉其表面的泥沙及其他杂质,并除去不可食部分;黑木耳在清水中浸泡2h至全部发起后,洗去表面杂质,得到干净的木耳片。

(3)海带软化:将洗净的海带整理好放入高压灭菌锅内干蒸40min,即可完全软化。

(4)磨浆:将海带、黑木耳分别切成小片后先用组织捣碎机打碎,再用胶体磨进行磨浆,磨浆时,适量加水有利于磨浆。

(5)配料:海带有特殊的海腥味,黑木耳有怡人的鲜香味,将两者合理配比(1:1)可以减轻海带腥味,并体现出黑木耳的鲜香味。

(6)风味调和:将一定量的优质色拉油加入锅中烧开,加入红辣椒炸制2min,用纱布将辣椒滤出后制得红油待用;取适量红油加入锅中烧开,加入一定量的海带与黑木耳浆体,按甜酸型和麻辣型两种不同风味分别加入不同的调味料,同时加入适量芝麻、姜汁,中火熬制片刻后起锅。

(7)装瓶、杀菌:将制好的酱装入消毒后的玻璃瓶中,再加入少许封口香油,在常压下沸水加热排气20min后立即封瓶,然后在121℃条件下杀菌20min即可。

(六)黑木耳辣酱

1. 原料配方

干辣椒16%,黑木耳7%,酱油40%,菜籽油11%,食盐2%,砂糖1.5%,香辛料1%,水21.5%。

2. 工艺流程

干辣椒→去杂、清洗→沸水焖发→粉碎　过滤←萃取←加热←酱油、香辛料

黑木耳→浸泡清洗→分选→熬煮→打浆→加热→调配→灌装→杀菌→冷却→成品

菜籽油

3. 操作要点

(1)辣椒加工:选取当年生产、无腐烂、无虫害、色泽鲜红的二荆条干辣椒,摘把、去杂,放入沸水中加热闷发;待干辣椒吸足水分、泡软后,捞出用粉碎机粉碎成椒胚待用。

(2)酱油加工:选取优质纯酿造的酱油,含盐量以17%计,放入夹层锅加热。同时,加入相应比例香辛料,逐步升温至沸,放入冰糖,不断搅拌使之溶化;酱油烧开后3min停止加热,2h后过滤去渣,备用。

(3)黑木耳加工:选取优质黑木耳用水浸泡1~2h,至黑木耳上浮、变软、充分泡涨,然后去蒂、去杂物、去霉烂物并洗净,再放入70℃恒温水浴中熬煮1h,打浆离心得汁,备用。

(4)调配:待菜籽油加热至七分熟后,立即将各种原辅料按比例放入夹层锅,边加热边搅拌,烧开后出锅。

(5)灌装:采取热灌装的方式,灌装的温度不得低于85℃,灌装后要及时密封。

(6)杀菌、冷却:杀菌温度接近沸水温度,时间约10min。杀菌后迅速冷却至室温,对于包装容器为玻璃瓶的产品应当实施分段冷却。

成品呈红棕色或红色酱状,表面有油层,间有辣椒粒;具有辣椒的气味,香气醇正;味鲜回甜,辣味爽口。

十、沙茶酱

沙茶酱是流行于东南亚各国和我国台湾、香港、福建等地的一种调味品;风味极为独特、香辣鲜俱佳,用途也相当广泛,可用于热炒、冷拌菜肴配制、面包点心涂抹、烧烤调味、火锅调味、拌面、小吃拌食等。

沙茶酱的品种有福建沙茶酱、潮州沙茶酱和进口沙茶酱三大类。

福建沙茶酱是用大剂量的油炸花生米末、适量去骨的油炸比目鱼干末、虾米末、蒜泥、香菜末、辣椒粉、芥末粉、五香粉、沙姜粉、香菜粉、香木草粉用植物油煸炒起香,佐以白糖、精盐用文火慢炒半小时,至锅内不泛泡时离火,自然冷却后装入坛内,即得成品。可久藏1~2年而不变质。福建沙茶酱香味自然浓郁,用以烹制爆、炒、溜、蒸等海鲜菜品,口味鲜醇,因其特有的海鲜自然香味而深受中国港澳台食客的欢迎。

潮州沙茶酱是将油炸的花生米末,用熬熟的花生油与花生酱、芝麻酱调稀后,调以煸香的蒜泥、洋葱末、虾酱、豆瓣酱、辣椒粉、五香粉、芸香粉、草果粉、姜黄粉、香葱末、香菜籽末、芥末粉、虾米末、香叶末、丁香末、香茅末等香料,佐以白糖、生抽、椰汁、精盐、味精、辣椒油,用文火炒透取出,冷却后盛入洁净的坛子内,随用随取。潮州沙茶酱的香味较福建沙茶酱更为浓郁,可用于炒、焗、焖、蒸等烹调方法制作的很多菜品。

进口沙茶酱又称沙嗲酱(Sateysauce),是盛行于印度尼西亚、马来西亚等东南亚地区的一种沙茶酱。它色泽为橘黄色,质地细腻,如膏脂,相当辛辣香咸,富有开胃消食之功效,调味特色突出,故传入潮汕广大地区后,经历代厨师琢磨改良,只取其富含辛辣的特点,改用国内香料和主料制作,并音译印度尼西亚文"SATE",称之为沙茶(潮语读"茶"为"嗲"音)酱。沙嗲酱的品种也很多,比较著名的有印度尼西亚沙嗲酱和马来西亚沙嗲酱。

(一)沙茶酱一

1. 原料配方

花生酱14.6%,甜酱8.52%,芝麻酱6.15%,花生油6.15%,猪油2.38%,辣椒酱13.67%,虾米3.33%,蒜干0.85%,葱干0.85%,辣椒粉13.67%,白砂糖3.51%,糖精0.03%,小茴香0.24%,八角0.24%,鱼露7.52%,淡酱油6.15%,味精0.4%,苯甲酸钠0.05%,山梨酸0.05%,饮用水11.64%。

2. 工艺流程

水→加入助味剂(加热煮沸)→加辛辣原料(加热煮沸)→加助香剂、增稠剂、甜味剂、脂性料、呈香鲜辣料、助鲜剂(均加热煮沸)→加防腐剂→冷却→检验→包装→成品

3. 操作要点

(1)原料处理:沙茶酱的原料比较广泛,为了保证质量,降低成本,有的原料可以直接应用,有的原料必须经过加工处理才能有效应用。

芝麻酱:若无芝麻酱则可用芝麻代之,其比例为3∶2,即芝麻酱3kg用芝麻2kg代之。芝麻制成芝麻酱的处理方法:将芝麻漂洗除去杂质,沥干后用文火焙炒至发出香气,再经研磨成芝麻酱备用。

花生酱:若无花生酱则可用花生仁代之,其比例是1∶1,花生制成花生酱的处理方法:先捡去霉烂变质部分,然后用文火焙炒去皮,再磨碎成花生酱备用。

虾米:若无虾米则用虾皮代之,其比例为1∶1,选用时应采用新鲜虾皮,严防发霉变质,其处理要求是用食用油炒至酥香备用。

辣椒酱:若无辣椒酱则选用新鲜辣椒加盐腌制成熟,磨成酱状备用。如用干辣椒、咸辣椒代之也可以,其比例按质量优劣酌情掌握。

猪油:一般都是采用板油煎熬而成,若无可选用其他植物油代之。

八角、小茴香:两者均比较理想,如无八角则以小茴香代之。其比例为2∶1。用时需烘干,磨成粉状备用;熬汁也可以,但熬汁需要加大用量。

蒜干:为干大蒜,若无则以鲜大蒜代之,其比例为1∶3,用时需磨成粉末,新鲜大蒜可熬汁加入,有时还可用冻大蒜代之,其比例为1∶2.5。

葱干:为洋葱干,若无则以鲜洋葱代之,其比例为1∶6,用时需磨成粉末或熬汁加入。

鱼露:其比例视质量情况灵活掌握。

淡酱油:若无特制的淡酱油,则以相等的酱油代之,用时要检验质量与色泽。

防腐剂:最好苯甲酸钠与山梨酸钠同时应用,若应用一种数量应加倍。

(2)工艺操作:在蒸汽夹层锅内加入一定量的清水,煮沸后取出一部

分,作为配料过程中调节蒸发及洗净料桶之用,然后加入鱼露、酱油等,同时开动搅拌器不断翻动,煮沸后加入辛辣原料,再次煮沸后依次加入助香剂、增稠剂、甜味料、脂性料(花生油、猪油)、呈香鲜辣料、助鲜剂和防腐剂,锅内呈现红褐色稠状,味香甜,要严防结焦或喷出锅外,加入助鲜剂和防腐剂并煮沸后,立即停止加热并出锅冷却,一般每锅操作时间为1~2h。

加工成熟的沙茶酱出锅后,应放在已经消毒的铝质、不锈钢或搪瓷容器中,安全地运送至干净、清洁、消毒的房间内,加盖冷却,此时可抽样检测质量。

(二)沙茶酱二

这种沙茶酱以海鱼为主要原料。

1. 原料配方

鳊鱼干35.7kg,虾米18.8kg,辣油19.3kg,味精2.6kg,肌苷酸+鸟苷酸0.1kg,葱粉5.1kg,胡椒粉0.4kg,蒜粉0.4kg,辣椒粉9.6kg,色拉油及黄酒适量。

2. 工艺流程

虾米→黄酒浸泡→沥干油炸(鳊鱼干直接油炸)→粉碎→混合(加入味精、辣椒粉、蒜粉、胡椒粉、姜粉、葱粉等)→加热保温→冷却包装

3. 操作要点

(1)油炸:鳊鱼干和虾米预先油炸,使其口感酥松,同时突出鳊鱼的香味。油炸不足,风味不强烈;油炸过头,会出现焦味。

油炸鳊鱼干要求温度为160℃,炸2~3min,以炸至金黄色为度。虾米以适量黄酒浸30min以上,然后沥干油炸,油炸要求同鳊鱼干。虾米是极易变腥的原料,采用黄酒浸泡后再油炸可以有效地去除虾臭、虾腥,同时可增强鳊鱼的香味。

(2)辣油制作:选择色泽鲜红的辣椒制辣油为佳,辣油色泽要求呈明亮的红棕色,配比为色拉油:辣椒=20:1左右,也可以加入少量天然辣椒红色素。

(3)粉碎:研磨要求粉碎细度在40目左右。

(4)加热保温:加热保温具有杀菌作用,并可使物料间相互作用充分,风味达到稳定一致,要求加热中心温度达到85℃,保温15~20min。时间

过短,达不到稳定风味的作用;时间过长,浪费能源,还会导致色泽、香味劣变,辅料中某些成分在高温受热时,风味被破坏,产生异臭,而且高温也会破坏营养成分,因此要严格控制杀菌温度。

成品色泽呈鲜红色或红黄色,具有浓郁醇正的海鱼鲜虾及葱的香辣味,保质期大于 12 个月。由于各地饮食习惯不同,因此应有针对性地选择调味料,来满足不同消费者的需求;如果添加海鲜、牛肉、鸡肉及高档的调味料,可进一步提高产品的档次。本产品中盐含量较高,同时又含有相当数量的蒜、酸味剂,这对微生物的生长可起到抑制和杀灭作用,因此可以制成不含防腐剂的调味品。

十一、XO 酱

XO 酱是粤菜中制作复杂而且价值很高的调味品,选料很考究,所用原料大多是比较名贵的海味干货,所以价值较高,所有的原料加起来共有 20 多种。其制作工艺复杂、味道鲜美。粤菜中所用的 XO 酱,一般都由酒店的厨师自己配制,尽管配制出的口味大致相同,但配制时的用料则各有差异。这里介绍的是港式粤菜的 XO 酱配方及制作工艺。

1. 原料配方

干贝 200g,淡菜 100g,金钩 100g,咸红鱼干 150g,银鱼干 75g,海螺干 100g,广式香肠 200g,广式腊肉 150g,牛里脊肉 250g,野山椒 2 小瓶,豆瓣 40g,沙井蚝油 200g,草菇老抽 20g,生抽王 30g,美极鲜 15g,盐 2g,胡椒粉 5g,味精 5g,白糖粉 30g,花雕酒 50g,骆驼唛 750g,姜、葱、洋葱各 100g。

2. 操作要点

(1)原料要求及预处理。

干贝:要求粒大、色黄、形整、颗粒圆;制作时放入碗中加水蒸软后,沥去水,用刀剁成蓉。

淡菜:粒大、色正、干燥;放碗中加水蒸软后,沥去水,用刀剁成蓉。

金钩:色黄、粒大、干燥;温水发开后剁成蓉。

咸红鱼干:肉色棕红、皮白、无腐烂、干燥;切厚片去皮,上笼蒸透,去刺后油炸至酥,剁成蓉。

银鱼干:色白,体大均匀,干燥;温水发透后剁成蓉。

海螺干:色浅黄、片大、干燥、厚薄均匀;加水上笼蒸透后,取出剁成蓉。

广式香肠:色红、饱满、新鲜;用水洗净后上笼蒸透,剁成蓉。

广式腊肉:色红、纯瘦、新鲜;用水洗净后上笼蒸透,剁成蓉。

牛里脊肉:新鲜;洗净剁成蓉。

野山椒:广东产;去蒂剁成蓉。

豆瓣:色红、水分少;剁成蓉。

所有干货原料一定要按要求发开,不能有硬心。

(2)炒制。炒锅置火上,倒入骆驼唛烧热,下入姜(拍破)、葱(切节)、洋葱(切小块),炸出香味后,捞去姜、葱、洋葱不用,将油倒入容器中晾凉。

炒锅置火上,倒入炼过的骆驼唛烧热;先下牛肉蓉炒干水分,再下香肠、腊肉蓉炒干水分,然后加入干贝、淡菜、金钩、咸红鱼干、银鱼干、海螺干蓉,待炒至酥香后,加入野山椒、豆瓣蓉,掺入清水约150g,调入蚝油、老抽、生抽王、美极鲜、盐、胡椒粉、味精、白糖粉、花雕酒等调料;改用小火将锅中水分收干,略凉后起锅装入容器中即成。

成品色泽棕红,咸甜微辣,酥软化渣,具有浓郁的海鲜味。注意炒制时,所有原料一定要炒散。应避免结块现象;一定要将原料炒至酥香后,才能加清水和调料,最后收水分时不能收得太干。

(3)成品适用范围。用于刺身类菜品的调味品,生吃的刺身类菜类,加配 XO 酱,更能增加其鲜香味。

XO 酱爆:海鲜类原料,如虾、贝、鱿鱼、墨鱼等,加入 XO 酱爆炒成菜,能提高其鲜香味。

拌食海鲜:凡裹上糊、粉后炸制而成的海鲜菜品,用 XO 酱拌食,风味极佳。

面食蘸料:面粉类的蒸点,用 XO 酱做蘸料,口感异常鲜美。

十二、美式烤肉酱

(一)原料配方

配方一:水 550kg,果糖 350kg,洋葱粉 9.5kg,大蒜粉 6kg,食盐 23.5kg,水解植物蛋白 9kg,芥末子粉 4kg,罗勒粉 1kg,丁香粉 500g,柠檬酸10kg,匈牙利椒1kg,烟熏香料1.5kg,淀粉45kg,醋64kg,胡椒500g,番茄酱香料3kg,洋葱片4kg。

配方二:水500kg,番茄糊175kg,果糖15kg,玉米糖浆30kg,淀粉45kg,醋115kg,洋葱粉3kg,大蒜粉1.5kg,食盐20kg,水解植物蛋白2.5kg,皮萨草粉250g,丁香粉250g,柠檬酸3.5kg,烟熏香料500g,匈牙利椒250g,番茄酱香料500g,辣椒树脂100g。

配方三:水600kg,番茄糊12.5kg,果糖80kg,玉米糖浆160kg,淀粉50kg,醋70kg,洋葱粉3.5kg,大蒜粉2kg,食盐25kg,水解植物蛋白3kg,芥末子粉4kg,皮萨草粉250g,丁香粉250g,胡椒250g,烟熏香料500,匈牙利椒500g,番茄酱香料500g,碎洋葱2.5kg,洋葱片2kg。

配方四:水600kg,果糖360kg,洋葱粉10kg,大蒜粉6kg,食盐26kg,水解植物蛋白10kg,芥末子粉4kg,罗勒粉1kg,丁香粉500g,柠檬酸10kg,匈牙利椒1kg,烟熏香料2kg,淀粉50kg,醋65kg,胡椒1kg,番茄酱香料2kg。

(二)工艺流程

水、果糖、食盐、水解植物蛋白、香辛料→配料混合→煮沸(加淀粉液),加入烟熏香料、番茄酱香料、醋→搅拌均匀→灌瓶→成品

(三)操作要点

1. 配料混合

将水、果糖、食盐、水解植物蛋白、香辛料、柠檬酸分别称重后放于蒸汽夹层锅,搅拌均匀。

2. 加热糊化

混合料加热至沸,徐徐加入水淀粉,使其糊化10min左右。

3. 降温加料

待糊化液温度冷却到85℃时,再加入烟熏香料、番茄酱香料及醋,搅拌均匀,保温20~30min。

4. 趁热装瓶

将保温的烤肉酱趁热装瓶,封口。装前要将空瓶清洗干净、干燥灭菌。成品味道甜酸微辣,为烤肉专用调味品。

十三、风味辣酱

(一)四川麻婆豆腐调味酱

1. 原料配方(质量比)

郫县豆瓣:辣椒粉:花椒粉:豆豉:姜:酱油:味精:胡椒粉 = 15:7:3:14:3:10:3:0.75。

2. 工艺流程

辅料
↓
郫县豆瓣→打浆→热油搅拌→配料→均质→装瓶→杀菌→冷却→成品

3. 操作要点

(1)原料处理:辣椒、花椒、胡椒分别进行干燥和粉碎;姜先用清水洗净,然后再捣成泥状;郫县豆瓣,打成泥状,将一定量150℃的热油缓慢地倒入豆瓣中,不断搅拌以使其充分混合均匀。

(2)配料:按配方比例将打浆后的豆瓣和经过处理的各种辅料充分混合均匀。

(3)均质:将充分混合均匀的酱料送入胶体磨中进行均质处理。

(4)装瓶、杀菌:将经过均质的酱料装入事先经过杀菌处理的玻璃瓶中,上盖5mm厚的芝麻油做封面油,然后进行杀菌处理,温度为121℃,时间为5~10min。杀菌结束后经过冷却即为成品。

(二)榨菜香辣酱

榨菜香辣酱色泽鲜艳,具有榨菜的独特风味;味鲜,香辣,味感醇厚,口感细腻,滋味绵甜;营养丰富,含有多种氨基酸、维生素、蛋白质、糖类及脂类,是开胃、调理食欲、解腻助消化的佐餐佳品,经久耐藏,深受消费者的欢迎。

1. 原料配方

榨菜19kg,水13kg,辣椒粉2.5kg,芝麻1kg,特级豆瓣酱1.5kg,花生0.5kg,酱油2kg,白糖1.5kg,葱0.5kg,姜0.5kg,蒜0.8kg,花椒粉0.6kg,五香粉0.05kg,味精0.3kg,菜籽油3kg,香油1kg,食盐3.5kg,黄酒1kg,山梨酸钾0.25kg,焦糖色素适量。

2. 工艺流程

原料处理→配料→搅拌→加热→装瓶→油封→成品

3. 操作要点

(1)原料处理。

榨菜:选用去净菜皮和老筋、无黑斑烂点、无泥沙杂质的榨菜,并用切丝机切成丝状,加入7kg水,进行湿粉碎,制成榨菜浆泥,倒入配料缸中。

辣香料的准备:将菜籽油烧熟,浇到辣椒粉中拌匀,把芝麻、花生焙炒到八九成熟,分别磨成芝麻酱、花生酱,同时也将葱、姜、蒜粉碎成浆泥状,备用。

(2)配料。按配方把白糖、食盐、芝麻酱、花生酱、花椒粉、拌好菜籽油的辣椒粉、五香粉、葱泥、姜泥、酱油、豆瓣酱以及2kg水加到配料缸中,利用搅拌机将其搅拌均匀,然后送入夹层锅中。

(3)加热。将上述的混合料边搅拌边加热到80℃,保持10min后停止加热,然后立即加入蒜泥、黄酒、味精、山梨酸钾,再加4kg水,搅拌均匀。再根据色泽情况,边搅拌,边加入少量焦糖色素,直至呈红棕色,立即装瓶。

(4)油封。装瓶后加入为内容物量2%的香油,油封保存。

(三)富顺香辣酱

富顺香辣酱俗称"豆花蘸水",起源于清朝道光年间,距今已有100多年的历史。最初是作为富顺特色食品"豆花"的蘸水而流传于民间,经过几代传人多年在配方和制作工艺上的完善、丰富和发展,现已成为一种风味独特、应用广泛的调味佳品。

1. 原料配方

干辣椒100kg,芝麻10kg,菜籽油100kg,花椒5kg,酱油100kg,胡椒10kg,味精2.5kg,冰糖5kg,香料0.5kg,食盐2kg,八角适量。

2. 工艺流程

原料处理→混合搅拌→加热→灌装→杀菌→成品

3. 操作要点

(1)原料处理:芝麻除杂水洗后,文火焙炒至微黄色,冷却后捣碎;花椒文火焙炒至发出特殊香味,冷却后粉碎;胡椒除杂后粉碎。将各种香料混合,稍加烘烤,冷却后粉碎成粉。

在酱油中加入5%的冰糖,加热至85℃以上杀菌,保温15min,冷却备用。

在菜籽油中加入17%八角、2%花椒,缓慢加热至180℃,自然冷却。

将重量是辣椒2倍的水煮沸后,加入食盐,倒入辣椒中,加盖闷5~10min,立即粉碎成具有黏稠性的辣椒糊。

(2)混合搅拌:将酱油入锅,温度达60~80℃时,加入味精、辣椒糊、芝麻、胡椒粉、香料粉和菜籽油,充分混合均匀。

(3)灌装:灌装酱体、包装后,采用沸水杀菌,经过冷却后即为成品。

(四)紫苏子复合调味酱

紫苏子复合调味酱是以紫苏子、辣椒为原料,经与芝麻、豆瓣酱等进行调配而制成的调味酱,其产品由于紫苏子的加入,提高营养价值。

1. 原料配方

豆瓣酱60kg,干辣椒1kg,酱油6kg,食盐4kg,紫苏子5kg,蔗糖6kg,精炼菜籽油8kg,香辛料及味精3kg,芝麻4kg,水2kg,苯甲酸钠18g,TB-HQ16g。

2. 工艺流程

原料处理→预煮→磨细→过筛→加热炒制→混合→翻炒→热焖→翻炒→

装瓶→封口→杀菌→冷却→成品

(精炼菜籽油↓加热炒制;酱油、豆瓣酱↓混合;香辛料↓翻炒;添加剂↓翻炒)

3. 操作要点

(1)原料处理:紫苏子和芝麻应颗粒饱满,无杂质、无霉变、无虫蛀,经分选、清洗、沥干后,在电炒锅中焙炒至香气浓郁、颗粒泡松,无生腥、无焦苦及糊味,时间为15~20min。将紫苏子和芝麻在粉碎机中粉碎,过80目筛;辣椒为红色均匀、无杂色斑点的干辣椒,水分≤12%,剔除霉烂、虫蛀辣椒及椒柄,在夹层锅中预煮约0.5min后捞起,沥干水分,磨细成泥。

(2)加热炒制:精炼菜籽油加温至150~180℃,若温度过低,会使产品香味不足,过高则易焦糊;酱油不发酸、无异味,符合国家三级以上标准,酱油在夹层锅中加热至85℃,保持10min;豆瓣酱用磨浆机磨细。

(3)配料加工:香辛料(花椒、小茴香)及蔗糖应打碎成粉,过100目筛,姜去皮绞碎成泥,翻炒及热焖的时间为 5～10min,沸水杀菌,时间为40min。

产品为红褐色黏稠状,鲜艳而有光泽;味鲜、辣味柔和,咸淡适口,略有甜味,具有酱香、酯香及紫苏的清香,无不良气味;总酸含量1.1%,还原糖含量(以葡萄糖计)78%,α-亚麻酸3%,食盐含量12%。既可直接作菜肴,又是各类炒菜、凉菜、面食的精美调味佐料。

由于紫苏子油中有60%以上的含3个双键的不饱和脂肪酸——α-亚麻酸,生产时通过焙炒不仅可增香、除腥,还可使脂肪氧化酶失活;加入一定量的抗氧化剂,可防止产品中的脂肪酸氧化酸败,对保证产品质量起到了重要的作用;产品最好真空装瓶,减少与空气的接触。

(五)几种复合酱类的生产方法

1. 原料配方

配方一:辣椒10kg,味精6kg,胡椒1kg,花椒800g,芝麻3kg,冰糖500g,复合香辛料50g,食盐200g,植物油10kg,酱油10kg。

配方二:牛肉1kg,盐230g,白糖60g,八角10g,桂皮10g,海带1.33kg,辣椒酱330g,五香粉、葱、姜各适量。

配方三:豆酱3.056kg,甜面酱1.852kg,辣椒酱1.389kg,芝麻酱463g,砂糖185g,芝麻油463g,鲜酱油926g,五香粉10g,黄酒150g,味精30g,辣椒粉140g,虾米185g,鱿鱼185g,淡菜185g,蚌肉185g,蟹干185g,苯甲酸钠5g,山梨酸0.5g,水410g。

配方四:辣椒酱230g,砂糖92g,豆酱4.632kg,菜籽油509g,辣椒粉139g,芝麻酱463g,味精46g,甜蜜素1g,水3.876kg,苯甲酸钠5g,山梨酸0.5g。

配方五:豆酱6.944kg,辣椒酱1.157kg,砂糖92g,菜籽油509g,辣椒粉140g,黄酒150g,五香粉70g,甜蜜素55g,猪肉400g,苯甲酸钠5g,山梨酸0.5g,水1.715kg。

配方六:油辣椒3kg,蒜1kg,生姜1kg,浓缩酶解牡蛎汁1kg,砂糖900g,陈醋600g,芝麻1kg,食盐1.4kg,味精200g,料酒800g。

配方七:熟鸡肝2.4kg,砂糖400g,花椒25g,红辣椒80g,食盐240g,甜面酱 800g,花生油 800g,花生、核桃、芝麻混合碎粒 500g,味精 15g,5′－肌苷酸钠＋5′－鸟苷酸钠 1g,麦芽糊精 400g,黄酒 100g,辣椒红色素 5g,水 2.4kg。

配方八:甜面酱 2.5kg,咖喱粉 40g,芥末粉 100g,芝麻酱 320g,食盐 120g,白醋 100g,番茄酱 320g,油 400g,味精 40g,韭菜花 160g,辣椒 80g,蒜末 160g,腐乳 160g,花椒油 40g,香油 100g,胡椒 32g,料酒 200g,山梨酸钾 3.5g。

2. 工艺流程

(1)流程一:

鲜味剂、防腐剂

预处理后的各种原料→混合→均质→灌装→杀菌→冷却→检验→成品

(2)流程二:

鲜味剂、防腐剂

预处理后的各种原料→混合→加热煮沸→搅拌加热→停止加热→冷却→

包装→成品

3. 操作要点

(1)原料预处理:各种酿造酱类如甜面酱、大豆酱、辣椒酱等先经过胶体磨磨细,备用。

花生和芝麻在使用前,拣去变质霉烂颗粒,用水洗干净,沥干后经文火焙炒至黄色并发出香味,经过去皮,研磨成花生酱和芝麻酱,备用。

花椒要经文火焙炒出香味,冷却后粉碎。其他的香辛料稍加烘烤、冷却后粉碎成粉,过 60 目筛,备用。也有的生产工艺采用油炸的方法提取出花椒、辣椒的风味,作为调味油,在混合工序中加入。

蒜、香菇、姜等原料,洗净后除皮,在 95℃ 以上热水中烫漂 2~3min,然后在打浆机中打成浆状。

新鲜肉类洗净、煮熟,切成约 1cm³ 的肉丁,在夹层锅内加水和各种香辛料,煮沸后,加入肉丁。经充分煮制入味后,捞出沥干水分,切碎后备用。

对于干制的水产品,要先用清水涨发一段时间,至中心已经变软,取出沥干;在 70kPa 的压力(表压)下,蒸煮约 1h,然后以淡鲜酱油浸渍入味。

鲜味剂要预先经温水充分溶解,制成糊状备用。

烹调油先经过180℃的高温处理,除去腥味后,冷却备用。

(2)加热煮沸:将除鲜味剂外的各种原辅料混合搅拌均匀,加入已煮沸的清水中进行煮制,并不断搅拌,浓缩到一定稠度,停止加热,加入鲜味剂、防腐剂,搅拌使之溶解、冷却至 60 ~ 80℃;装罐。

(3)均质、杀菌:生产复合调味酱除了采用上述方法以外,也可以采用先灌装后杀菌的工艺路线。首先将各原辅料混合搅拌均匀,操作温度为60 ~ 80℃,将经过搅拌的酱体经胶体磨进行均一化微细处理,趁热灌装。在 100℃温度下,杀菌 20 ~ 30min,也可在 121℃下,杀菌 10min。杀菌后的产品,经过保温实验,确认质量合格,方可入库。

成品酱体黏稠、细腻,滋味鲜香、醇厚,是调味佳品。

(六)复制豆瓣酱

配方一:郫县豆瓣酱约 5kg,野山椒 500g,泡海椒 500g,水泡黄豆 75g,红油 1000g,油酥花生 400g,蒜泥 50g,姜蓉 80g,白糖 800g,味精 100g,鸡粉50g,色拉油 1500g。

操作要点:把郫县豆瓣酱、野山椒、泡海椒、油酥花生分别剁成碎末,把水泡黄豆入锅煮熟;锅上火注入色拉油烧热,先下蒜泥、姜蓉炸一下,再放剁碎的野山椒、泡海椒和豆瓣酱,当小火炒至油沸时,放入煮熟的黄豆,再调入红油、味精、白糖、鸡粉等,小火炒约 10min 后,放入油酥花生搅拌均匀,出锅。

配方二:郫县豆瓣酱约 5kg,剁椒酱 300g,蒜泥 50g,番茄沙司 3 瓶,白糖 800g,味精 100g,鸡粉 50g,色拉油 2.5kg。

配方三:郫县豆瓣酱 5kg,子弹头泡椒 2.5kg,蒜泥 100g,味精 100g,白糖 800g,鸡粉 50g,红油 1kg,色拉油 2kg。

配方四:郫县豆瓣酱 5kg,油酥腰果 800g,野山椒 100g,剁椒酱 800g,蒜泥 100g,白糖 800g,味精 100g,鸡粉 50g,葱油 2.5kg。

十四、蛋黄酱

(一)蛋黄酱概述

蛋黄酱是西式调味品,是含蛋黄的配料将食用植物油与含有酸性配料和/或酸度调节剂的水相乳化起来形成的稳定的水包油型半固态酸味乳化调味酱。产品最终油脂含量不低于65%(w/w),纯蛋黄含量不低于5%(w/w)的称之为蛋黄酱(mayonnaise)/真正蛋黄酱(real mayonnaise);产品最终油脂含量低于65%(w/w),纯蛋黄含量不低于5%(w/w)的称之为减脂蛋黄酱(light mayonnaise)。

蛋黄酱 pH 值低于4.2,是一种风味独特、营养丰富的调味品,总氮≥110mg/100g,磷含量≥17mg/100g,其脂肪相和水相的比例与人造奶油相似。蛋黄酱是一种水包油型(o/w)乳状液,从而区别于人造奶油。一般蛋黄酱中的含水量为10%~20%。有些国家规定蛋黄酱不得使用鸡蛋以外的乳化稳定剂,若使用时,产品只能称为沙拉酱。

蛋黄酱在西方国家极为流行,分为家庭用和行业用两大类。家庭用主要用于自制沙拉或涂抹在汉堡包、三明治、炸鱼、炸猪排上,还可以用来制作馅料、甜品和蘸料;行业用蛋黄酱主要用于当天加工食品、冷藏食品、冷冻食品、烘焙食品、软罐头食品及快餐食品。蛋黄酱可以直接调制各种冷菜,如马乃司大虾、马乃司鱼。以蛋黄酱作为主料,与其他配料及调味料进行拌和,就可以生产出其他沙司或味汁。例如,将洋葱、龙蒿切成细末,拌入蛋黄酱内,再加入番茄沙司、辣椒汁、白兰地调匀,即做成了粉红色的鸡尾汁(Cocktail Dressing),其味肥润,略带酸辣、微甜,适用各种鸡尾杯冷菜。类似制作方法还可调制出绿色的调味汁(Verte)、玫瑰色的安德鲁斯汁(Andalouse Dressing)、黄黑色莫斯科汁(Moscovite Dressing)、白色的法国汁(French Dressing)、黄中带绿的鞑靼汁(TarTar Dressing)等,而这些沙司或调味汁,又可以用于拌制各式菜肴。蛋黄酱不但可以调制冷菜,还可以用来配制热菜,如炸鱼,将鱼肉调味后拍成粉,加鸡蛋液,再滚沾面包粉炸成金黄色,上席时鱼旁配以蛋黄酱蘸食用。

(二)蛋黄酱生产原料

生产蛋黄酱的原料有植物油、食醋、蛋品、调味料、香辛料、乳化剂、增稠剂、防腐剂等,见表6-1。

表6-1 蛋黄酱(沙拉酱)常用的原料

种 类	名 称
植物油	棉籽油、玉米胚芽油、大豆油、葵花籽油、橄榄油、菜籽油、红花籽油
酸性配料	食醋(白醋、冰醋酸、果醋、米醋、调味醋)、柠檬汁、酸橙汁、乳酸等
含蛋黄配料	液态蛋黄、冷冻蛋黄、蛋黄粉、液态全蛋、冷冻全蛋、全蛋粉,均指鸡蛋产品
调味料	食盐、味精、砂糖、琥珀酸钠、呈味核苷酸
香辛料	胡椒、辣椒、姜、蒜、洋葱、柠檬油、芹菜籽油、肉豆蔻油、牛至、罗勒、龙蒿、洋苏叶、迷迭香等
乳化剂	卵磷脂、单甘油脂肪酸酯、蔗糖脂肪酸酯
增稠剂	黄原胶、瓜尔豆胶、刺槐豆胶、明胶、藻酸丙二醇酯、变性淀粉、果胶
防腐剂	山梨酸钾、苯甲酸钠

因为蛋黄酱凝固点较低,所以必须使用植物油。植物油要求用无色(或浅色)、无味的色拉油,硬脂酸含量不超过 0.125%,以防产品低温储藏时发生固化,产生结晶,破坏乳状液的稳定性而影响产品质量。最常用的是精制豆油,最好的是橄榄油。

醋在蛋黄酱中有双重作用:一是可抑制微生物的生长,起防腐作用,以提高产品的存储能力和延长货架期;二是可作为风味剂来提高产品的风味。要求使用无色的食醋,醋酸浓度在 3.5% ~ 4.5%,亦可用柠檬酸代替。

鸡蛋一定要选择新鲜的,有条件时最好选取养鸡厂出产的 10d 内的鲜鸡蛋或保鲜冷藏 20d 内的鲜鸡蛋。全蛋或蛋黄的主要作用是乳化,其中起乳化作用的物质是卵磷脂,一般以 16 ~ 18℃ 条件下储存的蛋品较好,若温度超过 30℃,蛋黄粒子硬结,会降低产品质量。蛋黄不仅为形成蛋黄酱的水包油型(o/w)乳浊液所不可缺少,对蛋黄酱颜色也起着重要作用。使用新鲜蛋黄,加入量不能低于 2.7%,全蛋液不得低于 6%。除用蛋黄作为乳化剂外,柠檬酸甘油单酸酯、柠檬酸甘油二酸酯、乳酸甘油单酸酯、乳酸甘油二酸酯与卵磷脂复配使用,也能使脂肪呈细微分布,并可改善蛋黄酱类产品的黏稠度和稳定性。选用的乳化剂和增稠剂必须是耐酸的，乳化剂不可全部代替蛋黄，其用量为原料总量的 0.5% 左右。

砂糖和盐起调味作用，在一定程度上还有防腐和稳定产品质量的作用，要求无色细腻。

常用的香辛料有蒜粉、芥末、胡椒等。其中芥末既可以改善产品的风味，又是一种非常有用的乳化剂，可与蛋黄结合产生很强的乳化效果。这些粉末易结块，使用时应将其研磨成细粉，越细乳化效果越好，否则滋味不均匀。应将香辛料和蛋黄混合，香辛料一般不溶于水，而蛋黄是一种乳化剂，二者混合后会形成均一的液态。为了增加产品的稠度，可酌情添加适量的胶，如黄原胶、瓜尔豆胶、刺槐豆胶、果胶和明胶等。

(三)蛋黄酱生产工艺

生产蛋黄酱的工艺有交替法、连续法和间歇法。用交替法生产时，先将乳化剂分散于一部分水中，然后交替地加入少量油和剩余的水及醋，最后把得到的初级乳状液进行均质。用连续法生产时，先把水相与乳化剂混合均匀，然后在剧烈搅拌下逐渐将油乳化到混合物中。连续生产是在真空乳化机中进行的，一边抽真空，一边加油和醋，同时进行搅拌乳化。交替法操作简单，所得产品质量也较好，下面重点对其进行介绍。

1. 蛋黄酱交替法生产工艺流程

鸡蛋→清洗消毒→去壳　溶胀←食用胶

全部粉状原料→混合调制

植物油→真空混合乳化←食醋

空瓶　　　　均质

清洗消毒→烘干→灌装　瓶盖

封盖←消毒

贴标→成品

2. 操作要点

(1)原料预处理:鲜鸡蛋先用清水洗净,用消毒水(有效氯含量为 0.02% 的水溶液)杀菌 10 ~ 15min,取出后用水冲洗干净,控干或于 60℃

恒温箱中烘干蛋壳表面水分,时间为 2～3min;利用打蛋机将蛋打成均匀的蛋液,蛋液经 20 目不锈钢网过滤,以滤去可能存在的碎蛋壳。

将食用胶用 20～30 倍的水提前浸泡、溶胀。

凡油溶性的乳化剂、抗氧化剂,如单甘脂肪酸酯,先用少量油加热溶解,待完全溶开后,冷却至室温,再加入搅拌锅中。

将蔗糖溶于醋中,因为蔗糖在油中的溶解度很低,所以要先将蔗糖溶于醋中。

(2)混合乳化(初次乳化):按配方比例,先将蛋液加入食品搅拌机中,开动搅拌。按白糖、精盐、味精(可事先用水溶化)先后顺序加入蛋液中,全部倒入搅拌机中,开启搅拌,使其充分混合均匀。边搅拌边徐徐加入植物油,当油量加至 2/3 时,将醋慢慢加入,再将剩余的油加入,直至搅成黏稠的糊糊状。油应在搅拌下缓缓加入,这样有利于乳状液的形成。随着油的加入,混合液黏度增大,应调整搅拌速度,使加入的油滴尽快分散,乳化温度为 15～20℃,时间为 10～20min,从而得到粗乳状液。

(3)均质(二次乳化):用胶体磨进行均质,转速控制在 3600r/min 左右,温度为 15～20℃,时间为 2～3min。胶体磨处理一方面可进一步增加乳化效果,使制品质地更加均匀;另一方面,由于调味料有一定的粒度,可用胶体磨将其磨细。否则,可见有色粒子会影响制品外观及滋味的均一性。

(4)杀菌:45℃下杀菌 8～24h。温度不能超过 55℃,在 60℃温度下,一般蛋黄酱都会凝固。

(5)灌装、封盖:将均质后的蛋黄酱装于洗净烘干的玻璃瓶,灌装后利用脱气机进行脱气,时间为 10～15min,然后立即封盖;或灌装于铝箔塑料袋中,封盖。

蛋黄酱中含有大量醋,抑制了微生物繁殖,因而在常温下也可放置 1～2 周。如果向其中加少量乳酸菌,储藏期可延长至 1 个月。蛋黄酱适宜保存在 5～8℃的环境中,不可冷冻,也不可置于高温处。温度为 35～40℃时,蛋黄酱容易脱油而散,冷冻后解冻也会使之稀疏分层;存放的器皿要用油纸或保鲜纸密封,以防止表面水分散逸,引起表层裂缝而脱油;取用时应使用无油器具,以避免脱油。

由于蛋黄酱类产品生产一般不能杀菌,所以在制作过程中应注意生产车间设备、用具的卫生,要严格进行清洗、杀菌。

（四）蛋黄酱生产配方

1. 传统生产方法

参考配方:蛋黄500g,精制生菜油2500mL,食盐55g,芥末酱12g,白胡椒面6g,白糖120g,醋精（30%）30mL,味精6g,维生素E 4g,凉开水300mL。

将新鲜鸡蛋洗净,杀菌后取出蛋黄放在容器内;把烧熟又晾凉的生菜油,少量多次、慢慢地加入蛋黄内,顺着一个方向,用筷子搅拌,使蛋黄逐渐黏稠膨胀起来。最后加入盐、糖、味精、醋等调味料,搅拌均匀即成。

2. 现代生产方法

参考配方(质量分数):植物油79.2%,蛋黄粉2.5%,脱脂奶酪1%,食盐1%,砂糖1%,浓度为80%的醋酸0.6%,苏打0.03%,芥末粉0.63%,水14.64%。

将蛋黄粉、芥末、砂糖、食盐和香辛料等固体物料一起干磨,然后加入约1/3的醋,在激烈搅拌下徐徐加入植物油,使其形成一个很黏的"核心",最后加入剩余的醋和水,搅拌均匀形成酱状即可。

3. 其他参考配方

配方一:大豆色拉油75%,白醋10%,蛋黄9%,砂糖3%,食盐1.9%,芥末粉0.4%,白胡椒粉0.1%,味精0.4%,复合香辛料0.2%。

配方二:色拉油70%,白醋12.5%,蛋黄7%,砂糖2%,食盐1.5%,芥末粉0.3%,白胡椒0.2%,洋葱汁4%,红辣椒粉1%,复合香辛料0.5%,味精0.5%,柠檬酸钠0.5%。

配方三:色拉油63%,白醋9.8%,冰醋酸0.4%,全蛋9%,水11%,砂糖3.5%,食盐1.5%,芥末0.5%,白胡椒0.2%,耐酸CMC 0.2%,味精0.5%,复合香辛料0.2%,复合乳化剂0.15%,山梨酸钾0.05%。

配方四:色拉油75%,食醋9.8%,蛋黄9.2%,食盐2%,糖2.4%,香辛料1.2%,味精0.4%。

配方五(功能性蛋黄酱):专用色拉油(含植物甾醇油酸酯PSO 3.5%,维生素E 0.7%)74%,鸡蛋黄13%,食醋9%,盐1.5%,白砂糖

1.5%,香辛料1%。

配方六:植物油60%,水12%,蛋黄22%,盐2%,白糖2%,芥末粉1.4%,白醋0.6%。

配方七(低脂肪、高黏度配方):蛋黄25%,植物油55%,芥末1.0%,食盐2.0%,柠檬原汁12%,α - 交联淀粉5%。

成品特点:黄色,比较黏稠,具有柠檬特有的清香,酸味柔和、口感细滑,适宜做糕点夹芯。

配方八(高蛋白、高黏度配方):蛋黄16%,植物油56%,脱脂乳粉18%,柠檬原汁10%。

成品特点:淡黄色,质地均匀,表面光滑,酸味柔和、口感滑爽,有乳制品的芳香,适宜做糕点等表面涂饰。

配方九:植物油70%,蛋黄14%,食醋11%,食盐1.5%,砂糖1.5%,味精0.5%,香辛料1.5%。

十五、沙拉酱

(一)沙拉酱概述

沙拉酱是一类有特色的西式调味沙司,是以植物油、酸性配料(食醋、酸味剂)等为主料,辅以变性淀粉、甜味剂、食盐、香料、乳化剂、增稠剂等配料,经混合搅拌、乳化均质制成的酸味半固体乳化调味酱。沙拉酱呈酸性,pH 值≤4.3。常规沙拉酱油脂含量为30%~65%,蛋黄含量为3.5%以上,含水量为20%~35%;减脂沙拉酱油脂含量低于30%。

在国外,沙拉酱的品种很多且富于变化。乳状液的外观以乳白色者居多,也有些使用了红辣椒和番茄酱等原料,因而外观为橙红色。风味比较典型的是法式沙拉酱和意大利型沙拉酱。法式沙拉酱使用的香辛料以胡椒、洋葱、大蒜、芥末等为主,刺激味较浓,为了得到清爽感,所用醋的种类和配比是非常重要的。意大利型沙拉酱能闻到蒜的气味以及洋苏叶、牛至、迷迭香和甘牛至等香辛料的芳草香气。有些沙拉酱还加入调味汁、稀奶油、浓缩果汁及各种调味料、香料。此外,脂肪含量为50%的沙拉酱和类似沙拉酱的产品必须加入增稠剂。

沙拉酱在许多国家都有生产,特别在欧美、日本等国家和地区,已成为日常生活中不可缺少的调味品。在我国,沙拉酱的消费主要集中在大中城市。沙拉的选料很广,从各种蔬菜、水果到各种海鲜、禽蛋类和肉类均可使用。沙拉酱是调制沙拉的经典沙司之一,例如,调制土豆沙拉、火腿西红柿沙拉、什锦沙拉(Assorted Salads)、华尔道夫沙拉(Waldorf Salads)、意大利沙拉(Italian Salads)、厨师沙拉(Chef's Salads)、加利福尼亚沙拉(California Salads)等。

沙拉酱的生产设备和工艺流程与蛋黄酱基本相同,生产沙拉酱所用原料介绍可参见表6-1。

(二)沙拉酱生产工艺

色拉油、辣椒油、白糖、白醋、精盐、味精
↓
鲜鸡蛋→选蛋→洗蛋→杀菌→烘干→打蛋→过滤→初次乳化→二次乳化→灌装→脱气→封盖→成品

(三)操作要点

1. 杀菌、烘干

洗净的鸡蛋放入有效氯含量为0.02%的水溶液中,杀菌10~15min,取出后用水冲洗干净,于60℃恒温箱中烘干蛋壳表面水分,时间为2~3min。

2. 打蛋、过滤

利用打蛋机将蛋打成均匀的蛋液,蛋液经20目不锈钢网过滤,以滤去可能存在的碎蛋壳。

3. 初次乳化

按配方要求的量,先将蛋液加入食品搅拌机中,开动搅拌,按白糖、精盐、味精先后顺序加入蛋液中,再将大豆色拉油、辣椒油和白糖等按先后顺序加入,进行初次乳化,乳化温度为15~20℃,乳化时间为10~20min,得到粗乳状液。

4. 二次乳化、灌装

将粗乳状液利用胶体磨进行二次乳化,温度为15~20℃,时间为2~3min,乳化后及时进行灌装。

5. 脱气、封盖

灌装后利用脱气机进行脱气,时间为10~15min,然后立即进行封盖,封盖后即为成品。成品沙拉酱为细腻均匀的半固体状态,无明显析油、分层现象;色泽均匀、光亮;酸咸或甜酸风味。

(四)低脂沙拉酱生产工艺

沙拉酱是高脂肪、高热量食品。过多地摄取高脂肪、高热量食品,不利于人体健康,传统沙拉酱被视为肥胖者的敌人。有营养学家认为,21世纪将是不含脂肪的饮食时代,在这一潮流下,不少厂家采用油脂代用品来生产低热量沙拉酱,具体生产工艺如下:

将配方中的水根据实际情况分成两部分,一部分用来浸泡胶类物质,用量约为胶体重量的30～50倍,剩余部分用于溶化蛋黄粉、香辛料等粉体物料;将复合乳化剂、蔗糖、食盐等干物料混合均匀,取少部分油与混合粉一同搅拌,混合粉与油的比例为1:2;将溶有调味料等粉状物质的水溶液和胶液加入到上述油和复合乳化剂的混合物中,边搅拌边加入鸡蛋液;用真空混合机边脱气边搅拌,并同时加入剩余的油质和食醋进行预乳化;将混合料液打入胶体磨中进行细磨均质,或用均质机在9.8MPa压力下均质。该工艺的其他部分同蛋黄酱。

(五)生产实例

1. 低脂什锦沙拉酱

(1)原料配方。全蛋液16.3%,南瓜11.4%,芋头17.9%,色拉油24.4%,水16.3%,糖7.3%,盐0.8%,莜麦粉2%,白醋3.2%,黄原胶0.1%,蔗糖单甘酯0.3%。

(2)工艺流程。

黄原胶、糖、莜麦粉混合→加冷开水溶解→加油(1/4)＋鸡蛋→混合搅拌→加南瓜、芋头→加入白醋、盐→缓慢加入剩余的油→胶体磨均质→成品

(3)操作要点。

① 原料处理:鲜鸡蛋用清水洗净,使用前应用1%的高锰酸钾溶液浸泡几分钟后,捞出沥干明水,打蛋去壳,将蛋黄、蛋清搅拌均匀备用。

香辛料应进行研磨,粒度越细,与鸡蛋结合产生的乳化效果越好,并且用量较少。

南瓜、芋头应先煮熟、称重,打成泥状备用。

② 混合搅拌:油的加入量开始时要少,随后逐渐增多,否则油和蛋液

不能充分融合;搅拌的速度要快,使油和蛋液充分分散,提高沙拉酱的稳定性,当油加至 2/3 时,将白醋慢慢加入,再将剩余油加入,直至搅成黏稠的糨糊状,此时搅拌不能过度,否则会破坏乳化体系。为了得到组织细腻的沙拉酱,避免分层,可用胶体磨进行均质,胶体磨转速控制在 3600r/min 左右。

2. 沙拉酱参考配方

配方一:色拉油 41%,食醋或白醋 16.8%,全蛋 10%,食盐 1.6%,砂糖 7%,芥末 1%,味精 0.15%,白胡椒 0.1%,黄原胶 0.3%,防腐剂 0.05%,复合乳化剂 2%,水 20%。

配方二:色拉油 50%,白醋 12%,蛋黄 5%,食盐 3%,砂糖 9.5%,芥末粉 0.8%,海鲜调味剂 0.5%,胡椒粉 0.3%,番茄酱 1.5%,山梨酸钾 0.08%,洋葱粉 1.2%,大蒜粉 0.4%,辣椒油 0.2%,BHT 0.02%,水 15.5%。

配方三:蛋黄 10%,植物油 70%,芥末 1.5%,食盐 2.5%,食用白醋(含醋酸 6%)16%。

成品特点:淡黄色,较稀,可流动,口感细腻、滑爽,有较明显的酸味。

配方四(鲜辣沙拉调味酱):鲜鸡蛋液 150g,大豆色拉油 650g,辣椒油 100g,白硝 60g,白糖 30g,精盐 7g,味精 3g。

配方五:色拉油 45%,白醋 12%,鸡蛋 10%,砂糖 10%,食盐 2%,胡椒粉 0.2%,海藻酸钠 0.2%,藻酸丙二醇酯 0.2%,山梨酸钾 0.05%,复合抗氧化剂 0.02%,味精 0.4%,水 19.93%。

配方六:色拉油 40%,食醋 20%,食盐 4%,砂糖 5%,味精 0.2%,鸡蛋 10%,复合香辛料 0.3%,黄原胶 0.5%,抗氧化剂 0.03%,水 19.97%。

配方七(乳酪低脂沙拉酱):大豆色拉油 30.5%,白醋 7.7%,高果糖浆 25%,干酪 11.6%,番茄酱(固形物 26%)8%,水 7.7%,红辣椒 1%,洋葱粉 1%,大蒜粉 0.5%,甜菜粉 0.5%,柠檬汁 1.5%,食盐 2%,黄原胶 2.5%,藻酸丙二醇酯 0.4%,山梨酸钾 0.05%,BHA 0.02%,EDTA 0.03%。

配方八(千岛低脂沙拉酱):色拉油 35%,蛋黄 5%,高果糖浆 5%,智利沙司 12.2%,红辣椒油 0.03%,芥末粉 0.04%,洋葱粉 0.2%,大蒜粉

0.2%,脱脂奶粉 1.2%,砂糖 10%,醋精 2.5%,变性淀粉 5%,抗氧化剂 0.02%,苯甲酸钠 0.05%,水 23.56%。

配方九(法国式无蛋沙拉酱):水 52.71%,食醋 25%,砂糖 7.90%,柠檬汁 4.50%,微晶纤维素 4.50%,食盐 2%,番茄酱(固形物 26%)2%,黄原胶 0.50%,芥末粉 0.40%,大蒜粉 0.20%,洋葱粉 0.15%,山梨酸钾 0.10%,胭脂红 0.04%。

配方十(意大利式无蛋沙拉酱):水 58.8%,食醋 25%,砂糖 5.4%,淀粉糖浆 3.6%,微晶纤维素 4.5%,食盐 1.5%,黄原胶 0.5%,大蒜粉 0.2%,洋葱粉 0.15%,红辣椒粉 0.15%,黑胡椒粉 0.1%,山梨酸钾 0.1%。

十六、方便面酱包

目前方便面已成为人们日常生活中普遍食用的方便食品之一。汤料是方便面的重要组成部分,方便面的风味很大程度上是由汤料配制调出的,方便面的名称也大多是以汤料的风味命名的,如牛肉面、鸡肉面突出的是牛肉风味、鸡肉风味。

方便面复合调味料分为四种:粉包、油包(液体)、酱包(膏状)、软罐头。这里主要介绍酱包的生产。

(一)方便面酱包通用工艺

1. 原辅料

调味酱包所选用的酿造酱,一般为甜面酱或豆瓣酱,要求色泽正常,黏稠适度,无杂质、无异味,水分含量小于 16%。酿造酱的加入,能够赋予酱包汤料红褐色泽、酱香风味和一定的稠度。

动物性原料是高档酱包的主要风味来源。常用的原料为猪、鸡、牛、羊的肌肉组织、骨骼和脂肪。最好选择新鲜的原料,大批量生产也可采用经检疫的冷冻包装肉品。肉类原料使调味酱包具备了特有的肉香味道,增加了煮泡面汤口感的丰富性和浓厚性。在酱包的生产中,畜禽类原料采用浓缩汤汁、肉粒、肉馅、固体或液体油脂等多种方式加入。无论何种方式,其物料颗粒的大小都要求能够满足自动酱体包装机正常生产的需要。

香辛料的选用,依照肉类原料的特性而定。牛肉酱包主要使用桂皮、胡椒、多香果、丁香等;猪肉和鸡肉酱包主要使用月桂、肉蔻、洋葱、三奈等;羊肉酱包多使用八角、洋苏叶、胡椒等;海鲜酱包则使用香菜、胡椒、豆蔻等。葱、姜、蒜、辣椒在酱包生产中是使用率较高的香辛料,多以生鲜的原料形式加入。香辛料的质量要求无霉变,颗粒饱满,香味醇正。

生产酱包用到的煎炸油为熔点较高的植物油,花生油、植物油、棕榈油是最常用的油。通常采用几种油配制而成的、熔点适宜的调和油使用。采用熔点较高的油,能防止炒酱过程中酱体黏附于锅底造成焦煳,影响酱体质量。使用油脂的目的是因为其具有溶解多种风味物质的功能,可保持汤料的风味,并使口感圆润。

其他原辅料的种类和质量要求与固体汤料基本相同。

方便酱包的生产一般是先在煮酱锅内将煎炸用油进行预热,脱去腥味,再加入经过预处理的各种原辅料,进行炒酱。炒酱工作完成后,迅速冷却、调香,再经计量、包装等工序后成为调味酱包。

2. 工艺流程

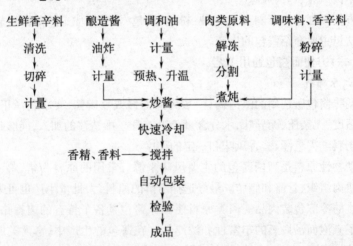

3. 操作要点

(1)原料预处理:动物的肉、骨、脂肪经微波解冻后,先分选清洗干净。

肉、脂肪最好用切角机或刀切成直径约0.4cm的颗粒状;也可以先将肉切成条状,放入绞肉机中绞成馅。这样易使肉类汁液榨出,且颗粒形状不规则,不利于采用自动包装机包装。原料骨头斩成小块或小于5cm的小段。

将生鲜香辛料剥皮,清洗。将葱切成8~10cm的葱段,姜、蒜要用斩拌机斩成直径为0.15cm以下的碎末。其他香辛料分成两部分,一部分用来煮炖原料,按配方配好,用纱布包住;另一部分在炒酱时加入,需经粉碎机粉碎成能够通过60目筛的粉末,备用。

(2)炖煮肉类原料:将肉、骨原料放入不锈钢夹层锅中,添加洁净的冷水,开启搅拌装置,使原料在水中均匀分散,然后通入蒸汽加热,沸腾后撇去表面的浮沫,加入葱段、姜片和煮炖用的香辛料包;投料完毕后,改用微沸状态炖煮2.5~3h,至风味物质基本溶出;采用过滤装置,将肉粒、骨块滤出,余下的肉汤经过浓缩后,得到浓缩肉汤,在炒酱时加入。

将动物脂肪放入加有少量清水的锅中,大火加热至沸,改用文火,不断翻炒,至水分耗干,进一步炼制,直至油渣为浅黄色出锅,用40目筛过滤,得精炼动物油。

(3)炒酱:将煎炸油加入煮酱锅内,开蒸汽,以0.3~0.5MPa的压力,将油预热升温至130~150℃,先倒入葱、姜、蒜、辣椒,炸干水分后,加入甜面酱、豆瓣酱进行油炸,油与酱的体积比要大于1∶1,防止酱体黏锅底;油炸时要不停地加以搅拌,直至产生特有的酱香风味,炸好的酱体色泽由红褐色变成棕褐色,由半流体变成膏状;停止加热,除去表面多余的煎炸油,依次加入浓缩肉、骨汤、肉末、酱油、砂糖、食盐以及其他香辛料;先加0.5MPa蒸汽压力煮沸10min,再改用0.25MPa蒸汽压力保持微沸状态1~1.5h,至酱体浓缩至相当黏稠,停止加热,继续搅拌,加入味精、I+G等鲜味剂;待鲜味剂充分溶解后,在夹层内泵入冷水,将酱体迅速冷却至40℃;加入肉类香精进行调香,当物料冷却到20~30℃时出料。

(4)包装:将冷却好的酱体输送至自动酱体包装机料斗内,自动酱体包装机将酱体分装成每袋重10~15g,包装材料一般用透明的尼龙/CPE复合膜,包装后要经耐压试验,检查封口是否良好,然后装箱、入库。

(二)羊肉酱风味汤料

参见本章第二节(羊肉酱料)。

(三)方便面酱包生产其他配方

配方一:辣椒2kg,棕榈油12kg,胡椒0.25kg,蒜蓉0.5kg,豆瓣酱5kg,花椒1kg,食盐1kg,味精0.3kg,辣椒红色素适量。

配方二:牛肉16.6kg,姜2.3kg,葱6.7kg,蒜2.2kg,棕榈油50kg,辣椒0.5kg,肉类提取物粉末0.8kg,酱油5.5kg,柱候酱7.5kg。

配方三:香菇8kg,豆瓣酱2.5kg,精炼油12kg,大蒜粒1g,食盐1.5kg,淀粉2kg,猪肉20kg,郫县辣酱8kg,洋葱粒8kg,味精0.5kg,砂糖8kg,黄酒5kg。

配方四:猪油17.5kg,牛油5kg,番茄酱4kg,酵母精2kg,烤肉香精0.5kg,黑豆香精5kg,蒜粉2.5kg,棕榈油17.5kg,豆豉3kg,酱油12kg,砂糖15kg,炖肉香精3kg,盐1kg,姜5kg,葱5kg,变性淀粉2kg。

配方五:花生酱17.4kg,肉汁精粉5.8kg,芝麻酱17.4kg,棕榈油24.7kg,洋葱17.4kg,粟米油4.3kg,辣椒粉0.58kg,砂糖2kg,花椒粉0.58kg,葡萄糖4.1kg,沙姜0.58kg,味精2.9kg,八角0.58kg,咖喱粉1.16kg,水5.8kg。

十七、火锅调料

火锅调料是指与火锅涮食配套的专用复合调味料,一般作为蘸酱对涮熟的食品着味。我国地域宽广,各地的饮食习惯也不相同,反映在火锅调料上,表现为配料和风味各具特色。四川火锅调料以辛辣味为主,口感浓厚丰满;北方火锅调料辣中带甜,兼有鲜香;南方火锅调料麻辣甜鲜,香气浓郁,柔滑细腻。

传统的火锅调料多是凭经验人工调配,具有很大的局限性,影响了产品配方和风味的统一,并且费时费力。现代快节奏、高效率的生活方式,对具有标准配方和生产工艺、方便卫生的火锅调料,有着十分迫切的需要。火锅调料生产的工业化,将是其发展的主要方向。

(一)火锅调料通用工艺简介

1. 原辅料

火锅调料的基础原料是各种酿造和调制酱类,主要有辣椒酱、花生酱、芝麻酱、豆瓣酱、甜面酱、肉酱等。新鲜辣椒加盐腌制成熟,磨成酱状即为辣椒酱。花生酱、芝麻酱则需先将原料焙炒出香气,再研磨成酱状。

发酵酱类选择的原则是符合质量要求,风味稳定成熟。肉酱的加工方法是将原料清洗、切分、去骨沥干,按比例加水,经由胶体磨磨成酱。

香辛料是生产火锅调料的重要原料,常用的品种有辣椒、花椒、小茴香、八角、大蒜、丁香、香菜、胡椒、生姜、三柰等,干香辛料经过洗涤烘干以后,磨成粉末状备用;生鲜的香辛料(如姜、蒜等)可取其汁液或提取物,在加工过程中加入。

酱油、醋、黄酒、腐乳汁、鱼露等液体调味品,在火锅调料中,能起到调色、调味、增香的作用。增稠剂能够赋予火锅调料适宜的黏稠度,使火锅调料保持均匀稳定的状态。味精、I+G、琥珀酸钠是生产火锅调料常用的增鲜剂。其他常用的辅料有砂糖、防腐剂、天然调味品等。

2. 工艺流程

火锅调料的生产工艺,是按照一定顺序加入各种原辅料,加热熬制一段时间,使各种调味品的风味充分协调,并达到理想的酱体状态,经过冷却、杀菌即得成品。火锅调料生产工艺流程如下:

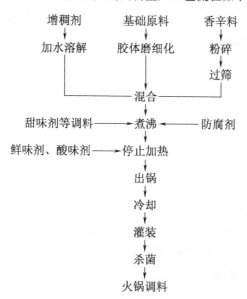

3. 操作要点

(1)原料预处理:各种酱要经过胶体磨磨细后备用。一般香辛料先粉碎,再过 60~80 目筛。动植物原料在加工成酱状后,也要通过胶体磨,进一步细化。这样做的目的是使火锅调料均匀一致,口感细腻。

(2)酱体熬制:在带有搅拌装置的夹层锅内加入配料重量 1.2 倍左右的水,加热至沸。开动搅拌器,加入经过磨细的发酵酱类和预先溶化好的增稠剂,继续搅拌,依次均匀加入香辛料粉末、甜味剂、动植物提取物、酱油等液体调味品,防腐剂,待各种原料不断翻动煮沸至沸腾均匀,香气宜人时,保持稳定沸腾 0.5h,此时,应注意防止锅内结焦和物料溅出锅外。

当酱体达到满意的黏稠度后,停止加热。继续搅拌,加入增鲜剂和对高温较敏感的其他辅料,搅拌至完全溶化或混合均匀时,即可停止搅拌,出锅。每锅操作时间为 1.5h 左右。

(3)出锅、冷却:加工成熟的火锅调料趁热出锅,盛于消过毒的不锈钢容器中,及时安全地运送至室内空气洁净的包装储藏室内,容器口覆盖纱盖,防止灰尘进入,待酱体冷却至 56~60℃,即可灌装。

(4)灌装、杀菌:火锅调料可用酱体灌装机定量灌入塑料杯或玻璃瓶中,及时封盖。包装好的产品在 100℃沸水中杀菌 20~30min,即为成品。

(二)一种瓶装川味火锅调料的制法

1. 原辅料及其质量要求

牛油:新鲜,无杂质,无酸败。牛油能保持原汤温度,增加卤汁香味。

郫县豆瓣:油润红亮,辣味较重,香甜适口,无霉变。郫县豆瓣能使汤汁色泽红亮,产生醇和辣味和咸鲜之味。

大蒜:无霉变,无发芽。

姜:用无霉变、无腐烂的老姜。

食盐:符合 GB/T 5461—2016 标准。

味精:符合 GB/T 8967—2007 以及 GB 5009.43—2016 标准。

香辛料:无霉变,气味符合该香料正常香味。

其余原辅料:符合相应国家标准。

2. 工艺流程

牛油煎熬→炒料→混合(加入干辣椒粉、味精、黄酒等)→装瓶→封口→杀菌→冷却→包装→入库

3. 操作要点

(1)原料验收:原辅料应符合质量要求。

(2)牛油煎熬:牛油煎熬较为重要,首先要将牛油用旺火熬至200～220℃,再将其自然冷却到120～140℃,这样做是因为温度低不易除去牛油中的杂味;而温度高,在紧接着的炒料工序,物料可能炒焦,对色泽、口味均有影响。

(3)炒料:炒料是制作火锅调料的关键所在,料炒得好坏,关系到熬制出来的调料是否具有麻、辣、鲜、香的独特四川风味,待油冷却到120～140℃,先将豆瓣、姜、蒜入锅炒之,炒出香味,并且油呈红色;再放入少量豆豉适当炒之,再将香料适当炒之,立即起锅。

炒料时应注意豆瓣老嫩:豆瓣炒嫩了,食之有生豆瓣味;豆瓣炒老了,色黑,味苦,汤汁风味不佳。

(4)辣椒烘干与粉碎:把辣椒在80℃温度下烘烤,烘至辣椒香味浓郁,取出自然冷却后再用粉碎机粉碎,其粉碎粒度在1.5～2.5mm之间,注意烘烤辣椒时不能烘焦,否则会影响色泽,味道也不佳。

(5)混合:将炒出来的料趁热与辣椒及其他辅料一同进行拌和调味,要求混合均匀。调味品香辛料搭配中,以芳香性的为主,辛辣味的为辅,但香辛料切记不可加得太多,香辛料太多,则汤汁发苦,有一股药味,所烫食物有苦味。

(6)装瓶、封口:采用四旋玻璃瓶进行装瓶,以半自动真空封罐机进行封口。

(7)杀菌、冷却:杀菌公式为 15min～40min～反压冷却(0.12MPa/121℃)。

成品呈橘红色固体,有光泽,可见牛油;具有火锅调料特有的芳香,该调味料熬制的火锅风味麻而辣。

火锅调料常用香辛料有:甘菘、丁香、八角、小茴香、辣椒、草果、砂仁、灵草等。成都和重庆人称甘菘为香草,其香味浓郁,一只火锅用量不宜超过5g,否则香气"腻人";丁香用量一般为1～2g,小茴香用量一般为10～20g,草果用量一般为3～5g,砂仁用量一般为3g,灵草用量一般不宜超过5g。

(三)江南火锅调料

1. 原辅料配方

(1)麻辣型火锅调料的配方(质量分数):腐乳汁7.5%,花生酱12.5%,豆酱7.5%,芝麻酱2.5%,茴香粉1%,山奈粉0.10%,韭菜糊6%,辣椒粉3%,丁香0.6%,白胡椒1.0%,花椒0.6%,鲜大蒜3%,鲜生姜3%,黄酒8%,酱油5%,蔗糖8%,盐1.5%,辣椒油4%,味精5%,I+G 0.3%,醋精0.3%,苯甲酸钠0.1%,山梨酸钾0.05%,黄原胶0.05%,水19.4%。

(2)海鲜型火锅调料的配方(质量分数):腐乳汁7.5%,花生酱15%,豆酱2.5%,芝麻酱5%,茴香粉1%,山奈粉0.1%,鲜大蒜3%,鲜生姜5%,鲞酱5%,开洋酱7.5%,黄酒10%,酱油2%,蔗糖8%,盐1.5%,辣椒油4%,味精5%,I+G 0.3%,醋精0.8%,苯甲酸钠0.1%,山梨酸钾0.05%,海味素2.5%,黄原胶0.05%,水14.1%。

市售食品级原料:丁香、白胡椒、花椒、鲜大蒜、鲜生姜用粉碎机粉碎,打成粉末。

鲞、开洋先用水洗净,去骨去皮,沥干,然后以1∶5的比例经胶体磨细化成鲞酱、开洋酱备用。

2. 工艺流程

香辛料→粉碎 增稠剂

基础原料→胶体磨细化→混合→煮沸→停止加热(加入其他辅料)→出锅→冷却→灌装→杀菌→成品

3. 操作要点

将基础原料、香辛料经过胶体磨细化处理,加到沸水中,同时开动搅拌器不断搅拌,再依次加入预先溶解好的增稠剂、调味料及苯甲酸钠,当锅内沸腾均匀,香气宜人时,应注意防止结焦及喷溅出锅外,煮沸8~10min时,在充分搅拌均匀的情况下停止加热,并立即加入鲜味剂和山梨酸钾,继续搅拌数分钟。

加工成熟的火锅调料趁热出锅,待冷却到56~60℃,装入100g塑料杯或230g玻璃瓶中,封盖,再经沸水杀菌20min,即为成品。产品保质期达6个月以上。

(四)火锅调料生产其他配方

配方一：腐乳汁 0.728kg，辣椒酱 2.38kg，香菜 0.264kg，鱼露 0.992kg，大蒜 0.132kg，甜面酱 0.792kg，花生酱 1.984kg，芝麻酱 0.264kg，花椒 0.092kg，菜籽油 0.40kg，辣酱油 0.728kg，砂糖 0.132kg，味精 0.066kg，八角 0.066kg，甜蜜素 0.002kg，苯甲酸钠 0.005kg，山梨酸钾 0.0005kg，水 0.9705kg。

配方二：腐乳汁 0.75kg，花生酱 1.25kg，芝麻酱 0.25kg，豆酱 0.75kg，八角 0.1kg，三奈 0.01kg，韭菜 0.6kg，辣椒粉 0.3kg，白胡椒 0.1kg，丁香 0.06kg，花椒 0.06kg，大蒜 0.3kg，生姜 0.3kg，黄酒 0.8kg，酱油 0.5kg，砂糖 0.8kg，盐 0.15kg，辣椒油 0.4kg，味精 0.5kg，I＋G 0.03kg，醋精 0.08kg，黄原胶 0.005kg，苯甲酸钠 0.01kg，山梨酸钾 0.005kg。

配方三：豆酱 10kg，花生酱 0.6kg，辣椒酱 2.6kg，胡椒 0.08kg，味精 0.16kg，I＋G 0.02kg，蒜泥 0.6kg，砂糖 0.2kg，芝麻油 0.08kg，黄酒 0.4kg，生姜 0.24kg，花椒 0.07kg。

第三节　液态复合调味料的生产

液态复合调味料是以两种或两种以上的调味品为主要原料，添加或不添加其他辅料，加工而成的液态复合调味料。液态复合调味料可分为水溶性、油溶性等，主要有复合调味汁、鸡汁调味料、糟卤、烧烤汁以及其他液态复合调味料。

液态复合调味料口感醇厚，味美天然，而且调味功能和品种多样化，使用方便，可大大简化调味饭菜的手续，节约调理时间，使家务劳动社会化，因而受到广大消费者的欢迎。这类新型调味品在我国经过近十多年的发展，品种、数量和市场占有率均得到了迅速发展，产品档次、内在质量得到了显著提高，今后在我国调味品市场将会有广阔的发展前景。

一、复合调味汁生产基本流程

复合调味汁是动植物提取液或酿造法制造的酱油、醋辅以香辛料和其他调味料经过加工调配、萃取、抽提、浸出、增稠及加热灭菌等工序制成。其原料因产品用途不同具有很大区别,凉拌类复合调味汁常用的原料有香辛料、醋、番茄酱、砂糖、香菇、蒜等;烹炒类复合调味汁常用的原料有葱、香辛料、酱油等。其中香辛料中常用的有姜、花椒、八角、桂皮、豆蔻、山柰、小茴香、丁香、莳萝籽、草果等。

动植物原料的提取液是复合调味汁的基础原料,其主要呈味特色往往由动植物提取液的风味来决定,其他调味料的加入起辅助调香和调味的作用。此外,油脂、甜味剂、鲜味剂、稳定剂、增稠剂、色素等也是较为常用的原料。

复合调味汁的主要工艺流程如下:

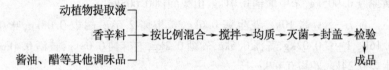

二、鸡汁调味料

鸡汁调味料是以磨碎的鸡肉/鸡骨或其浓缩抽提物以及其他辅料等为原料,添加或不添加香辛料、食用香料等增香剂,加工而成的具有鸡肉的浓郁鲜味和香味的汁状复合调味料。

鸡汁调味料的主要原辅料包括鸡肉、食用盐和食品添加剂。目前市场上鸡汁调味料的种类很多,其配方也略有差别。

(一)原料配方

配方一:食盐15kg,味精(99%)粉10~12kg,肉香粉2kg,白砂糖5kg,柠檬酸0.4kg,淀粉2kg,I+G 0.5kg,特效增香配料0.6~0.8kg,麦芽糊精5kg,鸡肉香粉10kg,水49kg,黄原胶0.3kg,β-胡萝卜素少许。

配方二:食盐14kg,味精(99%)粉12kg,肉香粉1kg,白砂糖5kg,柠檬酸0.4kg,淀粉2kg,I+G 0.6kg,特效增香配料0.6kg,鸡肉香粉8kg,黄原胶0.2kg,水56.2kg,β-胡萝卜素少许。

(二)工艺流程

鸡肉→前处理→煮熟→分离→不溶物→细磨

浸出液↓

成品←杀菌←封口←灌装←均质←调配←加热←酶解

食盐、味精、黄原胶等

(三)操作要点

1. 前处理

鸡肉需用 65～75℃温水冲洗,去除油污、杂质,然后切成薄片。

2. 煮熟

鸡肉与水以 1∶1 配比,加入各种香辛料,将所用香辛料用纱布包好放于鸡肉和水的混合物中煮熟,并保持沸腾 1h。

3. 分离

把锅倾斜,使物料通过 120 目的振动筛,浸出料液,用储料缸接收,筛网上的不溶部分接收于另一储料桶。

4. 细磨

不溶部分人工放到磨浆机处,边加水边磨,控制固形物含量为 15%,接着用胶体磨细磨。

5. 酶解

调节物料 pH 值至 6.8～7.5,保温 35～37℃,加入 0.5% 的中性蛋白酶与 0.5% 的胰蛋白酶,在不断搅拌的过程中酶解 4～6h,然后加热到 65～70℃纯化酶。

6. 调配

在物料中加入食盐、味精、黄原胶等进行充分调配。

7. 杀菌

物料在 121℃保温杀菌 10min。

三、红烧型酱油调味汁

红烧型酱油调味汁适用于红烧猪肉、鱼、鸡等的调味。

(一)原料配方

酱油 100kg,香菇 0.1kg,白糖 3kg,料酒 3kg,食盐 3kg,味精 0.2kg,酱

色 3kg,香辛料 0.2kg,水适量。

(二)工艺流程

香菇→清洗┐
　　　　　├→加热灭菌→自然冷却→装布袋→浸泡→勾兑→搅拌均匀→
香辛料　┘
瞬时灭菌→灌瓶→成品

(三)操作要点

1. 加热灭菌

将香菇清洗后与各种香辛料加适量水放于夹层锅中,加热至沸 10min,以达到浸出与消灭香辛料中杂菌的目的;待其自然冷却后,装入布袋中。

2. 浸泡

将装入布袋中的香辛料放于灭菌后的酱油中,在浸泡罐中浸泡 7~10d,使香辛料中成分充分浸出。

3. 勾兑

将所有原料按比例调配并搅拌均匀。

4. 瞬时灭菌

所得红烧型酱油调味汁经瞬时灭菌器灭菌后即可灌瓶(空瓶清洗、干燥灭菌后备用)。

四、五香汁

五香汁属冷菜汁,是制作卤味的汤汁,最适合烧煮牛肉、羊肉及鸡、鸭等,具浓郁的五香味,可以除去牛肉、羊肉的腥膻味。

(一)原料配方

酱油 10kg,白糖 2.5kg,料酒 1.5kg,食盐 5kg,葱、姜各 2kg,花椒、八角、小茴香各 0.25kg,桂皮 0.1kg,糖色适量,鸡骨架 5kg,水。

(二)工艺流程

鸡骨架→煮沸→加香辛料→加调味料→文火煮沸→过滤→加酱油、糖色→灭菌→灌装→成品

(三)操作要点

1. 鸡骨架煮沸

将鸡骨架放入锅内,加入 150kg 水,烧开后撇去浮沫及油。

2. 加香辛料和调味料

将花椒、八角、小茴香、桂皮一起倒入鸡汤内,约煮 10min 后,再加入食盐、料酒、白糖、葱、姜,用文火煮沸 2h。

3. 成品

停火后将鸡骨架捞出(可再利用),再将汤过滤,最后加入酱油、糖色,灭菌后灌装。

五香汁酱制鸡、鸭、羊肉或牛肉等,须先将其放入开水中煮透,捞出洗去血沫,煮或油炸至七八成熟后,再放入卤汁内烧开,撇去浮沫,小火煮烂,捞出晾凉,酱制鸡鸭还应抹上香油,以免皮干裂。五香汁可反复使用,在每次酱完食品后要把汁内浮油撇净,冷藏。

五、腐乳扣肉汁

腐乳扣肉汁以精油、腐乳、黄酒为主要原料,再配以各种调味剂调配而成。该产品色泽酱红、食用方便,可使肉肥而不腻,肉烂味香。

(一)原料配方

酱油 20kg,腐乳 25kg,黄酒 10kg,白糖 10kg,味精 1g,葱、姜、蒜各 8kg,八角末 8kg,香油、增稠剂各适量,红曲色素少量。

(二)工艺流程

酱油、腐乳、白糖→加热搅拌→加调味料→混合加热→增稠→磨浆→灌装→成品

(三)操作要点

1. 加热搅拌

将酱油、腐乳、白糖一同注入锅内,边加热边搅拌成均匀的调味汁。

2. 加调味料

将葱、姜、蒜捣碎成泥状,八角粉碎成粉,经加工后的调味料加入到上述调味汁中。

3. 混合加热

调味汁与调味料混合后继续加热至微沸,加热中要不断搅拌,以防粘锅。

4. 增稠

将适量增稠剂加入到上述半成品中,边加热边搅拌至沸腾,停止加热

后再加入香油、味精、黄酒,用红曲色素调好颜色。

5. 磨浆

将调配好的腐乳扣肉汁经过一次胶体磨,使其混合均匀、细腻,即为成品。

六、怪味汁

怪味汁适合浇拌煮熟的鸡肉、猪肉等,也可以拌面、拌脆嫩的蔬菜,风味独特,有咸、甜、辣、麻、酸、鲜、香味等,各味俱全,因此被人们称为怪味。

(一)原料配方

酱油 50g,芝麻酱 20g,米醋 20g,辣椒油 25g(用油炸干红辣椒而得),白糖 25g,花椒 1g,葱末 15g,蒜泥 15g,芝麻 25g,香油 30g,味精 2.5g,姜末 15g。

(二)工艺流程

芝麻酱、酱油→搅拌→加调味料→加热溶解→加香辛料→乳化→灭菌→装袋

(三)操作要点

1. 搅拌

将酱油加入麻酱内,边加边搅,调配均匀,呈米汤样的稀稠状。

2. 加调味料

加入白糖,加热溶解,待白糖完全溶解时加入葱末、姜末及蒜泥,停止加热,搅拌均匀。

3. 加香辛料

将花椒炒热,粉碎成面,与辣椒油、香油、味精一起加入上述半成品调味液中。

4. 灭菌灌装

将芝麻炒熟粉碎成末,最后加入,搅拌均匀,过胶体磨,灭菌,灌装。

怪味汁属凉菜汁,可拌凉面及脆嫩蔬菜,因此灭菌要彻底。怪味汁可根据各地习惯和口味来调配,不能一味突出而压过其他味。

七、虾头汁

虾头汁是一种滋味鲜美的调味品,色泽呈肉粉色,体态黏稠,虾味浓

郁,是加工虾仁的下脚料综合利用的产物,由虾头、虾皮经煮汁、酶解、调配而成,是一种大众化的烹调用品。

(一)原料配方

虾头煮汁 60kg,虾头水解液 40kg,白糖 10~15kg,食盐 20kg,味精 0.1~0.5kg,淀粉 1.5~2kg,增稠剂 0.5~0.6kg,白醋 0.5kg,黄酒 1kg,防腐剂 0.1kg,虾味香精适量。

(二)工艺流程

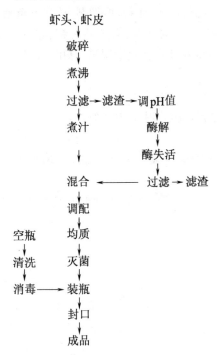

(三)操作要点

1. 制备虾头煮汁

虾头、虾皮称重,加入是其重 2.5 倍的水,破碎,放入夹层锅,煮沸 1.5~2h,用 120 目筛网过滤,滤液即为虾头煮汁。

2. 制备虾头水解液

虾头煮汁后的滤渣,加入是其重 2 倍的水,用 3.7% 的食用盐酸调 pH

值为7.0左右,按虾头渣重的0.2%加入复合蛋白酶,在50℃下水解3~4h,然后加热至沸,使酶失活,用120目筛绢布过滤,滤液即为虾头水解液。酶解时应严格控制温度,若温度太高,易使酶失活,不能充分发挥蛋白酶的作用,影响酶解效果。

虾头煮汁及水解液需现用现制,若用不完,可在汁液中加入10%~15%食盐,暂时保存,但不宜久放,以免变质。

3. 混合、调配

将虾头煮汁、虾头水解液、白糖、食盐、淀粉、增稠剂,按配方重量称重,混合搅拌均匀,加热至沸,稍冷却后加入味精、虾味香精、防腐剂、白醋、黄酒,搅拌均匀即可。配制时重新计算食盐使用量,总用盐量应包括加入汁液中的用量。

4. 均质

调配好的虾头汁经胶体磨进行均质处理,使其组织均匀。

5. 灭菌

将均质后的虾头汁加热到85~90℃,保温20~30min,达到灭菌的目的。

6. 装瓶

用灌装机将虾头汁装于预先经过清洗、消毒、干燥的玻璃瓶内,压盖,贴标,即为成品。

八、海鲜汁

海鲜汁是一种类似蚝油的调味品,是用海带、淡菜等海产品经科学方法处理、调配而成。口味以鲜为主,甜咸适中,体态浓稠,香气淡雅。它迎合了广大消费者对食品色香味俱全的要求,适合烹调各种美味佳肴,是一种较为理想的调味品。

(一)原料配方

淡菜煮汁20%,淡菜水解液10%,调味酱油40%,白糖20%,食盐6%~8%,味精0.3%~0.5%,淀粉1%~2%,增稠剂0.3%~0.4%,白醋0.5%,黄酒1%,防腐剂0.1%,增香剂适量。

(二)工艺流程

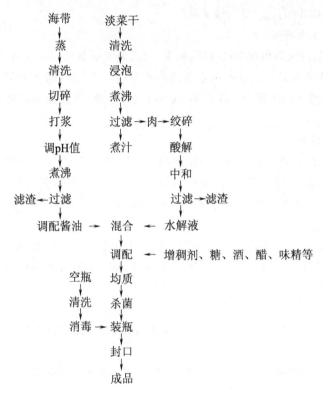

(三)操作要点

1. 制备调味酱油

将海带称重,放入蒸锅中蒸 30~40min,拿出清洗干净,称重、切碎,放入打浆机中加入重为蒸后海带 6 倍的水,打浆(筛网直径0.6mm);将浆液放入夹层锅中,加碳酸钠调 pH 值为 8~8.5,煮沸2h;煮海带汁时,表面的浮沫应去掉,以减少腥味。经 120 目绢布过滤,用白醋中和 pH 值至 7.0,再加入适量黄酒,浓缩至原料重的 10 倍,加入为浓缩汁重10%的食盐、5%的酱油,搅拌混合均匀,即为调味酱油。

2. 制备淡菜煮汁

淡菜干称重,漂洗 2~3 次,加水浸泡 1h,换水以去掉不良气味;加入为原料重8倍的水,煮沸3h,用120目绢布过滤,滤液重为原料的3倍,加入为滤液重10%的食盐,即为淡菜煮汁。

3. 制淡菜水解液

将煮汁后的淡菜用绞肉机绞碎、称重,加入为菜重50%的水、60%的盐酸溶液(浓度为20%),在盐酸水解罐中水解10~12h,冷却至40℃左右;用碳酸钠中和pH值至6.4左右,加热至沸,过滤,滤液即为淡菜水解液。

4. 混合调配

将淡菜煮汁、淡菜水解液、调味酱油、食盐、增香剂、增稠剂、淀粉按配方称重,混合搅拌均匀;白糖称重后加入少量水,熬糖色;混合汁加热至沸后与糖色混合、搅匀,最后加入味精、白糖、黄酒、防腐剂,搅拌均匀即可。

溶解增稠剂较困难,配制时应先用少量煮汁溶化后再加入,否则易产生颗粒。所选用的淀粉以含支链淀粉多者为佳,加热搅拌后可形成稳定的黏稠胶体溶液。

5. 均质

将配制好的海鲜汁经胶体磨进行均质处理,达到组织均匀的目的。

6. 灭菌、装瓶

将均质后的海鲜汁加热至85~90℃,保温20~30min,用灌装机将海鲜汁装于预先经过清洗、消毒、干燥的玻璃瓶内,压盖、贴标,即为成品。

注意生产过程中环境、器具的清洁卫生,避免染菌。

九、姜汁醋

(一)原料配方
醋100kg,白糖3.5kg,鲜姜6kg,食盐1kg。

(二)工艺流程
鲜姜→清洗→绞碎→混合→浸泡→过滤→灭菌→装瓶→成品

(三)操作要点

1. 鲜姜清洗

将鲜姜用水冲洗,用刷子刷净凸凹不平之处,去掉腐烂部分,再用水反复冲洗干净。

2. 绞碎

将清洗后的鲜姜,控制水分,用绞碎机绞碎。

3. 混合、浸泡

选择总酸在 4.5g/100mL 以上,澄清透明、红褐色、味道醇正的优良米醋,将称好的鲜姜泥、白糖、食盐及灭菌后的醋放于密闭储存罐中,搅拌均匀,浸泡 7~10d,然后将姜渣用滤布过滤。

4. 灭菌、装瓶

清洗干净密闭储存罐,干燥灭菌。注意浸泡过程中不要与外界空气接触,以免污染杂菌,影响产品质量。姜汁醋经瞬时灭菌器灭菌,即可装瓶。

十、烧烤汁

烧烤汁是以食盐、糖、味精、焦糖色和其他调味料为主要原料,辅以各种配料和食品添加剂制成的用于烧烤肉类、鱼类时腌制和烧烤后涂抹、蘸食所用的复合调味料。烧烤汁含有多种成分,除含多种氨基酸、糖类、有机酸,还含复杂香料成分;具有咸、甜、鲜、香、熏味,能增加和改善菜肴的口味,改变菜肴色泽,还可除去肉类中的腥膻等异味,增添浓郁的芳香味,刺激人们的食欲。

(一)原料配方

食盐 20kg,酱油 20kg,料酒 10kg,味精 1kg,饴糖 20kg,增稠剂 0.2kg,焦糖色 1kg,八角 0.25kg,桂皮 0.5kg,花椒 0.15kg,豆蔻 0.05kg,山奈 0.5kg,小茴香 0.15kg,丁香 0.1kg,姜 1.5kg,葱 2kg,蒜 0.5kg,水适量。

(二)工艺流程

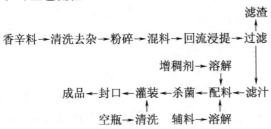

（三）操作要点

1. 香辛料提取

选择完整原料，无污染，无霉变，去除杂质，分别进行粉碎，按配方中的配比混合后，放入浸提罐中，加入 60℃ 的热水 100kg 浸泡 4h；然后煮30min，过滤，定容滤汁至 100L。滤渣进行 2 次煮提，滤汁用于下批新的原料的浸泡。

2. 配料

增稠剂提前用水浸泡溶解，其余原料用 10kg 左右的水溶开，过滤，加入到配料缸中，混合搅拌均匀。

3. 杀菌

将料液煮沸杀菌，保温 5min，也可采用超高温 130℃ 灭菌 2~3s。

4. 灌装

保持料液在 70℃ 以上进行灌装。

成品的稠度和颜色可根据具体要求，将配方中的增稠剂和焦糖色增减，也可在配方中加入些蛋白水解液或增鲜剂。

十一、糟卤

糟卤是以稻米为原料制成黄酒糟，添加适量香料进行陈酿，制成香糟；然后萃取糟汁，添加黄酒、食盐等，经配制后过滤而成的汁液。

（一）原料配方

香糟（白糟）500g，绍酒 2000g，桂花酱 50g，精盐 150g，白糖 250g，味精 15g。

（二）工艺流程

```
                绍酒
                 ↓
香糟 → 压碎 → 调制 → 过滤 → 成品

    桂花酱、精盐、白糖、味精等
```

（三）操作要点

1. 选料

调制糟卤离不开香糟，香糟的好坏直接影响香糟卤的质量。选用香

糟时,要以色泽暗黄,呈泥团状,湿润而不黏糊,具有扑鼻的糟香味为
首选。

2. 压碎

将香糟敲碎或切成薄片,以便使香糟中的呈香物质析出来。

3. 调制

先倒入绍酒,再加入桂花酱、精盐、白糖、味精,调成稀糊。

4. 过滤

将调制好的稀糊装入一纱布袋中悬吊起来,过滤出来的清汁即为
糟卤。

制作香糟卤时,要注意清洁卫生,卤汁中应避免混入生水或其他杂
质,否则糟卤易变质。糟卤调好后,不能加热煮,以防变质发酸,难以长期
保存。

十二、西式调味汁

(一)甜酸汁

甜酸汁以番茄为主要原料,配以各种调味料,经科学处理、调配而成,
是做鱼、做菜的好调料,用以蘸食春卷等也别有风味。

1. 原料配方

番茄酱50kg,白糖50kg,食盐5kg,葱、姜、蒜各5kg,增稠剂3~5kg,食
醋、防腐剂适量。

2. 工艺流程

各种原料混合

调味料→煮沸→过滤→滤液→混合→磨浆→调酸→灌装→成品

3. 操作要点

(1)煮沸:葱、姜、蒜捣碎,用适量水煮沸,煮30min左右停火。

(2)过滤:将上述调味汁用一层纱布(或豆包布)过滤(或捞出),滤渣
不要,滤液备用。

(3)混合:将番茄酱、白糖、食盐一同加入滤液中,文火加热至沸腾,边
加热边搅拌,切勿粘锅。停火后加入增稠剂,搅拌片刻。

(4)磨浆:将混合后的调味汁经过胶体磨,使其充分溶解,混合均匀。

(5)调酸:在磨浆后的调味汁中加入食醋,使 pH 值达到 3 为止,搅拌均匀后灌装。

调酸时可根据当地口味调配,酸度不高时可添加少许防腐剂,酸度较高时一般不必添加。

(二)炸烤汁

炸烤汁以酱油为主要原料,酱油除普通的甜味酱油和辣味酱油外,现又生产出了生姜味、芝麻味、烤肉用、火锅用的酱油,种类非常多。炸烤汁实际上就是一种具有特殊风味的酱油,是一种很有发展前景的调味品。

1. 原料配方

配方一:酱油 12kg,料酒 3.6kg,白糖 3kg,水果泥 0.5kg,蔬菜泥 0.2kg,洋葱 0.1kg,生姜粉 40g,辣椒粉 20g,猪肉香料粉 50g,水解植物蛋白 0.1kg,淀粉适量,色素少量。

配方二:酱油 10kg,白糖 5.5kg,食盐 0.4kg,水解植物蛋白 0.1kg,番茄泥 0.8kg,洋葱 0.2kg,大蒜汁 0.1kg,生姜粉 60g,辣椒 40g,淀粉、增香剂各适量。

配方三:黄酱 10kg,白糖 3.5kg,料酒 2kg,食醋 0.8kg,食盐 0.2kg,洋葱 0.1kg,生姜粉 10g,辣椒 40g,肉味香精 30g,增香剂、增稠剂各适量。

2. 工艺流程

```
        香辛料→煮沸→过滤→滤渣
                        │
蔬菜→打浆→菜泥┐        │
              ├→混合→加热煮沸→增香调味→均质→灌装→成品
酱油、白糖等 ┘
```

3. 操作要点

(1)煮沸、过滤:在辣椒与生姜中加入适量水加热至微沸,文火煮约 30min。若是辣椒粉、生姜粉,煮沸后不用过滤;若不是粉,煮沸后用勺捞出或过滤,滤液备用。

(2)打浆:在蔬菜中加入适量水煮沸打浆,蔬菜泥备用。大蒜打浆,蒜汁备用。

（3）混合：将酱油、白糖、蔬菜泥、大蒜汁混合搅拌均匀，并将香辛料的滤液加入，加热搅拌。

（4）加热煮沸：在上述调味汁中加入水解植物蛋白，用文火加热至沸腾停火，不断搅拌，使其混合均匀。

（5）增香调味：将淀粉加入上述汁中，用文火加热至微沸，再加入增香剂（加入量为 0.01～0.15g/kg）、肉味香精、食盐等，搅拌均匀。

（6）均质：将调配的炸烤汁经均质后灌装，即为成品。

（三）法式调味汁

法国菜在世界上占有突出的地位，被公认为西餐的代表。就调味汁来讲，在法国就多达百种以上。法式调味汁讲究味道的细微差别，还兼顾色泽的不同，追求将调味汁做得尽善尽美，使食用者回味无穷，津津乐道。

1. 原料配方

配方一：色拉油 7kg，白醋 2.5kg，食盐 60g，味精 40g，白胡椒粉 10g，芥末 10g，洋葱汁 250g，柠檬汁 350g。

配方二：色拉油 4kg，米醋 2kg，水 3kg，食盐 0.4kg，白糖 0.5kg，洋葱汁 9g，味精 20g，白胡椒粉 15g，芥末 3g，大蒜 2g，生姜 1g，小豆蔻 0.5g，香叶 0.5g。

2. 工艺流程

调味料混合→加色拉油→搅拌→灌装

3. 操作要点

（1）混合：将各种调味料（除色拉油）一同加入储料罐内，并快速搅匀 5min 左右，使其充分混合均匀。

（2）加色拉油：将色拉油徐徐加入上述调味料中，边加边搅拌，并朝一个方向搅拌。加油速度越慢越好，直至搅成黏稠状为止，灌装，即为成品。

十三、蚝油

蚝油是一种天然风味的高级调味品，是粤菜传统调味料之一。蚝油具有天然的牡蛎风味，味道鲜美，气味芬芳，营养丰富，色泽红亮鲜艳，适用于烹制各种肉类、蔬菜,调拌各种面食,可直接佐餐食用,例如,各种凉拌菜、面条卤、涮海鲜、吃水饺等,可做烧、烤、炸的调汁,做炒、煎、蒸的调味品。

1. 原料配方(质量分数)

配方一:浓缩蚝汁 5%,浓缩毛蛤汁 1%,调味液 25% ~ 30%,水解液 15%,白糖 20% ~ 25%,酱油 5%,味精 0.3% ~ 0.5%,增鲜剂 0.25% ~ 0.05%,食盐 7% ~ 10%,变性淀粉 1% ~ 3%,增稠剂 0.2% ~ 0.5%,增香剂 0.00625% ~ 0.0125%,黄酒 10%,白醋 0.5%,防腐剂 0.1%,其余为水。

配方二:浓缩蚝汁 25%,白糖 4% ~ 6%,食盐 5% ~ 8%,变性淀粉 3% ~ 4%,味精 1.2% ~ 1.5%,增稠剂 0.3% ~ 0.4%,焦糖色 0.25% ~ 0.5%,防腐剂 0.1%,其余为水。

配方三:白糖 5% ~ 10%,食盐 7% ~ 9%,变性淀粉 4.5% ~ 5%,味精 1% ~ 1.5%,增稠剂 0.15% ~ 0.2%,焦糖色 0.5% ~ 1%,酱油 20% ~ 22%,水解植物蛋白 1% ~ 1.5%,蚝油香精 0.1% ~ 0.15%,虾味香精 0.01%,其余为水。

2. 工艺流程(见下页)

3. 操作要点

(1)原料:采用鲜活的牡蛎或毛蛤。

(2)去壳:用沸水焯一下使牡蛎或毛蛤的韧带收缩,两壳张开,去掉壳,或凉后去壳。

(3)清洗:将牡蛎肉或毛蛤肉放入容器内,加入为肉重 1.5 ~ 2 倍的清水,缓慢搅拌,洗除附着于蚝肉或毛蛤肉身上的泥沙及黏液,拣去碎壳,捞起控干。

(4)绞碎:将清洗干净的蚝肉或毛蛤肉放入绞肉机或钢磨中绞碎。

(5)煮沸:把绞碎的蚝肉或毛蛤肉称重,放入夹层锅中煮沸,使其保持微沸状态 2.5 ~ 3h,用 60 ~ 80 目筛网过滤。过滤后的蚝肉或毛蛤肉再加为肉重 5 倍的水继续煮沸 1.5 ~ 2h,过滤,将两次煮汁合并。

(6)脱腥:在煮汁中加入汁重 0.5% ~ 1% 的活性炭,煮沸 20 ~ 30min,去除腥味,过滤,去掉活性炭。

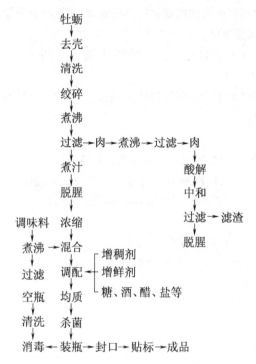

（7）浓缩:浓缩后的煮汁用夹层锅或真空浓缩锅浓缩至水分含量低于65%,即为浓缩蚝汁或毛蛤汁。为利于保存,防止腐败变质,加入浓缩汁重15%左右的食盐,备用。使用时用水稀释,按配方调配。

（8）酶解:将煮汁后的蚝肉或毛蛤肉称重,加入肉重50%的水,60%的食用盐酸（浓度为20%）,在水解罐中100℃水解8~12h。水解后在40℃左右用碳酸钠中和至pH值为5左右,加热至沸,过滤,滤液即为水解液。在水解液中加入0.5%~1%的活性炭,煮沸10~20min,补足失去的水分,过滤。

（9）制调味液:将八角、姜、桂皮等调味料放入水中,加热煮沸1.5~2h,过滤。

（10）混合、调配:将浓缩汁、水解液、白糖、食盐、增鲜剂、增稠剂等分别按配方称重,混合搅拌,加热至沸,最后加入黄酒、白醋、味精、增香剂,搅拌均匀。

（11）均质：用胶体磨将调配好的蚝油进行均质处理，使蚝油分子颗粒变小，分布均匀，否则易沉淀分层。

（12）杀菌：将均质后的蚝油加热至 85～90℃，保持 20～30min，达到灭菌的目的。

（13）装瓶：灭菌后的蚝油装入预先经过清洗、消毒、干燥的玻璃瓶内，压盖封口，贴标，即为成品。

4. 注意事项

（1）增稠剂溶解较困难，调配时可先用少量水或调味液溶化再加入。

（2）该产品可分两段生产，即沿海地区可专门生产纯浓缩蚝汁，供给内地各厂生产蚝油，各调配厂可根据当地的口味、消费水平选择配方进行调配。

（3）水解罐应能耐强酸，避免酸腐蚀。

（4）蚝油为稀糊状，营养丰富，易导致微生物污染。在生产过程中应注意环境、器具的清洁卫生。

第七章 调味品生产设备

调味品种类繁多,生产工艺各异。从生产环节看,往往包含原料的采集、预处理、输送、加工、包装等过程,从其加工单元看,往往经过粉碎、搅拌、均质、发酵、干燥等环节。

第一节 调味品生产输送机械

在调味品加工生产中,存在着大量物料的输送问题,如原料、辅料或废料、成品或半成品及物料载盛器。为了提高劳动生产率和减轻劳动强度,需要采用各式各样的输送机械来完成物料的输送任务。按输送物料的状态可分为固体物料输送设备和流体物料输送设备。输送固体物料时,采用各种类型的输送机,如带式输送机、斗式提升机、螺旋输送机、气力输送装置等来完成物料的输送任务。输送流体物料时,采用各种类型的流送槽、气力输送装置、真空吸料装置和泵等。

一、带式输送机

带式输送机是食品工厂中最广泛采用的一种连续输送机械,常用于块状、颗粒状物料及整件物料进行水平方向或倾斜方向的运送。同时还可用作物料选择、检查、包装、清洗和预处理操作台等。

带式输送机的工作速度范围广(0.02~4.00m/s),输送距离长,生产效率高,所需动力不大,结构简单可靠,使用方便,维护检修容易,无噪音,能够在全机身中任何地方进行装料和卸料。主要缺点是输送轻质粉状物料时易飞扬,倾斜角度不能太大。

带式输送机具有挠性牵引构件,主要由封闭的环形输送带、托辊和机架、驱动装置、张紧装置所组成。输送带既是牵引构件,又是承载构件。常用的输送带有橡胶带、各种纤维编织带、塑料、尼龙、强力锦纶带、板式带、链条带、钢带和钢丝网带等。其中使用较普遍的是普通型橡胶带,其次为板式带即链板式传送装置。与带式传送装置相比较,链板式传送装置结构紧凑,作用在轴上的载荷较小,承载能力大,效率高,并能在条件差的场合下工作,如高温、潮湿的场合。但链板的自重较大,制造成本较高,对安装精度的要求亦较高。由于链板之间有铰链关节,需仔细地保养和及时调整、润滑。

二、斗式提升机

带式输送机倾斜输送物料方向与水平方向的角度不能太大,必须小于物料在输送带上的静止角,在某些情况下需要用到斗式提升机。在连续化生产中,斗式提升机主要用于沿垂直方向或接近于垂直方向进行的物料输送,如将原料从料槽升送到预煮机。

斗式提升机占地面积小,可把物料提升到较高的位置($30 \sim 50 \mathrm{m}$),生产率范围较大($3 \sim 160 \mathrm{m}^3/\mathrm{h}$)。缺点是过载敏感,必须连续均匀地供料。斗式提升机按输送物料的方向可分为倾斜式和垂直式两种;按牵引机构的不同,分为皮带斗式和链条斗式(单链式和双链式)两种;按输送速度分为高速和低速两种。

斗式提升机的装料方式分为挖取式和撒入式。前者适用于粉末状、散粒状物料,输送速度较高,可达 $2 \mathrm{m}/\mathrm{s}$,料斗间隔排列。后者适用于输送大块和磨损性大的物料,输送速度较低($< 1 \mathrm{m}/\mathrm{s}$),料斗呈密接排列。物料装入料斗后,提升到上部进行卸料。卸料时,可以采用离心抛出、靠重力下落和离心与重力同时作用这三种形式。依靠离心力作用卸料的方式称为离心式;靠重力下落称为无定向自流式;靠重力和离心力同时作用的称为定向自流式。

三、螺旋输送机

螺旋输送机是一种不带挠性牵引件的连续输送机械,主要用于各种干燥松散的粉状、粒状、小块状物料的输送。在输送过程中,还可对物料进行搅拌、混合、加热和冷却等工艺。但不宜输送易变质的、黏性大的、易结块的及大块的物料。

螺旋输送机的结构简单,主要由料槽、输送螺旋轴和驱动装置组成,利用旋转的螺旋叶片将物料推移而起到输送作用。旋转轴上焊有螺旋叶片,叶片的面型根据输送物料的不同有实体面型、带式面型、叶片面型等。转轴在物料运动方向的终端有止推轴承,以承受物料给螺旋的轴向反力。由于重力和摩擦力作用,物料在运动中不随螺旋轴一起旋转,而是以滑动形式沿着料槽由加料端向卸料端移动。

螺旋输送机横截面尺寸小,密封性能好,便于中间装料和卸料,操作安全方便。使用时需注意,进入输送机的物料应先进行必要的清理,以防止大块杂质进入,影响正常工作。输送黏性较大、水分较高的物料时,经常清除机内各处的黏附物,以免堵塞,降低输送量。螺旋输送机使用的环境温度为 $-20 \sim 50\text{℃}$,物料温度 $< 200\text{℃}$,一般输送倾角 $\beta \leqslant 20°$。螺旋输送机的输送能力一般在 $40\text{m}^3/\text{h}$ 以下,高的可达 $150\text{m}^3/\text{h}$。输送长度一般小于40m,最长不超过70m。

四、气力输送装置

运用风机(或其他气源)使管道内形成一定速度的气流,将散粒物料沿一定的管路从一处输送到另一处,称为气力输送。人们在长期的生产实践中,认识了空气流动的客观规律,根据生产上输送散粒物料的要求,创造和发展了气力输送装置。

与其他输送机相比,气力输送装置具有许多优点:输送过程密封,物料损失很少,且能保证物料不致吸湿、污染或混入其他杂质,同时输送场所灰尘大大减少,从而改善了劳动条件;结构简单,装卸、管理方便;可同时配合进行各种工艺过程,如混合、分选、烘干、冷却等,工艺过程的连续化程度高,便于实现自动化操作;输送生产率较高,尤其利于实现散装物料运输机械化,可极大提高生产率,降低装卸成本。

气力输送也有不足之处:动力消耗较大;管道及其他与被输送物料接触的构件易磨损,尤其是在输送摩擦性较大的物料时;输送物料品种有一定的限制,不宜输送易成团黏结和怕碎的物料。

五、刮板输送机

刮板输送机是借助于牵引构件上刮板的推动力,使散粒物料沿着料槽连续移动的输送机。料槽内料层表面低于刮板上缘的刮板输送机称为普通刮板输送机;而料层表面高于刮板上缘的刮板输送机称为埋刮板输送机。

(一)普通刮板输送机

普通刮板输送机的牵引构件一般采用橡胶带或链条,刮板用薄钢板或橡胶板制成,料槽由薄钢板制成。物料由进料口流入,随着刮板一起沿着料槽前进,行至卸料口时,在重力作用下由料槽卸出。刮板输送机适用于轻载输送、短距离输送,具有结构简单、占用空间小、工艺布置灵活的特点,可在中间任意点进料和卸料。

(二)埋刮板输送机

埋刮板输送机是由普通刮板输送机发展而来的,主要由封闭机槽、刮板链轮、驱动链轮、张紧轮、进料口和卸料口等部件组成,其牵引件为链条,承载件为刮板,因刮板通常为链条构件的一部分或为组合结构,故该链条为刮板链条。通过采用不同结构的机筒和刮板,埋刮板输送机可完成散粒物料的水平、倾斜和垂直输送。

埋刮板输送机结构简单,体积小,密封性好,安装维护方便;能在机身任意位置多点装料和卸料,工艺布置灵活,它可以输送粉状、粒状,含水量大、含油量大,或含有一定易燃易爆溶剂的多种散粒物料,生产率高而稳定,并容易调节。埋刮板链条工作的条件恶劣,滑动摩擦多,容易磨损,满载时启动负荷大,功率消耗大。不适用于输送黏性大的物料,输送速度低。

六、振动输送机

振动输送机利用振动技术使输送机中的输送构件达到接近或扩大共振状态,对松散态颗粒物料进行中、短距离输送。振动输送机主要由输送槽、激振器、主振弹簧、导向杆架、平衡底架、进料装置、卸料装置等部分组成。其中,激振器是振动输送机的动力源,可以产生周期性变化的激振力。振动输送机工作时,激振力作用于输送槽,槽体在主振弹簧的约束下做定向强迫振动。装在槽体上的物料受到槽体振动的作用被断续地输送前进。导向杆通过橡胶铰链与槽体和底架连接,使槽体与底架沿垂直于导向杆中心线作相对振动,并通过隔震弹簧支撑槽体。按物料的输送方向,有水平、微倾斜及垂直振动输送机。

振动输送机结构简单、外形尺寸小、便于维修,一般不宜输送黏性大或过于潮湿的物料。在调味品行业可广泛用于输送块状、粒状和粉状物料。当制成封闭的槽体输送物料时,可改善工作环境。

七、流送槽

流送槽是利用水为动力,把物料从一地输送到另一地的输送装置,在输送的同时还能完成浸泡、冲洗等作用。在调味品行业,主要用于番茄、蘑菇、土豆等呈球状或块状物料原料的输送。

流送槽由具有一定倾斜度的水槽和水泵等装置构成。水槽可以钢材、水泥或硬聚乙烯板材为材料,要求内壁光滑、平整,以减小摩擦功耗,槽底可做成半圆形或矩形,一般多为半圆形,并设除沙装置。槽的倾斜度,即槽两端高度差与长度之比,用于输送时为 $0.01 \sim 0.02$,在转弯处为 $0.011 \sim 0.015$;用作冷却槽时为 $0.008 \sim 0.01$。为避免输送时造成死角,要求拐弯处的曲率半径大于 3m。用水量为原料的 $3 \sim 5$ 倍,水流速度为 $0.5 \sim 0.8$m/s。一般多用离心泵给水加压,操作时,槽中水位为槽高的 75%。

八、真空吸料装置

真空吸料装置依靠在系统内建立起一定真空度,在压差作用下将被输送物料从低处送往高处或从一处送至另一处。在真空吸料装置中,产生真空的动力源是各类真空设备。常用的真空设备有水环式真空泵和旋片式真空泵。对于黏度大的物料或具有腐蚀性的料液,要采用耐腐蚀和不易堵塞的泵,真空吸料装置的使用可解决没有这种特殊泵时的输送问题。因此,真空吸料装置特别适于酱类(果酱、番茄酱等)或带有固状物料液的输送。由于物料处于贮罐内抽真空,比较卫生,同时抽真空可排除物料组织内部的部分空气,减少成品的含气量。但真空输送的距离和高度都不大,效率较低;由于管道密闭,清洗困难,功率消耗比较大。

九、泵

调味品行业中常利用泵来输送液体,要求采用无毒、耐腐蚀材料,结构上要有完善的密封措施,而且还要利于清洗。输送泵分为离心式泵与容积式泵两种类型。

离心泵是适用范围最为广泛的输送液体的机械之一,可以输送简单的低、中黏度溶液,也可以输送含悬浮物或有腐蚀性的溶液。离心式泵包括所有依靠高速旋转叶轮对被输送液体做功来实现输送的机械,分为轴流泵和旋涡泵等。

容积式泵是通过泵腔内工作容积的变化,由运动件强制挤压液体来实现液体输送的机械。按运动件的运动形式,容积泵分为往复式泵和旋转式泵。往复式泵是依靠做往复运动的活塞推挤液体做功的机械,有活塞泵、柱塞泵、隔膜泵等;旋转式泵是依靠做旋转运动的部件推挤液体做功的机械,有罗茨泵、齿轮泵、叶片泵、螺杆泵等。其中,调味品工业多使用单螺杆卧式泵来输送高黏度液体及带有固体物料的浆液,如番茄酱等。螺杆泵利用螺杆与螺腔的相互啮合使空间容积变化来输送液体。

第二节　清洗、分选分离设备

调味品生产原料种类众多,杂物亦多种多样。果蔬原料在其生长、成熟、运输及贮藏过程中,会受到尘埃、沙土、微生物及其他污物的污染,夹杂泥土、砂石、金属等,还有杂草、茎叶、麦秆等杂物,加工前必须进行清洗除杂。粮谷类、香辛料类等原料在收集、运输和贮藏过程中往往会混入泥土、砂石、金属、杂草等杂物,会对后序加工设备造成不利影响。

用于调味品生产的各种原料必须进行分选或分级,以使其规格和品质指标符合生产标准。分选是指清除物料中的异物及杂质;分级是指对分选后的物料按其尺寸、形状、密度、颜色或品质等特性分成等级。分选与分级作业的工作原理和方法虽有不同之处,但往往是在同一个设备上完成的。分选、分级有多种方法,较为常见的方式有以下几种。

(1)按物料的宽度分选、分级。一般可采用筛分,通常圆形筛孔可以对颗粒物料的宽度差别进行分选和分级,长形筛孔可以针对颗粒物料的厚度差别进行分选和分级。

（2）按物料的长度分选、分级。利用旋转工作面上的袋孔（一般称为窝眼）对物料进行分选和分级。

（3）按物料的密度分选、分级。主要用于颗粒的粒度或形状相仿但密度不同的物料,利用颗粒群相对运动过程中产生的离析现象进行分选和分级。颗粒群的相对运动可以由工作面的摇动或气流造成。

（4）按物料的流体动力特性分选、分级。利用物料的流体动力特性的差别,在垂直、水平或者倾斜的气流或水流中进行分选和分级,实际上是综合了物料的粒度、形状、表面状态以及密度等各种因素进行的分选和分级。

（5）按物料的电磁特性分选。主要用于食品原料中去除铁杂质。

（6）按物料的光电特性分选、分级。利用物料的表面颜色差异,分出物料中的异色物料,如花生仁光电色选机、大米色选机和果蔬分选机等。

（7）按物料的内部品质分选、分级。根据物料的质量指标（如水分、糖度、酸度等化学含量）进行分选和分级,利用物料的某些成分对光学特性的影响、对磁特性的影响、对力学特性的影响、对温度特性的影响等进行无损检测。从食品的安全性和营养性考虑,内部品质的分选和分级比其他的分选和分级更具有广泛的意义。

（8）按物料的其他性质分级。采用某些与物料的品质指标有关联的物理方法检测物料并进行分选、分级。如采用嗅觉传感器检测物料的味道,采用计算机视觉系统检测物料的纹理、灰度等。

一、清洗设备

（一）浮选机

浮洗机主要用于洗涤番茄、苹果、柑橘等各种水果及胡萝卜、马铃薯等根茎蔬菜,以及各种叶菜的气浮清洗和输送检果。该设备一般配备流进槽输送原料,主要由洗槽、滚筒输送机、机架及传动装置构成。水果原料经流选槽预洗后,由提升机进入洗槽的前半部浸泡,然后经翻果轮拨入洗槽的后半部分。洗槽后半部分设有高压水管,其上分布有许多等距离的小孔。从小孔中喷出的高压水冲洗原料，促使其翻滚、摩擦，从而洗净表面污物，由滚筒输送机带着离开洗槽，经喷淋水管的高压喷淋水再度冲净，进入检选台检出烂果和修整有缺陷的原料，再经喷淋后送入下道工序。

(二)洗果机

洗果机主要由洗槽、刷辊、喷水装置、出料翻斗及机架、传动装置等组成。物料由进料口进入洗槽，装在清洗槽上的两个刷辊旋转使洗槽中的水产生涡流，对物料产生清洗作用。操作时，刷辊的转速需调整到能使两刷辊前后形成一定的压力差，由于两刷辊间隙较窄，液流速度较高，被清洗物料在压力差作用下通过两刷辊间隙，在刷辊摩擦力作用下又经过一次刷洗。接着，物料被顺时针旋转的出料翻斗捞起、出料，在出料过程中又经高压水喷淋得以进一步清洗。

(三)鼓风式清洗机

鼓风式清洗机主要由洗槽、输送机、喷水装置、空气输送装置、支架及电动机、传动系统等组成。利用鼓风机把空气由吹泡管送进洗槽底部，使洗槽中的水产生剧烈的翻动，对果蔬原料进行清洗。由于利用空气进行搅拌，因而既可加速污物从原料上洗除，又能在强烈的翻动下保护原料的完整性。

(四)滚筒式清洗机

滚筒式清洗机主要用于甘薯、马铃薯、生姜等块根类原料和质地较硬的水果类原料的清洗。滚筒式清洗机主要由清洗滚筒、喷水装置、机架和传动装置等组成。清洗滚筒用钻有许多小孔的薄钢板卷制而成，或用钢条排列焊成筒形，滚筒两端焊有两个金属圆环作为摩擦滚圈。滚筒被传动轮和托轮经摩擦滚圈托起在整个机架上。工作时，电动机经传动系统使传动轴和传动轮逆时针回转，由于摩擦力作用，传动轮驱动摩擦滚圈使整个滚筒顺时针回转。将原料置于清洗滚筒内，由于滚筒与水平线有 5°的倾角，所以在其旋转时，物料一边翻转一边向出料口移动，同时用水管喷射高压水来冲洗翻转的原料，而达到洗净目的，污水和泥沙由滚筒的网孔经底部集水斗排出。

二、分级分选设备

(一)滚筒式分级机

滚筒式分级机主要由滚筒、支承装置、收集料斗、传动装置、清筛装置组成。滚筒通常用厚度为1.5~2.0mm的不锈钢板冲孔后卷成圆柱筛。根据制造工艺的需要,一般把滚筒先分几段制造,然后焊角钢连接以增强筒体的刚度。滚筒上按分级的需要而设计成几段(组),各段孔径不同而同一段的孔径一样。进口端的孔径最小,出口端最大。每段之下有一漏斗装置。原料通过料斗由进口端流入到滚筒,随筒身的转动而在其间滚转和移动、前进,并在此过程中从各段相应的孔下落到漏斗中卸出,以达到分级目的。

滚筒式分级机结构简单,分级效率高,工作平稳,不存在动力不平衡现象。但机器的占地面积大,筛面利用率低;由于筛筒调整困难,对原料的适应性差。

(二)摆动筛

从物料在筛面上受力来看,摆动筛与振动筛是不一样的。振动分选一般是通过机械的振动(或其他形式的运动)将原料通过一层或数层带孔的筛而使物料按宽度或厚度分成若干个粒度级别的过程。摆动筛以往复运动为主,以振动为辅,摆动次数在600次/min以下。摆动筛通常采用曲柄连杆机构传动,电动机通过皮带传动使偏心轮回转,偏心轮带动曲柄连杆使机体(上有筛架)沿着一定方向做往复运动。摆动筛的机体运动方向垂直于支杆或悬杆的中心线,机体向出料方向有一倾斜角度,由于机体摆动和倾角存在而使筛面上的物料以一定的速度向筛架的倾斜端移动,物料是在运动过程中进行分级的。筛架上装有多层活动筛网,小于第一层筛孔的物料从第一层筛子落到第二层筛子,而大于第一层筛孔的物料则从第一层筛子的倾斜端排出收集为一个级别,其他级别依此类推。

物料在摆动的筛面上主要有两种运动,沿筛面倾斜方向向下正向移动或沿筛面倾斜方向向上反向移动。一般正向运动大于反向运动,才能使物料不断向出料口移动。物料正向移动速度快,物料层较薄,增加过筛机会,但料层太薄会导致物料在筛面上跳动过大,影响过筛机会。因此,必须有一定的反向移动,才能使物料有更多机会通过筛孔。

摆动筛结构简单,易于制造和安装,筛面调换方便,适用于多种物料的分级。但动力平衡较差,振动产生噪声,并影响零部件的寿命。为了防止发生剧烈的振动,除了在制造、安装中保证其精度外,通常采取平衡重平衡,即在偏心装置上加设平衡重物,或对称平衡,即采取双筛体的方法平衡。

(三)比重除石机

除石机用于去除原料中的砂石,常用筛选法和比重法等。筛选法除石机是利用砂石的形状、体积大小与加工原料的不同,利用筛孔形状和大小的不同除去砂石。比重(密度)除石机是利用砂石与原料密度不同,在不断振动或外力(如风力、水力、离心力等)作用下,除去砂石。

比重除石机专用于清除物料中密度比原料大的并肩石(石子大小类似粮料)等重杂质。该装备主要由进料、筛体、排石装置、吹风装置、偏心传动机构等部分组成。筛体是其主要工作部件,筛孔仅作通风用,筛孔大小、凸起高度不同,出风的角度就会不同,从而影响到物料的悬浮状态和除石效率。当颗粒物料从机台顶部进料斗进入除石筛面中段后,由于物料各成分的密度不同,在适当的振动和气流作用下,密度较小的物料颗粒浮在上层,密度较大的石子沉入底层与筛面接触,产生分层。自下而上穿过料层的气流作用于物料,使其间隙度增大,料层间的正压力和摩擦力减少,物料处于松散漂浮流化状态,促进了物料自动分层。因除石筛面前方略微向下倾斜,上层物料在重力、惯性力和连续进料的推力作用下,逐渐向出口下滑而排出机外。与此同时,砂石等重杂质逐渐从物料颗粒中分出进入下层,在振动及气流作用下沿筛面向上爬行,从上端流出。在出口处,采用一段反向鱼鳞孔的筛板,使气流反向吹出,少量物料颗粒又被吹回,石子等重物则从排石口排出。

(四)转筒式除石机

转筒式除石机用于去除块根类加工原料中的石块泥砂。由于砂石与原料的密度差较大,从而利用它们在水中沉降速度的不同进行分离。

转筒式除石机由两段组成,前段为扬送轮,后段为转鼓。扬送轮外安装有小斗,作除砂用;内有大斗,作去石用。转鼓上有筛孔,转鼓的内外壁上都有螺旋带。当料水混合物由流送槽进入转鼓后,原料继续向前流送,而夹杂在原料中的砂石因密度较大而沉降到转鼓内螺旋带上,随着螺旋带旋转向料水混合物相反的方向移动,落入扬送轮的大斗内,被提升后由砂石出口排出。通过筛孔的泥砂由转鼓外壁的螺旋带推至前段,经扬送轮外小斗撮起,在转动中滑入轮内大斗与石块一起排除。

(五)除铁机

除铁机又称磁力除铁机,利用磁力作用去除夹杂在生产原料中的铁质杂物,如铁片、铁钉、螺丝等。其主要工作部件是磁体,分为电磁式和永磁式两种形式。电磁式除铁机磁力稳定,性能可靠,但必须保证一定的电流。永磁式除铁机结构简单,使用维护方便,不耗电能,但使用方法不当或时间过长磁性会退化。

常用磁选设备有永磁溜管和永磁滚筒等。

1. 永磁溜管

将永久磁铁装在溜管上边的盖板上,一般在溜管上设置 2～3 个盖板,每个盖板上装有两组前后错开的磁铁。工作时,原料从溜管端流下,磁性物体被磁铁吸住。工作一段时间后进行清理,可依次交替地取下盖板,除去磁性杂质,溜管可连续进行磁选。这种设备结构简单,不占地方。为提高分离率,应使通过溜管的物料层薄而速度不宜过快。

2. 永磁滚筒

永磁滚筒除铁机主要由进料装置、滚筒、磁芯、机壳和传动装置等部分组成。磁芯由锶钙铁氧体永久磁铁和铁隔板按一定顺序排列成圆弧形,安装在固定的轴上,形成多极头开放磁路。滚筒由非磁性材料制成,外表面敷有无毒耐磨的聚氨酯涂料作保护层。由电动机通过蜗轮蜗杆机构带动滚筒旋转,磁芯固定不动。永磁滚筒能自动地排除磁性杂质,除杂效率在 98% 以上,特别适于去除粒状物料中的磁性杂质。

(六)光电分选分级机械与设备

物料是由许多微小的内部中间层组成的,对投射到其表面上的光会产生反射、吸收、透射、漫射,或受光照后激发出其他波长的光。不同物料的物质种类、组成不同,从而具有不同的光学特性,根据物料的吸收和反射光谱可以鉴定物质的性质。

作为调味品生产主要原料的农产品是在自然条件下生长的,它们的叶、茎、秆、果实等形成了各自固有的颜色。这些颜色受到辐照、营养、水分、生长环境、病虫害、损伤、成熟程度等诸因素的影响,会偏离或改变其固有的颜色。人们可以通过农产品的颜色变化,识别、评价它们的品质(包括内部的成分含量,如糖度、酸度、淀粉、蛋白质等成分含量)特性。此外,调味品生产原料在加工、贮藏、流通等过程中难免会出现缺陷,例如含有异种异色颗粒、变霉变质粒、机械损伤等,在工业生产中必须对其进行检测和分选。常规手段无法对颜色变化进行有效分选,依靠眼手配合的人工分选法生产率低、劳动力费用高、容易受主观因素的干扰、精确度低。

光电检测和分选技术是一种利用紫外、可见、红外等光线和物体的相互作用而产生的折射、反射和吸收等现象,对物料进行非接触式、非破坏性检测的方法。这种方法既能检测表面品质,又能检测内部品质,经过检测和分选的产品可以直接出售或进行后续工序的处理。与人工法相比,排除了主观因素的影响,可对产品进行全数检测;自动化程度高,可在线检测;机械的适应能力强,通过调节背景光或比色板,即可以处理不同的物料,生产能力大,适应了日益发展的商品市场的需要和工厂化加工的要求。

光电色选机是利用光电原理,从大量散装产品中将颜色不正常或感染病虫害的个体(球状、块状或颗粒状)以及外来杂质检测分离的设备。光电色选机主要由供料系统、检测系统、信号处理与控制电路、剔除系统四部分组成。贮料斗中的物料由振动喂料器送入通道成单行排列,依次落入光电检测室,从电子视镜与比色板之间通过。被选颗粒对光的反射及比色板的反射在电子视镜中相比较,颜色的差异使电子视镜内部的电压改变,并经放大。如果信号差别超过自动控制水平的预置值,即被存贮延时,随即驱动气阀,高速喷射气流将物料吹送入旁路通道。而合格品流经光电检测室时,检测信号与标准信号差别微小,信号经处理判断为正常,气流喷嘴不动作,物料进入合格品通道。

(七)金属及异杂物识别机械

食品加工过程中,不可避免地会受到金属或其他异物的污染。为此,在食品生产线中(尤其是自动化和大规模生产过程中),由于产品安全、设备防护、法规或(客户)合同要求等原因,往往需要安装金属探测器或异物探测器。

1.金属探测器

用于去除物料中混入的金属或受金属污染的产品。金属探测器的工作环境通常要求有一个无金属区,装置周围一定空间范围内不能有任何金属结构物(如滚轮和支承性物)。相对于探测器,一般要求紧固结构件的距离约为探测器高度的1.5倍,而对于运动金属件(如剔除装置或滚筒),需要2倍于此高度的距离。此环境下可检出物料中的铁性和非铁性金属,探测性能与物体磁穿透性能和电导率有关,可探测出直径 >2mm 的球形非磁性金属和直径 >1.5mm 的球形磁性金属颗粒,另外,金属颗粒的大小、形状和(相对于线圈的)取向非常重要,金属探测器的灵敏度设置要考虑这些因素。

2.X 射线异物探测器

X 射线是短波长高能射线,在穿透(可见光无法穿透的)生物组织和其他材料时,X 射线能量会发生衰减。物体不同,X 射线衰减程度亦不同。将检测到的经 X 射线处理的二维图像与标准图像比较,可判断被测物料中是否含有异常物体。X 射线异物探测器可用于检测金属、玻璃、石块和骨头等物质,用于含有高水分或盐分的食品以及一些能降低金属检测器敏感度的产品的检测;检视包装遗留或不足、产品放置不当及损坏的产品。

第三节　粉碎机械与设备

粉碎是用机械力的方法克服固体物料内部凝聚力达到使之破碎的单元操作。其中,将大块物料分成小块物料的操作称为破碎;将小块物料分成细粉的操作称为磨碎或研磨,两者统称粉碎。调味品加工生产中时有须进行粉碎的环节,包括制取一定粒度的制品,如盐、砂糖等;将固体物料破碎成细小颗粒,以备进一步加工使用;把两种或两种以上的固体原料粉碎后,均匀混合,如制作各种调味粉;使固体原料经粉碎处理后,便于干燥或溶解,如干燥调料等。

粉碎程度用粒度表示,即物料颗粒的大小。对于球形颗粒来说,其粒度即为直径。对于非球形颗粒,则有以面积、体积或质量为基准的各种名义粒度表示法。根据被粉碎物料和成品粒度的大小,粉碎包括粗粉碎、中粉碎、微粉碎和超微粉碎四种:粗粉碎原料粒度为 40~1500mm,成品颗粒粒度为 5~50mm;中粉碎原料粒度 5~50mm,成品粒度 0.1~5mm;微粉碎(细粉碎)原料粒度 2~5mm,成品粒度 0.1mm 左右;超微粉碎(超细粉碎)原料粒度更小,成品粒度在 10~25μm 甚至以下。

粉碎前后的粒度比称为粉碎比或粉碎度。一般粉碎设备的粉碎比为 3~30,超微粉碎设备可达到 300~1000 甚至以上。对于一定性质的物料来说,粉碎比是确定粉碎作业程度、选择设备类型和尺寸的主要根据之一。

对于将大块物料粉碎成细粉的粉碎操作,单次完成粉碎的比太大,设备利用率低,故通常分成若干级,每级完成一定的粉碎比。这时,该物料的可用总粉碎比来表示,即物料经几道粉碎步骤后各道粉碎比的总和。

粉碎操作包括开路粉碎、自由粉碎、滞塞进料粉碎和闭路粉碎四种,每种方法都有其特定的适用场合。开路粉碎是粉碎设备操作中最简单的一种,物料加入粉碎机中经过粉碎作用区后即作为产品卸出,粗粒不作再循环。由于有的粗粒很快通过粉碎机,而有的细粒在机内停留时间很长,故产品的粒度分布很宽。

自由粉碎,物料在作用区的停留时间很短,在动力消耗方面较经济,但由于有些大颗粒迅速通过粉碎区,导致粉碎物的粒度分布较宽。当与开路粉碎结合时,让物料借重力落入作用区,限制了细粒不必要的粉碎,可减少过细粉末的形成。

滞塞进料粉碎,在粉碎机出口处插入筛网,以限制物料的卸出。在给定的进料速率下,物料滞塞于粉碎区直至粉碎成能通过筛孔的大小为止。因为停留时间可能过长,使得细粒受到过度粉碎,且功率消耗大,滞塞进料法常用于需要微粉碎或超微粉碎的场合,粉碎比较大。

闭路粉碎,从粉碎机出来的物料流先经分粒系统分出过粗的料粒,然后将颗粒较大的物料重新送入粉碎机。根据送料的形式采用不同分检方法,如采用重力法加料或机械螺旋进料时,常用振动筛作为分粒设备,当用水力或气力输送时则常用旋风分离器。闭路粉碎法的物料停留时间短,降低了动力消耗。

粉碎作业时物料的含水量不超过4%,称为干法粉碎。将原料悬浮于载体液流(常用水)中进行粉碎,称为湿法粉碎。湿法粉碎时的物料含水量超过50%,可克服粉尘飞扬问题,并可采用淘析、沉降或离心分离等水力分级方法分离出所需的产品。与干法相比,一般湿法操作能耗较大,设备磨损较严重,但湿法易获得更细微的粉碎物,在超微粉碎中应用较广。

一、冲击式粉碎机

冲击式粉碎机主要有锤片式粉碎机和齿爪式粉碎机两种类型,是利用锤片或齿爪在高速回转运动时产生的冲击力来粉碎物料的。

(一)锤式粉碎机

锤式粉碎机适于粉碎硬脆性原料,其机壳内镶有锯齿型冲击板。主轴上有钢质圆盘(或方盘),盘上装有许多可自由摆动及拆换的锤刀。当圆盘随主轴高速(一般为 800～2500r/min)旋转时,锤刀借离心力的作用而张开,将从上方料斗中加入的物料击碎。物料在悬空状态下就可被锤刀的冲击力所破碎,然后被抛至冲击板上,再次被粉碎,此外物料在机内还受到挤压和研磨的作用。锤刀下方装有筛网,被粉碎的物料通过筛网孔排出。筛网有不同规格,对产品的颗粒、大小及粉碎机的生产能力有很大的影响。锤式粉碎机筛孔直径一般为 1.5mm,中心距为 2.5～3.5mm。为避免物料堵塞筛孔,物料含水量不应超过15%。锤刀与筛网的径向间隙是可以调节的,一般为 5～10mm。

常用的锤刀有矩形、阶梯形、锐角形、环形等,多采用高碳钢或锰钢材料。当锤刀一角被磨损后,可以调换使用。锤式粉碎机结构简单、紧凑,能粉碎各种不同性质的物料,粉碎度大,生产能力高,运转可靠。其缺点是机械磨损比较大。

(二)齿爪式粉碎机

齿爪式粉碎机由进料斗、动齿盘转子、定齿盘、圆环形筛网、主轴及出粉管等组成。定齿盘上有两圈定齿,齿的断面呈扁矩形;动齿盘上有三圈齿,其横截面呈圆形或扁矩形。工作时,动齿盘上的齿在定齿盘齿的圆形轨迹线间运动。当物料由入料管轴向喂入时,受到动、定齿和筛片的冲击、碰撞、摩擦及挤压作用而被粉碎,同时受到动齿盘高速旋转形成的风压及扁齿与筛网的挤压作用,使符合成品粒度的粉粒体通过筛网排出机外。

齿爪式粉碎机结构简单、生产率较高、耗能较低,但通用性差,噪声较大。

二、涡轮粉碎机

涡轮粉碎机适于粉碎各种粮谷、香辛料等物料,粉碎后的细度可达200目。涡轮粉碎机主要由机壳、机门、涡轮、主轴、筛网、皮带轮及电动机等零部件组成。由加料斗进入机腔内的物料在旋转气流中紧密地摩擦和强烈地冲击到涡轮的叶片内边上,并在叶片与磨块之间的缝隙中受到挤压、撕裂、碰撞、剪切等作用从而达到粉碎目的。在破碎、研磨物料的同时,涡轮吸进大量空气,这些气体起到了冷却机器、研磨物料及传送细料的作用。物料粉碎的细度取决于物料的性质和筛网尺寸,以及物料和空气的通过量。

三、气流粉碎机

利用物料的自磨作用,压缩空气、蒸汽或其他气体通过一定压力的喷嘴喷射产生高速的湍流和能量转换流,物料颗粒在其作用下悬浮输送,相互发生剧烈的冲击、碰撞和摩擦,加上高速气流对颗粒的剪切作用,使物料得以充分研磨而粉碎。气流粉碎机适用于热敏材料的超微粉碎,可实现无菌操作、卫生条件好。

(一)立式环形喷射气流粉碎机

立式环形喷射气流粉碎机由供料装置、料斗、压缩空气或热蒸汽入口、喷嘴、立式环形粉碎室、分级器和粉碎物出口等构成。从喷嘴喷出的压缩空气将喂入的物料加速,致使物料相互撞击、摩擦等而达到粉碎的目的。

(二)对冲式气流粉碎机

对冲式气流粉碎机主要包括冲击室、分级室、喷嘴、喷管等。两喷嘴同时相向向冲击室喷射高压气流,物料受到其中一气流的加速,同时受到另一高速气流的阻止,犹如冲击在粉碎板上而破碎。

(三)超音速喷射式粉碎机

超音速喷射式粉碎机包括立式环形粉碎室、分级器和供料装置等。从喂料口投入物料,由于物料颗粒受到 2.5 马赫(气流速度与音速的比值)以上的超音速气流的强烈冲击而相互间发生剧烈碰撞,粉碎后可达到 $1\mu m$ 的超微细粒度。粉碎机上设有粒度分级结构,微粒排出后,粗粒返回机内继续粉碎,直至达到所需粒度为止。

气流粉碎机结构紧凑,构造简单。采用气流粉碎法可实现粗细粉粒自动分级,可用于粉碎低熔点和热敏性物料。粉碎后产品粒度分布较窄,粒度达到 $5\mu m$ 以下;产品不易受金属或其他粉碎介质的污染。

四、搅拌磨

搅拌磨主要包括研磨容器、分散器、搅拌轴、分离器、输料泵等。采用玻璃珠、钢珠、氧化铝珠、氧化钴珠等为研磨介质。在分散器高速旋转产生的离心力作用下,研磨介质和液体浆颗粒冲向容器内壁,产生强烈的剪切、摩擦、冲击和挤压等作用力使浆料颗粒粉碎。

五、冷冻粉碎机

利用一般物料具有低温脆化的特性,用液氮或液化天然气等为冷媒对物料实施冷冻后的深冷粉碎方式。有些物料在常温下具有热塑性或者非常强韧,粉碎起来非常困难,将其用冷媒处理,温度降低到脆化温度以下,随即送入常温或低温粉碎机中粉碎。

第四节　混合机械设备

搅拌、均质和混合是调味品工业中常采用的单元操作。搅拌,指借助于流动中的两种或两种以上物料在彼此之间相互散布的一种操作,以实现物料的均匀混合、促进溶解和气体吸收、强化热交换等物理及化学变化。搅拌对象主要是流体,按物相分类有气体、液体、半固体及散粒状固体;按流体力学性质分类有牛顿型和非牛顿型流体。许多物料呈流体状态,如稀薄的盐水、黏稠的蛋黄酱等。

均质是指借助于流动中产生的剪切力将物料细化、液滴碎化的操作。通过均质,将原料的浆、汁、液进行细化、混合,可以提高乳状液的稳定性,防止分层现象,改善产品的感官质量。

混合,用于各种调味料的配制,或作为实现某种工艺操作的需要组合在工艺过程中,可以用来促进溶解、吸附、浸出、结晶、乳化、生物化学反应,防止悬浮物沉淀以及均匀加热和冷却等。被混合的物料常常是多相的,包括液—液、固—固、固—液、固—液—气混合。

谷物、粉料、调味粉等散粒状固体的混合采用混合机进行,它通过流动作用将两种或两种以上的粉料颗粒均匀混合。混合机主要针对干燥颗粒之间的搅拌混合而设计,大部分混合操作中对流、扩散和剪切三种混合方式并存,但由于机型结构和被处理物料的物性不同,其中某一种混合方式起主导作用。

在任何混合操作中,粉料的混合与离析同时进行,一旦达到某一平衡状态,混合程度也就确定了,如果继续操作,混合效果的改变也不明显。影响混合效果的主要因素是粉料的物料特性和搅拌方式。粉料的物料特性包括粉料颗粒的大小、形状、密度、附着力、表面粗糙程度、流动性、含水量和结块倾向等。大小均匀的颗粒混合时,密度大的趋向器底;密度近似的颗粒混合时,最小的和形状近似圆球形的趋向器底;颗粒的黏度越大,越容易结块和结团,不易均匀分散。

混合的方法主要有两种:一种借助容器本身旋转,使容器内的混合物料翻滚而达到混合目的;另一种利用一只容器和一个或一个以上的旋转混合元件把物料从容器底部移到上部,而物料被移送后的空间又因上部物料自身的重力降落而补充,以此产生混合。按混合容器的运动方式不同,可分为固定容器式和旋转容器式。固定容器式混合机有间歇与连续两种操作形式,依生产工艺而定,旋转容器式混合机通常为间歇式,即装卸物料时须停机。间歇式混合机易控制混合质量,可适应粉料配比经常改变的情况,应用较多。

一、液体搅拌器

搅拌机械种类较多,主要由搅拌装置、轴封、搅拌罐三部分组成,典型设备有发酵罐、酶解罐、溶解罐等。通过搅拌器自身运动可使搅拌容器中的物料按某种特定的方式流动,从而达到工艺要求。

搅拌器是搅拌设备的主要工作部件,通常分成两大类型:小面积叶片高速运转的搅拌器,包括涡轮式、旋桨式等,多用于低黏度的物料;大面积叶片低速运转的搅拌器,包括框式、垂直螺旋式等,多用于高黏度的物料。由于搅拌操作的多样性,使得搅拌器存在着多种结构形式。各种形式的搅拌器配合相应的附件装置,使物料在搅拌过程中的流场出现多种状态,以满足不同加工工艺的要求。

二、粉料混合机

(一)旋转容器式混合机

旋转容器式混合机,又称旋转筒式混合机、转鼓式混合机,是以扩散混合为主的混合机械。通过混合容器的旋转形成垂直方向运动,使被混合物料在器壁或容器内的固定抄板上引起折流,造成上下翻滚及侧向运动,不断进行扩散,从而达到混合的目的。

旋转容器式混合机由旋转容器、驱动转轴、减速传动机构和电动机等组成。其中主要构件是容器,要求内表面光滑平整,以避免或减少容器壁对物料的吸附、摩擦及流动的影响,制造材料要无毒、耐腐蚀等,多采用不锈钢薄板材。容器的形状决定混合操作的效果。

旋转容器式混合机的驱动轴水平布置,轴径与选材以满足装料后的强度和刚度为准。减速传动机构要求减速比大,常采用蜗轮蜗杆、行星减速器等传动装置。混合功率一般为配用额定电机功率的50%~60%。混合量(即一次混合所投入容器的物料量)取容器体积的30%~50%,如果投入量大,混合空间减少,粉料的离析倾向大于混合倾向,搅拌效果不佳。混合时间与被混合粉料的性质及混合机型有关,多数为10min左右。

根据被混合物料的性质,旋转容器式混合机分为水平型圆筒混合机、倾斜型圆筒混合机、轮筒型混合机、双锥型混合机、V型混合机和正方体型混合机。

1. 水平型圆筒混合机

其圆筒轴线与回转轴线重合。操作时,粉料的流型简单,没有沿水平轴线的横向速度。水平型圆筒混合机容器内两端位置有混合死角,卸料不方便,混合效果不佳,且混合时间长,一般采用得较少。

2. 倾斜型圆筒混合机

其容器轴线与回转轴线之间有一定的角度,因此粉料运动时有三个方向的速度,流型复杂,加强了混合能力。这种混合机的工作转速为40～100r/min,常用于混合调味粉料的操作。

3. 轮筒型混合机

轮筒型混合机是水平型圆筒混合机的一种变形。圆筒变为轮筒,消除了混合流动死角;轴与水平线有一定的角度,起到和倾斜型圆筒混合机一样的作用。因此,它兼有前两种混合机的优点。缺点是容器小,装料少;同时以悬臂轴的形式安装,会产生附加弯矩。轮筒型混合机常用于小食品加调味料的操作。

4. 双锥型混合机

双锥型混合机的容器是由两个锥筒和一段短柱筒焊接而成,其锥角有90°和60°两种结构。双锥型混合机操作时,粉料在容器内翻滚强烈,由于流动断面的不断变化,能够产生良好的横流效应。双锥型混合机用于流动性好的粉料混合较快,功率消耗低,转速一般为5～20r/min,混合时间为5～20min,混合量占容器体积的50%～60%。

5. V型混合机

V型混合机,又称双联混合机,适用于多种干粉类物料的混合。旋转容器由两段圆筒以互成一定角度的V型连接,两筒轴线夹角为60°～90°,两筒连接处切面与回转轴垂直。这种混合机的转速一般为6～25r/min,混合时间约为4min,粉料混合量占容量体积的10%～30%。V型混合机旋转轴为水平轴,操作原理与双锥型混合机类似。由于V形容器的不对称性,粉料在旋转容器内时而紧聚时而散开,混合效果优于双锥型混合机,且混合时间更短。在V型混合机旋转容器内加装搅拌浆,使粉料强制扩散,可以更好地混合流动性不好的粉料。搅拌桨的剪切作用还可以破坏吸水量多、易结团的小颗粒粉料的凝聚结构,从而在短时间内使粉料混合充分。

6.正方体型混合机

正方体型混合机容器形状为正方体,旋转轴与正方体对角线相连。工作时,容器内粉料进行三维运动,速度随时改变,因此,重叠混合作用强,混合时间短。由于沿对角线转动,没有死角产生,卸料也较容易。

(二)固定容器式混合机

固定容器式混合机容器固定,靠装于容器内部的旋转搅拌器带动物料上下及左右翻滚,搅拌器结构通常为螺旋结构。以对流混合为主,主要适用于混合物理性质差别及配比差别较大的散体物料。

1.卧式螺旋带式混合机

卧式螺旋带式混合机简称卧式混合机,主要由搅拌器、混合容器、传动机构、机架及电机等组成。搅拌器为装设在容器中心的螺旋带。对于简单的混合操作,只要一条或两条螺旋带就够了,而且容器上只有一对进排料口。当混合物料的性质差别较大或混合量较高及混合要求较严格时,则须采用多条螺旋带,大多为三条以上,而且按不同旋向分别布置。这样在混合机工作时,反向螺旋带能够使被混物料不断地重复分散和集聚,从而达到较好的混合效果。

2.立式螺旋混合机

立式螺旋混合机内置螺旋式的驱动轴(垂直螺杆),轴的四周是一个套筒,容器上部有一由驱动轴带动的甩料板。工作时,驱动轴将由下部料斗进入的物料从套筒底部提升到上部,在离心力作用下被甩到容器四周,下落的物料可以被循环提升、抛撒、混合,直至预定的混合效果,由下部出口排出。

立式螺旋混合机配用动力小,占地面积小,一次装料多,但混合时间长,不易混合均匀,不适合处理潮湿或酱状物料。卸料后容器内物料残留量较多,一般以小型混合机居多。

3.立式行星式混合机

立式行星式混合机混合容器呈倒圆锥形,容器内部沿圆锥母线设置螺旋输送,容器上部设置驱动装置带动螺旋输送机回转。物料由进料口进入机内,启动电动机,通过减速结构驱动摇臂,带动混合螺旋边自转边沿圆锥的内表面慢慢地公转。

搅拌器的行星运动使被混合的物料既能产生垂直方向的流动,又能产生水平方向的位移,还能消除靠近容器内壁附近的滞留层。立式行星式混合机混合速度快、效果好,适于高流动性粉料及黏滞性粉料的混合,不适宜易破碎物料的混合。立式行星式混合机可用于咖喱粉等的混合。

三、均质机

(一)高压均质机

高压均质机主要由三柱塞往复泵、均质阀、传动机构及壳体等组成。高压均质机是以物料在高压作用下通过非常狭窄的间隙(一般小于0.1mm),造成高流速(150~200m/s),使料液受到强大的剪切力,同时,由于料液中的微粒同机件发生高速撞击以及高速液料流在通过均质阀时产生的漩涡作用,使微粒碎裂,从而达到均质的目的。三柱塞往复泵泵体为长方体,内有三个泵腔,活塞在泵腔内往复运动使物料吸入,加压后流向均质阀。高压泵的每个泵腔内配有两个活阀,由于活塞往复运动改变腔内压力,使活阀交替地自动开启或关闭,以完成吸入与排出液料的功能。

(二)离心式均质机

离心式均质机是一种兼有均质及净化功能的均质机,主要由转鼓、带齿圆盘及传动机构组成。离心式均质机以一高速回转鼓使液料在惯性离心力的作用下分成密度大、中、小三相,使密度大的物料成分(包括杂质)趋向鼓壁,密度中等的物料顺上方管道排出,密度小的脂肪类被导入上室。上室内有一块带尖齿的圆盘,圆盘转动时使物料以很高的速度围绕该盘旋转并与其产生剧烈的相对运动,局部产生旋涡,引起脂肪球破裂而达到均质的目的。

(三)超声波均质机

超声波均质机是利用声波和超声波在遇到物体时会迅速地交替压缩和膨胀的原理设计的。物料在超声波的作用下,当处在膨胀的半个周期内,受到拉力,则料液呈气泡膨胀;当处在压缩的半个周期内,气泡则收缩,当压力变化幅度很大时,若压力振幅低于低压,被压缩的气泡会急剧崩溃,则在料液中会出现"空穴"现象,这种现象的出现,又随着振幅的变化和外压的不平衡而消失。在空穴消失的瞬时,液体的周围引起非常大的压力,温度增高,产生非常复杂而有力的机械搅拌作用,可达到均质的目的。同时,在"空穴"产生有密度差的界面上,超声波亦会反射,在这些反射声压的界面上也会产生激烈的搅拌作用。根据这个原理,超声波均质机将频率为 20～25kHz 的超声波发生器放入料液中(亦可以使用使料液具有高速流动特性的装置),由于超声波在料液中的搅拌作用使料液均质。超声波均质机按超声波发生器的形式分为机械式、磁控式和压电晶体式等。

(四)胶体磨均质机

胶体磨是一种磨制胶体或近似胶体物料的超微粉碎、均质机械,由一固定的表面(定盘)和一旋转的表面(动盘)组成。两表面间有可调节的微小间隙,物料通过间隙时,由于转动件高速旋转,附于旋转面上的物料速度最大,而附于固定面上的物料速度为零,其间产生急剧的速度梯度,使物料受到强烈的剪切力摩擦和湍动搅动,从而达到乳化、均质的目的。

第五节　干燥、杀菌设备

一、干燥

使物料(溶液、悬浮液及浆液)所含水分由物料向气相转移,从而使物料变为固体制品的操作,统称为干燥。干燥可以减小食品体积和重量,降低贮运成本、减少成品中微生物的繁殖,提高保藏稳定性。从液态到固态的各种物料均可以干燥成适当的干制品。根据传热方式的不同,干燥分热风干燥、接触干燥和辐射干燥。热风干燥,又称空气干燥法,是直接以高温的空气作为热源,将热量传给物料,使水分汽化同时被空气带走,即对流传热。接触干燥法以水蒸气、热水、燃气或热空气等为热源,间接靠间壁的导热,将热量传给与间壁接触的物料。辐射干燥法利用红外线、远红外线、微波或介电等能源将热量传给物料。

物料中水分的汽化可以在不同的状态下进行,通常水分是在液态下汽化的,倘若预先将物料中水分冻结成冰,而后在极低的压力下,使之直接升华而转入气相,这种干燥称为冷冻干燥或冷冻升华干燥。

(一)箱式干燥器

箱式干燥器是一种常压间歇式干燥器,主要由箱体、搁架、加热器、风机、排气口、气流分配器等组成。厢体(干燥室)外壁有绝热保温层,搁架上按一定间隔重叠放置一些盘子,盘中存放待干燥原料。有的搁架装在小车上,待干燥物料放置好后,将小车送入厢内。风机用来强制吸入干净空气并驱逐潮湿气体。干燥热源可以是设置在厢体内的远红外线加热器,也可以是从厢外输入的热空气。热风的循环路径,若与搁板平行送风,叫平行气流式,热风从物料表面通过,干燥强度小,要求料层较薄(20~50mm);若气流穿过架上物料的空隙,叫穿流气流式,干燥强度较大,物料层可相对较厚(45~65mm)。气流速度以被干燥物料的粒度而定,要求物料不致被气流带出,一般气流速度为1~10m/s。

厢式干燥机的结构简单,使用、制造和维修方便,使用灵活性较大,投资少。热风的流量可以调节,一般热风风速为2~4m/s,一个操作周期可在4~48h内调节。小型的称为烘箱,大型的称为烘房,常用于需要长时间干燥的物料、数量不多的物料以及需要特殊干燥条件的物料。主要缺点是物料的干燥容易不均匀,不利于抑制其中的微生物活动,装卸物料所需要的劳动强度大,热能利用不经济。

(二)真空干燥机

常压加热干燥易造成物料色、香、味和营养成分的损失。真空干燥温度低、干燥时间短,适用于结构、质地、外观、风味和营养成分在高温条件下容易发生变化或分解的原料,如各种脱水蔬菜,胡萝卜、葱等的汤料。箱式真空干燥机由箱体、加热板、门、管道接口和仪表等组成。箱体上端装有真空管接口与真空装置相通,还设有压力表、温度表和各种阀门以控制操作条件。干燥时,将装有预处理过物料的烘盘放入箱内加热板上,打开抽气阀,使真空度及箱内温度达到设定值,使物料干燥。

(三)带式干燥机

带式干燥机由若干个独立的单元段所组成,每个单元段包括循环风机、加热装置、单独或公用的新鲜空气抽入系统和尾气排出系统,将物料置于输送带上,在物料随带运动的过程中与热风接触而干燥。在干燥时,湿物料进料、干燥均在完全密封的箱体内进行,物料颗粒间的相对位置比较固定,干燥时间基本相同,非常适用于干燥过程中要求物料色泽变化一致或湿含量均匀的情况。根据组合形式的不同分为单级、多级和多层带式干燥机。

单级带式干燥机由一个循环输送带、两个空气加热器、三台风机和传动变速装置等组成。物料由进料端经加料装置均匀分布到输送带上,输送带通常用穿孔的不锈钢薄板制成,由电动机经变速箱带动。最常用的干燥介质是空气。全机分成两个干燥区,第一干燥区的空气自下而上经过加热器穿过物料层,第二干燥区的空气自上而下经过加热器穿过物料层。穿过物料层时,物料中水分汽化,空气增湿,温度降低,一部分湿空气排出箱体,另一部分则在循环风机吸入口与新鲜空气混合再循环。干燥后的产品,经外界空气或其他低温介质直接接触冷却后,由出口端排出。

多级带式干燥机由数台(多至4台)单级带式干燥机串联组成,其操作原理与单级带式干燥机相同。干燥初期,缩水性很大的物料,如某些蔬菜类,在输送带上堆积较厚,将导致物料压实而影响干燥介质穿流,此时采用多级带式干燥机能提高机组总生产能力。

多层带式干燥机由多台单级带式干燥机由上到下,串联在一个密封的干燥室内,层数最高可达15层,常用3~5层。最后一层或几层的输送速度较低,使物料层加厚,这样可使大部分干燥介质流经开始的几层较薄的物料层,以提高总的干燥效率。层间设置隔板促使干燥介质的定向流动,使物料干燥均匀。最下层出料输送带一般伸出箱体出口处2~3m,留出空间供工人分检出干燥过程中的变形及不完善产品。

(四)真空冷冻干燥设备

真空冷冻干燥是先将湿物料冻结到共晶点温度以下,使水分变成固态的冰,然后在适当的温度和真空度下,使冰升华为水蒸气,再用真空系统的捕水器将水蒸气冷凝,从而获得干燥制品的技术。冷冻干燥机主要有间歇式和连续式两种形式。间歇式冷冻干燥机,主要由冷冻干燥室、冷凝器、真空系统、制冷系统和加热系统、控制系统等构成。

(五)电磁辐射干燥设备

电磁辐射干燥主要利用电磁感应加热(高频、微波)或红外线辐射效应干燥物料。电磁辐射是一种能量而不是热量,但可以在电介质中转化为热量。通过微波加热使电场直接作用于被干燥物料的分子,使其运动、相互摩擦而发热,由于发热而产生温度梯度,推动水分子自物料内部向表面移动,达到干燥的目的。微波干燥一般由直流电源、微波发生器、冷却装置、微波传输元件、加热器、控制及安全保护系统等组成,具有加热速度快,加热均匀,加热具有选择性,过程控制迅速,投资小等优点。

利用红外辐射干燥物料时,当被加热物体中的固有振动频率和射入该物体的远红外线的频率一致时,就会产生强烈的共振,使物体中的分子运动加剧,温度迅速升高,即物体内部分子吸收的红外辐射能直接转变为热能而实现干燥。远红外干燥利用远红外辐射发出的远红外线使物体升温而达到加热干燥的目的。

二、杀菌

杀菌是调味品加工过程中的重要环节之一,经过相应的杀菌处理之后,才能获得稳定的货架期。杀菌方法分为热杀菌和冷杀菌,热杀菌借助于热力作用将微生物杀死,除了热杀菌以外所有杀菌方法都可以归类为冷杀菌。根据杀菌处理时食品包装的顺序,可以将热杀菌分为包装食品和未包装食品两类方式。冷杀菌可以分为物理法和化学法两类,物理冷杀菌技术包括电离辐射、超高压、高压脉冲电场等杀菌技术。

调味品生产原料在收获时,表面黏附着大量的微生物。虽然在其干燥和加工的过程中,微生物的含量和种类会产生变化,但产品若不经杀菌,仍然会含有大量的微生物,将会导致产品质量下降,保质期短,甚至产生致病菌中毒的严重后果。调味品成品中的致病菌,大肠杆菌、一般细菌均应控制在符合微生物指标规定的范围内。

根据不同产品的加工特点,常采用如下一些杀菌方法,包括过滤杀菌、蒸汽或热水加热杀菌、辐射杀菌、静电杀菌、火焰连续杀菌等。

(一)蒸汽加热式杀菌设备

直接加热超高温短时杀菌法利用高压蒸汽直接加热物料,然后急剧冷却,闪蒸过程中将注入的蒸汽蒸发,恢复物料原来组成。该法包括喷射式和注入式两种形式,喷射式是把蒸汽喷射到物料流体里,注入式则是把物料注入到热蒸汽环境中。直接加热法能快速加热和快速冷却,最大限度地减少超高温处理过程中可能发生的物理变化和化学变化,如蛋白质变性、褐变等。

喷射式超高温杀菌设备是用高压蒸汽直接喷射物料,使其以最快速度升温,几秒钟内达到 140~160℃,维持数秒钟,再在真空室内除去水分,经无菌冷却机冷却到室温。

注入式超高温杀菌设备是将物料注入到充满过热蒸汽的加热器中,由蒸汽瞬间加热到杀菌温度而完成杀菌过程。冷却方法与蒸汽喷射式相似,也是在真空罐中通过膨胀来实现的。

(二)板式换热器杀菌装置

板式换热器由许多冲压成形的金属薄板组合而成,传热板是板式换热器的主要部件,一般用不锈钢板冲压制成。其形状轮廓有多种形式,使用较多的有波纹板和网流板两种。由于板与板之间的空隙小,换热流体在其中通过时,可获得较高的流速,且传热板上压有一定形状的凸凹沟纹,流体通过时形成急剧的湍流现象,因而可获得较高的传热系数 K。

适用于液体类调味品的杀菌,广泛用于高温短时杀菌法(HTST)和超高温瞬时(UHT)杀菌。

(三)管式杀菌机

管式杀菌机为间接加热杀菌设备,包括立式、卧式两种,食品工业多用卧式。管式杀菌机由加热管、前后盖、器体、旋塞、高压泵、压力表、安全阀等部件组成。壳体内装有不锈钢加热管,形成加热管束;壳体与加热管通过管板连接。物料用高压泵送入不锈钢加热管内,蒸汽通入壳体空间后将管内流动的物料加热,物料在管内往返数次后达到杀菌所需的温度和保持时间后成产品排出。若达不到要求,则由回流管回流重新进行杀菌操作。管式杀菌机适用于高黏度液体,如番茄酱的杀菌。

(四)欧姆杀菌装置

欧姆杀菌利用电极,将 50~60Hz 的低频电流直接导入食品,由食品本身的介电性质产生热量,利用热量杀灭微生物。采用这种杀菌方法,颗粒的加热速率与液体的加热速率相接近,可以获得比常规方法更快的颗粒加热速率。欧姆杀菌装置主要由欧姆加热器、保温管、泵、阀门和控制仪表等组成。欧姆杀菌装置的主要部件为欧姆加热器,实际上为一电极室,一般有多个。欧姆杀菌适用于含颗粒状物的流体,有利于热敏性物料的加热杀菌。

(五)电离辐射杀菌

电离辐射杀菌利用 γ 射线或高能电子束(阴极射线)进行杀菌,是一种适用于热敏性物品的常温杀菌方法,属于"冷杀菌"。食品电离辐射杀菌设备系统通常称为辐照装置、辐射装置或照射装置等,主要包括辐射源、产品传输系统、安全系统(包括联锁装置、屏蔽装置等)、控制系统、辐照室及其他相关的辅助设施(如菌检实验室、剂量实验室、安全防护实验室、产品性能测试实验室,以及通风、水处理系统、仓库等)。辐照装置的核心是处于辐照室内的辐射源及产品传输系统。目前,用于食品电离辐射处理的辐射源有产生 γ 射线的人工放射性同位素源和产生电子束或 X 射线的电子加速器两种。

第六节　调味品的包装

为了贮运、销售和消费,各种调味品均需要得到适当形式的包装。包装是调味品生产的重要环节,分内包装和外包装。内包装是直接将产品装入包装容器并封口或用包装材料将产品包裹起来的操作;外包装是在完成内包装后再进行的贴标、装箱、封箱、捆扎等操作。内、外包装均可以采用人工和机械两种方式进行。包装机械设备品种繁多,总体上也可分为内、外包装机械两大类。内包装机械设备进一步分为装料机、封口机、装料封口机三类,还可以根据产品状态、包装材料形态以及装料封口环境进行分类;外包装机械主要有贴标机、喷码机、装箱机、捆扎机等。

调味品中干货或干制品等大多为散装,如用木箱、麻袋、化纤袋等的大包装;小包装制品多用塑料袋,也有用复合纸袋的包装;而金属罐或玻璃瓶等包装容器使用很少。

塑料袋包装的香辛料干制品主要是人工称量,用小型塑料封口机封口,或用自动封口机封口。

一、粉末全自动计量包装机

粉末全自动计量包装机设有可调容杯,可调容杯由一个上容杯和一个下容杯组合而成。通过调整装置改变上下容杯的相对位置,由于容积改变,其质量也改变,但这种调整是有限度的。

调整方法有自动和手动两种。手动机构调整方法是根据装罐过程检测其质量波动情况,人工转动手轮,传动调节螺杆,机构升降下容杯来达到的,当然也可用机构调整上容杯升降来实现。如用自动调整方法,则比较复杂,在粉料进给系统中,加电子检测装置,以测得各瞬时物料容量变化的电讯号,经过放大装置放大后,驱动电动机,传动容杯调节机构,以及调节容杯组合的容积,以达到自动调剂控制的目的。

二、给袋式全自动酱料包装机

给袋式全自动酱料包装流程包括:上袋、打印生产日期、打开袋子、填充物料、热封口、冷却整形、出料。适用于包装液体、浆体物料,如酱油、番茄酱、辣椒酱、豆瓣酱等物料的袋装。机器上与物料和包装袋接触的零部件均采用符合食品卫生要求的材料加工,保证食品的卫生和安全。包装袋类型有自立袋(带拉链与不带拉链)、平面袋(三边封、四边封、手提袋、拉链袋)、纸袋等复合袋。

三、瓶罐封口机械设备

这类机械设备用于对充填或灌装产品后的瓶罐类容器进行封口。瓶罐有多种类型,不同类型的瓶罐采用不同的封口形式与机械设备。

(一)卷边封口机

卷边封口是将罐身翻边与涂有密封填料的罐盖(或罐底)内侧周边互相钩合,卷曲并压紧,实现容器密封。罐盖(或罐底)内缘充填的弹韧性密封胶,起增强卷边封口气密性的作用。这种封口形式主要用于马口铁罐、铝箔罐等金属容器。封罐机的卷封作业过程实际上是在罐盖与罐身之间进行卷合密封的过程,这一过程称为二重卷边作业。形成密封的二重卷边的条件离不开四个基本要素,即圆边后的罐盖,具有翻边的罐身,盖沟内的胶膜和具有卷边性能的封罐机。所用板材的厚度和调质度也会影响到密封的二重卷边的形成及封口质量。

(二)旋盖封口机

旋合式玻璃罐(瓶)具有开启方便的优点,在生产中广泛使用。玻璃罐盖底部内侧有盖爪,玻璃罐颈上的螺纹线正好和盖爪相吻合,置于盖子内的胶圈紧压在玻璃罐口上,保证密封性。常见的盖子有四个盖爪,而玻璃罐颈上有四条螺纹线,盖子旋转1/4转时即获得密封,这种盖称为四旋式盖。此外还有六旋式盖、三旋式盖等。

(三)多功能封盖机

在大型的自动化灌装线上,封盖机一般与灌装机联动,并且作一体机型设计,从而减小灌装至封盖的行程,使生产线结构更为紧凑。目前还开发出了自动洗瓶、灌装、封盖三合一的机型。然而,无论作为灌装机的联动设备,或是独立驱动的自动封盖机,其结构及工作原理是基本一致的。全自动封盖机,主要由理盖器、滑盖槽、封盖装置、主轴以及输瓶装置、传动装置、电控装置和机座等组成。可适用皇冠盖及防盗盖的封口。

四、无菌包装机械

在无菌环境条件下,把无菌的或预杀菌的产品充填到无菌容器中并进行密封,称为无菌包装。无菌包装的操作包括食品物料的预杀菌;包装材料或容器的灭菌;充填密封环境的无菌化。理论上讲,不论是液体还是固体食品均可采用无菌方式进行包装。但实际上,由于固体物料的快速杀菌存在难度,或者固体物料本身有相对的贮藏稳定性,所以,一般无菌包装多指液体食品的无菌包装。

(一)卷材成型无菌包装机

卷材成型无菌包装机主机包括包装材料灭菌、纸板成型封口、充填和分割等机构。辅助部分包括提供无菌空气和双氧水等的装置。包装卷材经一系列张紧辊平衡张力后进入双氧水浴槽,灭菌后进入机器上部的无菌腔并折叠成筒状,由纸筒纵缝加热器封接纵缝;同时无菌的物料从充填管灌入纸筒,随后横向封口钳将纸筒挤压成长方筒形并封切为单个盒;离开无菌区的准长方形筒纸盒由折叠机将其上下的棱角折叠并与盒体黏接成为规则的长方形(俗称砖形),最后由输送带送出。

(二)预制盒式无菌包装机

预制包装容器主要包括盒胚的输送与成型系统、容器的灭菌系统、无菌充填系统及容器顶端的密封系统等。这类机器的优点是灵活性大,可以适应不同大小的包装盒,变换时间仅2min;纸盒外形较美观,且较坚实;产品无菌性也很可靠;生产速度较快,而设备外形高度低,易于实行连续化生产。缺点是必须用制好的包装盒,从而会使成本有所增加。

(三)大袋无菌包装机

大袋无菌包装是将灭菌后的料液灌装到无菌袋内的无菌包装技术。由于容量大(20~200L),无菌袋通常是衬在硬质外包装容器(如盒、箱、桶等)内,灌装后再将外包装封口。这种既方便搬运又方便使用的无菌包装也称为箱中袋无菌包装。

五、贴标与喷码机械

食品内包装往往需要粘贴商标之类的标签以及印上日期批号之类的字码,这些操作须在外包装以前完成。对于小规模生产的企业,可以手工完成贴标操作,但规模化生产多使用高效率的贴标机和喷码机。

贴标签机是将印有商标图案的标签粘贴在内包装容器特定部位的机器。由于包装目的、所用包装容器的种类和贴标黏接剂种类等方面的差异,贴标机有多种类型。按操作自动化程度可分为半自动贴标机和自动贴标机。按容器种类可分为镀锡薄钢板圆罐贴标机和玻璃瓶罐贴标机等。按容器运动方向可分为横型贴标机和竖型贴标机。按容器运动形式可分为直通式贴标机和转盘式贴标机等。

喷码机可在各种材质的产品表面喷印上(包括条形码在内的)图案、文字、即时日期、时间、流水号、条形码及可变数码等,是集机电于一体的高科技产品。根据预定指令,安装在生产输送线上的喷码机周期性地以一定方式将墨水微滴(或激光束)喷射到以恒定速度通过喷头前方的包装(或不包装)产品上面,从而在产品表面留下文字或图案印记效果。喷码机分墨水喷码机和激光喷码机,两种类型的喷码机均又可分为小字体和大字体两种型式。墨水喷码机又可分为连续墨水喷射式和按需供墨喷射式;按喷印速度分超高速、高速、标准速、慢速;按动力源可分内部动力源

（来自内置的齿轮泵或压电陶瓷作用）和外部动力源（来自外部的压缩空气）两类。激光喷码机可分为划线式、多棱镜式和多光束点阵式三种。前两种只使用单束激光工作，后者利用多束激光喷码，因此也可以喷写大字体。

六、外包装机械设备

外包装作业一般包括四个方面：外包装箱的准备工作（例如将成叠的、折叠好的、扁平的纸箱打开并成型），将装有食品的容器进行装箱、封箱、捆扎。完成这四种操作的机械分别称为成箱机、装箱机、封箱机、捆扎机（或结扎机）。这些单机不断改进发展的同时，又出现了全自动包装线，把内包装食品的排列、装箱和捆包联合起来，即将小件食品集排装入箱、封箱和捆包于一体同步完成。由于包装容器有罐、瓶、袋、盒、杯等不同种类，而且形状、材料又各不相同，因而外包装机械的种类和型式较多。

（一）装箱机

装箱机用于将罐、瓶、袋、盒等装进瓦楞纸箱。装箱机型式因产品形状和要求不同而异。可分为两大类型：充填式装箱机和包裹式装箱机。充填式装箱机由人工或机器自动将折叠的平面瓦楞纸箱坯张开构成开口的空箱，并使空箱竖立或卧放，然后将被包装食品送入箱中。竖立的箱子用推送方式装箱，卧放的箱子利用夹持器或真空吸盘方式装箱。包裹式装箱机将堆积于架上的单张划有折线的瓦楞纸板一张张地送出，将被包装食品推置于纸板的一定部位上，然后再按纸板的折线制箱，并进行胶封，封箱后排出而完成作业。

（二）封箱机

封箱机是用于对已装罐或其他食品的纸箱进行封箱贴条的机械。根据黏结方式可将封箱机分为胶黏式和贴条式两类。由于胶黏剂或贴条纸类型不同，上述两类机型内还存在结构上差异。常见封箱机主要由辊道、提升套缸、步伐式输送器、折舌机构、上下纸盘架、上下水缸、压辊、上下切纸刀、气动系统等部分组成。前道装箱工序送来的已装箱的开口纸箱进入本机辊道后，在人工辅助下，纸箱沿着倾斜辊道滑送到前端，并触动行程开关，这时辊道下部的提升套缸（在气动系统的作用下）便开始升起，把纸箱托送到具有步伐式输送器的圈梁顶上,纸箱到位后即接通信号,发出动作指令,步伐式输送器即开始动作。步伐式输送器推爪将开口纸箱推进拱形机架。在此过程中,折舌钩首先以摆动方式将箱子后部的小折舌合上,随后由固定折舌器将纸箱前部的折舌合上,此后再由两侧折舌板将箱子的大折舌合上并经尾部的挡板压平服。

(三)捆扎机

捆扎机是利用各种绳带捆扎已封装纸箱或包封物品的机械,用来捆扎包装箱的捆扎机又称为捆箱机。按操作自动化程度,捆扎机可分为全自动和半自动两种,按捆扎带穿入方式可分为穿入式和绕缠式两种,按捆扎带材料可分为纸带、塑料带和金属带捆扎机等。全自动捆扎机配有自动输送装置和光电定位装置。输送带将捆扎物送到捆扎机导向架下,光电控制机构探测到其位置后,即触发捆扎机对物件进行捆扎,然后再沿输送带送出。

第八章　调味品生产质量标准

调味品的质量标准包括理化指标、感官指标、微生物指标等,在生产、加工过程中,应参照相应的国家标准来进行取样、成分检测等操作,控制其质量标准。

第一节　调味品成分检测

一、香辛料及调味品样品取样方法

香辛料及调味品取样方法参照 GB/T 12729.2—2008 进行。

1. 术语和定义

交货批(consignment):一次发运或接收的货物。其数量以合同或货运清单为凭证。可以由一批或多批货物组成。

批(lot):交货批中品质相同、数量独立的货物为一批,可用于质量评价。

基础样品(basic sample):从一批的一个位置取出的少量货物。

混合样品(bulk sample):将批的全部基础样品混合均匀后的样品。

实验室样品(laboratory sample):从混合样品分出用于分析检测的样品。

2. 取样的一般要求

(1)取样应在贸易双方协商一致后进行,并由贸易双方指定取样人员。

(2)在取样之前,要核实被检货物。

(3)要保证取样工具或容器清洁、干燥。

(4)取样要在干燥、洁净的环境中进行,避免样品或容器受到污染。

(5)取样完成后,随即填写取样报告。

3. 取样方法

（1）基础样品的取样方法。按表 8 - 1 的要求，取样人员从批中抽取包装检验。抽取包装的数目(n)取决于批的大小(N)。

表 8 - 1　批与抽取包装数

批的大小(N)	抽取包装的数目(n)	批的大小(N)	抽取包装的数目(n)
1 个 ~ 4 个包装	全部包装	50 个 ~ 100 个包装	10% 的包装
5 个 ~ 49 个包装	5 个包装	100 个包装以上	包装数的算数平方根

在装货、卸货或码垛、倒垛时从任一包装开始，每数到 N/n 时，从批中取出包装，在选出包装的不同位置取基础样品。

（2）混合样品的取样方法。将抽取的全部基础样品混合均匀。将混合样品等分为四份：一份用于实验室分析检验，一份给买方，一份给卖方，再一份当场封存作为仲裁样品。

（3）实验室样品的取样方法。实验室样品的数量应按照合同要求或按检验项目所需样品量的 3 倍从混合样品中抽取，其中一份作检验，一份作复验，一份作备查。

4. 实验室样品的包装和标志

（1）样品的包装。实验室样品要放在洁净、干燥的玻璃容器内，容器的大小以样品全部充满为宜。将样品装入容器后立即密封。

（2）样品的标志。实验室样品应做好标志，标签内容包括以下项目：①品名、种类、品种、等级；②产地；③进货日期；④取样人姓名和地址；⑤取样时间、地点。

取样时发现样品有污染，应记录下来。

5. 实验室样品的贮存和运送

实验室样品应在常温下保存，需长期贮存的样品要存放于阴凉、干燥的地方。

用于分析的实验室样品应尽快送达实验室。

二、分析用香辛料和调味品粉末试样的制备

参照 GB/T 12729.3—2008 制备用于分析的香辛料和调味品粉末试样。

1. 原理

将实验室样品充分混匀,按香辛料和调味品国家标准规定的颗粒度粉碎。没有规定的均按 1mm 大小颗粒粉碎。

2. 仪器设备

(1)粉碎机。粉碎机由不吸水的材料制成,易清洗、死角小,操作时尽可能避免与外界空气接触,不产生过热现象,能迅速粉碎而不改变试样组成,使用方便。

(2)样品容器。样品容器为洁净、干燥、密封的玻璃容器,不使用其他材质的容器,其大小以装满粉末试样为宜。

3. 取样

按规定的香辛料和调味品样品取样方法取样。

4. 操作步骤

(1)筛网选择。按有关香辛料和调味品国家标准的规定选择筛网,没有规定的均选用 1mm 大小的筛网。

(2)粉碎试样。混匀样品。用选定筛网的粉碎机粉碎,弃去最初少量试样,收集粉碎试样,小心混匀,避免层化,装入样品容器中立即密封。

三、香辛料和调味品磨碎细度的测定(手筛法)

香辛料和调味品磨碎细度的测定(手筛法)参照 GB/T 12729.4—2008 进行。

1. 仪器设备

根据产品标准选定试验筛目数。试验筛应符合 GB/T 6003.1—2012 的要求。

(1)试验筛网。试验筛网应符合 GB/T 6003.1—2012 的要求。

(2)试验筛的大小和形状。试验筛为直径 200mm 的圆形筛。

2. 操作步骤

(1)称样。称取大于 100g、具有代表性的磨碎试样。

(2)过筛方法。取所需目数的一个或一组试验筛连同接收盘和盖一起使用。将试样置于筛网上,双手握住试验筛呈水平方向或倾斜20°角,往复摇动。每分钟约120次,振幅约70mm。

(3)过筛终点。当1min内通过某目数试验筛的质量小于试样质量的0.1%时即为过筛终点。特殊试样过筛终点应通过试验确定。

3. 结果的表述

(1)称量。称量试验筛上的筛上物质量,精确至0.1g。

(2)计算。计算每千克试样中某目数筛上物的克数。

$$X = \frac{m_1}{m} \times 1000 \qquad (8-1)$$

式中:X——某目数筛上物的含量,g/kg;

m_1——某目数筛上物的质量,g;

m——试样质量,g。

(3)重复性。同一试样两次测定结果的相对偏差不大于15%。

四、香辛料和调味品水分含量的测定(蒸馏法)

香辛料和调味品水分含量的测定(蒸馏法)参照 GB 5009.3—2016 进行。

1. 原理

利用食品中水分的物理化学性质,使用水分测定器将食品中的水分与甲苯或二甲苯共同蒸出,根据接收的水的体积计算出试样中水分的含量。

2. 试剂

水为 GB/T 6682 规定的三级水。

甲苯或二甲苯(分析纯):取甲苯或二甲苯,先以水饱和后,分去水层,蒸馏,收集馏出液备用。

3. 仪器设备

(1)水分测定器(见图 8-1):水分接收管容量 5mL,最小刻度值0.1mL,容量误差小于0.1mL。

(2)天平:感量为0.1mg。

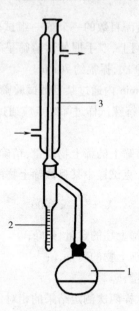

图 8 - 1　水分测定器

1—250mL 蒸馏瓶;2—水分接收管,有刻度;3—冷凝管

4. 分析步骤

准确称取适量试样(应使最终蒸出的水在 2 ~ 5mL,但最多取样量不得超过蒸馏瓶的 2/3),放入 250mL 蒸馏瓶中,加入新蒸馏的甲苯(或二甲苯)75mL,连接冷凝管与水分接收管,从冷凝管顶端注入甲苯,装满水分接收管。同时做甲苯(或二甲苯)的试剂空白。

加热慢慢蒸馏,控制馏出液速 2 滴/s,待大部分水分蒸出后,加速蒸馏约 4 滴/s。当水分全部蒸出后,接收管内的水分体积不再增加,从冷凝管顶端加入甲苯冲洗。如冷凝管壁附有水滴,可用附有小橡皮头的铜丝擦下,再蒸馏片刻至接收管上部及冷凝管壁无水滴附着,接收管水平面保持 10min 不变为蒸馏终点,读取接收管水层的容积。

5. 分析结果的表述

(1)试样的水分含量:按式 8 - 2 计算。

$$X = \frac{V - V_0}{m} \times 100 \qquad (8 - 2)$$

式中:X——试样的水分含量,mL/100g(或按水在 20℃ 的相对密度
　　　　0.99820g/mL 计算质量);

　V——接收管内水的体积,mL;

　V_0——做试剂空白时,接收管内水的体积,mL;

　m——试样的质量,g;

　100——单位换算系数。

以重复性条件下获得的两次独立测定结果的算术平均值表示,结果
保留三位有效数字。

(2)精密度:在重复性条件下获得的两次独立测定结果的绝对差值不
得超过算术平均值的 10%。

五、香辛料和调味品总灰分的测定

香辛料和调味品总灰分的测定参照 GB 5009.4—2016 进行。

1. 原理

食品经灼烧后所残留的无机物质称为灰分。灰分数值系用灼烧、称
重后计算得出。

2. 试剂

乙酸镁,浓盐酸均为分析纯,水为 GB/T 6682 规定的三级水。

乙酸镁溶液(80g/L):称取 8.0g 乙酸镁加水溶解并定容至 100mL,
混匀。

乙酸镁溶液(240g/L):称取 24.0g 乙酸镁加水溶解并定容至 100mL,
混匀。

10% 盐酸溶液:量取 24mL 分析纯浓盐酸,用蒸馏水稀释至 100mL。

3. 主要仪器设备

高温炉:最高使用温度≥950℃、分析天平(感量分别为 0.1mg、1mg、
0.1g)、石英坩埚或瓷坩埚、干燥器(内有干燥剂)、电热板、恒温水浴锅
(控温精度 ±2℃)。

4. 分析步骤

(1)坩埚预处理:取大小适宜的石英坩埚或瓷坩埚置高温炉中,在
550℃ ±25℃下灼烧 30min,冷却至 200℃ 左右,取出,放入干燥器中冷

却 30min,准确称量。重复灼烧至前后两次称量相差不超过 0.5mg 为恒重。

（2）称样:灰分大于或等于 10g/100g 的试样称取 2 ~ 3g(精确至 0.0001g);灰分小于或等于 10g/100g 的试样称取 3 ~ 10g(精确至 0.0001g,对于灰分含量更低的样品可适当增加称样量)。将样品均匀分布在坩埚内,不要压紧。

（3）测定:液体和半固体试样应先在沸水浴上蒸干。固体或蒸干后的试样,先在电热板上以小火加热使试样充分炭化至无烟,然后置于高温炉中,在 550℃ ±25℃ 灼烧 4h。冷却至 200℃ 左右,取出,放入干燥器中冷却 30min,称量前如发现灼烧残渣有炭粒时,应向试样中滴入少许水湿润,使结块松散,蒸干水分再次灼烧至无炭粒即表示灰化完全,方可称量。重复灼烧至前后两次称量相差不超过 0.5mg 为恒重。

5. 分析结果的表述

（1）以试样质量计:试样中总灰分含量按式 8 - 3 计算。

$$X_1 = \frac{m_1 - m_2}{m_3 - m_2} \times 100 \qquad (8-3)$$

式中:X_1——试样中总灰分含量,g/100g;

m_1——坩埚和灰分的质量,g;

m_2——坩埚的质量,g;

m_3——坩埚和试样的质量,g;

100——单位换算系数。

（2）以干物质计:总灰分含量以干物质计,按式 8 - 4 计算。

$$X_2 = \frac{m_1 - m_2}{(m_3 - m_2) \times \omega} \times 100 \qquad (8-4)$$

式中:X_2——总灰分含量(以干物质计),g/100g;

m_1——坩埚和灰分的质量,g;

m_2——坩埚的质量,g;

m_3——坩埚和试样的质量,g;

ω——试样干物质含量(质量分数),%;

100——单位换算系数。

试样中灰分含量≥10g/100g 时,保留三位有效数字;试样中灰分含量<10g/100g 时,保留两位有效数字。

(3)精密度:在重复性条件下获得的两次独立测定结果的绝对差值不得超过算术平均值的5%。

六、香辛料和调味品中挥发油含量的测定

香辛料和调味品挥发油含量的测定参照 GB/T 30385—2013 进行。

1.原理

蒸馏试样的水悬浮液,馏分收集于存有二甲苯的刻度管中,当有机相与水相分层后,读取有机相的体积毫升数,扣除二甲苯体积后计算出挥发油含量。挥发油含量表示为每100g 绝干产品中所含挥发油的毫升数。

2.试剂

二甲苯(分析纯),丙酮(分析纯)。

硫酸—重铬酸钾洗液:持续搅拌下,将1 体积浓硫酸缓慢加到1 体积的饱和重铬酸钾溶液中,混匀冷却后,用玻璃漏斗过滤。(注意:皮肤和黏膜不要接触上述洗液。)

3.仪器

(1)蒸馏器。由圆底烧瓶和冷凝器组成。圆底烧瓶容量为 500mL 或 1000mL。冷凝器(见图8-2)由以下部分组成:①直管(AC):下端带磨口,与圆底烧瓶连接;②弯管(CDE);③直形球状冷凝管(FG);④附件:带塞(K′)支管(K)、梨形缓冲瓶(J)、分度 0.05mL 的刻度管(JL)、球形缓冲瓶(L)、三通阀(M)[连接带安全管(N)的斜管(O)与直管(AC);汽阱(图8-3)可插入安全管中]。单位为毫米。

(2)其他仪器。包括滤纸、移液管、小玻璃珠、量筒、可调式加热器、分析天平。

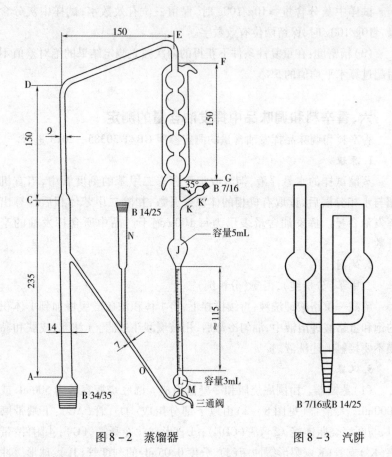

图 8 - 2　蒸馏器　　　　　图 8 - 3　汽阱

4. 取样

试验样品应具有代表性,贮运过程中不得损坏或发生变化。取样虽然不属本标准规定方法所包括的内容,建议取样按 ISO 948《香料和调味品取样标准》的规定执行。

5. 分析步骤

(1)蒸馏器的准备。洗净冷凝器,将玻璃塞子(K′)盖紧支管(K)、汽阱置于安全管上(N),将冷凝器倒置,注满洗涤液,放置过夜,洗净后再用水漂洗,烘干备用。

（2）样品的准备。如试样需要粉碎，应根据不同产品，磨碎足量的试验样品至符合要求的细度（ISO 2825），才能加到圆底烧瓶中。磨碎过程中应确保试样的温度不升高。

（3）试样。按表8-2规定的样品量，称样，精确至0.01g。

（4）测定。

①二甲苯体积的测定。用量筒将一定量的水（见表8-2）倒入圆底烧瓶并加入几粒小玻璃珠，将圆底烧瓶与蒸馏器连接，从支管（K）加水，将刻度管（JL）、收集球（L）和斜管（O）充满；用移液管从支管（K）处加入1.0mL二甲苯，汽阱半充满水后，连接至冷凝器，加热圆底烧瓶，将蒸馏速度调节为2~3mL/min，蒸馏30min后，停止加热。调节三通阀，使二甲苯上液面与刻度管（JL）零刻度处平齐，冷却10min后，读取二甲苯的毫升数。

②有机相体积的测定。将试样移入圆底烧瓶中，与冷凝器连接，加热圆底烧瓶，将蒸馏速率调节至2~3mL/min，按表8-2规定的时间持续蒸馏，完成蒸馏后，停止加热，冷却10min，读取刻度管中有机相的毫升数。

③水分含量的测定。按ISO 939的规定执行。

表8-2 香辛料挥发油测定参数

序号	名称	试样质量/g	蒸馏形式	水体积/mL	蒸馏时间/h
1	茴香籽	25	粉状	500	4
2	甜罗勒	50	整/叶	500	5
3	春黄菊（罗马）	30	整/叶	300	3
4	春黄菊（普通）	50	整/叶	500（0.5mol/L盐酸）	4
5	葛缕子	20	整	300	4
6	小豆蔻	20	整	400	5
7	肉桂	40	粉末	400	5
8	细叶芹	40	整/叶	600	5
9	桂皮	40	粉状	400	5
10	丁香	4	粉状	400	4
11	芫荽	40	粉状	400	4

续表

序号	名称	试样质量/g	蒸馏形式	水体积/mL	蒸馏时间/h
12	枯茗籽	25	粉状	500	4
13	咖喱粉	25	粉状	500	4
14	莳萝、土茴香	25	粉状	500	4
15	小茴香	25	粉状	300	4
16	大蒜	25	粉状	500	4
17	姜	30	粉状	500	4
18	杜松子	25	粉状	500	5
19	肉豆蔻衣	15	粉状	400	4
20	甜牛至	40	整/叶	600	4
21	野牛至	40	整/叶	600	5
22	野薄荷	40	整/叶	600	4
23	混合香草	40	整/叶	600	4
24	混合香辛料	40	粉状	600	5
25	肉豆蔻	15	粉状	400	4
26	牛至	40	整/叶	600	4
27	欧芹	40	整/叶	600	5
28	胡薄荷	40	整/叶	600	5
29	胡椒	40	粉状	400	4
30	薄荷	50	整/叶	500	2
31	腌制香辛料	25	粉状	500	4
32	多香果	30	粉状	500	5
33	迷迭香	40	整/叶	600	5
34	鼠尾草	40	整/叶	600	5
35	香薄荷	40	整/叶	600	5
36	龙蒿	40	整/叶	600	5
37	百里香	40	整/叶	600	5
38	姜黄	40	粉状	400	5

6. 结果表示

挥发油含量按式(8-5)计算,以每100g干样品中所含挥发油的毫升数表示:

$$X = 100 \times \frac{V_1 - V_0}{m} \times \frac{100}{100 - \omega} \tag{8-5}$$

式中:X——挥发油含量,mL/100g;

V_0——二甲苯体积,mL;

V_1——有机相体积,mL;

m——试样质量,g;

ω——试样水分含量(质量分数)的数值。

7. 精密度

(1)重复性。同一操作者在同一实验室利用相同仪器对同一样品在较短间隔内完成的2个独立的单次测定结果的绝对误差,应不大于表8-3中给出的重复性限(r)的5%。

表8-3　重复性

样品	挥发油平均含量(X)/mL/100g	重复性限(r)/mL/100g
牛至(碎片)	1.907	0.176
丁香(粉状)	13.956	1.960
黑胡椒(粉状)	2.624	0.331

(2)重现性。用相同方法、相同样品、在不同实验室、用不同的仪器、由不同的操作者完成的2个单次测定结果的绝对误差,应不大于表8-4中给出的重现性限(R)的5%。

表8-4　重现性

样品	挥发油平均含量(X)/mL/100g	重现性限(R)/mL/100g
牛至(整的或叶)	1.907	0.536
丁香(粉状)	13.956	3.662
黑胡椒(粉状)	2.624	0.796

8.检验报告

检验报告至少应包括以下内容:①全面鉴别样品所需要的全部信息;②采用的试验方法及本标准的参考资料;③蒸馏时间;④测得结果及规定的单位;⑤分析完成时间;⑥是否符合重复性限的要求;⑦本标准未规定的所有操作细节,包括可选的、可能影响测定结果的偶然因素。

香辛料挥发油测定参数见表8-2。

七、香辛料外来物含量的测定

香辛料外来物含量的测定参照 GB/T 12729.5—2008 进行。

1.原理

外来物指通过分离得到的香辛料以外的物质。样品经物理方法分离,称量计算出外来物含量。

2.主要仪器

表面皿、分析天平。

3.取样

按 GB/T 12729.2 的方法取样。

4.分析步骤

(1)表面皿的准备。洗净表面皿,干燥,称量,精确至1mg。

(2)称样。根据试样的不同,称取 100 ~ 1000g,精确至 0.1g。

(3)测定。从试样(2)中分离外来物,放入表面皿中称量,精确至1mg。

5.分析结果的表述

外来物含量以克每千克(g/kg)表示,按式(8-6)计算:

$$X = \frac{m_2 - m_1}{m_0} \times 10^3 \qquad (8-6)$$

式中:X——外来物含量,g/kg;

m_2——表面皿和外来物质量,g;

m_1——表面皿质量,g;

m_0——试样质量,g。

注:如果香辛料调味品产品标准中对某些外来物成分规定了限量,应分别测定并报告结果。

第二节　调味品质量标准

《中华人民共和国食品安全法》规定,食品安全标准应当包括食品、食品添加剂、食品相关产品中的致病性微生物、农药残留、兽药残留、生物毒素、重金属等污染物质以及其他危害人体健康物质的限量规定。

一、调味品卫生微生物学检验

调味品检验参照 GB/T 4789.22—2003,适用于酱油、酱类和醋等以豆类及其他粮食作物为原料发酵而成的调味品及水产调味品。

(一)样品的采取和送检以及检样的处理

根据采样需要准备,采取样品后送往化验室,立即检验或放置冰箱暂存。样品的采取数量按 GB/T 4789.1—2010 执行。

瓶装样品:用点燃的酒精棉球灼烧瓶口灭菌,石碳酸纱布盖好,再用灭菌开瓶器启开,袋装样品用 75% 酒精棉球消毒袋口后进行检验。

酱类:用无菌操作称取 25g,放入灭菌容器内,加入 225mL 蒸馏水,吸取酱油 25mL,加入 225mL 灭菌蒸馏水,制成混悬液。

食醋:用 20% ~30% 灭菌碳酸钠溶液调 pH 到中性。

(二)检验方法

菌落总数按 GB/T 4789.2 测定;大肠菌群按 GB/T 4789.3 测定;沙门氏菌按 GB/T 4789.4 检验;志贺氏菌按 GB/T 4789.5 检验;副溶血性弧菌按 GB/T 4789.7 检验;金黄色葡萄球菌按 GB/T 4789.10 检验。

二、微生物

食品微生物检测项目通常包括菌落总数(又称总生菌数)、大肠菌群、霉菌、酵母菌以及致病菌等。其中,致病菌是指一类能够引起人或动物疾病的常见致病性微生物,主要有沙门氏菌、副溶血性弧菌、大肠杆菌、金黄色葡萄球菌等。据统计,我国每年由食品中致病菌引起的食源性疾病报告病例数占全部报告的 40% ~50% 。

为控制食品中致病菌污染,预防微生物性食源性疾病发生,同时整合分散在不同食品标准中的致病菌限量规定,2013 年国家卫生计生委委托国家食品安全风险评估中心牵头起草《食品中致病菌限量》(GB 29921—2013,以下简称 GB 29921)。标准经食品安全国家标准审评委员会审查通过,于 2013 年 12 月 26 日发布,自 2014 年 7 月 1 日正式实施。GB 29921 属于通用标准,适用于预包装食品。

GB 29921 规定了肉制品、水产制品、即食蛋制品、粮食制品、即食豆类制品、巧克力类及可可制品、即食果蔬制品、饮料、冷冻饮品、即食调味品、坚果籽实制品 11 类食品中沙门氏菌、单核细胞增生李斯特氏菌、大肠埃希氏菌 O157:H7、金黄色葡萄球菌、副溶血性弧菌等 5 种致病菌限量。GB 29921 中的即食调味品包括酱油(酿造酱油、配制酱油)、酱及酱制品(酿造酱、配制酱)、即食复合调味料(沙拉酱、肉汤、调味清汁及以动物性原料和蔬菜为基料的即食酱类)及水产调味料(鱼露、蚝油、虾酱)等,其致病菌限量规定如表 8 - 5 所示。

表 8 - 5　即食调味品致病菌限量(部分)

食品类别	致病菌指标	采样方案及限量 (均以/25g 或/25mL 表示)				检验方法
		n	c	m	M	
发酵豆制品	沙门氏菌	5	0	0	—	GB 4789.4
	金黄色葡萄球菌	5	1	100CFU/g	1000CFU/g	GB 4789.10 第二法
即食果蔬制品 (含酱腌菜类)	沙门氏菌	5	0	0	—	GB 4789.4
	金黄色葡萄球菌	5	1	100CFU/g (mL)	1000CFU/g (mL)	GB 4789.10 第二法
即食调味品 酱油 酱及酱制品 水产调味品 复合调味料 (沙拉酱等)	沙门氏菌	5	0	0	—	GB 4789.4
	金黄色葡萄球菌	5	2	100CFU/g (mL)	10000CFU/g (mL)	GB 4789.10 第二法
	副溶血性弧菌	5	1	100MPN/g (mL)	1000MPN/g (mL)	GB/T 4789.7

续表

食品类别	致病菌指标	采样方案及限量（均以/25g 或/25mL 表示）				检验方法
		n	c	m	M	
坚果及籽类的泥（酱）	沙门氏菌	5	0	0	—	GB 4789.4

注1：食品类别用于界定致病菌限量的适用范围，仅适用于本标准。

注2：n 为同一批次产品应采集的样品件数；c 为最大可允许超出 m 值的样品数；m 为致病菌指标可接受水平的限量值；M 为致病菌指标的最高安全限量值。

注3：GB/T 4789.7 适用于水产品及食物中毒样品中副溶血性弧菌的检验，其他食品可参照使用。

三、调味品中污染物限量

调味品中的污染物指从生产、加工、包装、贮存、运输、销售，直至食用等过程中产生的或由环境污染带入的、非有意加入的化学性危害物质，包括铅、镉、汞等重金属及硝酸盐、亚硝酸盐等。对调味品生产和加工者来说，应采取控制措施使污染物的含量达到最低水平。调味品中污染物限量参照《食品中污染物限量》（GB 2762—2017），其中的调味品包括食用盐、味精、食醋、酱油、酿造酱、调味料酒、香辛料类、水产调味品、复合调味料（如固体汤料、鸡精、鸡粉、蛋黄酱、沙拉酱、调味清汁等）、其他调味品。

（一）重金属

重金属元素可通过食物链经生物富集，浓度提高千万倍，最后进入人体，干扰人体正常生理功能，危害人体健康，被称为有毒重金属。这类金属元素主要有：汞、镉、铬、铅、砷、锌、锡等。其中，砷本属于非金属元素，但根据其化学性质，又鉴于其毒性，一般将其列在有毒重金属元素中。

1.调味品中的铅

调味品中的重金属污染主要是铅污染。铅及铅化合物是一种不可降解的环境污染物，性质稳定，可通过废水、废气、废渣大量流入环境，产生污染,危害人体健康。铅对机体的损伤呈多系统性、多器官性,包括对骨髓造血系统、免疫系统、神经系统、消化系统及其他系统的毒害作用。作为中枢神经系统毒物,铅对儿童健康和智能的危害更为严重。因此,必须采取积极措施防治铅的污染和毒害。

调味品中铅含量检测参照 GB 5009.12 进行。调味品中铅限量标准要求如下:调味品(食用盐、香辛料除外)总铅(以 Pb 计)≤1.0mg/kg,食用盐总铅(以 Pb 计)≤2.0mg/kg,香辛料总铅(以 Pb 计)≤3.0mg/kg,发酵豆制品(腐乳、纳豆、豆豉、豆豉制品等)总铅(以 Pb 计)≤0.5mg/kg,发酵肉制品总铅(以 Pb 计)≤0.5mg/kg,发酵水产品总铅(以 Pb 计)≤1.0mg/kg

2. 调味品中的镉

镉和铅一样具有蓄积性,是一种对人体有毒有害的重金属元素,可在生物体内富集,通过食物链进入人体引起慢性中毒。

调味品中镉含量检测参照 GB 5009.15 进行。调味品中镉限量标准要求如下:发酵肉制品镉(以 Cd 计)≤0.1mg/kg,鱼类调味品镉(以 Cd 计)≤0.1mg/kg,食用盐镉(以 Cd 计)≤0.5mg/kg,食用菌制品腌渍食用菌(如酱渍、盐渍、糖醋渍蔬菜等,姬松茸制品除外)≤0.5mg/kg。

3. 调味品中的砷

调味品中砷含量检测参照 GB 5009.11 进行。调味品中砷限量标准要求如下:调味品(水产调味品、藻类调味品和香辛料除外)总砷(以 As 计)≤0.5mg/kg,鱼类调味品无机砷≤0.1mg/kg,水产调味品(鱼类调味品除外)无机砷≤0.5mg/kg。

4. 调味品中的汞

汞,俗称水银,一种有毒的重金属元素,通过食物链进入人体,毒性与其存在形态相关。甲基汞是有机汞中毒性最强的汞化合物;无机汞毒性相对较低,但在水生系统中可通过生物和非生物的甲基化作用转化为甲基汞化合物,增强其毒性。一但被汞污染,很难彻底除尽,无论碾磨或烘、炒、蒸等方法都无济于事。食用被汞污染的海产品或吸食入汞化合物都会引起中毒。调味品中汞含量检测参照 GB 5009.17 进行。调味品中汞限量标准要求如下:食用盐汞(以 Hg 计)≤0.1mg/kg。

(二)亚硝酸盐

亚硝酸盐和硝酸盐广泛存在于蔬菜和香肠之中。一方面,亚硝酸盐有发色、保持风味、抗氧化和抑制革兰氏阳性菌生长等特性,是一种被广泛使用的食品添加剂,而过量添加有导致亚硝酸盐超标的风险。另一方面,以白菜、黄瓜、芹菜和萝卜等为原料制成的泡菜或发酵食品中都含有亚硝酸盐,这些亚硝酸盐主要由微生物生长代谢产生。硝酸还原菌将植物体系中的硝酸盐转化成亚硝酸盐,导致发酵前期亚硝酸盐大量积累。大量摄入亚硝酸盐会引发机体一系列的不良反应,增加人体癌变的概率。腌渍蔬菜中亚硝酸盐(以 $NaNO_2$ 计)限量要求低于 20mg/kg,检测方法按 GB 5009.33 进行。

(三)3－氯－1,2－丙二醇

在食品生产、加工及储存过程中,当氯离子与脂类经过一系列条件反应后会产生氯丙醇,氯丙醇有多种同系物,其中 3－氯－1,2－丙二醇因其污染量和毒性较大,常作为氯丙醇研究的代表。食品中的 3－氯－1,2－丙二醇最初是在酸水解植物蛋白加工酱油等加工过程中发现,随后相继在方便面、面包、饼干、烤奶酪等热加工的谷类食品中发现。3－氯－1,2－丙二醇具有致突变性、致癌性和生殖遗传毒性等,靶器官主要为肾脏和雄性生殖系统。

调味品中 3－氯－1,2－丙二醇的检测参照 GB 5009.191 的方法进行。液态调味品 3－氯－1,2－丙二醇限量要求低于 0.4mg/kg,固态调味品 3－氯－1,2－丙二醇限量要求低于 1.0mg/kg。

四、真菌毒素

真菌毒素是真菌在生长繁殖过程中产生的次生有毒代谢产物。调味品加工、贮藏、运输和销售过程中,由于生产条件差、缺乏适当的管理和控制,易受到霉菌侵染,包括曲霉属、青霉属、镰刀菌属、根霉属和毛霉属的一些种,其中最常见的是曲霉属和青霉属的一些种。这些霉菌可以产生几种真菌毒素,例如曲霉可以产生黄曲霉毒素、赭曲霉毒素以及棒曲霉素等真菌毒素,而青霉菌可以产生赭曲霉毒素、橘霉素和棒曲霉素等真菌毒素。

GB 2761—2017 中规定了食品中黄曲霉毒素 B_1、展青霉素等的限量。

(一)黄曲霉毒素 B_1

黄曲霉毒素是由黄曲霉、寄生曲霉和特曲霉的某些产毒菌株产生的一组结构相似的真菌次生代谢产物,目前已经确定结构的黄曲霉毒素有 18 种,其中黄曲霉毒素 B_1 是已发现的霉菌毒素中毒性最大的一种,为 I 类致癌物,其毒性是氰化钾的 10 倍,作用的靶器官主要为肝脏。在天然污染的食品中以黄曲霉毒素 B_1 最为多见。

黄曲霉毒素 B_1 的检验按 GB 5009.22 规定的方法进行。酱油、醋、酿造酱、发酵豆制品的黄曲霉毒素 B_1 限量要求低于 $5.0\mu g/kg$。

(二)展青霉素

以苹果、山楂为原料制成的果醋、果酱等产品中要求展青霉素含量低于 $50\mu g/kg$,检测按照 GB 5009.185 规定进行。

(三)赭曲霉毒素 A 及其他毒素

香辛料,如各种辣椒产品、咖喱粉、姜和胡椒易受到曲霉和青霉的侵染,其中赭曲霉毒素 A 是一种在香辛料中常见的真菌毒素,为人类可能致癌物,可以引起大鼠和小鼠的肾脏和肝脏肿瘤。现行标准 GB 2761—2017 《食品安全国家标准 食品中真菌毒素限量》暂未对调味品中的其他毒素及香辛料中真菌毒素限量提出要求。在欧盟关于食品污染物限量的 (EC) No 1881/2006 号法规中对部分香辛料及其干制品的真菌毒素限量进行了规定,黄曲霉毒素(B_1、B_2、G_1 和 G_2 的总和)$\leqslant 10\mu g/kg$,黄曲霉毒素 $B_1\leqslant 5\mu g/kg$,赭曲霉毒素 $\leqslant 15\mu g/kg$。主要涉及的香辛料类包括辣椒类(干果,整株或地面以上部分,包括辣椒、辣椒粉)、胡椒类(果实,包括白胡椒和黑胡椒)、肉豆蔻、生姜(姜)、姜黄以及包含上述一个或多个香辛料的混合物。

五、农药残留

农药残留指农药使用后残存于生物体、农副产品和环境中的微量农药原体、有毒代谢物、降解物和杂质的总称,以每千克样本中有多少毫克(或微克、纳克等)表示。为了追求经济利益,高毒、高残留农药等化学品的大量使用造成蔬菜中农药残留超标现象频繁出现。一些香辛料由于本身就是蔬菜或者与蔬菜种植有着天然的联系,也同样面临着农药残留的问题。目前我国主要有三类农药残留:一是有机磷农药。作为神经毒物,会引起神经功能紊乱、震颤、精神错乱、语言失常等症状;二是拟除虫菊酯类农药。毒性一般较大,有蓄积性,中毒表现症状为神经系统症状和皮肤刺激症状;三是一些常用杀菌剂类农药。有机磷农药因在农业病虫害防治方面具有高效、安全、经济、方便、应用范围广等特点,是我国现阶段使用量最大的农药。

常用香辛料的农药残留限量参照 GB 2763—2016《食品安全国家标准　食品中农药最大残留限量》规定,如表 8 - 6 所示。在该标准中,有的农药限量只提到鳞茎类蔬菜,而有的则列出了大蒜、葱、洋葱等具体名称。在该标准中,鳞茎类蔬菜包括大蒜、葱、洋葱等。根茎类蔬菜也是这样的,根茎类蔬菜包括姜。此外,还需要说明的一点是在该标准中没有提到花椒、桂皮、八角等木本香辛料的农药残留限量。在香辛料生产、贸易过程中用到香辛料的农药残留量检测方法,可以参考 GB 2763—2016 中提到的相应检测方法。

表 8 - 6　部分常用香辛料农药残留限量

农　药	最大残留限量（mg/kg）						
	大蒜	葱	洋葱	鳞茎类蔬菜	根茎类蔬菜	干辣椒	胡椒
阿维菌素						0.2	0.05
百草枯				0.05	0.05		
保棉磷				0.5	0.5	10	
倍硫磷				0.05	0.05		
苯醚甲环唑	0.2	0.3					
苯线磷				0.02	0.02		
丙溴磷						20	
敌百虫				0.2	0.2		
敌敌畏				0.2	0.2		

农 药	最大残留限量（mg/kg）						
	大蒜	葱	洋葱	鳞茎类蔬菜	根茎类蔬菜	干辣椒	胡椒
地虫硫磷				0.01	0.01		
对硫磷				0.01	0.01		
多杀霉素		4	0.1				
二嗪磷		1	0.05			0.5	5
甲胺磷				0.05	0.05		
甲拌磷				0.01	0.01		
甲基对硫磷				0.02	0.02		
甲基硫环磷				0.03	0.03		
甲基异柳磷				0.01	0.01		
甲硫威			0.5				
甲萘威				1	1		
甲霜灵和精甲霜灵			2				5
精二甲吩草胺	0.01	0.01	0.01				
久效磷				0.03	0.03		
抗蚜威	0.1		0.1		0.05	20	5
克百威				0.02	0.02		
乐果	0.2	0.2	0.2				
氯氟氰菊酯				0.2	0.01	3	
氯菊酯		0.5		1	1	10	
马拉硫磷	0.5	5	1				2
杀螟硫磷				0.5	0.5		
双炔酰菌胺		7	0.1				

农　药	最大残留限量（mg/kg）						
	大蒜	葱	洋葱	鳞茎类蔬菜	根茎类蔬菜	干辣椒	胡椒
涕灭威				0.03	0.03		
戊唑醇	0.1		0.1			10	
辛硫磷	0.1			0.05	0.05		
溴氰菊酯			0.05				
氧乐果				0.02	0.02		
乙酰甲胺磷				1	1	50	
治螟磷				0.01	0.01		
艾氏剂				0.05	0.05		
滴滴涕（DDT）				0.05	0.05		
狄氏剂				0.05	0.05		
六六六				0.05	0.05		

六、调味品中的添加剂

　　根据我国《食品卫生法》（1995 年）的规定，食品添加剂是指为改善食品品质和色、香、味以及防腐和加工工艺的需要而加入食品中的人工合成或天然物质。调味品中使用食品添加剂的目的是为了保持其质量、增加其风味、保持或改善其功能性质、感官性质和简化加工过程等。食品添加剂按功能作用可分为 23 类，在调味品生产过程中使用的主要有增味剂、乳化剂、着色剂、甜味剂、抗氧化剂、防腐剂等。

　　有些食品添加剂不是传统食品的成分，未做长期全面的毒理学试验，其使用存在着不安全性的因素。有些食品添加剂本身不具有毒害作用，但在合成过程中可能带进残留的催化剂、副反应产物等工业污染物，导致产品不纯，引起毒害作用。即便使用天然的食品添加剂，也可能带入动植物原料中的有毒成分，或在提取过程中存在被化学试剂或微生物污染的可能。为了规范和安全使用食品添加剂,2014 年国家卫生计生委制定实施了《食品添加剂使用标准》(GB 2760—2014),全面地规定了我国食品添加剂使用限量,该标准囊括了调味品中食品添加剂的使用限量,如表 8 - 7 所示。

表 8 - 7　调味品中食品添加剂的允许使用品种以及最大使用量或残留量

添加剂	食品名称	最大使用量/(g/kg)	功能	备注
β - 阿朴 - 8' - 胡萝卜素醛	半固体复合调味料	0.005	着色剂	以 β - 阿朴 - 8' - 胡萝卜素醛计
氨基乙酸(又名甘氨酸)	调味品	1.0	增味剂	
苯甲酸及其钠盐	果酱(罐头除外)	1.0	防腐剂	以苯甲酸计
	腌渍的蔬菜	1.0		
	醋	1.0		
	酱油	1.0		
	酱及酱制品	1.0		
	复合调味料	0.6		
	半固体复合调味料	1.0		
	液体复合调味料(不包括醋、酱油)	1.0		
L - 丙氨酸	调味品	按生产需要适量使用	增味剂	
丙二醇脂肪酸酯	复合调味料	20.0	乳化剂、稳定剂	
丙酸及其钠盐、钙盐	醋	2.5	防腐剂	以丙酸计
	酱油	2.5		
茶多酚	复合调味料	0.1	抗氧化剂	以儿茶素计

续表

添加剂	食品名称	最大使用量/（g/kg）	功能	备注
赤藓红及其铝色淀	酱及酱制品	0.05	着色剂	以赤藓红计
	复合调味料	0.05		
刺云实胶	果酱	5.0	增稠剂	
单、双甘油脂肪酸酯	香辛料类	5.0	乳化剂	
淀粉磷酸酯钠	调味品	按生产需要适量使用	增稠剂	
靛蓝及其铝色淀	腌渍的蔬菜	0.01	着色剂	以靛蓝计
丁基羟基茴香醚（BHA）	固体复合调味料（仅限鸡肉粉）	0.2	抗氧化剂	以油脂中的含量计
对羟基苯甲酸酯类及其钠盐（对羟基苯甲酸甲酯钠，对羟基苯甲酸乙酯及其钠盐）	醋	0.25	防腐剂	以对羟基苯甲酸计
	酱油	0.25		
	酱及酱制品	0.25		
	蚝油、虾油、鱼露等	0.25		
纽甜	醋、油或盐渍水果	0.1	甜味剂	
	腌渍的蔬菜	0.01		
	腌渍的食用菌和藻类	0.01		
	醋	0.012		
	香辛料酱（如芥末酱、青芥酱）	0.012		
	复合调味料	0.07		
二氧化硅	盐及代盐制品	20.0	抗结剂	
	香辛料类	20.0		
	固体复合调味料	20.0		

添加剂	食品名称	最大使用量/ (g/kg)	功能	备注
二氧化硫,焦亚硫酸钾,焦亚硫酸钠,亚硫酸钠,亚硫酸氢钠,低亚硫酸钠	腌渍的蔬菜	0.1	漂白剂、防腐剂、抗氧化剂	最大使用量以二氧化硫残留量计
	半固体复合调味料	0.05		
二氧化钛	蛋黄酱、沙拉酱	0.5	着色剂	
番茄红素	固体汤料	0.39	着色剂	以纯番茄红素计
	半固体复合调味料	0.04		
甘草酸铵,甘草酸一钾及三钾	调味品	按生产需要适量使用	甜味剂	
硅酸钙	盐及代盐制品	按生产需要适量使用	抗结剂	
	香辛料及粉			
	复合调味料			
果胶	香辛料类	按生产需要适量使用	乳化剂、稳定剂、增稠剂	
海藻酸丙二醇酯	半固体复合调味料	8.0	增稠剂、乳化剂、稳定剂	
海藻酸钠	香辛料类	按生产需要适量使用	增稠剂	
核黄素	固体复合调味料	0.05	着色剂	
红花黄	腌渍的蔬菜	0.5	着色剂	
	调味品 (盐及代盐制品除外)	0.5		

续表

添加剂	食品名称	最大使用量/ （g/kg）	功能	备注
红曲米、红曲红	腌渍的蔬菜	按生产需要 适量使用	着色剂	
	蔬菜泥（酱）， 番茄沙司除外			
	腐乳类			
	调味品 （盐及代盐制品除外）			
β-胡萝卜素	醋、油或盐渍水果	1.0	着色剂	
	发酵的水果制品	0.2		
	腌渍的蔬菜	0.132		
	蔬菜泥（酱）， 番茄沙司除外	1.0		
	腌渍的食用菌和藻类	0.132		
	固体复合调味料	2.0		
	半固体复合调味料	2.0		
	液体复合调味料 （不包括酱油、醋）	1.0		
	发酵酒（葡萄酒除外）	0.6		
琥珀酸二钠	调味品	20.0	增味剂	
环己基氨基磺酸钠（又名甜蜜素），环己基氨基磺酸钙	腌渍的蔬菜	1.0	甜味剂	以环己基氨基磺酸计
	腐乳类	0.65		
	复合调味料	0.65		
黄原胶	香辛料类	按生产需要 适量使用	稳定剂、增稠剂	

添加剂	食品名称	最大使用量/(g/kg)	功能	备注
甲壳素（又名几丁质）	坚果与籽类的泥（酱），包括花生酱等	2.0	增稠剂、稳定剂	
	醋	1.0		
	蛋黄酱、沙拉酱	2.0		
姜黄	腌渍的蔬菜	0.01	着色剂	以姜黄素计
	调味品	按生产需要适量使用		
姜黄素	复合调味料	0.1	着色剂	
焦糖色（加氨生产）	醋	1.0	着色剂	
	酱油	按生产需要适量使用		
	酱及酱制品	按生产需要适量使用		
	复合调味料	按生产需要适量使用		
	黄酒	30.0g/L		
焦糖色（普通法）	醋	按生产需要适量使用	着色剂	
	酱油			
	酱及酱制品			
	复合调味料			
焦糖色（亚硫酸铵法）	酱油	按生产需要适量使用	着色剂	
	酱及酱制品	10.0		
	料酒及制品	10.0		
	复合调味料	50.0		
L(+)-酒石酸,dl-酒石酸	固体复合调味料	10.0	酸度调节剂	以酒石酸计
聚甘油蓖麻醇酸酯	半固体复合调味料	5.0	乳化剂、稳定剂	

续表

添加剂	食品名称	最大使用量/ （g/kg）	功能	备注
聚甘油脂肪酸酯	调味品（仅限用于膨化食品的调味料）	10.0	乳化剂、稳定剂、增稠剂、抗结剂	
	固体复合调味料	10.0		
	半固体复合调味料	10.0		
ε－聚赖氨酸盐酸盐	调味品	0.50		
聚葡萄糖	蛋黄酱、沙拉酱	按生产需要适量使用	增稠剂、膨松剂、水分保持剂、稳定剂	
聚氧乙烯（20）山梨醇酐单月桂酸酯（又名吐温20），聚氧乙烯（20）山梨醇酐单棕榈酸酯（又名吐温40），聚氧乙烯（20）山梨醇酐单硬脂酸酯（又名吐温60），聚氧乙烯（20）山梨醇酐单油酸酯（又名吐温80）	固体复合调味料	4.5	乳化剂、消泡剂、稳定剂	
	半固体复合调味料	5.0		
	液体复合调味料（不包括酱油、醋）	1.0		
决明胶	半固体复合调味料	2.5	增稠剂	
	液体复合调味料（不包括酱油、醋）	2.5		
卡拉胶	香辛料类	按生产需要适量使用	乳化剂、稳定剂、增稠剂	

添加剂	食品名称	最大使用量/ (g/kg)	功能	备注
辣椒橙	半固体复合调味料	按生产需要 适量使用	着色剂	
辣椒红	腌渍的蔬菜	按生产需要 适量使用	着色剂	
	调味品 （盐及代盐制品除外）			
辣椒油树脂	腌渍的蔬菜	按生产需要 适量使用	增味剂、 着色剂	
	腌渍的食用菌和藻类	按生产需要 适量使用		
	复合调味料	10.0		
亮蓝及其铝 色淀	腌渍的蔬菜	0.025	着色剂	以亮蓝计
	香辛料及粉	0.01		
	香辛料酱 （如芥末酱、青芥酱）	0.01		
	半固体复合调味料	0.5		
磷酸,焦磷酸二氢二钠,焦磷酸钠,磷酸二氢钙,磷酸二氢钾,磷酸氢二铵,磷酸氢二钾,磷酸氢钙,磷酸三钙,磷酸三钾,磷酸三钠,六偏磷酸钠,三聚磷酸钠,磷酸二氢钠,磷酸氢二钠,焦磷酸四钾,焦磷酸一氢三钠,聚偏磷酸钾,酸式焦磷酸钙	复合调味料	20.0	水分保持剂、膨松剂、酸度调节剂、稳定剂、凝固剂、抗结剂	可单独或混合使用,最大使用量以磷酸根（PO_4^{3-}）计
	其他固体复合调味料（仅限方便湿面调味料包）	80.0		

添加剂	食品名称	最大使用量/（g/kg）	功能	备注
硫酸亚铁	发酵豆制品（仅限臭豆腐）	0.15g/L	其他	以 $FeSO_4$ 计
氯化钾	盐及代盐制品	350	其他	
萝卜红	醋	按生产需要适量使用	着色剂	
	复合调味料			
麦芽糖醇和麦芽糖醇液	腌渍的蔬菜	按生产需要适量使用	甜味剂、稳定剂、水分保持剂、乳化剂、膨松剂、增稠剂	
	半固体复合调味料			
	液体复合调味料（不包括酱油、醋）			
没食子酸丙酯（PG）	固体复合调味料（仅限鸡肉粉）	0.1	抗氧化剂	以油脂中的含量计
迷迭香提取物（超临界二氧化碳萃取法）	蛋黄酱、沙拉酱	0.3	抗氧化剂	
纳他霉素	蛋黄酱、沙拉酱	0.02	防腐剂	残留量 ≤ 10mg/kg
柠檬黄及其铝色淀	腌渍的蔬菜	0.1	着色剂	以柠檬黄计
	香辛料酱（如芥末酱、青芥酱）	0.1		
	固体复合调味料	0.2		
	半固体复合调味料	0.5		
	液体复合调味料（不包括酱油、醋）	0.15		
柠檬酸铁铵	盐及代盐制品	0.025	抗结剂	
葡萄糖酸亚铁	腌渍的蔬菜（仅限橄榄）	0.15	护色剂	以铁计

续表

添加剂	食品名称	最大使用量/（g/kg）	功能	备注
普鲁兰多糖	复合调味料	50.0	被膜剂、增稠剂	
日落黄及其铝色淀	复合调味料	0.2	着色剂	以日落黄计
	半固体复合调味料	0.5		
乳酸钙	复合调味料（仅限油炸薯片调味）	10.0	酸度调节剂、抗氧化剂、乳化剂、稳定剂和凝固剂、增稠剂	
乳酸链球菌素	醋	0.15	防腐剂	
	酱油	0.2		
	酱及酱制品	0.2		
	复合调味料	0.2		
乳糖醇（又名 4-β-D 吡喃半乳糖-D-山梨醇）	香辛料类	按生产需要适量使用	乳化剂、稳定剂、甜味剂、增稠剂	
三氯蔗糖（又名蔗糖素）	腌渍的蔬菜	0.25	甜味剂	
	腐乳类	1.0		
	醋	0.25		
	酱油	0.25		
	酱及酱制品	0.25		
	香辛料酱（如芥末酱、青芥酱）	0.4		
	复合调味料	0.25		
	蛋黄酱、沙拉酱	1.25		

续表

添加剂	食品名称	最大使用量/ （g/kg）	功能	备注
山梨酸及其钾盐	腌渍的蔬菜	1.0	防腐剂、抗氧化剂、稳定剂	以山梨酸计
	醋	1.0		
	酱油	1.0		
	酱及酱制品	0.5		
	复合调味料	1.0		
山梨糖醇和山梨糖醇液	腌渍的蔬菜	按生产需要适量使用	甜味剂、膨松剂、乳化剂、水分保持剂、稳定剂、增稠剂	
	调味品			
双乙酸钠（又名二醋酸钠）	调味品	2.5	防腐剂	
	复合调味料	10.0		
双乙酰酒石酸单双甘油酯	醋、油或盐渍水果	1.0	乳化剂、增稠剂	
	腌渍的蔬菜	2.5		
	腌渍的食用菌和藻类	2.5		
	香辛料类	0.001		
	半固体复合调味料	10.0		
	液体复合调味料（不包括酱油、醋）	5.0		
	发酵酒（葡萄酒除外）	10.0		
酸枣色	腌渍的蔬菜	1.0	着色剂	
羧甲基淀粉钠	酱及酱制品	0.1	增稠剂	
糖精钠	腌渍的蔬菜	0.15	甜味剂、增味剂	以糖精计
	复合调味料	0.15		

添加剂	食品名称	最大使用量/ (g/kg)	功能	备注
天门冬酰苯丙氨酸甲酯（又名阿斯巴甜）	醋、油或盐渍水果	0.3	甜味剂	
	腌渍的蔬菜	0.3		
	蔬菜泥（酱），番茄沙司除外	1.0		
	发酵蔬菜制品	2.5		
	腌渍的食用菌和藻类	0.3		
	醋	3.0		
	固体复合调味料	2.0		
	半固体复合调味料	2.0		
	液体复合调味料（不包括酱油、醋）	1.2		
天门冬酰苯丙氨酸甲酯乙酰磺胺酸	腌渍的蔬菜	0.20	甜味剂	
	调味品	1.13		
	酱油	2.0		
甜菊糖苷	调味品	0.35		以甜菊醇当量计
脱氢乙酸及其钠盐（又名脱氢醋酸及其钠盐）	腌渍的蔬菜	1.0	防腐剂	以脱氢乙酸计
	腌渍的食用菌和藻类	0.3		
	发酵豆制品	0.3		
	复合调味料	0.5		
维生素 E（dl－α－生育酚，d－α－生育酚，混合生育酚浓缩物）	复合调味料	按生产需要适量使用	抗氧化剂	
苋菜红及其铝色淀	腌渍的蔬菜	0.05	着色剂	以苋菜红计
	固体汤料	0.2		

添加剂	食品名称	最大使用量/ （g/kg）	功能	备注
亚铁氰化钾,亚铁氰化钠	盐及代盐制品	0.01	抗结剂	以亚铁氰根计
胭脂虫红	复合调味料	1.0	着色剂	以胭脂红酸计
胭脂虫红	半固体复合调味料	0.05	着色剂	以胭脂红酸计
胭脂红及其铝色淀	腌渍的蔬菜	0.05	着色剂	以胭脂红计
胭脂红及其铝色淀	半固体复合调味料（蛋黄酱、沙拉酱除外）	0.5	着色剂	以胭脂红计
胭脂红及其铝色淀	蛋黄酱、沙拉酱	0.2	着色剂	以胭脂红计
胭脂树橙（又名红木素,降红木素）	复合调味料	0.1	着色剂	
盐酸	蛋黄酱、沙拉酱	按生产需要适量使用	酸度调节剂	
乙二胺四乙酸二钠	腌渍的蔬菜	0.25	稳定剂、凝固剂、抗氧化剂、防腐剂	
乙二胺四乙酸二钠	复合调味料	0.075	稳定剂、凝固剂、抗氧化剂、防腐剂	
乙二胺四乙酸二钠钙	复合调味料	0.075	抗氧化剂	
乙酸钠（又名醋酸钠）	复合调味料	10.0	酸度调节剂、防腐剂	
乙酰磺胺酸钾（又名安赛蜜）	腌渍的蔬菜	0.3	甜味剂	
乙酰磺胺酸钾（又名安赛蜜）	调味品	0.5	甜味剂	
乙酰磺胺酸钾（又名安赛蜜）	酱油	1.0	甜味剂	

添加剂	食品名称	最大使用量/（g/kg）	功能	备注
硬脂酸钙	香辛料及粉	20.0	乳化剂、抗结剂	
	固体复合调味料	20.0		
硬脂酸钾	香辛料及粉	20.0	乳化剂、抗结剂	
诱惑红及其铝色淀	固体复合调味料	0.04	着色剂	以诱惑红计
	半固体复合调味料（蛋黄酱、沙拉酱除外）	0.5		
藻蓝	香辛料及粉	0.8	着色剂	
皂荚糖胶	调味品	4.0	增稠剂	
蔗糖脂肪酸酯	调味品	5.0	乳化剂	
栀子黄	腌渍的蔬菜	1.5	着色剂	
	调味品（盐及代盐制品除外）	1.5		
栀子蓝	腌渍的蔬菜	0.5	着色剂	
	调味品（盐及代盐制品除外）	0.5		
紫胶红（又名虫胶红）	复合调味料	0.5	着色剂	

此外，按照《食品添加剂使用标准》（GB 2760—2014）的规定，还有 75 种食品添加剂可在各类食品中按生产需要适量使用，这些食品添加剂及功能分别如下：

5′-呈味核苷酸二钠（又名呈味核苷酸二钠）、5′-肌苷酸二钠、5′-鸟苷酸二钠、谷氨酸钠、聚丙烯酸钠，用作增味剂；

DL-苹果酸钠、L-苹果酸、DL-苹果酸、冰乙酸（又名冰醋酸）、冰乙酸（低压羰基化法）、柠檬酸、柠檬酸钾、柠檬酸一钠、柠檬酸钠（稳定剂）、葡萄糖酸钠、乳酸、碳酸钾、碳酸钠、碳酸氢钾，用作酸度调节剂；

阿拉伯胶、醋酸酯淀粉、瓜尔胶、果胶、海藻酸钾（又名褐藻酸钾）、海藻酸钠（又名褐藻酸钠）、槐豆胶（又名刺槐豆胶）、黄原胶（又名汉生胶）、甲基纤维素、结冷胶、磷酸酯双淀粉、明胶、羟丙基二淀粉磷酸酯、羟丙基甲基纤维素（HPMC）、琼脂、酸处理淀粉、羧甲基纤维素钠、氧化淀粉、氧化羟丙基淀粉、乙酰化二淀粉磷酸酯、乙酰化双淀粉己二酸酯、卡拉胶,用作增稠剂;

α-环状糊精、γ-环状糊精,用作稳定剂、增稠剂;

羟丙基淀粉,用作增稠剂、膨松剂、乳化剂、稳定剂;

赤藓糖醇、罗汉果甜苷、木糖醇、乳糖醇（4-β-D 吡喃半乳糖-D-山梨醇）,用作甜味剂;

单或双甘油脂肪酸酯（油酸、亚油酸、亚麻酸、棕榈酸、山嵛酸、硬脂酸、月桂酸）,改性大豆磷脂,酪蛋白酸钠（又名酪朊酸钠）,酶解大豆磷脂,柠檬酸脂肪酸甘油酯,乳酸脂肪酸甘油酯,辛烯基琥珀酸淀粉钠,乙酰化单、双甘油脂肪酸酯,用作乳化剂;

柑橘黄、高粱红、天然胡萝卜素、甜菜红,用作着色剂;

D-异抗坏血酸及其钠盐、抗坏血酸（又名维生素 C）、抗坏血酸钠、抗坏血酸钙,用作抗氧化剂;

磷脂,用作抗氧化剂、乳化剂:

葡萄糖酸-δ-内酯,用作稳定剂和凝固剂;

甘油（又名丙三醇）,用作水分保持剂、乳化剂;

乳酸钾,用作水分保持剂;

乳酸钠,用作水分保持剂、酸度调节剂、抗氧化剂、膨松剂、增稠剂、稳定剂;

碳酸钙（包括轻质和重质碳酸钙）,用作膨松剂、面粉处理剂;

碳酸氢铵用作膨松剂;碳酸氢钠用作膨松剂、酸度调节剂、稳定剂;

微晶纤维素,用作抗结剂、增稠剂、稳定剂;

半乳甘露聚糖、氯化钾,其他作用。

参考文献

[1]董胜利,徐开生. 酿造调味品生产技术[M]. 北京:化学工业出版社,2003.

[2]李勇. 调味料加工技术[M]. 北京:化学工业出版社,2003.

[3]曹雁平. 食品调味技术[M]. 北京:化学工业出版社,2002.

[4]赵谋明. 调味品[M]. 北京:化学工业出版社,2001.

[5]诸亮. 复合调味品生产问答[M]. 北京:中国轻工业出版社,2005.

[6]王建新,衷平海. 香辛料原理与应用[M]. 北京:化学工业出版社,2004.

[7]郑友军. 新版调味品配方[M]. 北京:中国轻工业出版社,2002.

[8]徐清萍. 复合调味料生产技术[M]. 北京:化学工业出版社,2007.

[9]明景熙. 国产"芥末酱"的生产工艺[J]. 江苏调味副食品,2001,69(2):8-9.

[10]张水华,刘耘. 调味品生产工艺学[M]. 广州:华南理工大学出版社,2000.

[11]宋钢. 新型复合调味品生产工艺与配方[M]. 北京:中国轻工业出版社,2000.

[12]刘惠民. 调味油生产工艺与设备[M]. 北京:科学技术文献出版社,2002.

[13]陈洁. 高级调味品加工工艺与配方[M]. 北京:科学技术文献出版社,2001.

[14]郑友军. 调味品生产工艺与配方[M]. 北京:中国轻工业出版社,1998.

[15]上海酿造科学研究所. 发酵调味品生产技术[M]. 2版. 北京:中国轻工业出版社,1999.

[16]陈锦屏,张伊俐. 调味品加工技术[M]. 北京:中国轻工业出版社,2000.

[17]杜连起. 风味酱类生产技术[M]. 北京:化学工业出版社,2006.

[18]负建民,张卫兵,赵连彪. 调味品加工工艺与配方[M]. 北京:化学工业出版社,2007.

[19]赵宝丰. 调味品608例[M]. 北京:科学技术文献出版社,2004.

[20]唐伟强. 食品通用机械与设备[M]. 广州:华南理工大学出版社,2010.

[21]肖旭霖. 食品加工机械与设备[M]. 北京:中国轻工业出版社,2002.

[22]张佰清,李勇. 食品机械与设备[M]. 郑州:郑州大学出版社,2012.

[23]席会平,田晓玲. 食品加工机械与设备[M]. 北京:中国农业大学出版社,2010.

[24]马海乐. 食品机械与设备[M]. 北京:中国农业出版社,2004.